"十一五"国家科技支撑计划重点项目"黄河健康修复关键技术研究"
专题（2006BAB06B01-04）
黄河水利委员会小浪底基础研究项目"小浪底水库入库水沙条件分析研究"
专题（XLDYX07130-05）

内 容 简 介

本书以 1996 年以前黄河中游水沙变化研究成果为基础,通过系统分析黄河中游近期(1997~2006 年)水沙变化特点,剖析了人类活动对黄河中游近期水沙变化的影响程度,分析计算了黄河中游近期水利水土保持综合治理等人类活动的减水减沙作用。主要研究内容包括黄河中游环境特征及近期水沙变化特点、黄河中游水沙变化水文分析、黄河中游水沙变化成因分析、淤地坝拦沙的泥沙级配组成分析、减水减沙计算结果的合理性论证等。同时,对黄河中游近期水沙变化若干重要问题进行了探索研究,包括河龙区间近期水保措施拦减粗泥沙的不同作用、粗泥沙集中来源区拦沙工程的拦沙减淤效果、基于最大减沙效益的水保措施配置比例、生态修复对北洛河流域近期水沙变化的影响、近期治理对典型支流水沙关系的影响、泾河流域淤地坝拦沙对降雨的响应和基于暴雨的水保措施减洪减沙作用、流域减沙效益的尺度效应、晋陕蒙接壤地区生产建设项目对水土流失和水资源的影响评价等。

本书紧密结合黄河治理开发与管理的重大科技需求,可供水土保持、河流泥沙、流域生态环境等研究领域的科技工作者和高等院校相关专业师生参考。

图书在版编目(CIP)数据

黄河中游近期水沙变化对人类活动的响应/冉大川等著.
—北京:科学出版社,2012
 ISBN 978-7-03-033933-1

Ⅰ.黄… Ⅱ.冉… Ⅲ.黄河—中游河段—含沙水流—影响—人类活动—研究 Ⅳ.TV152

中国版本图书馆 CIP 数据核字(2012)第 054896 号

责任编辑:李 敏 王 倩/责任校对:朱光兰
责任印制:徐晓晨/封面设计:耕者设计

科学出版社 出版
北京东黄城根北街 16 号
邮政编码:100717
http://www.sciencep.com

北京京华虎彩印刷有限公司 印刷
科学出版社发行 各地新华书店经销

*

2012 年 4 月第 一 版 开本:787×1092 1/16
2017 年 4 月第二次印刷 印张:17 1/4
字数:400 000

定价:160.00 元
(如有印装质量问题,我社负责调换)

黄河中游近期水沙变化对人类活动的响应

冉大川 左仲国 吴永红 李雪梅 李智慧 等 著

科学出版社

北京

前　言

　　黄河是一条多泥沙河流，其河床冲淤演变对流域来水来沙条件有着高阶的非线性响应关系。一定的水沙量及其变化过程是黄河健康维系的基本物质条件，也是首要的动力因子。目前，黄河水资源的开发和综合利用程度在我国各大江河中都是比较高的，黄河治理也取得了巨大成就。然而，随着流域水利建设的不断发展，水土保持工作的深入开展，水资源开发利用程度的持续提高和气象水文的变化，黄河中游水沙情势不断改变，近10年来尤为明显。从20世纪90年代后期以来，在黄河流域降水持续偏枯的同时，人类活动的影响也更为强烈，特别是中游水土保持治理力度逐渐加大。随着国家西部大开发战略决策的实施，黄河中游河口镇至龙门区间（简称河龙区间）水土保持生态工程建设全面展开，生态修复和封禁治理试点工作相继开展，黄土高原地区水土保持淤地坝"亮点工程"全面启动。与此同时，煤矿开采、交通设施建设、水资源开发利用等人类对径流泥沙的干扰活动也显著加剧。

　　在近期（1997~2006年）黄河中游治理速度明显加快、治理标准不断提高的背景下，大规模、高标准的水土保持生态建设和日益强烈的人类干扰活动已经给黄河流域主要产沙区——河龙区间以及泾河、北洛河、渭河（不包括泾河）、汾河等四大支流（简称泾洛渭汾河）的水沙变化带来了新的影响。如果不能准确把握黄河中游近期水沙变化对人类活动的响应等问题，就难以了解黄河水沙变化的原因所在，因而就不能判断未来黄河水沙的变化趋势，更不可能科学地制订黄河中游治理方案和黄河治理的战略措施。同时，如果不清楚近年来黄河水沙变化的程度和原因，也难以科学制订新形势下小浪底水库运用方式与运行方案。因此，迫切需要对黄河近期水沙变化及其原因进行系统分析，这是黄河治理开发与管理中迫切需要解决的重大课题。为此，"十一五"国家科技支撑计划重点项目"黄河健康修复关键技术研究"第一课题"黄河流域水沙变化情势评价研究"（课题编号：2006BAB06B01）和黄河水利委员会小浪底基础研究项目"小浪底水库入库水沙条件分析研究"（项目编号：XLDYX07130）中，同时设立了"黄河中游水沙变化成因分析"专题，旨在剖析1997~2006年黄河中游主要产沙区的水沙变化及其成因，为制订黄河治理规划和治理方案提供科学依据。项目研究自 2006 年底开始，2009 年底结束，历时 3 年。黄河水利委员会黄河水利科学研究院、黄河水利委员会西峰水土保持科学试验站、黄河水利委员会水文局黄河水文水资源科学研究院、山西省水资源研究所、黄河水利委员会黄河上中游管理局等单位发挥各自优势，联合开展了研究。

本项研究以重点分析 1997~2006 年黄河中游河龙区间及泾河、北洛河、渭河、汾河流域入黄径流量、泥沙量以及泥沙级配的变化，定量计算水利水保措施减水减沙量，分析人为因素、自然因素对径流泥沙变化影响的权重和水沙变化成因，分析淤地坝拦沙的泥沙级配组成，进而评价人类活动对入黄径流泥沙的影响程度为研究目标。

本项研究是"黄河流域水沙变化情势评价研究"课题和"小浪底水库入库水沙条件分析研究"项目中分量最重的专题，工作量大面宽，堪比水利部第二期水沙基金所有相关专题的工作量，研究工作历尽艰辛。研究范围包括河龙区间以及泾河、北洛河、渭河、汾河等"一区间四河"，研究区域总面积约为 28.72 万 km^2，占黄河中游河口镇至桃花峪总面积的 83.5%。本项研究涉及黄河中游地区雨量站 1176 个，水文站 83 个，仅 1997~2006 年水文资料收集与处理的工作量就非常巨大，整理完成的数据堪称海量。这些水文资料除了涉及黄河水利委员会管辖的水文站网，还涉及陕西、甘肃、宁夏、内蒙古和山西管辖的水文站网，资料收集的难度非常大。在时间紧、任务重、要求高的情况下，全体研究人员克服了水文、水利、水保等资料收集过程中难以名状的困难，高效、圆满地完成了全部研究任务。本项研究共设立 7 个子专题，子专题第一负责人分别为李雪梅、吴永红、李智慧、毕慈芬、曾茂林、张胜利、戴明英，他们工作尽职尽责。其中，毕慈芬、张胜利、戴明英、曾茂林等教授级高级工程师不顾年高体弱，工作严谨认真，起到了表率作用。"献身、求实、负责"的水利行业精神贯穿研究工作的始终，本项研究成果凝聚着全体研究人员的心血和汗水，也是多年研究积累的进一步提炼和升华。

2008 年 8 月下旬，由本项研究负责人带队，组织有关研究人员赴黄河中游地区进行了外业调研和考察。在历时半个月的调研过程中，专题组先后考察了汾河流域、河龙区间西部 10 条支流和关中灌区，重点考察了皇甫川流域和支沟乌兰沟、乌拉素沟坝系以及西黑岱沟小流域坝系建设，沿途考察了黄河中游粗泥沙集中来源区，补充收集了相关资料。在考察过程中，与山西省水资源研究所、内蒙古自治区鄂尔多斯市准格尔旗水保局和水利局、黄河水利委员会晋陕蒙接壤地区水土保持监督局、陕西省榆林市榆阳区水利水保局、延安市水利水保局、延安市宝塔区水利水保局的有关领导和专业技术人员进行了广泛交流。在西安市，又先后到陕西省水土保持局、陕西省水利厅、陕西省江河水库管理局、黄河水利委员会黄河上中游管理局水政水资源处、黄河流域水土保持生态环境监测中心等单位座谈交流，收集资料。整个考察累计行程3200余公里。在此，谨对以上单位和有关人员在外业调研、考察和资料收集过程中给予的帮助表示衷心地感谢！

本项研究成果提出后，由于多方关注，事关重大，曾经进行过三次技术咨询，先后得到了项目咨询专家刘昌明院士、王浩院士、胡春宏、吴保生、薛松贵、陈效国、黄自强、刘晓燕、张金良、郑新民、李景宗、汪习军、姜乃迁、余欣、洪尚池、熊贵枢等教授的指导。根据咨询意见，本项研究第一负责人认真修改了全部研究报告，反复推敲，经多方论证，数易其稿后方才付梓。在此过程中，不少专家都给予了无私的帮助。尤其是"黄河流域水沙变化情势评价研究"课题和"小浪底水库入库水沙条件分析研究"项目第一负责人、黄河水利委员会黄河水利科学研究院总工程师姚文艺教授级高级工程师，更是从各个方面都给予了热情的指导、鼓励和帮助，并对今后研究提出了重要的指导性意见，在此一并致以诚挚地谢意！

本项研究紧密结合黄河治理开发与管理的重大科技需求，研究成果对黄河水沙调控关键技术、黄河泥沙空间配置模式、黄河中游地区水土保持生态建设、黄河多沙粗沙区粗泥沙控制技术研究等都具有直接的技术支撑作用，为黄河治理开发与管理决策提供了新的科学依据。研究成果丰富了业已开展20余年的黄河中游水沙变化研究内容，并已被《黄河流域综合规划》（修编）参考。

由于本项研究范围较大，涉及流域众多，参加研究的人员达90余人。主要完成人员有冉大川、左仲国、吴永红、李雪梅、张胜利、戴明英、曾茂林、李智慧、毕慈芬、武晓林、董雪娜、王金花、李文红、刘平乐、张攀、李焯、王昌高、康玲玲、武光明、郗茂成、杨春霞、董飞飞、申震洲、杨一松、张志萍、李莉、孙赞盈、金剑、李江虹、王文辉、罗全华、张西宁、常众、程普云、沈梅、郭宝群、王英顺、蒋钢、肖培青、尚红霞、郑艳爽、孙维营、王兵、林银平、高亚军、柏跃勤、屠新武、王静、陈发中、张芳珠、王志勇、李晓宇、田捷、付延红、刘志勇、任波等。

本书是对"黄河中游水沙变化成因分析"专题研究成果和黄河中游近期水沙变化若干重要问题去芜存菁的系统总结和补充提炼，是全体研究人员团结协作、呕心沥血的结晶。全书共分8章，具体编写人员为：第1章：冉大川、张攀、左仲国、申震洲。第2章：2.1节吴永红、李雪梅；2.2节曾茂林；2.3节张胜利；2.4节戴明英；2.5节李智慧、武晓林。第3章：3.1节和3.2节冉大川、李雪梅；3.3节李雪梅、冉大川、左仲国；3.4节张胜利、戴明英、曾茂林、李智慧、武晓林；3.5节冉大川、李雪梅；3.6节李雪梅。第4章：4.1节吴永红、王富贵；4.2节吴永红、冉大川；4.3节~4.9节冉大川、吴永红、张胜利、戴明英、曾茂林、李智慧、武晓林。第5章：毕慈芬、左仲国、冉大川、王富贵。第6章：6.1节冉大川、左仲国、吴永红；6.2节李勇、冉大川、李小平、张晓华；6.3节冉大川、左仲国；6.4节张胜利、冉大川；6.5节冉大川、李雪梅；6.6节冉大川、申震洲、曾茂林；6.7节曾茂林、冉大川；6.8节冉大川；6.9节张胜利、冉大川。第7章：冉大川、左仲国。第8章：冉大川。

全书最后由冉大川统稿。

由于研究时间有限，限于作者水平，加之黄河中游近期水沙变化问题的高度复杂性，书中欠妥和不足之处在所难免，竭诚欢迎读者、专家和同仁批评指正，不吝赐教！

2011年6月于郑州

目 录

前言

第1章 绪论 ··· 1
  1.1 研究背景 ··· 1
  1.2 黄河中游近期水土保持概况 ··· 2
  1.3 黄土高原近期生态变迁 ··· 4
  1.4 研究目的与意义 ··· 6
  1.5 研究内容、目标和范围 ··· 7
    1.5.1 研究内容 ··· 7
    1.5.2 研究目标 ··· 8
    1.5.3 研究范围 ··· 8
  1.6 技术路线 ·· 8
  1.7 黄河中游水沙变化以往研究综述 ·· 9
    1.7.1 研究项目综述 ··· 10
    1.7.2 取得的主要认识 ··· 12
    1.7.3 研究成果差异简析 ··· 13
    1.7.4 存在的主要问题 ··· 15

第2章 黄河中游环境特征及近期水沙变化特点 ································· 19
  2.1 河龙区间特征及近期水沙变化特点 ··· 19
    2.1.1 河龙区间环境特征 ··· 19
    2.1.2 近期水沙变化特点 ··· 21
    2.1.3 小结 ·· 38
  2.2 泾河流域特征及近期水沙变化特点 ··· 39
    2.2.1 泾河流域环境特征 ··· 39
    2.2.2 近期水沙变化特点 ··· 40
    2.2.3 "2003.8.25" 暴雨概况 ··· 44
  2.3 北洛河流域特征及近期水沙变化特点 ······································ 45
    2.3.1 北洛河流域环境特征 ·· 46
    2.3.2 近期水沙变化特点 ·· 47
  2.4 渭河流域特征及近期水沙变化特点 ··· 50
    2.4.1 渭河流域环境特征 ·· 50

    2.4.2 近期水沙变化特点 … 51
    2.4.3 2003年渭河"华西秋雨"简述 … 62
  2.5 汾河流域特征及近期水沙变化特点 … 63
    2.5.1 汾河流域环境特征 … 63
    2.5.2 水利水土保持概况 … 65
    2.5.3 近期水沙变化特点 … 66

第3章 黄河中游近期水沙变化"水文法"分析 … 71
  3.1 基本概念 … 71
  3.2 计算方法 … 72
    3.2.1 降雨强度对产流产沙的影响机理 … 72
    3.2.2 降雨产流产沙经验模型法 … 72
    3.2.3 降雨影响减水减沙量的计算方法 … 76
    3.2.4 河龙区间未控区减水减沙量的计算方法 … 76
  3.3 河龙区间近期"水文法"计算成果分析 … 77
    3.3.1 有控支流近期减水减沙量计算 … 77
    3.3.2 未控区近期减水减沙量计算 … 77
    3.3.3 河龙区间近期水沙变化水文分析汇总 … 86
  3.4 泾洛渭汾河近期"水文法"计算成果分析 … 87
    3.4.1 泾河 … 87
    3.4.2 北洛河 … 89
    3.4.3 渭河 … 89
    3.4.4 汾河 … 91
  3.5 减水减沙效益的空间分布特点 … 94
    3.5.1 河龙区间西部支流 … 95
    3.5.2 河龙区间东部支流 … 96
    3.5.3 泾洛渭汾河 … 96
  3.6 小结 … 98

第4章 黄河中游近期水沙变化"水保法"分析 … 99
  4.1 水利水保措施数量核实 … 99
    4.1.1 河龙区间水利水保措施数量核实 … 99
    4.1.2 泾洛渭汾河水利水保措施数量核实 … 106
  4.2 以洪算沙法 … 111
    4.2.1 坡面措施减洪量计算方法 … 111
    4.2.2 "以洪算沙"模型 … 121
  4.3 指标法 … 123
  4.4 淤地坝减洪减沙量计算 … 128
    4.4.1 河龙区间淤地坝减洪减沙量计算方法 … 128
    4.4.2 泾洛渭汾河淤地坝减洪减沙量计算方法 … 132

4.5 水利措施减水减沙量计算 ·· 134
4.5.1 水库减水减沙量计算 ·· 134
4.5.2 灌溉减水减沙量计算 ·· 135
4.6 河道冲淤量和工业、城镇生活用水量 ································ 135
4.6.1 影响河道输沙能力的主要因素分析 ······························ 135
4.6.2 河道冲淤量计算方法 ·· 136
4.6.3 工业、城镇生活用水量 ··· 137
4.7 人类活动增洪增沙量 ·· 137
4.7.1 陡坡开荒 ·· 137
4.7.2 开矿 ··· 137
4.7.3 修路 ··· 137
4.8 未控区减水减沙量的计算 ··· 138
4.9 计算结果分析 ·· 138
4.9.1 河龙区间 ·· 138
4.9.2 泾洛渭汾河 ··· 149

第5章 淤地坝拦沙的泥沙级配组成分析 ···································· 158
5.1 已有研究综述 ·· 158
5.1.1 准格尔旗水利电力局等研究成果 ································· 158
5.1.2 刘纯明研究成果 ·· 159
5.1.3 徐建华等研究成果 ··· 159
5.1.4 毕慈芬等研究成果 ··· 159
5.1.5 左仲国等研究成果 ··· 160
5.2 取样地点遴选和取样方法 ··· 160
5.2.1 皇甫川流域 ··· 160
5.2.2 窟野河流域 ··· 161
5.2.3 钻孔取样点布设与取样方法 ······································ 162
5.3 淤地坝拦沙的泥沙级配组成分析 ····································· 163
5.3.1 钻孔取样基本情况 ··· 163
5.3.2 淤地坝拦截粗泥沙百分数排序 ··································· 165
5.3.3 淤地坝中粗泥沙百分数沿纵向分布规律 ······················· 167
5.3.4 淤地坝中粗泥沙百分数沿垂线分布规律 ······················· 168
5.3.5 原生态$\bar{d}_{50原}$与淤地坝$\bar{d}_{50淤}$的关系 ························ 168
5.3.6 影响原生态泥沙级配组成的主要因素 ·························· 170
5.3.7 四种原生态土壤粒径级配组成大小排序 ······················· 171
5.3.8 各种颜色砒砂岩颗粒级配组成排序 ····························· 177
5.4 淤地坝"拦粗排细"可行性分析 ······································ 178
5.4.1 砒砂岩地区土壤侵蚀机理 ·· 178
5.4.2 砒砂岩地区暴雨洪水 ·· 181

5.4.3　砒砂岩地区营造沟道人工湿地的潜力 ·················· 183
　　5.4.4　淤地坝建设对水环境的调节作用 ···················· 183
　　5.4.5　相关研究与监测建议 ·························· 184
5.5　小结 ·································· 185
第6章　黄河中游近期水沙变化若干重要问题研究 ··············· 187
6.1　河龙区间近期水保措施拦减粗泥沙不同作用分析 ············· 187
　　6.1.1　近期水利水保措施拦减粗泥沙量分析 ················· 187
　　6.1.2　近期水保措施拦减粗泥沙不同作用分析 ················ 190
6.2　粗泥沙集中来源区拦沙工程的拦沙减淤效果 ··············· 194
　　6.2.1　不同来源区洪水分组泥沙冲淤特性 ·················· 194
　　6.2.2　黄河中游近期拦沙减淤效果 ····················· 197
　　6.2.3　《多沙粗沙区拦沙工程规划》拦沙减淤效果 ·············· 198
　　6.2.4　小结 ······························· 201
6.3　基于最大减沙效益的水保措施配置比例分析 ··············· 201
　　6.3.1　近期水保措施减洪减沙比例及其变化 ················· 202
　　6.3.2　河龙区间水保措施配置比与减沙比关系分析 ·············· 204
　　6.3.3　河龙区间坝地配置比与减沙比分析 ·················· 205
　　6.3.4　最大减沙效益对应的水保措施配置比例 ················ 206
　　6.3.5　小结 ······························· 208
6.4　生态修复对北洛河流域水沙变化的影响分析 ··············· 208
　　6.4.1　林率与产流产沙关系 ························ 208
　　6.4.2　小流域生态修复的减水减沙作用分析 ················· 210
6.5　近期治理对典型支流水沙关系的影响分析 ················ 211
　　6.5.1　对降雨径流关系及降雨产沙关系的影响 ················ 211
　　6.5.2　对径流泥沙关系的影响 ······················· 214
　　6.5.3　小结 ······························· 216
6.6　泾河流域淤地坝拦沙对降雨的响应分析 ················· 216
　　6.6.1　淤地坝的拦沙减蚀机理 ······················· 217
　　6.6.2　淤地坝拦沙量与降雨量关系分析 ··················· 217
　　6.6.3　淤地坝拦沙量与洪水量关系分析 ··················· 220
　　6.6.4　小结 ······························· 222
6.7　基于暴雨的水保措施减洪减沙作用分析 ················· 222
6.8　减水减沙尺度问题简析 ························· 225
　　6.8.1　淤地坝拦沙量与减蚀量的尺度关系 ·················· 225
　　6.8.2　河龙区间减水减沙尺度问题简析 ··················· 226
　　6.8.3　泾河流域减沙效益尺度问题简析 ··················· 229
　　6.8.4　近期水土保持措施的水文水资源效应 ················· 230
6.9　晋陕蒙接壤地区生产建设项目影响评价 ················· 231

6.9.1　晋陕蒙接壤地区生产建设项目概况 ········· 231
　　6.9.2　生产建设项目新增水土流失典型调查 ········· 231
　　6.9.3　生产建设项目对水土流失和水资源影响评价 ········· 233

第7章　减水减沙计算结果的合理性论证 ········· 236
7.1　近期减水减沙总体计算结果 ········· 236
　　7.1.1　"水文法"计算结果 ········· 236
　　7.1.2　"水保法"计算结果 ········· 236
　　7.1.3　河龙区间 ········· 236
　　7.1.4　泾洛渭汾河 ········· 237
7.2　降雨影响与综合治理影响 ········· 237
　　7.2.1　河龙区间 ········· 239
　　7.2.2　泾洛渭汾河 ········· 239
7.3　近期减水减沙成因 ········· 240
　　7.3.1　水保措施 ········· 240
　　7.3.2　水利措施 ········· 243
　　7.3.3　水利水保措施 ········· 244
　　7.3.4　封禁治理 ········· 244
　　7.3.5　河道冲淤 ········· 245
　　7.3.6　人为新增水土流失 ········· 245
7.4　计算结果的合理性论证 ········· 245
　　7.4.1　与"水沙基金"2的对比 ········· 245
　　7.4.2　其他旁证 ········· 246
　　7.4.3　成果合理性分析 ········· 248
7.5　研究小结 ········· 250
　　7.5.1　黄河中游地区近期减水减沙结果 ········· 250
　　7.5.2　河龙区间近期减水减沙结果 ········· 251
　　7.5.3　泾洛渭汾河近期减水减沙结果 ········· 251
　　7.5.4　人类活动与降雨变化对近期减水减沙的影响 ········· 251
　　7.5.5　近期水利水土保持措施的减水减沙作用 ········· 252

第8章　结论与展望 ········· 253
8.1　取得的研究成果 ········· 253
8.2　主要研究进展 ········· 256
8.3　研究建议与展望 ········· 257

参考文献 ········· 259

第1章 绪　　论

1.1　研究背景

黄河流域黄土高原地区，西起日月山，东至太行山，南靠秦岭，北抵阴山，涉及青海、甘肃、宁夏、内蒙古、陕西、山西、河南等七省（自治区），总面积64万km^2，其中水土流失面积45.4万km^2，占总面积的70.9%，是我国乃至世界上水土流失最严重、生态环境最脆弱的地区。黄土高原地区水土流失面积中，侵蚀模数大于5000t/（km^2·a）的强度水蚀面积14.6万km^2，占黄河中游地区水土流失面积的32%，占全国同类面积的39%；侵蚀模数大于8000t/（km^2·a）的极强度水蚀面积8.5万km^2，占黄河中游地区水土流失面积的18.7%，占全国同类面积的64%；侵蚀模数大于15 000t/（km^2·a）的剧烈水蚀面积3.67万km^2，占黄河中游地区水土流失面积的8%，占全国同类面积的89%。局部地区的侵蚀模数甚至超过30 000t/（km^2·a）。黄土高原多年平均进入三门峡的泥沙达16亿t，年均含沙量37.8kg/m^3，居世界各大河流之冠。黄土高原由于自然条件与人类活动的交织作用，形成了严重的水土流失。黄土高原的水土流失具有以下特点：①水土流失面积大、强度高；②形态多样，而沟蚀特别严重；③产沙区域集中；④水土流失的年际和年内季节分布不均；⑤人为破坏新增水土流失十分严重。

黄河中游黄土高原地区水土流失类型多样，成因复杂。黄土丘陵沟壑区、黄土高塬沟壑区、土石山区、风沙区等主要类型区的水土流失特点各不相同。水蚀、风蚀等相互交融，特别是由于深厚的黄土土层和其明显的垂直节理性，沟道崩塌、滑塌、泻溜等重力侵蚀异常活跃。严重的水土流失不仅造成了该地区的贫困，制约了经济社会的可持续发展，而且加剧了荒漠化的发展和其他灾害的发生，特别是大量泥沙淤积在下游河道，使河床不断抬高，成为地上悬河，大大加剧了洪水威胁。同时，为减轻下游河道淤积，必须保证一定的冲沙用水，客观上又减少了黄河流域的可调水量，加剧了水资源的供需矛盾（黄河水利委员会，2002）。黄河流域水资源利用率已达到70%，远大于40%的国际限制标准。黄河已由过去的"善淤、善决、善徙"转变为"水少、水脏、河悬"。黄河中游7.86万km^{2}的多沙粗沙区尤其是1.88万km^{2}的粗泥沙集中来源区，水土流失尤为严重，是黄河流域水土保持综合治理的重中之重。

1997年以来的10年间，黄河中游水土保持综合治理力度明显加大，水土保持生态工程建设、生态修复和封禁治理、淤地坝"亮点工程"建设等多种治理手段齐头并进，治理速度明显加快，治理度迅速提高。与此同时，煤矿开采、交通设施建设、水资源开发利用等各种人类活动日益强烈。由于黄河中游下垫面发生了比较明显的变化，由此对黄河中游水沙变化产生了新的影响并带来了一系列新的问题，径流泥沙锐减趋势更为明显，急需开展研究。为此，"十一五"国家科技支撑计划重点项目——"黄河健康修复关键技术研究"第一课题"黄河流域水沙变化情势评价研究"（课题编号：2006BAB06B01）和黄河水利委员会小浪底基础研究项目——"小浪底水库入库水沙条件分析研究"（项目编号：XLDYX07130）中，同时设立了"黄河中游水沙变化成因分析"专题，在以往研究的基础上，对黄河中游近期（1997～2006年）水沙变化继续开展研究。

1.2 黄河中游近期水土保持概况

1997年以来，黄河中游地区水土保持工作进展迅速。特别是江泽民同志作出"再造一个山川秀美的西北地区"的重要批示以来，黄河中游地区水土保持工作进入了快速发展的新阶段。1997年国家开始实施西部大开发战略；2000年以来黄河中游地区水土保持生态工程建设全面展开，生态修复和封禁治理试点工作相继开展；2003年开始全面启动"亮点工程"——黄土高原地区水土保持淤地坝工程建设。黄河中游地区成为黄土高原和黄河流域水土保持工作大力开展的主战场，以小流域为单元，打坝淤地，植树种草，禁伐封育，退耕还林，实施综合治理，水土流失治理速度明显加快，综合治理工作成效显著，硕果累累。

近期黄河流域水土保持工作以黄河粗泥沙集中来源区和沟道拦沙工程为重点，坚持综合治理与预防监督并进、人工治理与生态自我修复相结合。水土保持综合治理工作继续稳步推进，取得了新的成绩。水土保持措施初步治理面积累计达21万km^2。根据有关资料统计，2006年黄河流域共完成水土流失综合治理面积1.238万km^2，其中，建设基本农田140 822hm^2、营造乔木林181 666hm^2、灌木林296 517hm^2、经济林135 114hm^2、人工种草220 594hm^2、实施封禁治理263 309hm^2。全年完成淤地坝建设326座，建成小型水利水保工程38 552座（处）。

作为黄河中游地区水土流失最为严重省份之一的陕西省，多沙粗沙区面积4.35万km^2，占黄河中游多沙粗沙区面积7.86万km^2的55.3%；粗泥沙集中来源区面积1.504万km^2，占黄河中游粗泥沙集中来源区面积1.88万km^2的80%。改革开放30年来累计投入治理资金60亿元，实施综合治理小流域2600多条，累计治理水土流失面积4.5万km^2，年均拦蓄泥沙1.3亿t。建设淤地坝4万座，其中延安、榆林两市共有3.56万座；淤地6.6万hm^2，年增产粮食3亿kg。全省有72个县实施了封山禁牧，封禁面积达到900万亩（折合60万hm^2），退耕还林面积1528.8万亩（折合101.92万hm^2），位居全国第一。全省林草覆盖率已由30%提高到45%。

根据黄河中游水土保持委员会原主任委员、陕西省原省长袁纯清（现任中共山西省委书记）2007年9月在宁夏银川召开的黄河中游水土保持委员会第九次会议上所作的工作报告，2003年以来，在党中央、国务院的高度重视和关怀下，在国家有关部委的大力支持下，黄土高原地区水土保持生态建设取得了显著成效，特别是作为全国水利建设"三大亮点"工程之一的淤地坝工程，建设速度加快，成效显著，黄河上中游地区水土流失综合防治工作取得了新的进展。2003～2007年的4年间，国家先后安排专项资金开展了125条小流域坝系试点工程建设，目前已建成各类淤地坝2995座，其中，骨干坝629座、中小型坝2366座，形成了宁夏聂家河、青海景阳沟、甘肃称钩河、内蒙古西黑岱、陕西碾庄沟、山西康和沟、河南砚瓦河等一批防护体系完善、综合效益好的坝系。这些淤地坝，使3000多平方千米的水土流失面积得到了控制，可蓄滞洪水4亿m^3，拦截泥沙5亿t，淤地8万多亩（折合约5333hm^2），发展水浇地、保护下游农田10多万亩（折合约6667hm^2）。黄河中游水土保持委员会第八次会议召开以来的两年间，黄河上中游地区共完成水土流失初步治理面积2.5万km^2，其中，建设基本农田470万亩（折合约31.33万hm^2），营造水土保持林草2600万亩（折合约173.33万hm^2），实施生态修复面积4500km^2；黄河水土保持生态工程、国家农业综合开发水土保持工程等重点建设项目取得了新进展，建成了一大批示范工程。水土保持预防监督工作深入开展，完成了涉及10余个行业的300多个大中型开发建设项目的执法督察，大幅度提高了开发建设项目的水土保持方案审批率、监测监理实施率、规定费用收缴率和竣工设施验收率，使水土保持"三同时"制度得到进一步落实，有效遏制了人为的水土流失现象。

长期的水土保持实践经验证明，淤地坝是黄土高原水土流失防治的重要措施，在水土流失治理中具有不可替代的作用；它是快速减少入黄泥沙、减轻黄河下游河道泥沙淤积、实现"河床不抬高"最有效的工程措施，在黄土高原地区小流域治理中对泥沙具有绝对的控制性作用。根据以往研究成果（冉大川等，2000），作为黄河中游多沙粗沙区淤地坝分布最为集中的河口镇至龙门区间（简称河龙区间），1970~1996年淤地坝减沙量占水土保持措施减沙总量的64.7%。1970~1996年，河龙区间淤地坝较多的四条典型支流皇甫川、窟野河、无定河和三川河流域的淤地坝减沙量分别占水土保持措施减沙总量的57.8%、37.2%、62.1%和72.2%。因此，淤地坝是拦减黄河中游泥沙的关键措施和主要工程措施。根据有关资料统计，黄土高原现有10万多座淤地坝，截至2006年年底，黄土高原淤地坝累计拦截入黄泥沙逾210亿t。

黄土高原地区水土流失十分严重，每年输入黄河的泥沙达16亿t。黄土高原土质疏松、沟壑纵横，长度大于0.5km的沟道就有27万多条，入黄河泥沙总量的60%以上都来自这些沟道。在长期的治理实践中，当地农民群众创造出了在沟道建设淤地坝的水土保持工程措施。根据调查，一座大型淤地坝平均可拦截泥沙8000t，中型淤地坝平均可拦截泥沙6000t，小型淤地坝平均可拦截泥沙3000t。从2003年起，水利部安排专项资金，启动实施了黄土高原地区水土保持淤地坝试点工程。淤地坝试点工程涉及陕西、甘肃、宁夏、青海、山西、内蒙古等6省（自治区）。到2006年年底，这些省区总共建成各类淤地坝2995座，形成了一批防护体系完善的坝系。根据水利部初步测算，加上早年建设的淤地坝，目前黄土高原的淤地坝已达10万多座。仅2003年以来建设的淤地坝就使3000多平方千米的水土流失面积得到控制，累计蓄滞洪水4亿m^3，拦截泥沙5亿t。

根据国家"十一五"科技支撑计划重点项目第一课题第二专题承担单位黄河水利委员会（简称黄委会）黄河上中游管理局2008年10月30日提供的最新数据，截至2006年年底，黄河中游地区（河龙区间及泾洛渭汾河）水土保持措施累计保存面积1122.33万hm^2。其中，梯田累计保存面积285.25万hm^2，林地累计保存面积

595.3 万 hm², 草地累计保存面积 144.0 万 hm², 坝地累计保存面积 13.12 万 hm², 封禁治理累计保存面积 84.66 万 hm², 治理度为 39.1%。

1.3　黄土高原近期生态变迁

退耕还林种草和实施生态修复是黄土高原近期生态变迁的主要影响因素。自 1997 年 8 月江泽民同志发出"再造一个山川秀美的西北地区"的号召以来，国家实行"退耕还林，封山绿化，个体承包，以粮代赈"的政策，大大促进了黄土高原地区的生态环境建设。近年来，退耕还林种草规模很大，进展很快。根据有关资料统计，退耕还林工程自 1999 年开始试点，2002 年全面启动，实施范围涉及 25 个省（自治区、直辖市）和新疆生产建设兵团的 2279 个县（含县级单位）、3200 多万农户、1.24 亿农民。截至 2007 年，已累计完成退耕地造林 1.39 亿亩、荒山荒地造林 2.05 亿亩、封山育林 0.2 亿亩，国家已投资 1300 多亿元。

黄土高原近期生态变迁以陕西省最为明显。陕西省地处黄土高原腹地，西部大开发 10 年来，生态环境有了明显改观，生态状况实现了从"整体恶化、局部好转"向"总体好转、局部良性循环"的历史性转变。陕西省把生态环境建设作为实施西部大开发的切入点，组织实施了退耕还林、天然林保护和"三北"防护林建设等林业重点工程和大规模的水土保持生态建设工程，森林覆盖率由 1999 年的 32.55% 提高到现在的 37.26%，是历史上增幅最大、增长最快的时期。退耕还林染绿了陕西版图，2000 年的《陕西遥感植被覆盖图》上陕西北部一片土黄色，2009 年的图上整个陕西基本被绿色覆盖，长城沿线风沙区由 2000 年的黄色变为 2009 年的绿黄色，部分区域变为淡绿色；陕北黄土高原、渭北旱原一带由 2000 年的绿黄色变为 2009 年的淡绿色，延安市北部各县（区）现已基本转变为中覆盖度植被，部分区域已成为高覆盖度植被。国家作出退耕还林的重大决策后，延安市在全国率先开展了大规模的退耕还林，全国退耕还林第一县——吴起县通过退耕还林还草，使森林覆盖率由 1997 年的 13.2% 提高到 2009 年的 38.2%，土壤年侵蚀模数由 1.53 万 t/km² 下降到 0.54 万 t/km²。退耕还林使延安市林地面积覆盖率提高了 9 个百分点，水土流失治理程度提高了 25%，生态环境恶化的势头已初步遏制（赵侠，2010）。

生态修复是在特定的区域内，依靠生态系统的自组织和自调控能力的单独作用，或依靠生态系统的自组织和自调控能力与人工调控能力的复合作用，使部分或完全受损的生态系统恢复到相对健康的状态。水土保持生态修复是具有普遍意义的生态修复的一种类型（杨爱民等，2005）。根据黄委会黄河上中游管理局有关资料（梁其春等，2007），1998 年以来，黄河上中游各省（自治区）按照水利部治水新思路，结合黄土高原实际，将水土保持生态修复工作作为生态环境建设的一项重要内容来抓，积极开展生态修复试点工作。2001 年，黄委会在黄河上中游地区启动实施了两期水土保持生态修复试点工程，涉及 7 省（自治区）20 个县（旗），封育保护面积达 1300km²；2002 年，在总结首批试点经验的基础上，水利部又在黄河上中游 7 省（自治区）22 个县的 6300km² 范围内，启动实施了全国水土保持生态修复试点工程。目前黄河上中游 7 省

（自治区）已有54个地（市）、294个县（市、旗）实施封禁保护面积近30万km^2，陕西、青海、宁夏3省（自治区）人民政府发布了实施封山禁牧的决定；山西、内蒙古、甘肃、河南4省（自治区）的36个地（市）、168个县（旗、区）出台了封山禁牧政策。青海省在黄河源区12万km^2范围内实施了水土流失预防保护工程。黄河上中游地区的封山禁牧在规模、范围和成效方面取得了历史性突破。

实施生态修复后，修复区灌草萌生的速度明显加快，裸地自然郁闭，植被覆盖度大幅度提高，生态环境明显改善。根据黄河上中游地区24个试点县的监测结果，修复区林草总盖度在60%以上的面积由修复前的297km^2增加到1262km^2，林草覆盖度由实施前的27.5%提高到60%，草场每公顷平均产草量由3000kg提高到30 000kg。植被由单一种类向复合型、多种群发展。项目区最明显的变化是山变绿、水变清、动物种类数量明显增多。宁夏盐池县和灵武县修复三年后，基本控制了风沙危害，连片的浮沙地和明沙丘基本消失，冬春两季大风弥漫的现象基本得到控制，水土流失强度明显降低。通过封山禁牧、疏林补植、退耕种草、人工抚育等措施，地上生物量、枯落物量明显增加，植被截持降水能力和土壤拦蓄径流能力有了不同程度的提高，水土流失强度明显减弱。

植被的恢复或重建是黄土高原生态环境建设的核心，也是建立一个"山川秀美"的黄土高原的基础。中国科学院地理科学与资源研究所信忠保等通过分析国际广泛使用的美国航空航天局（NASA）全球监测与模型研究组（GIMMS）发布的MVC和比利时佛莱芒技术研究所发布的SPOTVGT两种植被遥感数据，揭示了1981~2006年黄土高原植被覆盖变化情况。研究表明，黄土高原地区植被覆盖经历了以下4个阶段：①1981~1989年植被覆盖持续增加时期；②1990~1998年以小幅波动为特征的相对稳定时期；③1999~2001年植被覆盖迅速下降时期；④2002~2006年植被覆盖迅速上升时期。黄土高原地区植被覆盖变化存在显著的空间差异。内蒙古和宁夏沿黄农业灌溉区和鄂尔多斯退耕还林还草生态恢复区的植被覆盖明显提高，而黄土丘陵沟壑区和六盘山、秦岭北坡等山地森林区的植被覆盖明显退化。从不同的植被类型来看，沙地、草地和耕地的归一化植被指数（NDVI）上升趋势显著，而森林植被的NDVI呈明显的下降趋势。植被覆盖变化是气候变化和人类活动共同作用的结果。黄土高原地区气候变暖在加剧土壤干燥化、抑制夏季植被生长的同时，提高了春、秋季节植被生长活性，延长了植被生长期。黄土高原地区植被覆盖和降水关系密切，降水变化是植被覆盖变化的重要原因。农业生产水平的提高致使农业区NDVI在不断上升，同时，正在黄土高原大规模进行的退耕还林还草工程建设，其生态效应也正在呈现（信忠保等，2007）。

这一研究从另一个角度证明了我国自退耕还林政策试点实施以来，虽然降水量有所下降，但黄土高原的植被覆盖率明显提高，这对退耕还林政策的效果是一个肯定。该研究还表明，气候变化是黄土高原地区植被覆盖时空变化的重要影响因素，但人类活动也是不可忽视的驱动因素之一。这一研究工作的创新之处在于，基于两种遥感植被数据，从气候变化和人类活动两个方面探讨了植被覆盖变化的驱动机制，其研究结果对于理解植被变化对全球气候变化的响应，特别是帮助理解陆地生态系统的动态变化驱动机制有着重要的意义，也对评估当前黄土高原生态植被恢复的效果有一定意义。

其他众多研究表明，1998年以来，黄土高原林草覆盖率的显著增加可能是黄土高原生态环境变化的最大因素。黄土高原近期生态环境变化与水土保持措施实施进度的加快、大面积退耕还林草的实施、淤地坝建设力度的加强、大面积封禁治理的实施和大规模农村剩余劳动力的转移有密切的关系（许炯心，2010）。

1.4 研究目的与意义

黄河中游黄土高原严重的水土流失是黄河泥沙问题和下游河道淤积的根源，也是我国的头号生态问题。黄河中游河龙区间流域面积13万km^2，占黄河流域总面积79.5万km^2的16%，来水量仅占全河水量的15%，来沙量却占全河沙量的56%，多年平均含沙量高达128.0kg/m^3，是黄河流域的主要产沙区；龙门至潼关区间流域面积为19万km^2，占黄河流域总面积的24%，来水量占全河水量的22%，来沙量占全河沙量的34%，多年平均含沙量53.8kg/m^3，仅次于河龙区间（水利部黄河水利委员会，2006）。泾河、北洛河、渭河（不包括泾河）、汾河等四大支流即在龙门至潼关区间。黄河为患，根在泥沙；害在下游，根在中游。黄土高原严重的水土流失不仅直接威胁着黄河流域作为"能源流域"的生态安全，制约着我国能源、矿产开发等经济发展重大战略布局的实现，且多年平均进入黄河的16亿t泥沙所形成的"地上悬河"一直威胁着黄河下游的防洪安全。黄土高原生态脆弱区生态系统功能的恢复重建既是我国生态环境建设的重点，也是我国中长期科技发展的重点研究领域和优先主题。虽然关于黄土高原水土流失规律、治理技术有了很多成果，取得了年均减少入黄泥沙量3.0亿t的显著效果，但与该地区经济发展和生态建设的要求相比还有很大差距。加之气候变化及不断增强的多种人类活动所形成的多元干扰环境，使得黄土高原水土流失仍然相当严重，在黄土高原水土流失治理及黄河中游水沙变化评价研究中仍有很多关键技术没有突破，需要进行系统、深入的分析。

目前，黄河水资源的开发和综合利用程度在我国各大江河中是比较高的，黄河治理也取得了巨大成就。然而，随着流域水利建设的不断发展，水土保持工作的深入扩大，水资源开发利用程度的持续提高以及气象水文的变化，黄河水沙情势不断改变，特别是自20世纪80年代中期以来，来水来沙量明显减少，水沙关系也发生很大调整，并由此给治河和水资源开发利用带来一系列新问题。其中，黄河中游近期（1997~2006年）水沙变化问题尤为突出和明显。1997年以来，在黄河流域仍呈降水持续偏枯的同时，人类活动的影响更为强烈，特别是中游水土保持治理力度逐渐加大，如1997年以来国家西部大开发战略决策的实施；2000年以来河龙区间水土保持生态工程建设的全面展开及生态修复和封禁治理试点工作的开展；2003年开始全面启动的"亮点工程"——黄土高原水土保持淤地坝工程建设等。随着退耕还林还草、淤地坝建设等水土保持治理力度逐渐加大，煤矿开采、交通设施建设、水资源开发利用等人类活动也显著加剧。由于黄河中游水土流失治理速度明显加快，治理标准不断提高，大规模、高标准的水土保持生态建设和日益强烈的人类活动已经对河龙区间和泾河、北洛河、渭河、汾河等四大支流的水沙变化产生了新的影响。

根据实测资料分析,近期(1997~2006年)与1950~1969年相比,河龙区间降雨量平均减少10.2%,泾河、北洛河、渭河、汾河流域降雨量平均减少15.2%;黄河中游地区径流量减少58.3%,输沙量锐减73.1%。同时,河龙区间干流主要水文站府谷、吴堡、龙门水文站近期泥沙粒径也呈现出不同的变化趋势。与1970~1996年相比,近期府谷水文站泥沙中值粒径和平均粒径分别减小了45.9%和40.7%,粒径明显变细;吴堡和龙门水文站泥沙中值粒径分别增大了22.1%和15.7%,平均粒径分别增大了31.3%和12.7%,粒径同时变粗。与此同时,黄河中游干流控制站潼关水文站年径流量、年输沙量依时序呈明显的递减趋势,20世纪90年代以来径流泥沙减少趋势更为明显。近期的1997~2006年与1952~1969年相比,年均径流量由440.6亿m^3减少为201.5亿m^3,减少了54.3%;年均输沙量由16.021亿t减少为4.333亿t,减少了73.0%;年均含沙量由36.1kg/m^3减小为24.5kg/m^3,减小了32.1%。但泥沙中值粒径却由0.022mm增大到0.025mm,增大了12.0%。

由于缺乏系统研究,目前对近期黄河中游水沙变化成因及其对人类活动的响应有关的重大问题还不清楚,直接影响到治黄决策。例如,近年来黄土高原水土保持生态建设的减沙效果如何?水利水土保持措施最近10年的减沙量是否仍为3亿t?河龙区间及其典型支流近期来沙量锐减的原因是什么?生态修复对流域水沙变化的影响如何?近期水土保持措施拦减粗泥沙作用有何不同?淤地坝拦沙的泥沙级配组成有何变化?黄河中游干流水文站泥沙粒径变化与支流治理有何关系?等等。如果不能及时准确地分析黄河中游近期水沙变化成因,就难以了解黄河中游近期水沙变化的原因所在,无法判断未来黄河水沙的变化趋势,更不可能科学地制订黄河中游未来治理方略。

黄河中游水沙变化情势是制订黄河治理规划和治理方案的重要依据,开展黄河中游近期水沙变化对人类活动的响应研究是我国水利科技发展的重要内容之一。水利部制订的《水利科技发展规划(2001~2015年)》把水资源演变规律的变化作为未来15年水利科技发展方向与优先领域之一。在《水利科技发展战略研究报告》中将变化环境下的黄河水沙变化趋势研究作为一项战略重点与重大课题。由此可见,开展黄河中游近期水沙变化对人类活动的响应研究是我国水利科技发展的重大需求。分析黄河中游近期水沙变化成因及其对人类活动的响应,可以对黄河中游近期水土保持综合治理效益给予科学评价,从而直接为指导黄河中游水土保持生态建设的治理规划提供服务,使国家投资发挥出更大的效益。因此,对黄河中游地区近期水沙发生的新变化进行跟踪研究和分析,也是黄河治理的迫切需求。在"十一五"国家科技支撑计划项目和小浪底基础研究项目的层面上开展近期黄河中游水沙变化成因分析,对于实现黄河健康修复目标、保障黄河流域经济社会又好又快发展、指导水土保持治黄实践和粗泥沙集中来源区有效治理等,都有着很大的现实意义。

1.5 研究内容、目标和范围

1.5.1 研究内容

(1)以"水文法"作为主要计算方法,通过分析黄河中游近期水沙变化特点,建立降雨产流产沙经验模型，定量计算近期水利水土保持综合治理等人类活动的减水减沙量，确定人类活动和降雨变化影响所占比例。

（2）以"水保法"作为主要计算方法，通过重点计算黄河中游河龙区间及泾河、北洛河、渭河、汾河流域近期水利水土保持措施减水减沙量、河道冲淤量、人为破坏增沙量等，深入剖析黄河中游近期水沙变化成因。

（3）定量分析河龙区间坡面措施及沟道措施在拦减粗泥沙中的不同作用；论证粗泥沙集中来源区拦沙工程的拦沙减淤效果；提出基于最大减沙效益的水保措施配置比例；分析近期生态修复对北洛河流域水沙变化的影响；评价晋陕蒙接壤地区生产建设项目对水土流失和水资源的影响；探索分析淤地坝拦沙量与减蚀量的尺度关系以及减沙效益的尺度效应。

（4）通过对黄河中游粗泥沙集中来源区皇甫川、窟野河、秃尾河和佳芦河等4条典型支流淤地坝的钻孔取样，分析淤地坝拦沙的泥沙级配组成、空间变化及其拦减粗泥沙能力。

1.5.2 研究目标

建立河龙区间各支流及泾河、北洛河、渭河、汾河流域基准期基于雨强的降雨产流产沙经验模型；提出河龙区间21条支流（含未控区）及泾河、北洛河、渭河、汾河流域近期水利水土保持措施等人类活动减水减沙量；确定人为因素、自然因素对径流泥沙变化影响的权重；分析淤地坝拦沙的泥沙级配组成。

1.5.3 研究范围

本次研究以河龙区间、泾河张家山站、北洛河状头站、渭河华县站（不包括泾河张家山站）、汾河河津站等"一区间四站"控制区域作为黄河中游地区近期水沙变化成因分析的研究范围。该研究区域合计流域面积约为28.7万km^2，占黄河中游（河口镇至桃花峪）流域总面积34.4万km^2的83.4%，其计算结果可以基本反映黄河中游地区近期水沙变化的实际情况。为便于同水利部黄河水沙变化研究基金项目等以往的研究成果进行衔接和比较，采用的水利水保措施减水减沙效益计算方法及指标分析方法与水利部黄河水沙变化研究基金第二期项目一致。同时，仍以1970年作为水土保持治理发挥效益的水沙系列分界年。

1.6 技术路线

（1）收集与整理黄河中游地区各支流1997~2006年水文资料，对黄河中游地区各支流基准期的降雨资料进行系列化处理和代表性分析，建立各支流基准期的降雨产洪产沙统计模型，根据"水文法"计算黄河中游各支流1997~2006年水利水土保持综合治理等人类活动的减水减沙量。

（2）根据典型调查，全面收集、核实黄河中游地区水土保持措施数量、质量与分布情况，应用"水保法"计算1997~2006年黄河中游各支流水利水土保持措施等人类活动的减洪减沙作用，分析近期黄河中游水沙变化成因。

（3）采取野外取样和实测水文资料分析相结合的方法，重点分析河龙区间粗泥沙集中来源区皇甫川等4条支流在实施水土保持坡面治理尤其是淤地坝建设后洪水泥沙的粒径变化规律，确定水土保持措施减沙量中的粒径组成和粗泥沙所占比例，分析水保措施对减少粗泥沙的作用。

（4）采用回归统计方法，定量分析河龙区间坡面措施及沟道措施在拦减粗泥沙中的不同作用；论证粗泥沙集中来源区拦沙工程的拦沙减淤效果。同时，归纳分析并提出在黄河中游多沙粗沙区现状治理条件下，基于最大减沙效益的水土保持措施配置比例；分析近期生态修复对北洛河流域水沙变化的影响；通过晋陕蒙接壤地区生产建设项目新增水土流失典型调查，评价其对水土流失和水资源的影响；探索分析淤地坝拦泥量与减蚀量的关系以及减沙效益的尺度效应。

1.7 黄河中游水沙变化以往研究综述

为研究黄土高原侵蚀产沙规律及治理措施的蓄水拦沙效益，我国于1942年在甘肃天水建立了第一个水土保持实验区，修建了径流小区，对人工种草、沟垄耕作等水土保持措施的减水减沙作用首次进行了观测研究，开了我国水土保持科学研究的先河，取得了珍贵的成果。1951年后，黄委会在甘肃天水、西峰及陕西绥德先后建立了水土保持科学试验站，逐渐形成了较为完善的试验研究规模，为黄河流域水土保持径流泥沙测验和研究工作起了奠基和导向作用（孟庆枚，1996）。此后，天然径流小区的定位观测作为一种基本研究手段被广泛应用。

早期对水土保持措施的减水减沙效益研究主要集中在小尺度上，如坡面小区水土保持治理对产流产沙的影响等。随着研究的不断深入，水土保持措施的减水减沙效益研究逐渐从径流小区向小流域及大中流域推进。20世纪80年代以前，研究重点基本上是根据水土保持科学试验站的观测资料，对影响土壤侵蚀的主导因子进行研究，揭示不同地形地貌、土壤特征、林草植被、水文气象条件下的土壤侵蚀规律及单项水土保持治理措施的减水减沙效益等。20世纪80年代中期以来，加强了对重点治理流域的研究。长江水利委员会结合三峡工程泥沙研究的需要，对三峡水库来水来沙条件作了深入分析研究，并对长江宜昌以上未来的来水来沙趋势作了初步预测，20世纪90年代后期又进行了长江上游水土保持重点防治工程减沙效益研究。

黄河水沙变化及水利水土保持措施减水减沙效益研究在全国7大流域（即长江流域、黄河流域、松花江和辽河流域、海河流域、淮河流域、珠江流域和太湖流域）尤为突出。1988~2001年，黄河水沙变化研究方兴未艾，先后开展了水利部第一期黄河水沙变化研究基金、黄河流域水土保持科研基金、国家自然科学基金（统称为"三大基金"）、"八五"国家重点科技攻关项目专题（85-926-03-01）、黄委会黄河上中游管理局"八五"重点课题和水利部第二期黄河水沙变化研究基金等重大研究，有六项研究成果问世。研究的重点在黄河中游，研究成果非常丰富，对黄河中游水利水土保持措施减水减沙效益的研究尤为系统和全面。

1.7.1 研究项目综述

对黄河中游水沙变化比较系统的研究始于20世纪80年代中期,至今已有20余年,其研究起因是进入20世纪70年代以后,黄河径流泥沙显著减少。1986年6月,根据当时水电部部长钱正英的指示,中国水利学会泥沙专业委员会和黄委会在郑州召开了"黄河中游近期水沙变化情况研讨会"。会议指出,1970~1984年,黄河上中游地区实测平均输沙量和径流量较1950~1969年的实测平均值有明显减少。龙门、华县、河津、状头4个水文站近15年(1970~1984年)的实测径流量较前20年(1950~1969年)减少66.3亿m^3,减少了14.8%;输沙量减少5.84亿t,减少了33.7%,而相应的降雨量减少了11.0%。降雨减少以及水利、水土保持措施的蓄水拦沙和引水引沙作用是黄河水量、沙量减少的主要原因(黄委会黄河上中游管理局,1996)。以该次会议为标志,对黄河中游水沙变化开始了系统研究,历时20余年不辍,硕果累累。关于黄河中游水沙变化研究的项目及课题较多,从研究项目类型来说,主要有专项基金研究和其他相关专题研究两大类。

1. 专项基金研究

专项基金研究项目始于1988年,止于2001年。主要有水利部黄河水沙变化研究基金第一期、第二期项目(汪岗和范昭,2002a,2002b);黄委会黄河流域水土保持科研基金第一期课题(黄委会水土保持局,1997);国家自然科学基金重大研究项目"黄河流域环境演变与水沙运行规律研究"(叶青超,1994;左大康,1991;钱意颖,1993;唐克丽,1993);"八五"国家重点科技攻关项目"黄河中游多沙粗沙区治理研究"(张胜利等,1998;景可,1997)等。这些项目的主要特点是开展规模大、研究历时长、参加单位和人员多、研究范围广。研究范围包括黄河流域各区域和干、支流的降雨和水沙变化特征、水土保持措施的减水减沙作用、水库调节的影响、主要冲积性河道的反馈调整等,涉及流域水沙变化的各个方面,研究内容主要集中于对黄河上中游水土保持措施减水减沙作用的计算与分析。现将以往五大研究概述如下。

(1)由徐乾清、顾文书主持的水利部第一期黄河水沙变化研究基金课题"黄河水沙变化及其影响"研究(简称"水沙基金"1)。此研究从1988年开始,1992年结束。1993~1995年由黄河水沙变化研究基金会出版的《黄河水沙变化研究论文集》共五卷。2002年9月,在重新整理和归纳、提炼各课题的基础上,黄河水利出版社编辑出版了由汪岗、范昭主编的《黄河水沙变化研究》第一卷(上、下册),共计200万余字。

(2)由于一鸣主持的黄委会黄河流域第一期水保科研基金第四攻关课题"黄河中游多沙粗沙区水利水保措施减水减沙效益及水沙变化趋势研究"(简称"水保基金"),此研究自1988年开始,1992年年底结束。课题共提出研究成果报告54份,总计120万余字。1994年由中国环境科学出版社出版了《水土保持减水减沙效益计算方法》一书。

(3)由左大康(已故)、叶青超主持的国家自然科学基金重大研究项目"黄河流域环境演变与水沙运行规律研究"课题二:黄河流域侵蚀产沙规律及水保减沙效益分析（简称"自然基金"）。此项目自 1988 年开始，1992 年结束，出版有《黄河流域的侵蚀与径流泥沙变化》等专著 4 部，研究论文集 8 集。

（4）由张胜利、李倬、赵文林主持的国家"八五"重点科技攻关项目"黄河中游多沙粗沙区治理研究"第一专题"多沙粗沙区水沙变化原因分析及发展趋势预测"（85-926-03-01）研究（简称"八五"攻关）。该项目自 1993 年开始，1995 年年底结束，出版了专著《黄河中游多沙粗沙区水沙变化原因及发展趋势》。

（5）由徐明权、钱意颖主持的水利部第二期黄河水沙变化研究基金课题"黄河水沙变化及其影响"研究（简称"水沙基金"2）。此研究自 1995 年开始，2001 年结束。"水沙基金"2 水利水保措施减水减沙研究的重点在河口镇至潼关区间的黄河中游地区，包括河龙区间和泾河、北洛河、渭河、汾河流域。"水沙基金"2 共设立了 9 个研究课题，资料系列截止到 1996 年。黄河水利出版社 2002 年 9 月编辑出版了由汪岗、范昭主编的《黄河水沙变化研究》第二卷，共计 115 万余字。

相对而言，水利部黄河水沙变化研究基金第一期、第二期项目对黄河水沙变化的研究更为系统和全面。例如，第一期列设了 58 个研究专题，直接参加研究的人员达 150 余人，取得的成果主要包括进一步研究了黄河流域水沙特性，重点分析了黄河上中游主要支流泥沙来源、水沙变化及其发生原因和发展趋势等，认识了流域水沙时空分布的特点；对平原区河道和控制性水库产生的影响作了初步估计；研究了水沙变化的机理，逐步建立了分析计算方法，包括"水文法"、"水保法"等。第二期研究项目除了继续深化研究 1970~1989 年黄河水沙变化情况外，重点研究了 1990~1996 年的黄河水沙变化情况。对 1970~1996 年黄河上中游水利水保措施减水减沙作用进行了较为深入细致的成因分析，提出了新的认识。

2. 其他相关专题研究

黄委会及其所属有关单位也曾设立了一些专项对黄河水沙变化问题进行研究，如治黄专项"黄河水沙变化及趋势分析"、治黄基金项目"黄河水沙变化及其对河道冲淤、洪水演进的影响"、"八十年代黄河水沙特性与河道冲淤演变"、黄委会黄河上中游管理局"八五"重点课题"黄河中游河口镇至龙门区间水土保持措施减洪减沙效益研究"、黄河防汛科技项目"人类活动和气候变化对黄河中游水资源的影响"、黄河流域第二次水资源规划工作中的水资源评价部分等。这些项目开展规模相对较小，主要是针对流域某一区域和水沙条件中某些问题进行研究的，但研究较为深入。

此外，在组织召开的一些专题会议上，对黄河水沙变化的某些方面也开展了一些研究和讨论，如 2004 年 12 月中国水利学会、黄河研究会联合举办的"黄河源区径流及生态变化研讨会"等（黄河研究会，2004）。这些研究可以分为两种类型：一种比较宏观，要求高度概括水沙基本特点和发展趋势，但研究深度有限；另一种侧重于生产需要，局限性较大。

在以上相关专题研究中，由李倬、郑新民主持的黄委会黄河上中游管理局"八五"重点课题"黄河中游河口镇至龙门区间水土保持措施减水减沙效益研究"比较全面和深入（黄委会黄河上中游管理局，1995）。该研究自 1991 年开始，1995 年年底结束，历时5年。最后形成支流研究报告15本，专题研究报告2本（共计16篇研究报告），总报告1本，分片总报告3本（即河龙区间陕北片、晋西北片及河龙区间南片），研究论文集一本（内含已在国家级刊物及国际刊物上正式发表的26篇论文）。

1.7.2 取得的主要认识

以上五大研究课题开展规模大、研究历时长、研究范围广、参加单位和人员多，对1996年以前黄河水沙变化的研究是较为系统和深入的。其中，"水沙基金"1、"水沙基金"2对黄河水沙变化的研究更为系统和全面。例如，"水沙基金"1设列了58个研究专题，直接参加研究的人员达150余人，取得的成果主要包括：①进一步研究了黄河流域水沙特性，重点分析了黄河上中游主要支流泥沙来源、水沙变化及其发生原因和发展趋势等，认识了流域水沙时空分布的特点；②对平原区河道和控制性水库产生的影响作了初步估计；③研究和完善了水沙变化的机理，逐步建立了分析计算方法，包括"水文法"、"水保法"等。

"水沙基金"1研究的不足之处是对洪水问题涉及较少，关于"水文法"、"水保法"计算方法中存在的诸如尺度转换、数学模型的代表性等一些关键技术问题也只是初步探索等。"水沙基金"2除了继续深化研究1970~1989年黄河水沙变化情况外，重点研究了1990~1996年的黄河水沙变化情况。对1970~1996年黄河上中游水利水土保持措施减水减沙作用进行了较为深入和细致的成因分析，提出了新的认识：①以20世纪50~60年代作为计算的基准期，确定出1970~1996年龙门、河津、张家山、状头和咸阳等5站控制区域水利水土保持措施年均减沙约为3.075亿t；②分析了河道萎缩、主槽淤积的主要原因；③首次提出了黄河中游水利水保工程对洪水影响的定性分析成果；④对水土保持蓄水减沙效益计算方法进行了改进和探讨，改进了传统的"成因分析法"；⑤提出了计算流域产流产沙的分布式模型等。

冉大川、柳林旺、赵力毅等在黄委会黄河上中游管理局"八五"重点课题"黄河中游河口镇至龙门区间水土保持措施减水减沙效益研究"和国家"八五"重点科技攻关项目专题"多沙粗沙区水沙变化原因分析及发展趋势预测"（85-926-03-01）研究的基础上，通过水利部第二期黄河水沙变化研究基金两大课题"河龙区间水土保持措施减水减沙作用分析"和"泾河、北洛河、渭河流域水土保持措施减水减沙作用分析"的研究（冉大川等，2000；冉大川等，2006），建立了黄河中游小区水土保持坡面措施减洪指标体系；借助"降雨量同频率对应"这一"桥梁"，通过对点面、时段、地区差异等三大差异的修正，成功将小区坡面措施减洪指标体系转换到流域；通过建立流域"以洪算沙"经验模型计算坡面措施减沙量。这种方法体现了坡面与沟道、洪水与泥沙的有机联系，初步解决了由小区坡面措施减洪指标体系推求流域坡面措施减洪指标体系的尺度转换问题。该尺度转换研究的突破点为"一体系"和"一模型"，即"坡面措施减洪指标体系"和"以洪算沙经验模型"。

通过一系列的研究，现在基本摸清了20世纪50年代至1996年黄河水沙变化的历史过程；分析了干流、区间和各主要支流水沙变化特点和成因，对1950~1996年黄河水沙变化原因有了基本认识；发展和改进了水土保持措施减水减沙作用的计算方法，建立了适用于黄河流域特点的"水文法"、"水保法"和"水文水保混合法"等计算方法;宏观预测了未来黄河水沙变化趋势。通过以上研究,对黄河中游地区水土保持措施减水减沙作用取得了重要认识:①水土保持综合治理措施具有明显的削减洪峰和缓滞洪水的作用;在小流域、大支流以及黄河干流等不同空间尺度上都具有非常重要和明显的减沙作用。②水土保持综合治理措施通过拦蓄降水,提高了水资源的利用率,同时减少了冲沙用水,相对增加了黄河干流的可利用水资源量。20世纪70年代以来黄河中游水土保持措施年均减少入黄泥沙3亿t,若按照黄河下游冲沙1t需要20m^{3}的水量计算,可减少冲沙用水60亿m^3,亦即平均每年可为黄河下游增加用于输沙以外的可调水量60亿m^3。③水土保持综合治理措施在减少大量泥沙的同时,也相应拦蓄了一些河川径流,并且随着治理面积的增大其拦蓄的径流有增加的趋势。④水土保持综合治理措施减水的本质是减少了洪水。水土保持综合治理措施拦蓄的主要是暴雨洪水径流;在汛期拦蓄的暴雨洪水有相当一部分在非汛期得到释放,增加了河川基流。

1.7.3 研究成果差异简析

"定性上存在共识,定量上存在差异"是黄河水沙变化专项基金研究课题的共同点。个别研究成果的定量数据差异还比较大,给治黄生产实践的应用带来了较大困难。黄河中游河口镇至潼关区间水利水土保持等人类活动年均减沙量计算成果比较见表1-1。其中河龙区间1、泾洛渭汾1为"水沙基金"1的研究成果;河龙区间2、泾洛渭汾2为"水沙基金"2的研究成果(时明立,1993;孟庆枚,1996;冉大川等,2000)。

由表1-1可以看出,对于同一区域,不同研究项目利用同样方法计算同一时段的减沙量可以相差数倍。例如,对于河龙区间,由水利部黄河水沙变化研究基金项目利用"水保法"计算的20世纪80年代减沙量平均为3.45亿t/a,而国家"八五"攻关项目计算相应时段的减沙量则为1.66亿t/a,前者是后者的2倍多。这两个项目计算相同时段的泾河、北洛河、渭河和汾河的减沙量相差更甚,前者为1.48亿~2.39亿t/a,后者仅为0.46亿t/a,前者比后者多2.2~4.2倍。即使同一个项目,利用不同方法计算的减沙量相差也很明显。例如,国家自然科学基金项目利用"水文法"、"水保法"计算的河龙区间20世纪80年代减沙量分别为3.2亿t/a和1.34亿t/a,后者较前者小近60%;利用"水文法"、"水保法"计算的泾河、北洛河、渭河和汾河同期减沙量分别为1.14亿t/a和0.405亿t/a,后者较前者小近65%。

以上不同专项基金对黄河中游地区减沙计算的汇总结果同样差异较大。以"水文法"计算结果为例,"水沙基金"1计算的20世纪80年代黄河中游地区水利水土保持综合治理年均减沙量为6.0亿t左右,国家自然科学基金研究项目计算结果为4.3亿t左右,国家"八五"攻关项目计算结果为2.8亿t左右,"水保基金"计算结果仅为2.5亿t左右,只有"水沙基金"1计算结果的42%。黄河中游地区"水保法"减沙计算结果同样差异较大:"水沙基金"1、"水保基金"、国家自然科学基金和国家"八五"攻关计算的20世纪80年代黄河中游水利水土保持措施等人类活动年均减沙量分别为5.4亿t、2.5亿t、1.75亿t和2.1亿t,最大值是最小值的3倍。

表 1-1 黄河上中游减沙量计算成果对比

（单位：亿 t/a）

区段	年代	水利部水沙基金 水文法	水保法1	水保法2	总报告	黄河流域水保基金 水文法	水保法	国家自然科学基金 水文法	水保法	国家"八五"攻关 水文法	水保法
河口镇以上	50	—	—	—	1.534	—	—	—	—	—	—
	60	—	—	—	0.998	—	—	—	—	—	—
	70	—	—	—	1.246	—	—	0.46	0.613	—	0.46
	80	—	—	—	0.695	—	—	0.46	0.59	0.46	0.46
河龙区间1	50	—	—	—	0.140	—	—	—	—	—	0.028
	60	—	—	—	0.776	—	1.299	—	—	—	0.477
	70	2.363	2.338	1.916	1.916	2.08	2.135	2.594	1.579	2.339	2.354
	80	3.842	3.662	3.239	3.239	1.449	1.635	3.198	1.342	2.601	1.662
河龙区间2	70	2.259	2.313	2.369	—	—	—	—	—	—	—
	80	3.962	2.199	2.201	—	—	—	—	—	—	—
	90	3.163	2.738	2.941	—	—	—	—	—	—	—
泾洛渭汾1	50	—	—	—	0.327	—	—	—	—	—	0.062
	60	—	—	—	1.052	—	1.574	—	—	—	0.62
	70	1.436	1.754	1.723	1.436	1.461	0.884	0.727	1.085	0.699	1.472
	80	2.127	1.483	2.386	2.127	1.032	—	1.140	0.405	0.329	0.461
泾洛渭汾2	1969年以前	—	—	—	0.904	—	—	—	—	—	—
河潼区间	50	—	—	—	1.696	—	—	—	—	—	0.648
	60	—	—	—	1.566	—	—	—	—	—	1.097
	70	3.799	4.092	3.639	1.540	3.541	3.712	3.321	2.664	3.366	3.426
	80	6.019	5.145	5.625	0.467	2.481	2.52	4.337	1.747	2.808	2.123
龙华河状	50	—	—	—	1.828	—	—	—	—	—	0.648
	60	—	—	—	2.828	—	—	—	—	—	1.557
	70	—	—	—	4.598	4.001	4.17	3.781	3.556	3.826	3.886
	80	—	—	—	7.061	2.94	2.98	4.797	2.397	3.268	2.583

以上各项研究减沙计算结果之所以出现较大差异,影响因素很多。其中,就"水保法"计算结果而言,对水土保持措施实施数量的统计来源、统计方法、减水减沙指标的选择等有所不同是三个主要影响因素。具体而言,各项研究在核实和确定水土保持措施实际保存量时,其基础资料来源有按计划完成面积统计的,有取年报统计面积的,也有取相关部门初步核实的实有面积或保存面积的。关于减水减沙指标的确定方法更是不一,有调查分析的,有按小区推算的,也有取其他相关研究成果的;有取用减洪指标的,也有取用减水指标的;选用减水减沙指标时,有考虑降水条件的,有不考虑降水条件的,也有取用单一年平均值的。因此,方法的不统一必然造成所确定的减水减沙指标不同,计算结果的差异也就不可避免了。后来不少研究者对这些差异分别从基础数据、计算方法、时段选择、样本确定等方面都先后作过一些分析,对于取得统一认识起到了一定的参考作用。至于对这些方法不统一所引起计算结果差异的定量评价则是一个非常复杂和困难的问题,有待今后进一步研究。

1.7.4 存在的主要问题

黄河中游水沙变化及水利水土保持措施减水减沙作用研究是一项庞大的系统工程。其变化原因复杂,涉及的因素多,牵扯面广。尽管以上五大研究课题对黄河中游水沙变化规律进行了多方面的探讨,对计算方法进行了多方面的改进,有的研究甚至有重大突破,填补了以前研究的空白,但仍存在许多问题:一是水土保持措施保存面积和减沙指标的选取存在较大差异;二是对大暴雨情况下黄河水沙变化的研究相对不够深入;三是计算方法不统一、欠严密,其精度距生产的要求尚有一定距离;四是对预报今后黄河水沙变化的发展趋势也未给出较为可信的数据;五是基本资料不全,基础数据欠准确,难以进行精确定量分析。

同时,以往的研究还表现出"三少三多"的特点:微观研究少,宏观研究多;定量研究少,定性研究多;过程研究少,总量研究多。对一些重要问题研究更少,这些重要问题包括:坡面措施及沟道措施在拦减粗泥沙中的不同作用;淤地坝拦沙的泥沙级配组成、空间变化及其拦减粗泥沙能力;流域面积与减沙效益关系及减沙效益的尺度效应;流域淤地坝拦沙量与减蚀量的尺度关系;流域水土保持措施的水文水资源效应等。

具体来说,黄河中游水沙变化及水利水土保持措施减水减沙作用研究目前主要存在以下三个方面的问题。

1. 试验观测方面存在的问题

如前所述,自20世纪80年代中期以来,关于黄河中游水土保持综合治理对水沙变化的影响及其评估已经开展了大量的研究工作,取得了比较丰富的研究成果。由于水土保持综合治理减水减沙效益的计算和预测是以大量的试验观测或统计参数为依据,以数学模拟计算为工具,因而,试验观测资料及所建立的降雨产流产沙数学模型对于计算、预测精度起着关键作用。然而,目前的试验观测资料、试验观测方法和试验观测内容没有考虑到水土保持综合治理减水减沙效益计算和预测的需要,使得依据现有观测资料（如减水指标、减沙指标等）所推求的黄河中游水土保持措施减水减沙作用和效果一直存在着不同的看法和认识，直接影响到黄河中游治理的战略决策。目前，试验观测方面存在的主要问题如下。

（1）水土保持重点治理区往往缺乏水沙试验观测资料，给分析研究工作增加了很大困难。黄河中游主要是坝库减沙，水土保持工程措施淤地坝的减水减沙作用非常明显，但却缺少淤地坝等沟道工程拦沙减蚀作用的试验观测资料。

（2）在坡面径流小区观测、小流域径流泥沙观测和室内实体模拟试验中，仍缺乏对坡面径流产沙的水力过程、坡沟系统侵蚀产沙机制及其耦合关系等内容的精细试验观测，甚至对许多关键物理参数如糙率、摩阻系数、泥沙输移比等，一直没有进行过专门的试验观测，因而使得水利水土保持措施减水减沙效益评价数学模型的构建和应用缺乏丰富的物理参数支撑，直接制约着水利水土保持措施减水减沙效益的计算及评价。

（3）对流域水土保持措施减水减沙的组合效应缺乏观测。计算流域水土保持综合治理减水减沙效益时，由于缺乏实测资料，没有考虑不同类型措施组合、各类措施空间不同分布的差异，基本上是按不同类型措施的效应进行线性叠加计算，这显然是不合理的，应通过对水保措施组合效应的观测和试验研究加以改进。

2. 减水减沙作用研究中存在的问题

1）减沙作用计算中的尺度转换问题十分突出

黄土高原地区各地水土保持科学试验站在径流小区所观测的林、草、梯田等坡面水土保持措施的减沙指标，与大面积上同类措施的减沙指标是有一定差距的。产生差距的原因有两个：一是小区上的措施质量较高，其保土蓄水能力与大面积措施相比较强；二是小区坡长一般为20m，其产沙模数比流域自然坡长小得多，相应地其减沙模数也偏小。以往"三大基金"研究利用"水保法"进行流域坡面措施减沙量计算时，不管流域大小，要么直接取用小区试验的观测指标，要么凭经验简单取一个折减系数，而对如何建立小区减沙指标与大面积减沙指标的尺度转换关系问题一直没有解决。黄委会黄河上中游管理局"八五"重点课题和"水沙基金"2的两大课题在研究中，通过建立"以洪算沙"模型，虽然初步解决了由小区坡面措施减洪指标体系推求流域坡面措施减洪指标体系的尺度转换问题，但由于采用"以洪算沙"模型计算时还存在对小区泥沙资料未能充分利用、要求流域治理前的洪水泥沙关系基本为线性关系等局限，减沙作用计算中的尺度转换问题仍有待进一步研究。为解决此问题，需要在野外开展标准小区和全坡面的径流侵蚀对比试验；同时，还应在室内开展概化小流域试验，进行更大尺度的对比观测，从而找出不同尺度之间的关系，尽快彻底解决尺度的转换问题。

2）水土保持综合治理措施减轻沟蚀的作用计算问题仍未解决

水土保持综合治理措施减轻沟蚀的作用包括以下两个基本方面：一是淤地坝减轻沟蚀的作用；二是坡面措施减轻沟蚀的作用。目前，虽然学术界对水土保持综合治理措施减轻沟蚀的作用已形成共识，但对水土保持综合治理措施减轻沟蚀作用的研究仍十分不够。由于缺少沟蚀治理的观测资料，难以建立起其计算方法，在计算流域水土保持减沙作用时无法反映综合治理措施对减轻沟蚀的作用。为此，需要开展坡沟系统的侵蚀试验观测，如在野外布设坡沟系统径流侵蚀试验区，通过放水试验，分别观测坡面措施作用下和坡面、沟道措施共同作用下的沟蚀变化，从而定量认识水土保持综合治理措施减轻沟蚀的作用。

3. 计算方法中存在的问题

黄河中游水利水土保持措施减水减沙作用的计算方法，主要可分为"水文法"和"水保法"（张胜利等，1994）。这两种方法目前都存在一定的问题。

1）"水文法"存在的问题

"水文法"是从水文统计方面分析计算河流水沙变化的一种方法。它通过对流域治理前（基准期）实测水沙资料的统计分析，建立降雨产流产沙经验模型；将流域治理后的降雨资料代入模型，求得在相当于未治理情况下可能的产水产沙量，即"天然"产水产沙量，再与治理后同期实测水沙量相比，其差值就是水利水保措施等人类活动的减水减沙量。计算降雨变化及人类活动对流域减水减沙的不同影响程度，是"水文法"计算的重要任务。"水文法"存在的主要问题包括如下几点。

（1）"水文法"计算结果是流域水利水保措施综合治理正效应及人为增加水土流失负效应的综合体现，很难准确地将水利水保措施的减水减沙量从计算结果中分离出来。

（2）1970年以前黄河中游地区绝大部分流域雨量观测站点稀少，采用自记雨量计观测的站点很少，难以根据雨量记录判别出产流降雨和不产流降雨；面雨量计算时需要查补、展延资料系列，因此，基准期经验模型建立过程中采用的有效降雨、有效雨强以及面雨量的代表性很难做到准确。

（3）黄河中游一个大的流域通常包括很多水土流失类型区，侵蚀类型区不同，各次降雨的时空分布也不同。在相同的流域平均降雨量情况下，各类型区不会产生相同的水量和沙量。因而，公式计算的数值和实际产水产沙量有一定的差距。

（4）降雨具有周期性。由于不同时段暴雨多少和强度大小不同，因而产沙量也不同。黄河中游地区20世纪50～60年代暴雨多、强度大，因此，基准期经验模型相对于1970年以后产流产沙的降雨背景而言，其系数、指数偏大，导致计算结果可能偏大。

（5）虽然分析水利水土保持措施减水减沙效益的经验模型很多，但目前还没有比较成熟和通用的经验模型，基本上仍是"一条流域一条线"。由于影响水沙变化的因子较多，难以全面考虑，且水沙关系非线性，资料的长短及其代表性显得尤为重要。而产流产沙的水文概念性物理模型起步较晚，还不能像降雨径流模型那样方便地应用。

2）"水保法"存在的问题

"水保法"也叫成因分析法。它是根据特定条件下的水土保持各单项措施的减水减沙对比观测资料，经过综合分析后得出各类措施的减水减沙指标，然后将各类措施量乘以相应的减水减沙指标后再逐项相加，即得流域治理拦蓄效益。"水保法"计算精度的关键是各项措施减水减沙指标的确定和治理措施数量、质量以及分布的调查落实。

由于水土保持措施减水减沙指标的选择不仅受措施本身状况（包括措施数量、质量、管理以及分布等）的影响，同时还受水文、气象等边界条件以及时间尺度的影响，要做到正确、合理地选取比较困难。目前研究中，水土保持措施面积和影响参数都带有很大的不确定性，主要包括以下几个方面。

（1）计算过程中，虽然水土保持措施的类型和数量在计算方法上能直接被反映，但水土保持措施的质量差别、配置部位差别和不同年份的降雨特征差别等难以体现，而这些因素对流域产流产沙、进而对水土保持措施减水减沙有着显著的影响。

（2）水土保持措施数量、种类、质量的统计分析和确定，受许多人为因素的干扰。例如，在黄河中游三门峡以上近30万 km^2 的广大区域内，各项水土保持措施治理面积的统计和核实，只能通过抽样调查确定，这其中带有很大的任意性。在数千甚至上万平方公里的流域内，水土保持措施治理面积的核实同样存在这一问题。

（3）流域水土保持措施减水减沙指标的不确定性问题。目前大部分计算中流域水土保持措施减水减沙指标是通过径流小区观测资料（指标）加以折减后再移用，在"小区推大区"过程中各类措施减水减沙指标折减系数的确定还缺乏科学的方法。

（4）应用小区单项措施减水减沙指标直接叠加，不能正确反映各项措施的综合效益，存在"单项推综合"的问题。坡面措施减水减沙作用的计算是孤立的，没有考虑因坡面措施减水减沙后对沟道的减蚀作用，类似的还有上游减水减沙对下游减蚀的影响。

（5）坡面和沟道水土保持措施拦蓄的地表径流量，除了农田和林草地蒸散发外，其余部分将转化为土壤水，最后将以地下径流的形式回归河道，而现用的"水保法"很难计算各部分回归水，从而影响了计算精度（袁希平等，2004）。

（6）没有考虑降雨特性差别对产流产沙的影响。任何一项措施的减水减沙效益都不是一个常量，它是随降雨条件的改变而改变的，尤其像黄河中游这种以暴雨为产流产沙主要外营力的地区，降雨特性对措施拦蓄的影响非常大，从而很难将某场或某期间特定降雨条件下所测定的减水减沙效益作为代表值。离开降雨特性来确定某项水土保持措施的减水减沙指标，无法反映实际情况（骆向新等，1995）。

第 2 章 黄河中游环境特征及近期水沙变化特点

2.1 河龙区间特征及近期水沙变化特点

2.1.1 河龙区间环境特征

河龙区间位于黄河中游区上段，地处山西吕梁山脉以西，北洛河以东。西北接内蒙古鄂尔多斯高原，西南与陕西白于山、崂山、黄龙山为邻，地处黄土高原干旱、半干旱地区，是我国黄土高原的主要组成部分。地理坐标在东经108°02′~112°44′、北纬35°40′~40°34′之间。行政区域分属内蒙古、陕西、山西3省（自治区）7市50县（区、旗），近500个乡镇。河龙区间集水面积111 586km²，占黄河流域面积的14.8%。区间黄河干流长723km，落差607m，河道平均比降0.84‰。大部分河段穿行于晋陕峡谷之中，谷坡陡峻，谷道狭窄，除河曲、府谷两宽谷段外，其余河段宽度多在400~600m。在河谷切割的陕北东部边缘地区，大部分河段由二叠纪、三叠纪砂页岩组成，仅万家寨和龙门附近有石灰岩出露。

从干流河势来看，本河段可分为三大段：河口镇至府谷、府谷至吴堡、吴堡至龙门。河口镇至府谷河段，河长206km，区间面积18 073km²，支流测站控制面积10 517km²，未控制面积7556km²。其中，河口镇至喇嘛湾河段河道宽浅平缓，两岸有川地，喇嘛湾以下进入万家寨峡谷；至龙口河道又放宽，水流分散，沙洲林立，一直延伸到河曲城关；自河曲河道穿峡谷至天桥电站。府谷至吴堡河段，河长242km，区间面积29 475km²，支流测站控制面积22 974km²，未控制面积6501km²。本河段在府谷上下游河道展宽，并有孤山川汇入。自孤山川河口以下又穿行峡谷之间，行至吴堡。本河段河道陡峻，河床比降0.75‰。由于支流在大洪水时挟带大量泥沙和块石进入黄河，因而在干流河道上形成许多碛滩。吴堡至龙门河段，河长275km，区间面积64 038km²，支流测站控制面积52 377km²，未控制面积11 661km²，本河段河道穿行峡谷之间，河谷宽度在300~500m，平均比降0.93‰（张胜利等，1998）。著名的黄河壶口瀑布即位于该区段下游，素以"天下黄河一壶收"的美誉闻名遐迩。

河龙区间支流水系十分发育，流域面积在1000km²以上，直接汇入黄河的较大支流共有21条。处于黄河左岸的有浑河、杨家川、偏关河、县川河、朱家川、岚漪河、蔚汾河、湫水河、三川河、屈产河、昕水河等11条支流；左岸的清水河（州川河）面积只有671km²；右岸有皇甫川、孤山川、窟野河、秃尾河、佳芦河、无定河、清涧河、延河、云岩河（汾川河）和仕望川等10条支流。各主要支流及其控制站情况见表2-1（齐斌等，2005）。

表 2-1 河龙区间主要支流基本情况统计表

区域	序号	河名	河长/km	流域面积/km²	站名	水文站控制面积/km²	至河口距离/km	汇入干流区段
河东	1	浑河	219.4	5 533	放牛沟	5 461	13	河口镇—万家寨
	2	杨家川	69.5	1 002	—		—	万家寨—天桥
	3	偏关河	128.5	2 089	关河口	1 915	1.2	万家寨—天桥
	4	县川河	112.2	1 587	旧县	1 562	3.0	天桥—吴堡
	5	朱家川	158.6	2 922	下流碛	2 881	14	天桥—吴堡
	6	岚漪河	119.2	2 167	裴家川（岢岚）	2 159	3.9	天桥—吴堡
	7	蔚汾河	81.8	1 478	碧村（兴县）	1 476	2.1	天桥—吴堡
	8	湫水河	121.9	1 989	林家坪	1 873	13	吴堡—龙门
	9	三川河	176.4	4 161	后大成	4 102	25	吴堡—龙门
	10	屈产河	78.3	1 220	裴沟	1 023	18	吴堡—龙门
	11	昕水河	138.0	4 326	大宁	3 992	37	吴堡—龙门
	12	清水河	61.0	671	吉县	436		
河西	1	皇甫川	137.0	3 246	皇甫	3 175	14	万家寨—天桥
	2	孤山川	79.4	1 272	高石崖	1 263	1.8	天桥—吴堡
	3	窟野河	241.8	8 706	温家川	8 645	6.9	天桥—吴堡
	4	秃尾河	139.6	3 294	高家川	3 253	10	天桥—吴堡
	5	佳芦河	92.5	1 134	申家湾	1 121	6.7	天桥—吴堡
	6	无定河	491.2	30 261	白家川	29 662	59	吴堡—龙门
	7	清涧河	167.8	4 080	延川	3 468	38	吴堡—龙门
	8	延河	284.3	7 687	甘谷驿	5 891	112	吴堡—龙门
	9	云岩河	119.8	1 785	新市河	1 662	23	吴堡—龙门
	10	仕望川	112.8	2 356	大村	2 141	29	吴堡—龙门

河龙区间多沙粗沙面积 5.99 万 km²，占黄河中游多沙粗沙区全部面积 7.86 万 km² 的 76.2%。区间黄土覆盖区域约占 62%，风沙区约占 24%，基岩出露区域约占 14%。这里黄土层深厚，土质疏松，地形破碎，沟壑纵横，植被稀少，而且暴雨集中，强度很大，水土流失特别严重。河龙区间既是黄河洪水的主要来源区之一，也是黄河泥沙特别是粗泥沙最主要的来源区。每年输入黄河的泥沙占三门峡以上总输沙量的 70% 以上。因此，控制和减少该地区的洪水、泥沙，特别是粗颗粒泥沙，是黄河下游防洪减淤的根本途径。

河龙区间属温带大陆性季风气候，从南到北跨越半湿润、半干旱和干旱 3 种气候带。总的气候特点是：春季短促，多风沙、常干旱；夏季南长北短，湿度大、高温多雨；秋季较短，天气温和；冬季漫长，寒冷、干燥、少雨。年平均气温为 6~14℃，西北部为 6~7℃，东南部为 9~14℃。无霜期在西北部为 100~130 天，在东南部为 200~240 天；年日照时数平均为 2000~3000 小时；年蒸发量为 1500~2000mm，为降水量的 3~4 倍甚至更多，这是形成干旱和旱灾频繁的主要原因。区内冬春季多大风，大部分地区每年在 10 次以上；各地每年都有不同程度的霜冻和冰雹危害。降水和风力是影响本区侵蚀的两大气候因子。

河龙区间处在我国地势第二阶梯的尾部，平均海拔 1000~2000m。河东昕水河以北诸支流的上中游、河西白于山河源区以及西南黄龙山海拔在 1500~2000m，其他地区海拔大都在 1000~1500m。各支流下游及干流河谷海拔一般在 600~1000m。区间最高山峰是河东的吕梁山主峰关帝山，位于山西省方山县，海拔 2831m；其次是河西的白于山主峰，位于陕西省靖边县，海拔 1823m；南部黄龙山主峰大岭，海拔 1783m；西北鄂尔多斯高原最高点海拔 1584m。区间地势的特点是北高南低，东西高中间低；河东是东北高、西南低；河西是西北高、东南低。区间属黄土高原中部，山脉主要有吕梁山脉和白于山脉。

河龙区间由诸多山地以及山地之间的由黄土塬、黄土梁、黄土峁、小盆地组成的沟涧地和沟壑系统组成。地面崎岖起伏，千沟万壑，支离破碎。河龙区间长度为 0.5~3km 的沟道有 7.3 万多条，3~10km 的沟道有 6670 多条，10~30km 的沟道有 752 条，丘陵区沟壑密度达 5~6km/km^2，沟壑面积占总面积的 40%~50%。区间地形主要分为黄土丘陵沟壑区、沙丘沙地草滩区、基岩出露区等，其中以黄土丘陵沟壑区为主。

2.1.2 近期水沙变化特点

1. 降水量

黄河中游河龙区间水系分布图见图 2-1。各支流不同年代降水、径流、泥沙特征值及其变化情况统计见表 2-2，表中计算比较不同时段的变幅时均以 1997~2006 年作为对比基础。

由表 2-2 可以看出，河龙区间近期（1997~2006 年）年均降水 404.1mm，其中汛期降水 328.9mm，较多年平均（1950~2006 年）值分别减少 8.9% 和 6.8%。近期年降水较 1969 年以前减少最多，为 14.7%；较 1980~1989 年减少最少，为 5.1%。汛期降水较 1980~1989 年减少较多，为 11.4%；较 1970~1979 年和 1990~1996 年减少较少，分别只有 4.0% 和 3.5%。

从各支流降水情况来看，大部分支流近期降水较前期不同时段都有不同程度的减少，只有佳芦河和无定河不同。佳芦河近期年降水与多年均值接近，汛期降水偏多 9.4%；与 20 世纪 70 年代相比，年降水偏多 6.9%，汛期偏多 14.5%；与 20 世纪 80 年代相比，年降水偏多 11.5%，汛期偏多 24.2%。无定河近期年降水与多年均值接近略偏少，汛期降水偏多 1.3%；与 20 世纪 70 年代、80 年代和 90 年代前期相比，年降水偏多 2.5%~5.3%，汛期偏多 3.4%~8.7%。

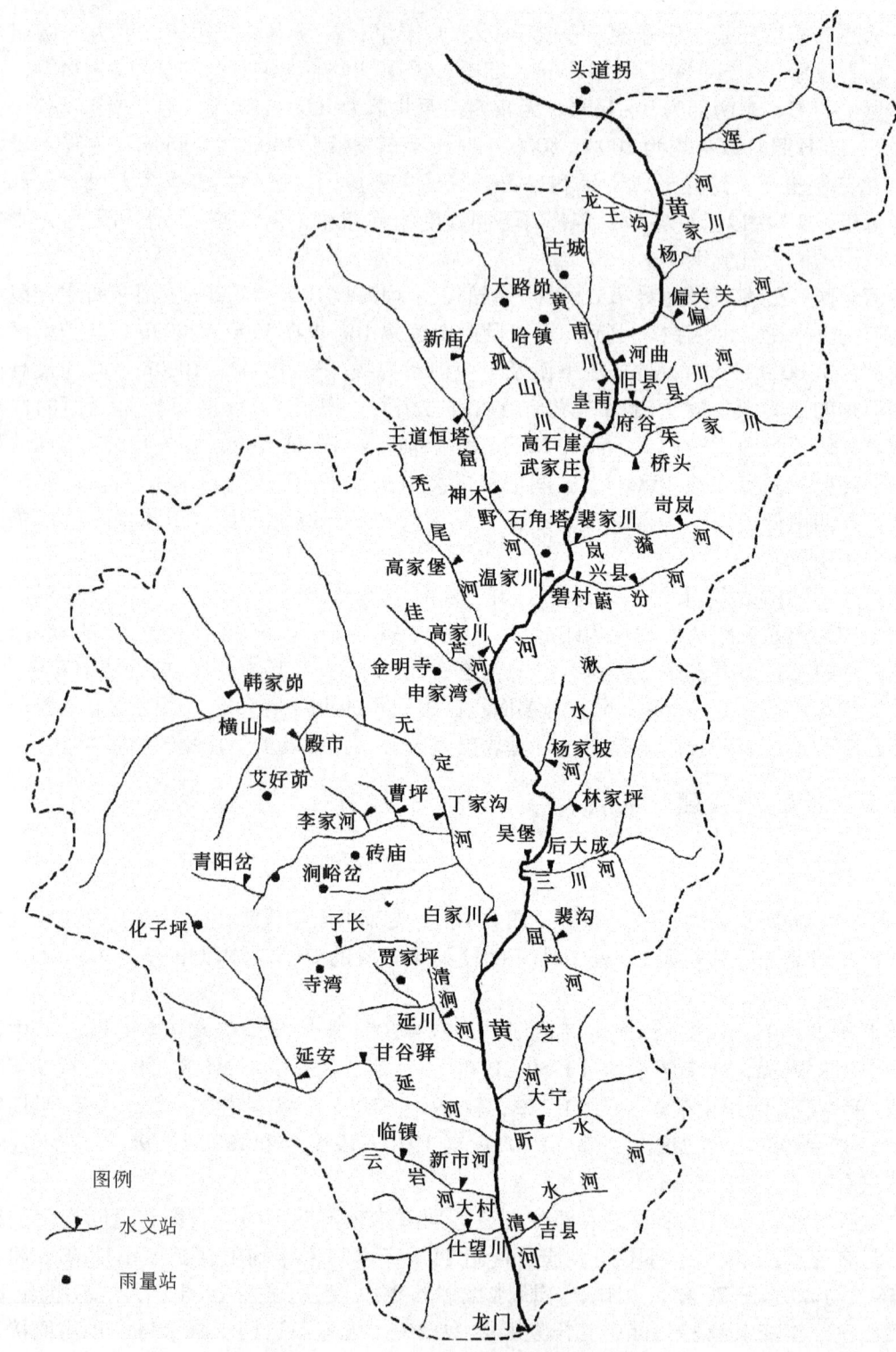

图 2-1 黄河中游河龙区间水系分布图

第2章 黄河中游环境特征及近期水沙变化特点

表 2-2 河龙区间各支流降水、径流、泥沙特征值及其变化情况统计

河名	站名	时段	降水量/mm				径流量/万 m³				输沙量/万 t			
			年降水量	汛期降水量	(汛期/年)/%	较不同时段变幅/%*	年径流量	汛期径流量	(汛期/年)/%	较不同时段变幅/%	年输沙量	汛期输沙量	(汛期/年)/%	较不同时段变幅/%
皇甫川	皇甫	1954~1969	406.8	323.6	79.5		21 030	16 113	76.6		6 181	6 029	97.5	
		1970~1979	372.0	313.3	84.2	-20.5 / -17.2	17 577	15 009	85.4	-75.6 / -69.6	6 245	6 226	99.7	-77.9 / -77.4
		1980~1989	343.0	268.6	78.3	-13.1 / -14.4	12 713	10 883	85.6	-70.9 / -67.3	4 284	4 239	98.9	-78.2 / -78.1
		1990~1996	414.2	307.9	74.3	-5.8 / -0.2	10 260	9 335	91.0	-59.7 / -54.9	3 027	3 014	99.6	-68.2 / -67.8
		1997~2006	323.3	268.1	82.9	-22.0 / -12.9	5 124	4 906	95.8	-50.1 / -47.4	1 364	1 363	99.9	-54.9 / -54.8
		1954~2006	373.4	298.7	80.0	— / —	14 386	11 908	82.8	— / —	4 510	4 450	98.7	— / —
						-10.3 / -13.4				-64.4 / -58.8				-69.7 / -69.4
孤山川	高石崖	1954~1969	473.1	369.9	78.2		11 040	7 626	69.1		2 651	2 641	99.6	
		1970~1979	429.0	338.2	78.8	-24.2 / -23.3	9 797	5 912	60.3	-81.4 / -79.9	2 970	2 939	99.0	-87.2 / -87.2
		1980~1989	374.4	292.9	78.2	-16.4 / -16.1	5 515	4 243	76.9	-79.0 / -74.1	1 278	1 278	100.0	-88.5 / -88.4
		1990~1996	378.9	291.5	76.9	-4.2 / -3.1	6 260	5 485	87.6	-62.7 / -63.9	1 418	1 419	100.1	-73.4 / -73.4
		1997~2006	358.6	283.7	79.1	-5.4 / -2.7	2 059	1 533	74.5	-67.1 / -72.0	340	340	99.9	-76.0 / -76.0
		1954~2006	412.1	322.8	78.3	— / —	7 437	5 232	70.3	— / —	1 856	1 848	99.5	— / —
						-13.0 / -12.1				-72.3 / -70.7				-81.7 / -81.6
窟野河	温家川	1954~1969	426.4	333.3	78.2		79 510	51 680	65.0		13 880	12 883	92.8	
		1970~1979	390.1	314.7	80.7	-25.6 / -17.4	72 290	42 651	59.0	-73.2 / -79.6	13 990	13 845	99.0	-91.8 / -91.4
		1980~1989	357.9	273.4	76.4	-18.6 / -12.5	52 050	35 394	68.0	-70.5 / -75.3	6 706	6 590	98.3	-91.9 / -92.0
		1990~1996	343.9	287.0	83.5	-11.3 / 0.7	51 340	34 655	67.5	-59.0 / -70.2	8 329	8 228	98.8	-83.0 / -83.3
		1997~2006	317.4	275.3	86.7	-7.7 / -4.1	21 330	10 551	49.5	-58.5 / -69.6	1 139	1 102	96.7	-86.3 / -86.6
		1954~2006	375.2	301.4	80.3	— / —	58 269	36 895	63.3	— / —	9 410	9 039	96.1	— / —
						-15.4 / -8.7				-63.4 / -71.4				-87.9 / -87.8

续表

河名	站名	时段	降水量/mm					径流量/万 m³					输沙量/万 t				
			年降水量	汛期降水量	汛期/年/%	较不同时段变幅/%		年径流量	汛期径流量	汛期/年/%	较不同时段变幅/%		年输沙量	汛期输沙量	汛期/年/%	较不同时段变幅/%	
						年降水量	汛期降水量*				年径流量	汛期径流量				年输沙量	汛期输沙量
秃尾河	高家川	1956~1969	437.5	319.6	73.1			43 000	20 774	48.3			3 018	2 838	94.0		
		1970~1979	371.5	282.6	76.1	-12.4	-0.6	38 260	17 250	45.1	-46.8	-57.5	2 344	2 214	94.5	-84.9	-85.2
		1980~1989	356.0	260.5	73.2	3.2	12.4	30 280	12 950	42.8	-40.3	-48.9	999	920	92.1	-80.5	-81.1
		1990~1996	406.7	280.9	69.1	7.7	21.9	30 160	15 501	51.4	-24.5	-31.9	1 479	1 436	97.1	-54.3	-54.4
		1997~2006	383.4	317.6	82.8	-5.7	13.1	22 859	8 820	38.6	-24.2	-43.1	457	420	91.8	-69.1	-70.8
		1956~2006	393.7	295.1	74.9	—	—	33 865	15 481	45.7	—	—	1 777	1 673	94.2	—	—
佳芦河	申家湾	1957~1969	437.5	319.6	73.1	-2.6	7.7	9 820	6 278	63.9	-32.5	-43.0	2 746	2 658	96.8	-74.3	-74.9
		1970~1979	371.5	282.6	76.1	-9.2	1.2	7 700	4 526	58.8	-74.5	-79.5	1 784	1 775	99.5	-89.2	-89.1
		1980~1989	356.0	260.5	73.2	6.9	14.5	4 622	2 302	49.8	-67.5	-71.6	460	455	98.9	-83.4	-83.6
		1990~1996	406.7	280.9	69.1	11.5	24.2	4 524	3 012	66.6	-45.8	-44.2	789	788	99.9	-35.6	-36.2
		1997~2006	397.1	323.4	81.5	-2.4	15.1	2 503	1 286	51.4	-44.7	-57.3	296	290	97.9	-62.4	-63.2
		1957~2006	395.6	295.7	74.8	—	—	6152	3677	59.8	—	—	1 332	1 305	98.0	—	—
无定河	白家川	1954~1969	416.5	301.6	72.4	0.4	9.4	153 853	69 208	45.0	-59.3	-65.0	22 001	20 639	93.8	-77.8	-77.8
		1970~1979	368.1	278.2	75.6	-9.4	-4.6	121 043	48 990	40.5	-50.6	-56.6	11 598	10 892	93.9	-78.5	-78.1
		1980~1989	358.5	271.7	75.8	2.5	3.4	103 613	37 310	36.0	-37.2	-38.6	5 270	4 746	90.1	-59.2	-58.4
		1990~1996	361.1	264.6	73.3	5.3	5.8	100 020	49 842	49.8	-26.7	-19.4	9 730	9 543	98.1	-10.2	-4.6
		1997~2006	377.5	287.6	76.2	4.5	8.7	75 981	30 065	39.6	-24.0	-39.7	4 733	4 527	95.7	-51.4	-52.6
		1954~2006	381.7	284.0	74.4	-1.1	1.3	116 380	49 432	42.5	-34.7	-39.2	12 003	11 296	94.1	-60.6	-59.9

第2章 黄河中游环境特征及近期水沙变化特点

续表

河名	站名	时段	降水量/mm 年降水量	降水量/mm 汛期降水量	降水量/mm (汛期/年)/%	降水量/mm 较不同时段变幅 年降水量/%	降水量/mm 较不同时段变幅 汛期降水量/%*	径流量/万m³ 年径流流量	径流量/万m³ 汛期径流量	径流量/万m³ (汛期/年)/%	径流量/万m³ 较不同时段变幅 年径流流量/%	径流量/万m³ 较不同时段变幅 汛期径流量/%	输沙量/万t 年输沙量	输沙量/万t 汛期输沙量	输沙量/万t (汛期/年)/%	输沙量/万t 较不同时段变幅 年输沙量/%	输沙量/万t 较不同时段变幅 汛期输沙量/%
清涧河	延川	1954~1969	486.7	357.1	73.4		5.3	15 490	11 300	73.0		-30.2	4 702	4 251	90.4		-40.5
		1970~1979	446.5	343.1	76.8	-9.6	9.6	15 032	10 893	72.5	-29.0	-27.6	4 273	4 248	99.4	-46.1	-40.5
		1980~1989	453.7	339.6	74.9	-1.4	10.7	11 674	7 171	61.4	-26.9	10.0	1 448	1 440	99.4	-40.7	75.6
		1990~1996	448.5	319.5	71.2	-3.0	17.7	18 050	14 077	78.0	-5.9	-44.0	4 290	4 285	99.9	75.1	-41.0
		1997~2006	440.2	376.0	85.4	-1.8	—	10 991	7 890	71.8	-39.1	—	2 535	2 529	99.7	-40.9	—
		1954~2006	459.1	349.8	76.2	—	7.5	14 173	10 168	71.7	—	-22.4	3 544	3 400	95.9	—	-25.6
延河	甘谷驿	1956~1969	535.6	430.2	80.3	-4.1	-15.1	25 050	17 960	71.7	-22.4	-37.7	6 588	6 566	99.7	-28.5	-67.2
		1970~1979	492.8	400.9	81.4	-19.4	-8.9	20 620	14 250	69.1	-45.6	-31.5	4 685	4 677	99.8	-67.2	-54.0
		1980~1989	517.7	426.4	82.4	-12.4	-14.4	20 813	13 590	65.3	-31.5	-28.1	3 192	3 166	99.2	-53.9	-32.0
		1990~1996	487.5	373.1	76.5	-16.6	-2.2	22 993	16 363	71.2	-25.0	-40.3	5 336	5 334	100.0	-32.3	-59.7
		1997~2006	431.6	365.1	84.6	-11.5	—	15 600	9 766	62.6	-32.2	—	2 162	2 152	99.5	-59.5	—
		1956~2006	496.7	403.1	81.2	—	-9.4	21 215	14 550	68.6	—	-32.9	4 509	4 494	99.7	—	-52.1
云岩河	新市河	1959~1969	551.0	431.7	78.3	-13.1	-5.4	4 246	2 515	59.2	-26.5	-54.0	360	359	100.0	-52.1	-76.1
(汾川河)		1970~1979	530.2	428.3	80.8	-9.1	-4.6	3 683	2 309	62.7	-52.3	-49.9	368	368	100.0	-76.1	-76.7
		1980~1989	534.0	444.8	83.3	-5.5	-8.2	3 742	2 358	63.0	-45.0	-50.9	255	255	100.0	-76.6	-66.3
		1990~1996	519.7	379.6	73.0	-6.2	7.6	3 054	2 013	65.9	-45.8	-42.5	266	266	100.0	-66.3	-67.7
		1997~2006	500.9	408.4	81.5	-3.6	—	2 027	1 158	57.1	-33.6	—	86	86	99.8	-67.7	—
		1959~2006	528.1	421.3	79.8	-5.2	-3.1	3 388	2 083	61.5	—	-44.4	269	269	100.0	—	-68.1

续表

河名	站名	时段	降水量/mm				径流量/万 m³				输沙量/万 t			
			年降水量	汛期降水量	(汛期/年)/%	较不同时段变幅/%* 年降水量 汛期降水量	年径流量	汛期径流量	(汛期/年)/%	较不同时段变幅/% 年径流量 汛期径流量	年输沙量	汛期输沙量	(汛期/年)/%	较不同时段变幅/% 年输沙量 汛期输沙量
仕望川	大村	1959~1969	640.5	481.8	75.2	— —	10 080	5 206	51.6	— —	378	377	99.7	— —
		1970~1979	590.5	458.6	77.7	-26.4 -18.6	7 789	4 872	62.5	-55.8 -60.0	319	318	99.7	-94.1 -94.3
		1980~1989	545.5	439.6	80.6	-20.1 -14.5	8 309	4 970	59.8	-42.9 -57.2	124	124	100.0	-93.0 -93.3
		1990~1996	472.5	343.4	72.7	-13.5 -10.8	4 485	2 529	56.4	-46.4 -58.1	64	64	100.0	-82.1 -82.7
		1997~2006	471.6	392.0	83.1	-0.2 14.1	4 450	2 083	46.8	-0.8 -17.6	22	21	96.4	-65.2 -66.5
		1959~2006	550.6	429.3	78.0	— —	7 245	4 046	55.8	— —	193	192	99.7	— —
浑河	放牛沟	1954~1969	409.5	342.8	83.7	-14.4 -8.7	27 990	15 590	55.7	-38.6 -48.5	2 352	2 111	89.8	-88.5 -88.8
		1970~1979	411.8	350.3	85.1	-18.6 -18.6	19 850	12 150	61.2	-67.2 -74.9	1 653	1 543	93.3	-96.6 -96.2
		1980~1989	346.7	303.4	87.5	-19.1 -20.4	12 920	7 842	60.7	-57.9 -64.6	677	604	89.2	-95.1 -94.8
		1990~1996	358.9	323.6	90.2	-3.9 -8.1	16 190	11 026	68.1	-34.8 -45.7	980	830	84.7	-88.1 -86.7
		1997~2006	333.2	278.9	83.7	-7.2 -13.8	7 018	5 110	72.8	-53.7 -56.7	80.4	80.2	99.7	-91.8 -90.3
		1954~2006	377.0	322.2	85.5	— —	18 095	10 899	60.2	— —	1 294	1 167	90.2	— —
偏关河	偏关	1957~1969	445.5	363.2	81.5	-11.6 -13.4	6 408	4 696	73.3	-53.1 -61.2	1 869	1 840	98.4	-93.8 -93.1
		1970~1979	413.6	343.7	83.1	-7.3 -6.3	3 718	2 839	76.4	-84.2 -83.9	1 266	1 255	99.1	-91.3 -91.3
		1980~1989	370.1	319.2	86.2	-0.2 -1.0	2 287	1 765	77.2	-72.8 -73.4	737	735	99.7	-87.2 -87.2
		1990~1996	451.4	382.1	84.6	11.6 6.6	2 082	1 973	94.8	-55.7 -57.3	857	857	100.0	-78.0 -78.2
		1997~2006	413.0	340.2	82.4	-8.5 -11.0	1 013	754	74.4	-51.4 -61.8	162	161	99.1	-81.1 -81.3
		1957~2006	418.4	348.5	83.3	-1.3 -2.4	3 361	2 569	76.4	-69.9 -70.6	1 039	1 028	99.0	-84.4 -84.4

第2章 黄河中游环境特征及近期水沙变化特点

续表

河名	站名	时段	降水量/mm				径流量/万 m³				输沙量/万 t			
			年降水量	汛期降水量	(汛期/年)/%	年降水量较不同时段变幅/%	汛期降水量较不同时段变幅/%*	年径流量	汛期径流量	(汛期/年)/%	年径流量较不同时段变幅/%	汛期径流量较不同时段变幅/%	年输沙量	汛期输沙量	(汛期/年)/%	年输沙量较不同时段变幅/%	汛期输沙量较不同时段变幅/%

河名	站名	时段	年降水量	汛期降水量	(汛期/年)/%	年降水量变幅/%	汛期降水量变幅/%	年径流量	汛期径流量	(汛期/年)/%	年径流量变幅/%	汛期径流量变幅/%	年输沙量	汛期输沙量	(汛期/年)/%	年输沙量变幅/%	汛期输沙量变幅/%
县川河	旧县	1960~1969	418.8	330.8	79.0			2 532	2 331	92.1			1 330	1 290	97.0		
		1970~1979	422.6	356.5	84.4	-8.0	-3.4	1 784	1 537	86.2	-82.3	-80.8	1 109	1 076	97.0	-89.8	-89.5
		1980~1989	367.1	307.7	83.8	-8.9	-10.3	956	808	84.5	-74.9	-70.9	598	581	97.2	-87.8	-87.4
		1990~1996	435.0	374.3	86.0	4.9	3.9	1 621	1 618	99.8	-53.2	-44.6	848	848	100.0	-77.3	-76.6
		1997~2006	385.2	319.7	83.0	-11.5	-14.6	448	448	100.0	-72.4	-72.3	136	136	100.0	-84.0	-84.0
		1960~2006	403.9	335.5	83.1	-4.6	-4.7	1 458	1 331	91.3	-69.3	-66.4	801	782	97.6	-83.1	-82.6
朱家川	桥头	1956~1969	488.7	389.5	79.7	-13.3	-10.9	5 440	5 190	95.4	-80.6	-79.7	2 690	2 636	98.0	-92.3	-92.1
		1970~1979	416.8	342.1	82.1	1.7	1.4	2 230	2 060	92.4	-52.7	-48.9	965	946	98.0	-78.5	-78.1
		1980~1989	409.9	343.5	83.8	3.4	1.0	1 363	1 310	96.1	-22.6	-19.6	409	401	98.0	-49.3	-48.3
		1990~1996	474.4	388.6	81.9	-10.6	-10.7	2 244	2 241	99.9	-53.0	-53.0	642	642	100.0	-67.7	-67.7
		1997~2006	423.9	346.9	81.8			1 056	1 053	99.8			207	207	100.0		
		1956~2006	444.5	362.7	81.6	-4.6	-4.4	2 713	2 600	95.8	-61.1	-59.5	1 137	1 116	98.2	-81.8	-81.4
岚漪河	裴家川	1954~1969	557.8	452.7	81.2	-20.4	-18.6	12 000	10 038	83.7	-58.6		1 741	1 741	100.0	-92.4	
		1970~1979	498.1	403.7	81.0	-10.8	-8.7	6 745	5 764	85.5	-26.3		791	791	100.0	-83.2	
		1980~1989	485.3	396.4	81.7	-8.5	-7.0	3 754	3 289	87.6	32.4		491	491	100.0	-73.0	
		1990~1996	239.7	432.9	180.6	85.3	-14.9	7 261	6 495	89.5	-31.5		736	736	100.0	-82.0	
		1997~2006	444.2	368.5	83.0			4 972*					133*				
		1954~2006	469.4	414.3	88.3	-5.4	-11.1	7 501			-33.7		890			-85.1	

续表

河名	站名	时段	降水量/mm					径流量/万 m³					输沙量/万 t				
			年降水量	汛期降水量	(汛期/年)/%	较不同时段变幅/%* 年降水量	汛期降水量	年径流量	汛期径流量	(汛期/年)/%	较不同时段变幅/% 年径流量	汛期径流量	年输沙量	汛期输沙量	(汛期/年)/%	较不同时段变幅/% 年输沙量	汛期输沙量
蔚汾河 碧村		1956~1969	497.3	409.0	82.2	—	—	9 306	6 695	71.9	—	—	1 529	1 524	99.7	—	—
		1970~1979	471.9	381.4	80.8	-9.4	-10.7	6 038	4 739	78.5	-77.9	—	1 149	1 145	99.7	-88.1	—
		1980~1989	444.6	371.8	83.6	-4.5	-4.3	3 351	2 649	79.1	-65.9	—	493	493	100.0	-84.2	—
		1990~1996	508.2	408.5	80.4	1.4	-1.8	5 910	4 669	79.0	-38.6	—	740	738	99.7	-63.1	—
		1997~2006	450.7	365.1	81.0	-11.3	-10.6	2 056*	—	—	-65.2	—	182*	—	—	-75.4	—
		1956~2006	474.3	387.6	81.7	—	—	5 610	—	—	—	—	879	—	—	—	—
湫水河 林家坪		1954~1969	533.8	427.7	80.1	-5.0	-5.8	11 702	9 083	77.6	-63.4	—	2 873	2 857	99.4	-79.3	—
		1970~1979	480.7	384.5	80.0	-20.6	-16.8	8 318	6 608	79.4	-76.9	-79.3	2 290	2 290	100.0	-86.8	-86.7
		1980~1989	497.6	414.0	83.2	-11.8	-7.5	5 206	3 842	73.8	-67.4	-71.5	931	931	100.0	-83.4	-83.4
		1990~1996	507.4	396.6	78.2	-14.8	-14.1	4 835	3 827	79.2	-48.0	-51.0	753	753	100.0	-59.2	-59.2
		1997~2006	423.8	355.7	83.9	-16.5	-10.3	2 709	1 884	69.5	-44.0	-50.8	380	380	99.9	-49.5	-49.5
		1954~2006	492.7	399.3	81.0	-14.0	-10.9	7 234	5 575	77.1	-62.6	-66.2	1 646	1 641	99.7	-76.9	-76.8
三川河 后大成		1957~1969	527.4	425.1	80.6	-18.5	-14.9	32 305	20 237	62.6	-67.7	-73.2	3 687	3 670	99.5	-93.0	-93.0
		1970~1979	417.7	385.8	92.4	2.9	-6.2	24 750	14 132	57.1	-57.9	-61.6	1 831	1 828	99.8	-85.9	-85.9
		1980~1989	480.3	401.7	83.6	-10.5	-9.9	19 076	11 648	61.1	-45.3	-53.4	964	963	99.9	-73.2	-73.2
		1990~1996	497.7	396.9	79.7	-13.6	-8.8	19 070	12 018	63.0	-45.3	-54.8	1 079	1 079	100.0	-76.1	-76.1
		1997~2006	429.9	361.9	84.2	—	—	10 431	5 429	52.0	—	—	258	258	99.9	—	—
		1957~2006	472.4	396.0	83.8	-9.0	-8.6	21 921	13 186	60.2	-52.4	-58.8	1 720	1 715	99.7	-85.0	-85.0

第2章 黄河中游环境特征及近期水沙变化特点

续表

河名	站名	时段	降水量/mm				径流量/万 m³				输沙量/万 t			
			年降水量	汛期降水量	(汛期/年)/%	较不同时段变幅/%	汛期降水量变幅/%*	年径流量	汛期径流量	(汛期/年)/%	较不同时段变幅/%	汛期径流量变幅/%	年输沙量	汛期输沙量	(汛期/年)/%	较不同时段变幅/%	汛期输沙量变幅/%

河名	站名	时段	年降水量	汛期降水量	(汛期/年)/%	年降水量变幅/%	汛期降水量变幅/%	年径流量	汛期径流量	(汛期/年)/%	年径流量变幅/%	汛期径流量变幅/%	年输沙量	汛期输沙量	(汛期/年)/%	年输沙量变幅/%	汛期输沙量变幅/%
屈产河	裴沟	1962~1969	523.7	374.9	71.6			4 528	3 551	78.4			1 349	1 332	98.7		
		1970~1979	484.2	383.1	79.1	-23.2	-12.2	3 886	3 080	79.3	-43.3	-44.3	1 150	1 144	99.5	-66.5	-66.0
		1980~1989	472.5	393.3	83.2	-17.0	-14.1	2 505	1 892	75.5	-33.9	-35.8	511	507	99.2	-60.7	-60.5
		1990~1996	515.0	395.9	76.9	-14.9	-16.3	3 076	2 526	82.1	2.5	4.5	813	812	99.9	-11.5	-10.8
		1997~2006	402.1	329.2	81.9	-21.9	-16.9	2 567	1 977	77.0	-16.5	-21.7	452	452	100.0	-44.4	-44.3
		1962~2006	475.2	373.9	78.7	-15.4	-12.0	3 274	2 569	78.4	-21.6	-23.0	836	831	99.4	-45.9	-45.5
昕水河	大宁	1956~1969	586.5	455.2	77.6			21 350	15 580	73.0			2 890	2 879	99.6		
		1970~1979	544.9	437.6	80.3	-18.9	-12.9	14 560	10 450	71.8	-72.9	-77.9	1 865	1 858	99.6	-86.6	-86.6
		1980~1989	514.4	415.2	80.7	-12.7	-9.4	10 120	6 810	67.3	-60.3	-67.1	742	742	100.0	-79.2	-79.3
		1990~1996	538.9	401.8	74.6	-7.5	-4.5	10 231	7 606	74.3	-42.9	-49.5	1 080	1 080	100.0	-47.7	-48.1
		1997~2006	475.8	396.4	83.3	-11.7	-1.3	5 777	3 440	59.6	-43.5	-54.8	388	385	99.1	-64.0	-64.4
		1956~2006	536.0	425.1	79.3	-11.2	-6.7	13 237	9 380	70.9	-56.4	-63.3	1 529	1 524	99.7	-74.6	-74.7
清水河 (朱川河)	吉县	1959~1969	541.2	459.3	84.9			2 386	1 847	77.4			551	550	99.8		
		1970~1979	469.8	395.8	84.2	-10.6	-7.2	2 025	1 597	78.9	-72.9	-81.9	472	470	99.6	-95.2	-95.3
		1980~1989	501.0	400.1	79.9	3.0	7.7	1 000	611	61.1	-68.1	-79.1	81	81	100.0	-94.4	-94.5
		1990~1996	534.4	385.8	72.2	-3.4	6.5	969	539	55.6	-35.4	-45.3	59	59	100.0	-67.6	-67.9
		1997~2006	484.1	426.2	88.0	-9.4	10.5	646	334	51.7	-33.3	-37.9	26	26	99.2	-55.6	-55.9
		1959~2006	505.1	416.1	82.4	-4.2	2.4	1 453	1 032	71.0	-55.5	-67.6	256	255	99.7	-89.7	-89.8

续表

河名	站名	时段	降水量/mm					径流量/万m³					输沙量/万t				
			年降水量	汛期降水量	汛期/年/%	较不同时段变幅/%* 年降水量	汛期降水量	年径流量	汛期径流量	汛期/年/%	较不同时段变幅/% 年径流量	汛期径流量	年输沙量	汛期输沙量	汛期/年/%	较不同时段变幅/% 年输沙量	汛期输沙量
河龙区间		1950~1969	473.6	364.5	77.0			73.6	39.2	53.2			9.95	9.24	92.9		
		1970~1979	442.3	342.8	77.5	-9.8	-14.7	54.1	30.1	55.6	-59.5		7.54	6.89	91.3	-78.2	-79.8
		1980~1989	425.8	371.4	87.2	-4.0	-8.6	37.2	17.7	47.8	-47.2	-45.1	3.73	3.18	85.2	-71.2	-73.0
		1990~1996	439.6	340.9	77.5	-11.4	-5.1	45.3	26.0	57.4	-20.1	-34.4	5.42	4.79	88.3	-41.8	-41.4
		1997~2006	404.1	328.9	81.4	-3.5	-8.1	29.7	15.9	53.4	-38.9	—	2.17	1.86	85.8	-60.0	-61.1
		1950~2006	443.4	352.8	79.6	-6.8	-8.9	52.6	28.1	53.4	-43.4	-43.5	6.51	5.92	90.9	-66.7	-68.6

注：①表头中"*"指1997~2006年与各时段比较；表中"*"表示插补值。岚漪河裴家川站和蔚汾河碧村站1986年撤销。裴家川站近期实测径流量、泥沙量系根据上游苛岚站的相关关系式插补。碧村站近期实测径流量、泥沙量系根据与毗邻支流湫水河林家坪站的相关关系式插补。

②表中1997年以前统计结果均摘自水利部第二期水沙基金项目研究成果（冉大川等，2000）。

③最后一栏"河龙区间"各特征值包括未控区，其径流量、输沙量的单位分别为亿m³和亿t。

2. 径流量

河龙区间近期年均实测径流量29.7亿 m^3，其中汛期径流量15.9亿 m^3。由图2-2可以看出，自20世纪80年代以来，河龙区间实测径流量有明显的减少趋势。与降水相比，近期实测径流量的减少幅度更大。与20世纪50~60年代相比，河龙区间实测年径流量减少了59.6%，汛期径流量减少了59.5%；与20世纪80年代相比，年径流量减少了20.1%，汛期径流量减少了10.6%。由图2-3可以看出，河龙区间近期径流量减少主要发生在河口镇至吴堡区间。近期河（口镇）吴（堡）区间来水量为8.42亿 m^3，较20世纪80年代来水量18.4亿 m^3 减少了54.2%。吴（堡）龙（门）区间近期来水21.3亿 m^3，较20世纪80年代18.8亿 m^3 增加了13.3%。

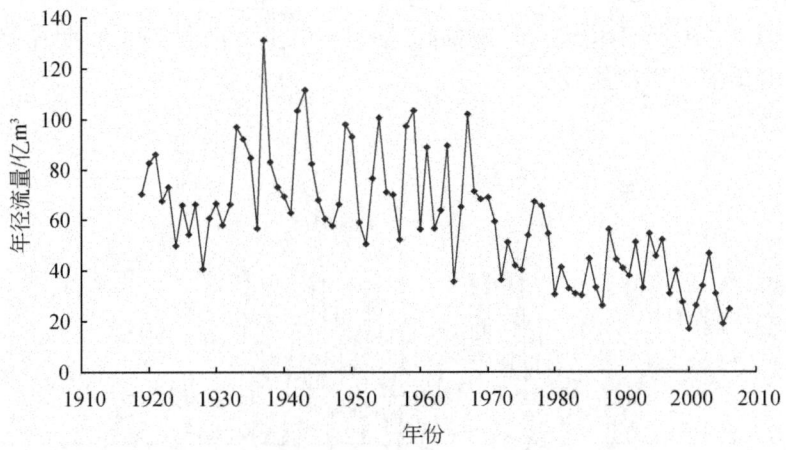

图2-2 河龙区间实测年径流量变化过程线

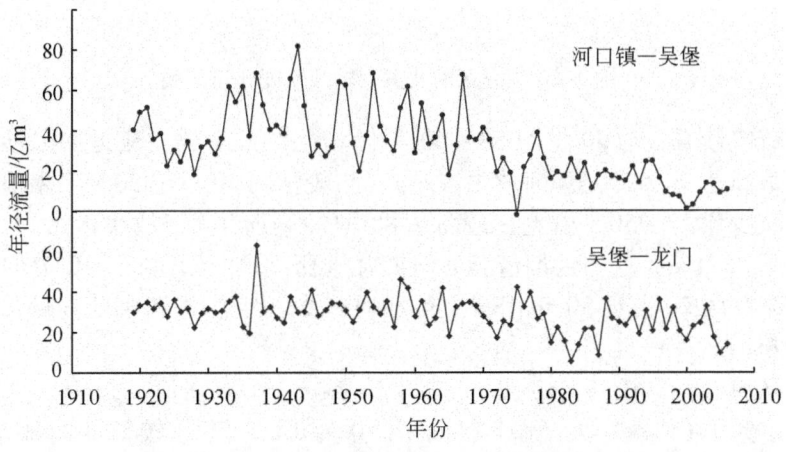

图2-3 河龙区间不同地区年来水量变化过程线

从各支流实测径流变化来看，与20世纪50~60年代相比，多数支流的径流量减少比例在50%以上，只有清涧河和延河减少较少，清涧河延川水文站减少比例为29%，延河甘谷驿水文站减少比例为37.7%。与相对较枯的20世纪80年代相比，大多数支流实测径流量减少幅度在20%以上，只有清涧河和屈产河不同。延川水文站的变化为"一少一多"：近期年径流量与20世纪80年代相比偏少5.9%，但汛期偏多10.0%；屈产河裴沟水文站的变化为"两多"：年径流量偏多2.5%，汛期偏多4.5%，与降水变化不一致。

3. 输沙量

由图2-4可以看出，河龙区间输沙量与径流变化趋势相同，自20世纪80年代以来明显减少，但近期减少较径流量变化更为明显。近期年均实测输沙量仅有2.17亿t，其中汛期输沙量1.86亿t，分别较1950～1969年偏少78.2%和79.8%；较20世纪70年代偏少71.2%和73.0%；较80年代偏少41.8%和41.4%；较1990～1996年偏少60.0%和61.1%。近期年均输沙量减幅高达60%以上，明显高于同期径流量减幅，更高于同期降雨减幅一个数量级。

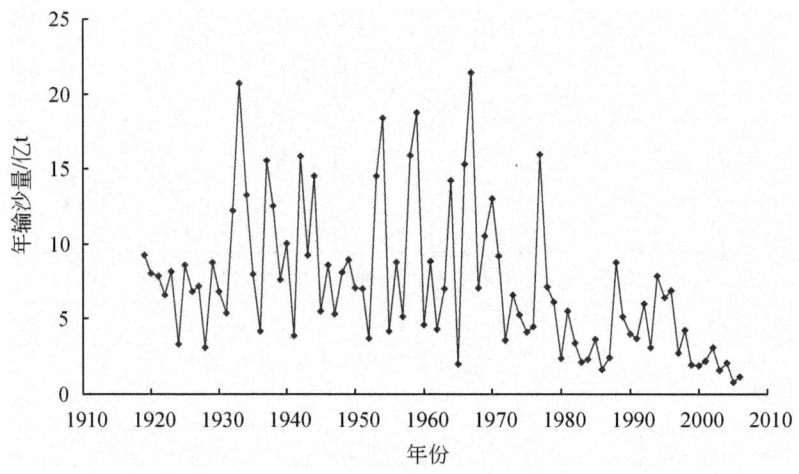

图2-4 河龙区间实测年输沙量变化过程线

从各支流来沙看，与20世纪50～60年代相比，大多数支流近期来沙减少比例在70%以上，最高达96.6%（浑河放牛沟站）；与较枯的20世纪80年代相比，大多数支流近期来沙减少比例在50%以上，最高达88.1%（仍为浑河放牛沟站），只有清涧河延川站增加了75.1%，这与近期清涧河汛期降水比80年代增加了10.7%有关。此外，无定河近期来沙较20世纪80年代减少得相对较少，年沙量和汛期沙量分别只减少了10.2%和4.6%。

从减沙区域看，与径流量相似，近期来沙量减少主要在河（口镇）吴（堡）区间（图2-5）。近期河（口镇）吴（堡）区间来沙量为0.698亿t，较20世纪80年代2.27亿t偏少69.3%。近期吴（堡）龙（门）区间来沙1.471亿t，较20世纪80年代1.455亿t偏多1.1%。

需要说明的是，河（口镇）吴（堡）区间近期水沙减少不仅与支流来水来沙减少有关，而且与万家寨水库运用有关。万家寨水库总库容约8.96亿m^3，1998年10月下

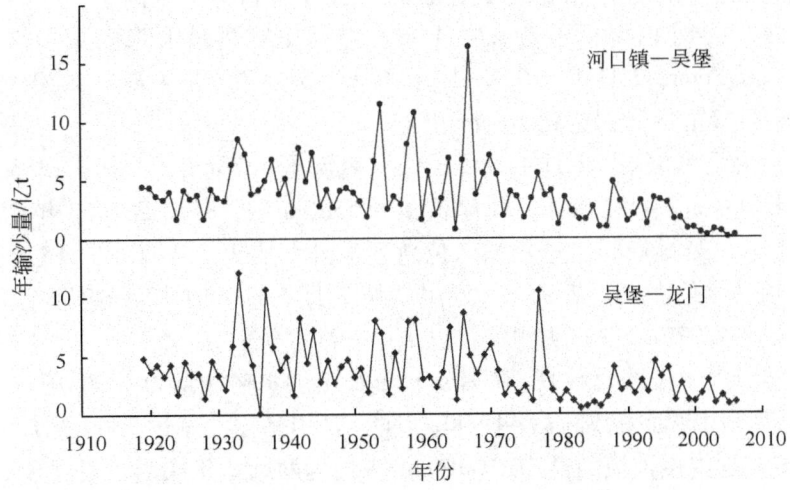

图 2-5　河龙区间不同地区年来沙量变化过程线

闸蓄水，至 2006 年年底蓄水量为 4.71 亿 m^3，近期年均蓄水 0.47 亿 m^3。根据水位库容曲线推算，近期库区年均淤积泥沙 0.78 亿 t。但根据实测资料统计，1999～2006 年万家寨水库入库站头道拐水文站年均来沙量仅 0.343 亿 t，并且区间支流来沙很少，因此，根据水位库容曲线推算的淤积量偏大。经综合分析，万家寨水库近期年均淤积量可按 0.4 亿 t 考虑。

4. 暴雨洪水情况

河龙区间近期（1997～2006 年）干支流比较突出的大暴雨洪水，分别发生在 2002 年 7 月和 2003 年 7 月，概述如下。

1）"2002.7.4" 暴雨洪水

2002 年 7 月 3～5 日，黄河山（西）陕（西）区间及泾河、北洛河局部地区受强对流天气影响，普降大到暴雨，暴雨中心主要分布在清涧河、延河、泾河及北洛河上中游地区。其中，7 月 3 日清涧河子长水文站日降雨量为 168mm，4 日子长水文站日降雨量为 102mm。4 日延河招安水文站日降雨量为 140mm，化子坪雨量站日降雨量为 81mm；泾河支流茹河屯字雨量站日降雨量为 91mm，北洛河刘家河水文站日降雨量为 37mm。

受 7 月 3～5 日暴雨影响，清涧河子长水文站 7 月 4 日 7 时 6 分洪峰水位为 11.56m，洪峰流量为 4250m^3/s，为 1958 年建站以来最大洪水（历史最大流量为 1969 年的 3150m^3/s）；延川水文站 4 日 11 时洪峰流量为 5050m^3/s，为该站有实测资料以来的历史第二大洪峰流量（历史最大流量为 1959 年的 6090m^3/s）；延水甘谷驿水文站 7 月 5 日 10 时 36 分洪峰流量为 2000m^3/s，无定河白家川水文站 7 月 5 日 6 时 12 分洪峰流量为 450m^3/s；黄河龙门水文站 4 日 23 时 31 分洪峰流量为 4580m^3/s。

从实测资料分析看，清涧河 "2002.7.4" 暴雨、洪水、泥沙特点主要表现为以下几点。

(1) 雨量大，历时短。根据调查，暴雨中心瓷窑总降雨量高达463mm，7月4~5日，子长站最大24小时降雨量为274.4mm，较历史实测最大降雨量165.7mm（1977年）还偏多108.7mm；7月4日6时15分~7时15分和7月4日20时05分~21时05分，最大1小时降雨量分别达到78mm和85mm。

(2) 峰量大，水位高。7月4日子长站洪峰流量4670m³/s，是自1958年7月建站以来实测最大值；延川站7月4日洪峰流量为5500m³/s，是该站1953年7月建站以来实测第二大洪水。暴雨期间，子长站水位急剧上升，从7月4日4时15分起涨至6时42分到达峰顶，水位涨幅为7.95m；延川站从7月4日9时12分起涨至11时到达峰顶，水位涨幅为9.97m，为有实测资料以来第一高水位。

(3) 输沙量大，侵蚀模数高。7月4日子长站洪水输沙量为4090万t，子长站以上913km²流域范围内侵蚀模数高达44 800t/km²；延川站输沙量达5600万t，延川站以上3468km²流域范围内侵蚀模数达16 100t/km²，均为两站历年次洪水侵蚀模数最大纪录。

2) "2003.7.30" 暴雨洪水

2003年7月29~30日，受高空低涡切变及地面锋面影响，山陕区间北部部分地区降中到大雨，局部降暴雨到大暴雨，暴雨中心皇甫、府谷、高石崖、哈镇等站日降雨量分别达136mm、133mm、130mm和114mm，其中皇甫、府谷、旧县4小时降雨量分别达110mm、69mm和78mm。受局部高强度暴雨影响，河龙区间上段及其支流发生洪水。支流皇甫川皇甫水文站7月30日4时30分洪峰流量为6500m³/s，30日4时36分最大含沙量为517kg/m³；天桥水库30日7时24分最大下泄流量为9860m³/s。受上游及区间来水影响，府谷水文站7月30日8时洪峰流量为13 000m³/s，超过该站有实测记录以来的最大流量（11 400m³/s，1989年），30日10时最大含沙量为219kg/m³。吴堡水文站30日21时30分洪峰流量为9400m³/s，31日4时最大含沙量为168kg/m³。干流洪水演进到龙门后坦化，龙门水文站31日13时22分洪峰流量为7340m³/s，属一般洪水。

皇甫川"2003.7.30"暴雨、洪水、泥沙特点主要表现为如下几点。

(1) 雨量大、历时短、强度高。7月30日1时30分至8时，暴雨中心皇甫站降雨量为136mm，历时仅6.5小时，其中4时至6时降雨量为110mm，降雨强度为55mm/h。

(2) 雨区范围小且偏下游。此次降雨量在50mm以上的范围为1.6万km²，其中大于100mm的笼罩面积仅0.078万km²，地区分布十分集中；暴雨中心位于皇甫站，偏于下游，并不在主要产沙区。

(3) 峰高量小，含沙量低。本次洪水皇甫川皇甫水文站洪峰流量6500m³/s，最大含沙量517kg/m³，洪量5170万m³，输沙量1430万t。与峰量相近的1988年8月5日洪水相比（洪峰流量6790m³/s，最大含沙量1000kg/m³，洪量14 600万m³，输沙量9070万t），洪量减少了64.6%，输沙量减少了84.2%。与洪量相近的1992年8月8日洪水相比（洪峰流量4700m³/s，最大含沙量1080kg/m³，洪量5330万m³，输沙量2860万t），输沙量减少了50%。本次洪水具有峰高量小、含沙量低的明显特征。

5. 泥沙颗粒级配变化

河龙区间部分支流自 1966 年前后才开始泥沙颗粒级配分析工作。点绘各主要水文站历年泥沙颗粒级配变化过程线可以看出，各站泥沙颗粒级配在 1980 年前后有比较明显的变化。因此，本次研究统计分析时段分为 1980 年以前、1980～1989 年、1990～1996 年、1997～2006 年四个时段。河龙区间主要水文站泥沙颗粒级配变化情况见表 2-3。现将其主要变化分析如下。

河龙区间入口站头道拐站泥沙以细沙为主，多年平均粒径 <0.025mm 的泥沙占 63.6%。近期粒径 <0.025mm、0.025～0.05mm、0.05～0.1mm 和 >0.1mm 的泥沙所占比重分别为 78.5%、14.4%、5.7% 和 1.4%。由表 2-3 可以看出，近期粒径 <0.025mm 的泥沙比重有所增加，粒径为 0.025～0.1mm 的泥沙比重有所减少，粒径 >0.1mm 的泥沙比重变化较小。与 1980 年以前相比，近期粒径 <0.025mm 的沙重百分数增加了 15.5%，粒径为 0.025～0.05mm、0.05～0.1mm 和 >0.1mm 的特粗泥沙则分别减少了 7.5%、7.0% 和 1.0%。中数粒径和平均粒径较 1980 年以前也有变小的趋势。

河龙区间干流吴堡站多年平均粒径 <0.025mm、0.025～0.05mm、0.05～0.1mm 和 >0.1mm 的泥沙所占比重分别为 34.4%、19.2%、21.2% 和 25.2%，近期所占比重分别为 43.6%、17.4%、17.1% 和 22.0%，来沙较头道拐站明显偏粗。与 1980 年以前相比，近期粒径为 0.025～0.05mm 的泥沙比重几乎没有变化，粒径 <0.025mm 的泥沙有所增加，粒径 >0.05mm 的泥沙比重有所减少。与 20 世纪 80 年代及 90 年代前期相比，粒径 <0.025mm 和粒径为 0.05～0.1mm 的泥沙比重变化不大，而粒径为 0.025～0.05mm 的泥沙减少了 6～10 个百分点，粒径 >0.1mm 的特粗泥沙则增加了 6～10 个百分点。

河龙区间出口站龙门站多年平均粒径 <0.025mm、0.025～0.05mm、0.05～0.1mm 和 >0.1mm 的泥沙比重分别为 45.2%、27.1%、20.2% 和 7.5%，近期分别为 45.4%、26.1%、19.8% 和 8.7%，泥沙颗粒较头道拐粗，较吴堡细。龙门站各级泥沙比重变化不大，中数粒径和平均粒径没有明显的趋势性变化。

由表 2-3 统计数据同时可以看出，河龙区间右岸支流来沙较左岸粗，北部支流来沙较南部粗。皇甫川皇甫站多年平均粒径 <0.025mm、>0.05mm 和 >0.1mm 的泥沙含量分别为 36.8%、47.1% 和 31.4%；孤山川高石崖站分别为 43.3%、35.9% 和 12.9%；窟野河温家川站分别为 32.6%、52.8% 和 35.5%；秃尾河高家川站分别为 26.9%、53.8% 和 28.4%；佳芦河申家湾站分别为 36.6%、41.0% 和 20.2%；无定河白家川站分别为 39.3%、31.2% 和 7.7%；清涧河延川站分别为 46.2%、22.8% 和 3.6%；延河甘谷驿站分别为 44.0%、26.6% 和 7.1%；湫水河林家坪站分别为 50.5%、24.0% 和 4.9%；三川河后大成站分别为 54.2%、19.0% 和 3.5%；昕水河大宁站分别为 60.8%、14.8% 和 2.8%。显然，皇甫川、窟野河、秃尾河、佳芦河粒径 >0.1mm 的特粗泥沙含量较多。

表 2-3 河龙区间主要水文站泥沙颗粒级配变化情况

河名	站名	时段	不同粒径级沙重百分数/%				河名	站名	时段	不同粒径级沙重百分数/%			
			<0.025mm	0.025~0.05mm	0.05~0.1mm	>0.1mm				<0.025mm	0.025~0.05mm	0.05~0.1mm	>0.1mm
黄河	头道拐	1958~1979	63.0	21.9	12.7	2.4		孤山川	高石崖	1966~1979	40.2	21.4	24.1	14.3
		1980~1989	56.9	21.3	13.6	8.1				1980~1989	45.8	20.1	21.7	12.4
		1990~1996	75.9	18.1	4.6	1.4				1990~1996	48.6	20.9	22.4	8.1
		1997~2006	78.5	14.4	5.7	1.4				1997~2006	56.6	17.6	16.6	9.2
		多年平均	63.6	21.1	11.9	3.4				多年平均	43.3	20.9	23.0	12.9
黄河	吴堡	1958~1979	31.1	17.7	22.3	28.9	窟野河	温家川	1958~1979	30.6	14.9	17.1	37.4
		1980~1989	42.6	21.4	19.6	16.4			1980~1989	34.0	13.7	19.0	33.3
		1990~1996	41.2	28.2	17.7	12.9			1990~1996	37.3	13.8	16.0	32.9
		1997~2006	43.6	17.4	17.1	22.0			1997~2006	50.9	17.9	18.3	12.9
		多年平均	34.4	19.2	21.2	25.2			多年平均	32.6	14.6	17.3	35.5
黄河	龙门	1957~1979	44.3	27.2	20.3	8.1	秃尾河	高家川	1965~1979	26.2	18.8	26.4	28.7
		1980~1989	48.0	26.0	19.7	6.3			1980~1989	25.6	19.3	25.3	29.7
		1990~1996	46.8	28.3	20.2	4.6			1990~1996	27.4	20.6	23.9	28.1
		1997~2006	45.4	26.1	19.8	8.7			1997~2006	35.0	20.4	21.1	23.5
		多年平均	45.2	27.1	20.2	7.5			多年平均	26.9	19.3	25.4	28.4
皇甫川	皇甫	1966~1979	34.2	17.8	17.2	30.9	佳芦河	申家湾	1966~1979	32.4	22.5	21.3	23.8
		1980~1989	37.4	14.5	15.1	33.0			1980~1989	37.8	22.6	22.6	17.0
		1990~1996	40.5	11.7	9.6	38.2			1990~1996	46.6	23.3	20.2	10.0
		1997~2006	53.0	11.7	12.7	22.7			1997~2006	58.2	19.8	14.6	7.5
		多年平均	36.8	16.1	15.7	31.4			多年平均	36.6	22.4	20.8	20.2

续表

河名	站名	时段	不同粒径级沙重百分数/%				河名	站名	时段	不同粒径级沙重百分数/%			
			<0.025mm	0.025~0.05mm	0.05~0.1mm	>0.1mm				<0.025mm	0.025~0.05mm	0.05~0.1mm	>0.1mm
无定河	白家川	1962~1979	36.0	29.4	25.5	9.2	湫水河	林家坪	1966~1979	48.0	26.1	20.1	5.9
		1980~1989	37.7	31.7	24.3	6.3			1980~1989	53.7	25.4	18.1	2.7
		1990~1996	44.7	30.5	20.6	4.3			1990~1996	56.0	25.1	17.1	1.8
		1997~2006	52.8	25.7	15.9	5.5			1997~2006	63.0	20.0	12.8	4.2
		多年平均	39.3	29.4	23.5	7.7			多年平均	50.5	25.5	19.1	4.9
清涧河	延川	1964~1979	42.6	32.4	20.6	4.4	三川河	后大成	1963~1979	52.0	27.5	16.0	4.5
		1980~1989	47.3	32.5	18.8	1.4			1980~1989	56.3	27.0	15.4	1.2
		1990~1996	50.6	30.5	17.2	1.7			1990~1996	60.4	23.9	14.7	0.9
		1997~2006	50.4	27.2	17.8	4.7			1997~2006	66.1	20.4	11.0	2.4
		多年平均	46.2	31.1	19.2	3.6			多年平均	54.2	26.8	15.5	3.5
延河	甘谷驿	1963~1979	40.4	29.9	21.4	8.3	昕水河	大宁	1965~1979	58.7	25.5	12.2	3.6
		1980~1989	43.8	31.5	19.0	5.6			1980~1989	57.8	26.1	14.6	1.4
		1990~1996	47.5	29.2	17.7	5.6			1990~1996	65.0	22.2	11.4	1.5
		1997~2006	54.8	24.7	14.4	6.1			1997~2006	75.2	16.0	7.2	1.6
		多年平均	44.0	29.5	19.5	7.1			多年平均	60.8	24.4	12.0	2.8

从不同时段变化来看,近期各支流泥沙均有不同程度的细化,粒径<0.025mm的细泥沙均有所增加。皇甫川粒径<0.025mm的细泥沙比重由1980年以前的34.2%增大为近期的53.0%,粒径>0.1mm的特粗泥沙比重减少较多,由1980年以前的30.9%减小为近期的22.7%;孤山川粒径<0.025mm的泥沙比重由1980年以前的40.2%增大为近期的56.6%,粒径为0.05~0.1mm的泥沙比重减少较多,由1980年以前的24.1%减小为近期的16.6%;窟野河粒径<0.025mm的泥沙比重由1980年以前的30.6%增大为近期的50.9%,粒径>0.1mm的泥沙比重减少最多,由1980年以前的37.4%减小为近期的12.9%。秃尾河相对其他河流变化较小,粒径<0.025mm的泥沙比重由1980年以前的26.2%增大为近期的35.0%,粒径>0.1mm的特粗泥沙比重由1980年以前的28.7%减少为近期的23.5%。佳芦河变化与窟野河类似,粒径<0.025mm的泥沙比重1980年以前的32.4%增大为近期的58.2%,粒径>0.1mm的特粗泥沙比重减少较多,由23.8%减小为7.5%。无定河粒径<0.025mm的泥沙比重由1980年以前的36.0%增大为近期的52.8%,粒径为0.05~0.1mm的泥沙比重则减少了近10%。清涧河、延河、湫水河、三川河、昕水河变化相似,粒径<0.025mm的泥沙所占比重近期比1980年以前增加了8%~16%;粒径为0.025~0.1mm的泥沙所占比重减少较多;粒径>0.1mm的特粗泥沙比重减少较少。

皇甫川、窟野河、秃尾河、佳芦河等粗泥沙集中来源区支流近期粒径>0.1mm的特粗泥沙分别较1980年以前减少了8.2%、24.5%、5.2%和16.3%。这4条支流特粗泥沙平均减少了13%左右,折射出近期河龙区间水土保持治理方向正确,目标明确。只要持续加大投入,持之以恒,粗中寻粗,在粗泥沙中治理更粗泥沙,黄委会提出的构筑拦减黄河中游粗泥沙"三道防线"中"先粗后细"的战略意图一定能够实现。

2.1.3 小结

(1) 河龙区间近期年均降水404.1mm,其中汛期降水328.9mm,较多年平均值分别偏少8.9%和6.8%。从各支流降水情况来看,大部分支流近期降水较前期不同时段都有不同程度的减少,只有佳芦河和无定河不同。佳芦河近期年降水与多年均值接近,汛期降水偏多9.4%;无定河近期年降水与多年均值接近略偏少,汛期降水偏多1.3%。

(2) 河龙区间近期年均实测径流量29.7亿m^3,其中汛期径流量15.9亿m^3。近期径流减少主要发生在河口镇至吴堡区间,较20世纪80年代偏少54.2%,但吴堡至龙门区间近期来水却较之偏多13.3%。与20世纪80年代相比,年径流量减少了20.1%,汛期径流量减少了10.6%。大多数支流实测径流量减少幅度在20%以上。

(3) 河龙区间近期年均实测输沙量2.17亿t,其中汛期输沙量1.86亿t,分别较20世纪80年代偏少41.8%和41.4%,明显高于同期径流减幅。近期来沙量减少主要在河口镇至吴堡区间,较20世纪80年代偏少69.3%,但吴堡至龙门区间近期来沙却较之偏多1.1%;大多数支流实测输沙量减少幅度在50%以上。

(4) 自1980年以来,河龙区间支流来沙有变细的趋势。小于0.025mm的细沙含量增加,粗泥沙则有所减少。皇甫川、窟野河、秃尾河、佳芦河等粗泥沙集中来源区4条支流,近期特粗泥沙平均减少了13%左右。

2.2 泾河流域特征及近期水沙变化特点

2.2.1 泾河流域环境特征

泾河是黄河中游渭河的最大支流,发源于宁夏泾源县关山东麓的老龙潭,由西北向东南流经宁夏、甘肃、陕西三省(自治区),在陕西省高陵县的陈家滩注入渭河。泾河流域西起六盘山,东界子午岭,南沿渭北高原,北临宁夏陕西交界的白于山麓,干流全长483km,流域面积为45 421km^2,其中水土流失面积为33 220km^2,占流域面积的73.1%。泾河流域出口水文站为张家山水文站,控制面积43 216km^2,占流域面积的95.1%。流域内按地貌类型可分为黄土丘陵沟壑区、黄土高原沟壑区、土石丘陵区、黄土丘陵林区、黄土阶地区。泾河流域地貌分区如图2-6。

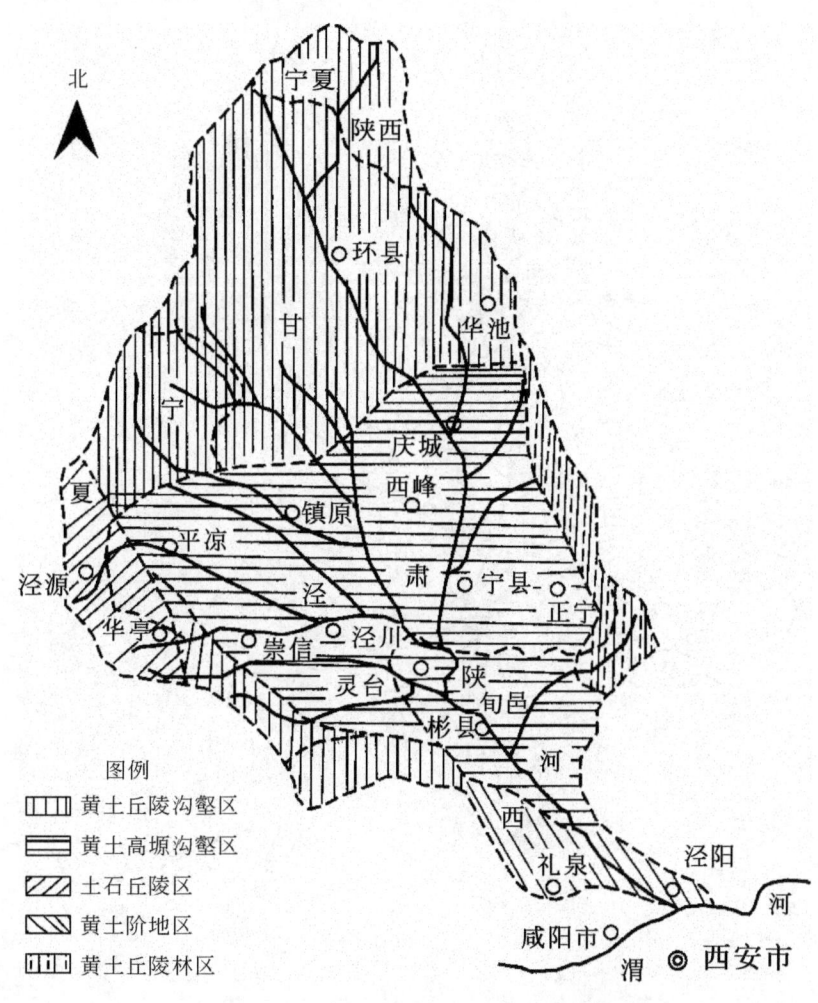

图2-6 泾河流域地貌类型分区示意图

泾河的主要支流，左岸有三水河、马莲河、蒲河、茹河、洪河，右岸有汭河、黑河、达溪河、泔河。其中马莲河是泾河的最大支流，发源于陕北白于山麓，河长374.8km，流域面积为19 086km²，占泾河流域面积的42.0%，属黄河中游多沙粗沙区的一部分。马莲河流域出口水文站为雨落坪水文站，控制面积为19 019km²，占流域面积的99.6%。其北部为黄土丘陵沟壑区，南部为黄土高塬沟壑区。

2.2.2 近期水沙变化特点

1. 水沙变化情况

泾河流域水系图见图2-7。泾河张家山站各年代降水、径流、泥沙与基准期（1950~1969年）对比结果见表2-4。泾河流域张家山水文站以上的水沙来源可分为三部分：支流马莲河雨落坪水文站以上；干流杨家坪水文站以上；雨落坪、杨家坪至张家山区间。

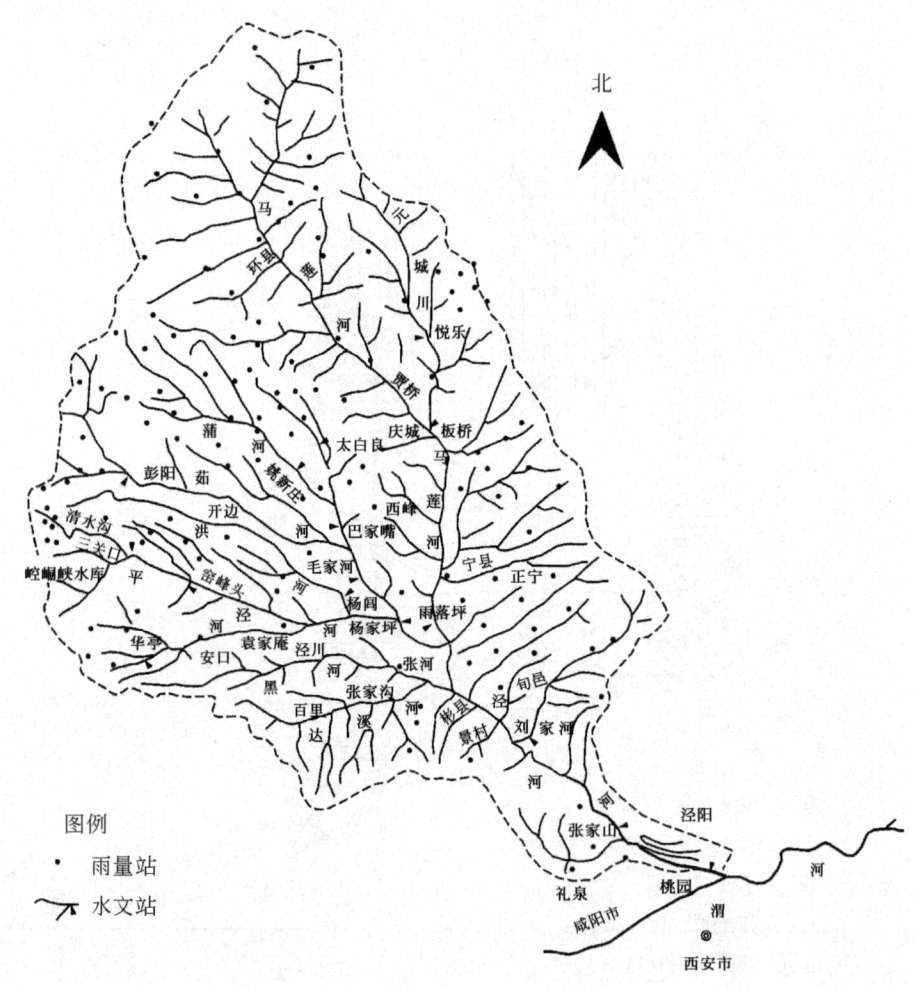

图2-7 泾河流域水系及水文测站分布图

第2章 黄河中游环境特征及近期水沙变化特点

由表2-4可见,与基准期对比,泾河流域各年代径流泥沙依时序递减,20世纪90年代以后减少较多。1997～2006年流域年均降水量496.2mm,年均径流量10.714亿m^3,年均输沙量1.375亿t,分别比基准期减少了10.7%、44.0%和49.6%,与其他年代相比都是减少较多的10年,但个别年份(如2003年)仍有特大洪水发生。

表2-4 张家山站各年代降水、径流、泥沙变化结果

时段	年降水量/mm	年径流量/亿m^3	年输沙量/亿t	各年代减少比例/%		
				降水	径流	泥沙
1950～1969	555.8	19.139	2.731	—	—	—
1970～1979	528.8	17.437	2.596	4.9	8.9	4.9
1980～1989	502.3	17.121	1.865	9.6	10.5	31.7
1990～1996	497.7	16.433	2.748	10.5	14.1	-0.6
1997～2006	496.2	10.714	1.375	10.7	44.0	49.6
1970～2006	506.9	15.344	2.097	8.8	19.8	23.2

注：1950～1996年数据为"水沙基金"2资料。

2. 水沙变化过程

泾河流域年平均降水量变化过程线如图2-8所示；年径流量、年输沙量变化过程线分别见图2-9和图2-10。根据统计结果,2003年泾河流域年平均降水量为744.8mm,在实测资料系列中排第四位；年径流量21.2亿m^3,年输沙量2.09亿t,均为近期最大值,但其他年份径流量和泥沙量继续呈明显减少趋势。

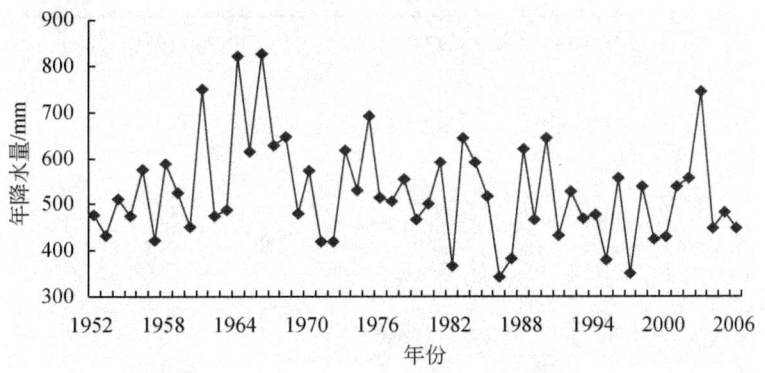

图2-8 泾河流域年平均降水量变化过程线

3. 水沙关系变化

泾河张家山站不同年代年降雨径流关系如图2-11；不同年代年径流泥沙关系见图2-12。从图2-11可以看出,1997～2006年的点据偏于左方,说明近期流域受水利水土保持措施等人类活动的影响较大,相同降雨量条件下的产流能力明显减少。从图2-12可见,张家山站年径流与年输沙的关系比较散乱,不同年代的点据掺混在一起,没有明显的分带性分布规律。但1997～2006年的点据明显偏于左下方(2003年除外),说明近期径流泥沙量确有明显减少。

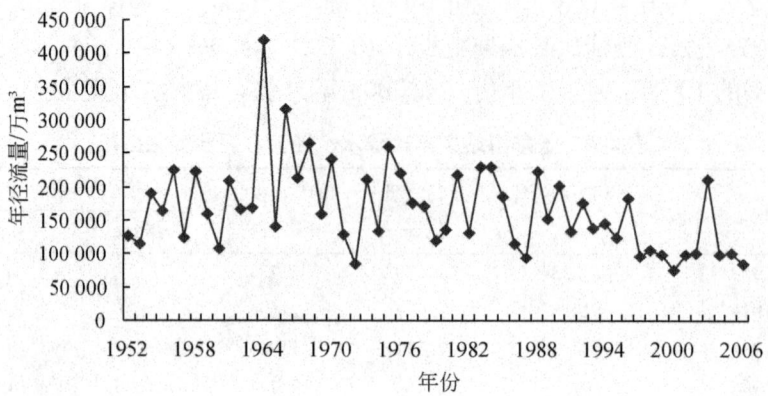

图 2-9　泾河张家山站年径流量变化过程线

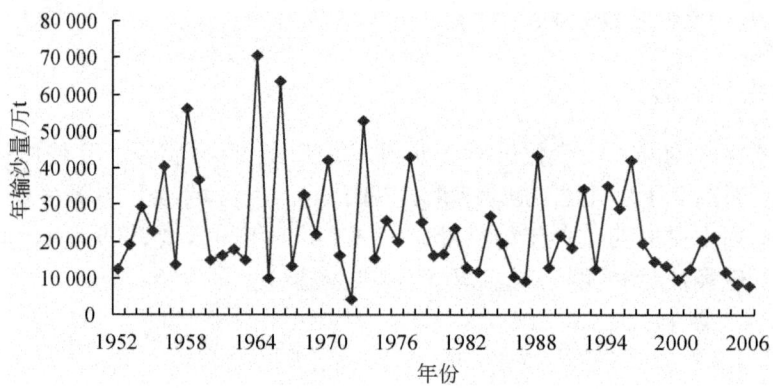

图 2-10　泾河张家山站年输沙量变化过程线

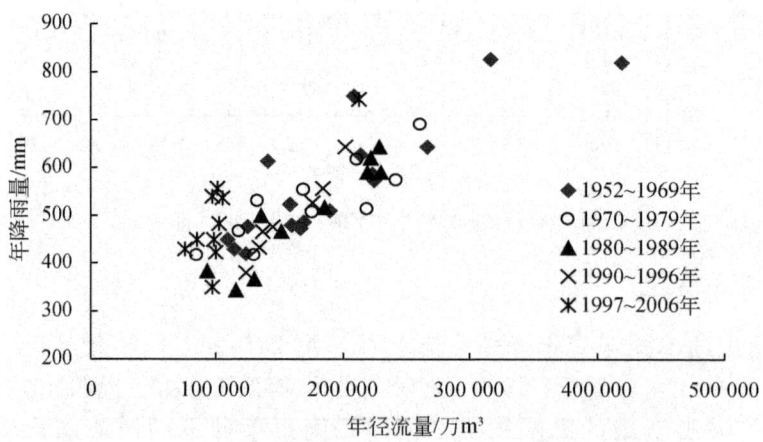

图 2-11　泾河张家山站不同年代年降雨量与年径流量的关系

第2章 黄河中游环境特征及近期水沙变化特点

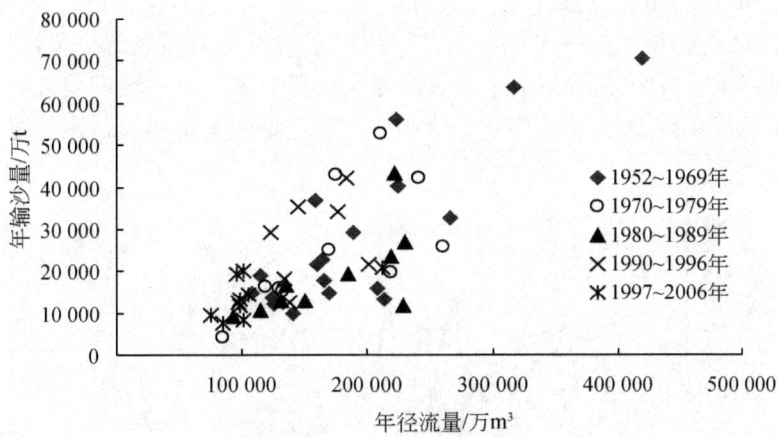

图 2-12　泾河张家山站不同年代年径流量与年输沙量的关系

4. 来沙系数变化

来沙系数是衡量流域水沙关系变化最为重要的参数之一，是水沙搭配关系的一种量化表示。来沙系数是含沙量与流量的比值。泾河张家山站年平均来沙系数变化过程线见图 2-13。由该图可见，泾河流域来沙系数虽然呈现波动变化，但总体上呈上升趋势。根据本次计算，泾河流域多年平均（1950~2006 年）来沙系数为 $3.681 \text{kg} \cdot \text{s/m}^6$，1950~1969 年和 1970~1996 年来沙系数分别为 $2.865 \text{kg} \cdot \text{s/m}^6$ 和 $3.709 \text{kg} \cdot \text{s/m}^6$，近期来沙系数为 $5.235 \text{kg} \cdot \text{s/m}^6$，分别比 1950~1969 年和 1970~1996 年增大了 82.7% 和 41.1%，水沙关系继续朝着不协调的方向发展。

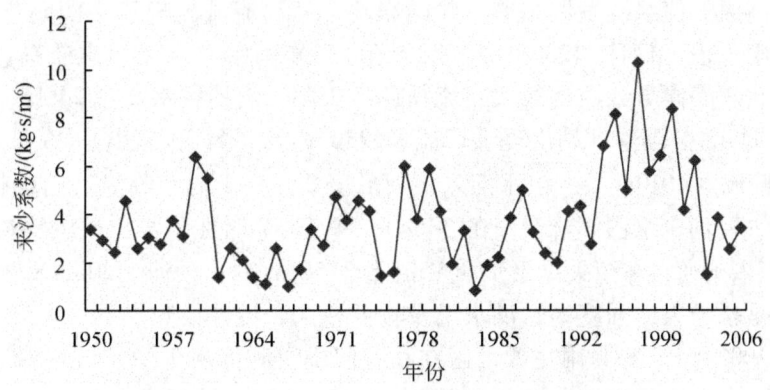

图 2-13　泾河张家山站来沙系数变化过程线

5. 主要水文站输沙比例变化

马莲河雨落坪、泾河杨家坪两大水文站年输沙量占张家山站年输沙量的比例变化过程线见图 2-14。由该图可以看出，自 1983 年开始，雨落坪站年输沙量占张家山站年输沙量的比例总体上一直呈上升趋势，近期更为明显。泥沙来源的集中程度持续增大，说明马莲河流域近期虽然开展了卓有成效的水土保持生态工程建设,但仍为泾河流域泥沙主要来源区。今后应进一步加快马莲河流域水土保持治理进度,尤其是要把治理重点转向环江洪德以上的粗泥沙集中来源区,加大投资力度,集中治理与规模治理相结合,实施"先粗后细"的治理方略,以进一步减少泾河流域的水土流失,建设秀美山川。

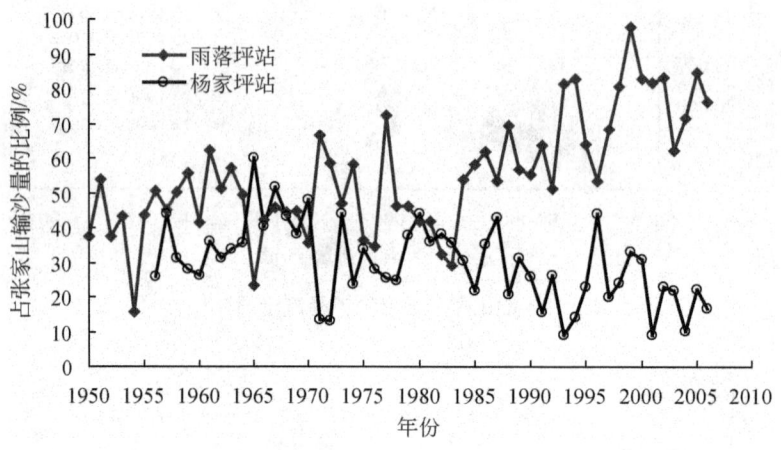

图 2-14 泾河雨落坪、杨家坪站来沙所占比例变化过程线

2.2.3 "2003.8.25" 暴雨概况

2003 年是泾河流域实测水文资料系列中比较特殊的一年,主要表现在:①年降雨量为自 1966 年以来最大;②年径流量为自 1983 年以来最大;③年输沙量为自 1996 年以来最大。2003 年 8 月 24～27 日,受西太平洋副热带高压外围偏南暖湿气流长时间的控制和青藏高原低值系统发展东移的共同影响,泾河流域出现了一次大范围、长历时、高强度的降雨过程(简称"2003.8.25"暴雨),暴雨中心在泾河支流马莲河中游和蒲河上中游。这次暴雨导致泾河最大支流马莲河庆阳、雨落坪水文站 24 日、26 日连续涨水,26 日 8 时 42 分雨落坪站出现洪峰流量 4230m³/s,泾河张家山站 26 日 22 时 42 分出现超警戒洪峰流量 4010m³/s,洪水汇入渭河后于 27 日 11 时在临潼站出现超警戒洪峰流量 3200m³/s(泾河来水占洪峰流量的 74%),29 日 17 时在华县出现洪峰流量 1500m³/s,31 日 10 时汇入黄河,在潼关站形成洪峰流量 3150 m³/s。泾河"2003.8.25"暴雨洪水的特点主要是暴雨大,强度高;洪水量及输沙量大,侵蚀模数高。

泾河"2003.8.25"暴雨主要雨区在马莲河中游和蒲河上中游流域,局部地区为特大暴雨。暴雨中心在马莲河与蒲河支流黑河流域之间,暴雨中心各站实测暴雨特征值见表 2-5。根据实测资料统计,黑河白家庄子站 8 月 25 日 1 小时降雨量占当次降雨量的 35.3%,2 小时降雨量占当次降雨量的 52.9%;白家庄子、杨渠、庆阳、贾桥和板桥站 6 小时降雨量占当次降雨量的 63.4%～77.4%。马莲河流域多年平均降雨量约 470mm,而本次暴雨中心白家庄子 24 小时降雨量为 215mm,占流域多年平均降雨量的 45.7%,降雨强度之大为历年罕见。马莲河庆阳、贾桥站 8 月 25 日的日雨量分别高达 182mm 和 196mm,均为历史最大。

表 2-5　泾河"2003.8.25"暴雨中心雨量站实测暴雨特征值　（单位：mm）

雨量站名	30min	1h	2h	3h	6h	12h	24h
白家庄子	—	76.2	114.2	121.0	157.2	180.0	215.0
杨渠	39.4	56.8	80.4	—	127.0	168.6	—
庆阳	—	57.0	80.6	—	133.0	159.4	182.0
贾桥	—	—	—	—	151.4	175.2	196.0

泾河支流马莲河庆阳、雨落坪水文站因"2003.8.25"暴雨普涨洪水。8月24日0时~30日24时庆阳站、雨落坪站洪峰流量、洪水总量和输沙量如表2-6所示。根据庆阳水文站观测，8月26日洪峰流量3980m³/s，是80年一遇的洪水；雨落坪站8月26日洪峰流量4230m³/s。泾河流域2003年8月24~28日洪水流量过程线如图2-15所示。根据实测资料统计，8月26日庆阳站次洪水输沙量为4330万t，占2003年庆阳站年输沙量7200万t的60.1%，庆阳站次侵蚀模数达4084t/km²；同期雨落坪站次洪水输沙量达7896万t，占2003年雨落坪站年输沙量1.299亿t的60.8%，雨落坪站次侵蚀模数达4152t/km²。

表 2-6　马莲河庆阳站和雨落坪站"2003.8.25"洪水特征值

站名	洪峰流量/（m³/s）	洪水总量/亿m³	占多年平均径流量的比例/%	洪水输沙量/万t	占多年平均输沙量的比例/%
庆阳	3 980	1.320	61.4	4 330	53.1
雨落坪	4 230	1.947	42.0	7 896	62.7

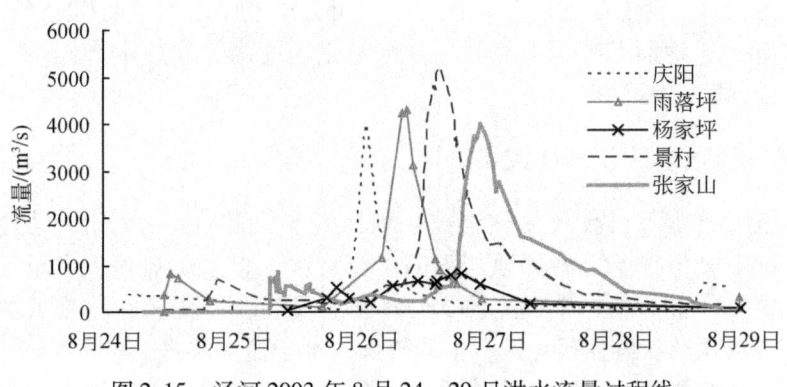

图 2-15　泾河2003年8月24~29日洪水流量过程线

2.3　北洛河流域特征及近期水沙变化特点

北洛河发源于陕西省定边县白于山的郝庄梁，流经陕西省榆林市的定边、靖边县，延安市的吴起、志丹、甘泉、富县、洛川、黄龙、黄陵县，铜川市及宜君县，渭南市的澄城、白水、蒲城、大荔、合阳以及支流葫芦河上游伸入的甘肃省华池、合水县等县境，在陕西省渭南市大荔县东南汇入渭河。河源海拔为1785m，河口高程为325m，总落差为 1460m；平均比降为 1.52‰；河长为 680km，流域面积为 26 905km²。流域出口水文站为洑头水文站，控制面积为 25 154km²，占流域面积的 93.5%。自河源至甘泉为上游，河长为 275km，比降为 1.6‰；甘泉至白水河口为中游，河长为 251km，比降为 1.2‰；白水河至河口为下游，河长为 154km，比降为 0.8‰。北洛河上中游河道大部分流经峡谷，谷底宽为 200~300m；下游河道两岸地势平坦，河道弯曲，两岸崩塌变动较为频繁。北洛河流域主要特征为水土流失类型多样、土壤和植被地区差异性较大、水沙异源。

2.3.1 北洛河流域环境特征

1. 水土流失类型多样

北洛河自北向南纵贯黄土丘陵沟壑区、黄土丘陵林区、黄土高塬沟壑区、黄土阶地区和冲积平原区等 5 个水土流失类型区，水土流失类型多样。其中，黄土丘陵沟壑区分布于上游及中游黄土高塬沟壑区与林区的过渡地带，面积为 6755km²，占流域总面积的 25.1%，沟壑纵横，地形破碎，水土流失严重；黄土丘陵林区分布在西岸支流葫芦河、沮河的中上游子午岭及东部黄龙山一带，面积为 11 273km²，占流域总面积的 41.9%，林草茂密，水土流失轻微。其中子午岭林区是黄河中游地区保存完好的天然次生林区之一。以上两类型区合计约占流域总面积的 67%；黄土高塬沟壑区分布在中游两岸，面积为 6242km²，占流域总面积的 23.2%，塬面平坦，耕地较多，以洛川塬最大，仅次于泾河流域的董志塬，为黄河流域第二大塬，塬边沟壑发育，支离破碎，水土流失较为严重；黄土阶地区分布在下游，属关中平原范围，面积为 4305km²，占流域总面积的 16%，地面平缓，土地肥沃，水利化程度高，农业生产发达。北洛河流域水土流失类型分区见图 2-16。

2. 土壤和植被地区差异性较大

北洛河流域土壤、植被（简称土被）地区差异性较大。流域内土壤主要有三种，一是黄绵土，主要分布于上游侵蚀严重的梁峁、沟坡，土质疏松，水土流失严重；二是灰褐土，主要分布于中上游，成土母质为黄土或基岩风化物；三是黑垆土，主要分布于黄土丘陵及残塬和风蚀残丘区，土质较好，水土流失轻微。

由于气候带的差异，流域内植被的地区分布差异也较大。流域内有大面积天然次生林，乔木主要有杨、柳、桦、栎等阔叶林和油松等针叶林，其次为灌草，主要分布于延安以南的子午岭林区和黄龙山林区，延安以北植被明显减少。

3. 水沙异源

从径流泥沙来源来看，由于北洛河流域各区下垫面条件的差异，存在着明显的水沙异源现象。刘家河以上为黄土丘陵沟壑区，侵蚀强烈，来沙集中，其来水量只占洑头来水量的 26.8%，而来沙量却占 83.1%，因此，泥沙主要来自刘家河以上；张村驿站以上大部处于黄土丘陵林区，水土流失轻微，虽然其来水量占洑头来水量的 11.3%，

图 2-16 北洛河流域水土流失类型分区图

但其来沙量仅占 0.5%；刘家河、张村驿至洑头区间，来水量占洑头来水量的 61.9%，是主要来水区，来沙量所占比例却只有 16.4%。

2.3.2 近期水沙变化特点

1. 水沙变化情况

表 2-7 列出了北洛河流域各时段年均降水量、径流量和输沙量及其变化情况。可以看出，如以 20 世纪 50 年代为基准，其他年代与之比较，流域（洑头以上）年均降水量 60 年代增加 3%，70 年代减少 9%，80 年代减少 5%，1990~1996 年减少 19%。流域年均径流量、输沙量的变化与降水量的变化并不同向，特别是 1990~1996 年降水量减少 19%，径流量增加 11%，输沙量却增加 8%，这种反向变化主要是在此期间遭遇 1994 年、1996 年暴雨所致。1997~2006 年北洛河流域年均降水量 437.4mm，年均径流量 4.666 亿 m^3，年均输沙量 0.401 亿 t。与基准期相比，近期年降水量、年径流量、年输沙量分别减少了 21%、31% 和 57%，水沙锐减。

表 2-7　北洛河流域水沙变化情况

时段	年均降水量		年均径流量		年均输沙量	
	降水量/mm	占基准期比例/%	径流量/亿 m³	占基准期比例/%	输沙量/亿 t	占基准期比例/%
1950~1959 年	551.8	100	6.715	100	0.923	100
1960~1969 年	567.3	103	8.757	130	0.997	108
1970~1979 年	502.9	91	5.906	88	0.795	86
1980~1989 年	522.6	95	6.981	104	0.467	51
1990~1996 年	445.8	81	7.476	111	1.000	108
1997~2006 年	437.4	79.3	4.666	69.5	0.401	43.4

2. 水沙变化过程

图 2-17 所示为北洛河流域年降水量、年输沙量变化过程线。可以看出，年降水量总体上呈减少趋势，但年输沙量则波动较大，1970 年后输沙量曾一度减少，1985~1994 年输沙量呈增加趋势，1997~2006 年在降水量并没有减少的情况下，输沙量却又大幅度减少，降雨输沙关系变化比较复杂。

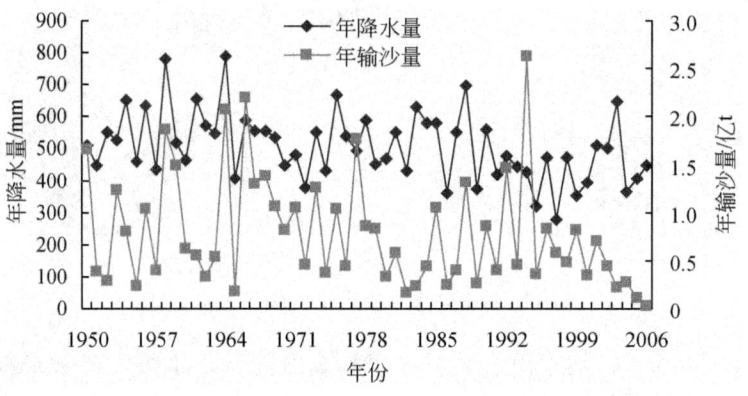

图 2-17　北洛河流域年降水量及年输沙量变化过程线

3. 年水沙关系变化

图 2-18 为北洛河上游刘家河站年水沙关系图。可以看出，刘家河年水沙关系较好，1997~2006 年点据与其他年代的点据混在一起，说明近期水沙关系没有发生实质性变化。反观北洛河支流葫芦河张村驿站，其年水沙关系与刘家河站相比很差（图 2-19），1997~2006 年相同径流量下的输沙量有增加趋势，说明近期人类活动特别是毁林开荒造成的水土流失导致泥沙增加。同时也可以看出，在遭遇较大暴雨时，林区拦蓄泥沙能力比较脆弱，如 1977 年、1996 年和 2002 年，在相同径流下，泥沙点据高居其他点据之上。

当北洛河流域水沙运行到出口站洑头站时，水沙关系变得比较复杂。图 2-20 为北洛河流域洑头站年水沙关系。可以看出，治理后各年代的点据与治理前 1950~1969 年的点据基本上混在一起，20 世纪 80 年代的点据较基准期稍低，90 年代个别点据稍高，

第2章 黄河中游环境特征及近期水沙变化特点

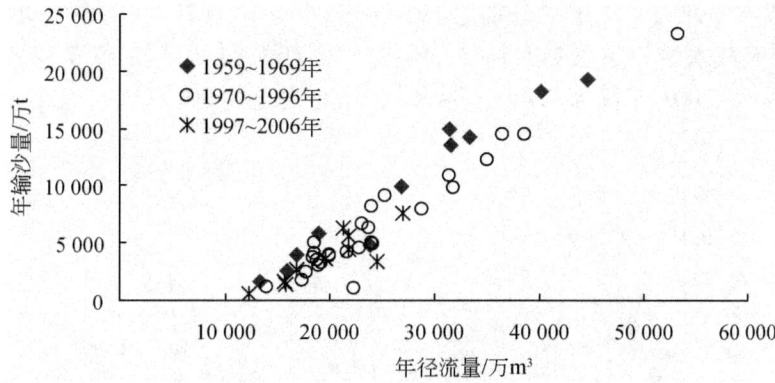

图 2-18 北洛河刘家河站年水沙关系

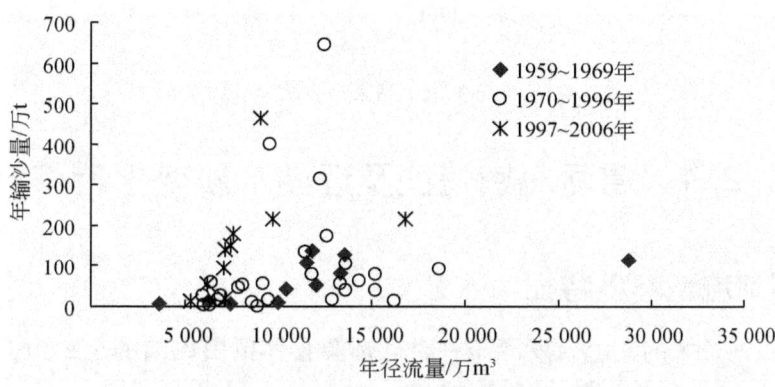

图 2-19 葫芦河张村驿站年水沙关系

说明在相同径流下输沙量较治理前减少不多,1997~2006 年的点据也没有发生特殊的偏离。

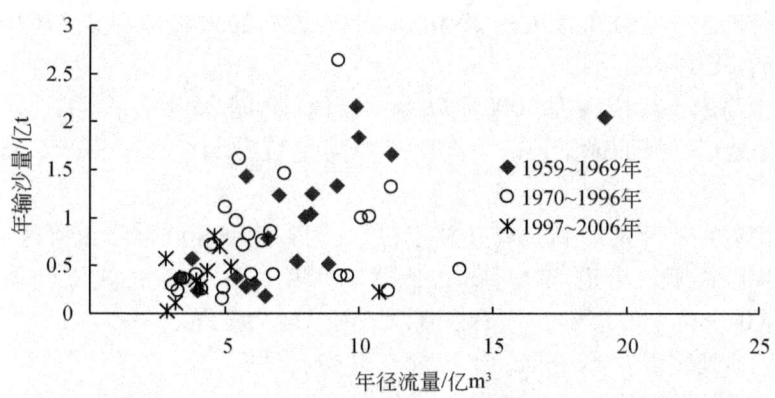

图 2-20 北洛河洑头站年水沙关系

北洛河流域洑头站年平均来沙系数变化过程线见图 2-21。由此可见,来沙系数波动变化较大。北洛河流域多年平均(1950~2006 年)来沙系数为 4.625kg·s/m⁶,1950~1969 年和 1970~1996 年来沙系数分别为 4.704kg·s/m⁶ 和 4.651kg·s/m⁶,近期来沙系数为 4.397kg·s/m⁶，分别比 1950~1969 年和 1970~1996 年减小了 6.5% 和 5.5%。近期流域水沙关系虽然有协调的趋势，但变幅很大，如 1997 年来沙系数高达 13.12kg·s/m⁶，2003 年仅为 0.44kg·s/m⁶，两者之比为 30:1。

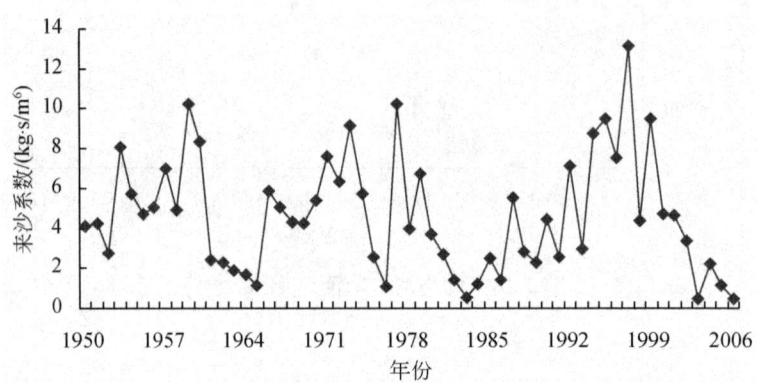

图 2-21　北洛河狀头站来沙系数变化过程线

2.4　渭河流域特征及近期水沙变化特点

2.4.1　渭河流域环境特征

渭河是黄河最大的支流，发源于甘肃省渭源县鸟鼠山以南的鏊鏊山，流经陇东黄土高原、甘肃天水盆地、陕西宝鸡峡谷，进入关中平原，于潼关汇入黄河。全长 818km，流域面积 10.8 万 km²（其中包括泾河 4.5 万 km²）。渭河流域西高东低，南部为秦岭山脉，北部为黄土高原，流域地貌大致可分为如下三种类型：

（1）秦岭山地：渭河河源和南侧为秦岭山脉，山势西高东低、北陡南缓，山脉基本上为东西走向，主要山峰海拔在 2000m 以上，最高的太白山海拔 3767m，相对高度 1400~3300m，属中高山地形。

（2）黄土高原：海拔多在 1000m 以上，经侵蚀切割及重力作用，发育形成了塬、梁、峁、谷等地形。塬面或梁顶部与沟底相对高差数十米至二三百米，暴雨季节水土流失严重。

（3）渭河谷地：从河源到宝鸡（林家村），河谷川峡相间，干流河道长 430km，比降 3‰；宝鸡到咸阳，河道长 177km，比降 1.88‰~0.68‰；咸阳到渭河口，河长 211km，比降 0.68‰~0.15‰，其中临潼以下河道较为弯曲。

渭河流域地处暖温带半干旱、半湿润气候带，具有大陆性季风气候区的特点。春暖干旱，夏热多雨并有伏旱，秋凉湿润，冬寒少雨雪。流域降水量分布由东南向西北递减，在南岸秦岭一带年降水量最大，达 700~800mm，向西北递减至 400~500mm。降雨呈两种类型分布，即以渭河南河川以上地区和泾河上游为主的西北片，呈西南—东北走向；以干流以南、秦岭北坡南山支流为主，包括千阳河、横水河等支流的东南片，呈东~西走向。

渭河流域水利工程较多。渭河的蓄水工程多建在支流上，截至 2000 年流域共建成大中型及小（一）型水库 211 座，总库容 18.34 亿 m^3，兴利库容 9.97 亿 m^3。其中大型水库有冯家山、羊毛湾和石头河 3 座，总库容 6.56 亿 m^3，兴利库容 4.59 亿 m^3。中型水库 22 座，小（一）型水库 186 座。总设计灌溉面积 350.7 万亩（1 亩折合 0.067 hm^2，下同），有效灌溉面积 219.6 万亩。渭河灌溉历史悠久，引水灌溉已自成体系。据统计，2000 年已有引水工程 2133 处，设计灌溉面积 708.89 万亩，有效灌溉面积 595.86 万亩，其中一半以上（56%）的灌溉面积集中在林家村至咸阳区间，其次是咸阳以下，占到全流域的 33%，林家村以上只占 11%；共有提水工程 5014 处，设计灌溉面积 600 万亩，有效灌溉面积 534 万亩。从提水工程分布看，林家村以上最多，有 2161 处；林家村至咸阳 1464 处；咸阳以下 1389 处。从灌溉面积看，主要分布在最下游的咸阳至潼关河段；共有机电井 13.08 万眼，设计灌溉面积 736.4 万亩，有效灌溉面积 668.8 万亩，其中，纯井灌面积约占 52%，井渠双灌面积约占 48%。

黑河是渭河秦岭北麓的一条较大支流。黑河金盆水利枢纽工程是一项以城市供水为主，兼有防洪、发电和生态改善等综合效益的大型水利枢纽工程，总库容 2.0 亿 m^3。1996 年开工建设，2002 年建成，次年开始蓄水运行。截至 2008 年 12 月，金盆水库已累计向西安市供水 10.7 亿 m^3，农田灌溉供水 2.2 亿 m^3，发电 2.6 亿 kW·h，从根本上解决了西安市阶段性严重缺水问题。

2.4.2　近期水沙变化特点

1. 水系与站网布设

渭河流域水系分布示意图见图 2-22。其水系分布南北岸不对称，流域面积在 1000km^2 以上的支流有 13 条，其中位于南侧的有 5 条，即榜沙河、藉河、黑河、沣河和灞河；北侧有 8 条，即咸河、散渡河、葫芦河、牛头河、千河、漆水河、泾河和石川河。泾河为渭河第一大支流，流域面积 45 421km^2，占渭河流域面积的 42%。

渭河流域北侧支流发源于黄土高原，穿过山地和塬区注入渭河，多呈西北—东南走向。北侧支流一般源远流长，集水面积大，发育历史较长，水系多呈树枝状分布。汛期暴雨季节挟带大量泥沙进入渭河，水流含沙量高。南侧的支流发源于秦岭山地的石质山区，源近坡陡，水流湍急，与渭河常呈直角交汇，数量多，流域面积小，多呈羽状水系。干、支流（包括渠道）共设有雨量站 200 多个，其中很多是由省、区水文总站或气象局所管辖，已设站中有将近一半是 1970 年以后设立的。渭河干流上的水文站有 7 个，其中林家村、魏家堡、咸阳、华县站设立于 1950 年以前，华县站为渭河下游（包括泾河）的控制站，汇流面积为 10.65 万 km^2；咸阳以上汇流面积为 4.683 万 km^2，咸阳、张家山、华县区间的汇流面积为 1.645 万 km^2。

渭河流域降水年际变化较大，如华县站年均降水量 525mm，最大达 1110mm（1946 年），最小仅 226mm（1945 年），最大与最小相差约 5 倍。降水年内分配不均，且多以暴雨出现。降水主要集中在 6~9 月，约占年降水量的 60%~70%，最大降水月一般发生在 7 月、8 月，占年降水量的 37% 以上。

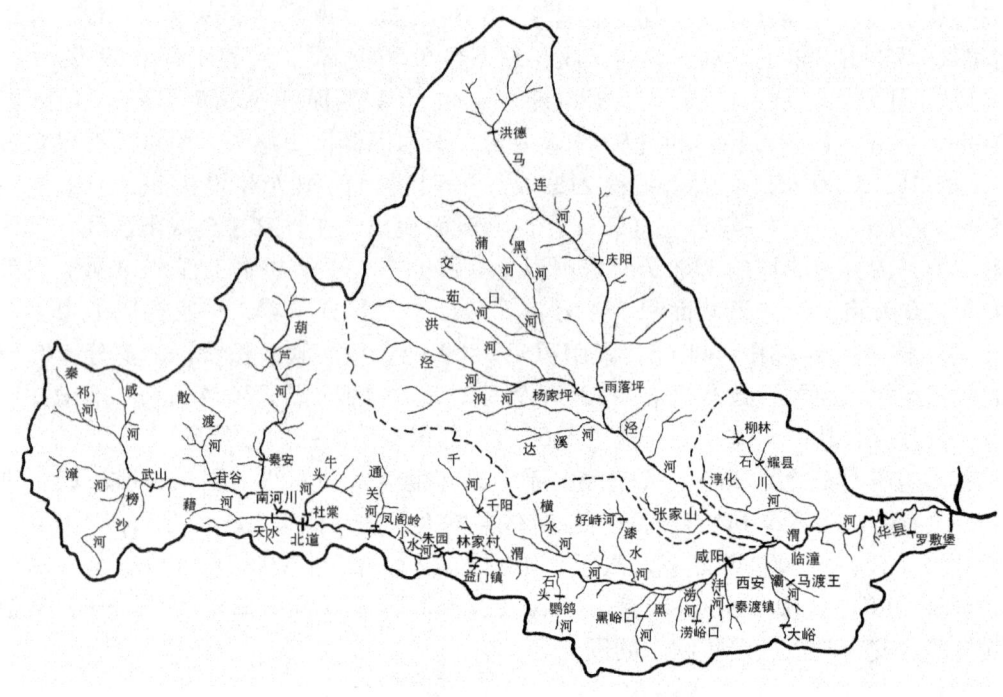

图 2-22 渭河流域水系分布示意图

2. 渭河咸阳站近期水沙变化特点

1) 水沙变化情况

渭河咸阳站不同年代来水来沙变化情况及其对比结果见表 2-8。若以受人类活动影响较小的 1950~1969 年作为"前期"（基准期），以 1997~2006 年作为"近期"，则咸阳站"前期"年均径流量、输沙量分别为 57.98 亿 m³ 和 1.76 亿 t，"近期" 10 年的年均径流量、输沙量分别为 20.52 亿 m³ 和 0.336 亿 t。二者对比，近期年均径流量、输沙量分别减少了 37.46 亿 m³ 和 1.424 亿 t，减少的比例分别为 64.6% 和 80.9%。

表 2-8 渭河咸阳站不同年代来水来沙量变化对比结果

时段	径流量/亿 m³			输沙量/亿 t			含沙量/(kg/m³)		
	汛期	非汛期	年径流量	汛期	非汛期	年输沙量	汛期	非汛期	年含沙量
1950~1959 年	31.617	22.390	54.007	1.388	0.205	1.594	43.9	8.2	29.5
1960~1969 年	33.724	28.230	61.954	1.629	0.299	1.928	48.3	10.6	31.1
1970~1979 年	22.825	13.838	36.663	1.255	0.147	1.402	55.0	10.6	38.3
1980~1989 年	29.130	16.374	45.504	0.675	0.179	0.854	23.2	10.9	18.8
1990~1999 年	11.467	11.011	22.478	0.360	0.097	0.457	31.4	8.8	20.3

续表

时段	径流量/亿 m³			输沙量/亿 t			含沙量/（kg/m³）		
	汛期	非汛期	年径流量	汛期	非汛期	年输沙量	汛期	非汛期	年含沙量
2000～2006 年	15.932	7.445	23.377	0.341	0.036	0.378	21.4	4.9	16.2
1950～2006 年	24.547	17.027	41.574	0.973	0.167	1.140	39.6	9.8	27.4
前期	32.670	25.310	57.980	1.509	0.252	1.761	46.2	10.0	30.4
近期	13.630	6.885	20.515	0.300	0.036	0.336	22.0	5.2	16.4
近期对比前期减少量	19.040	18.425	37.465	1.208	0.217	1.425	24.2	4.8	29.0
减少量占前期的百分比/%	58.3	72.8	64.6	80.1	85.8	80.9	52.4	48.0	95.4

2）水沙变化过程

渭河咸阳站 1950～2006 年实测年降水量、径流量、输沙量变化过程线见图 2-23。可以看出，径流、泥沙随着降水量呈正比变化，随着时间的推移和降水的减少，径流、泥沙呈减少趋势。

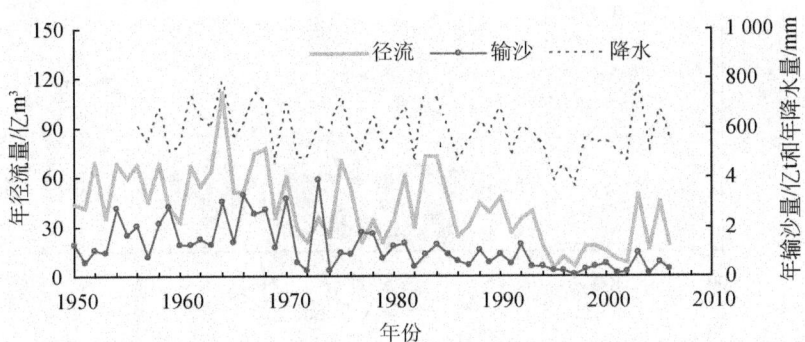

图 2-23 渭河咸阳站逐年降水量、径流量、输沙量变化过程线

3）水沙关系变化

渭河咸阳站年降水径流关系见图 2-24。可以看出，降水量与径流量成正比，相关性相对较好，降水量大时径流量也大（如 20 世纪 50～60 年代）；20 世纪 70 年代和 90 年代降水量较小，其径流量也较少。而年降水输沙关系（图 2-25）以及年径流输沙关系（图 2-26）的相关性就较差。水沙关系的这种变化，反映了渭河流域的水沙异源和多变。其水沙搭配受到流域地理地貌、产流产沙、降水类型以及人类活动等多元化因素变化的影响。

4）来沙系数变化

渭河咸阳站年平均来沙系数变化过程线见图 2-27。由此可见，除 1973 年、1977 年和 1995 年这 3 年以外，咸阳站来沙系数普遍较小。根据本次计算，咸阳站多年平均（1950～2006 年）来沙系数为 0.308kg·s/m⁶，1950～1969 年、1970～1996 年来沙系数分别为 0.189kg·s/m⁶ 和 0.376kg·s/m⁶，近期来沙系数为 0.360kg·s/m⁶，分别是 1950～1969 年和 1970～1996 年来沙系数的 1.9 倍和 0.96 倍。这说明，自 1970 年以来

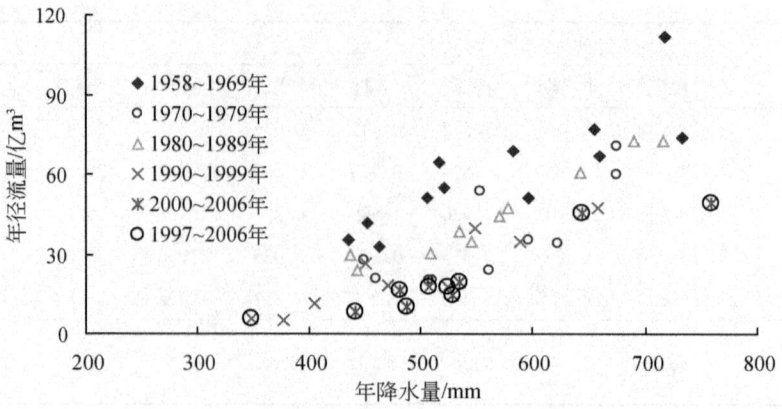

图 2-24 渭河咸阳站各年代年降水径流关系对比

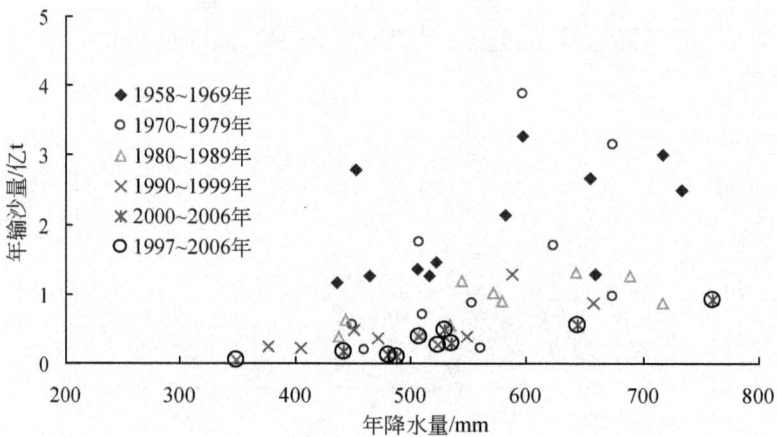

图 2-25 渭河咸阳站各年代年降水输沙关系对比

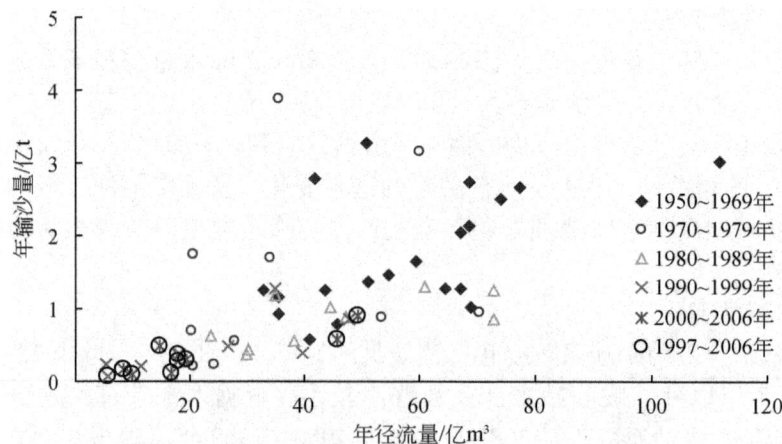

图 2-26 渭河咸阳站各年代年径流输沙关系对比

咸阳站来沙系数总体上变化不大，但与 1970 年以前相比增大趋势还是比较明显，水沙关系朝着不协调的方向发展。

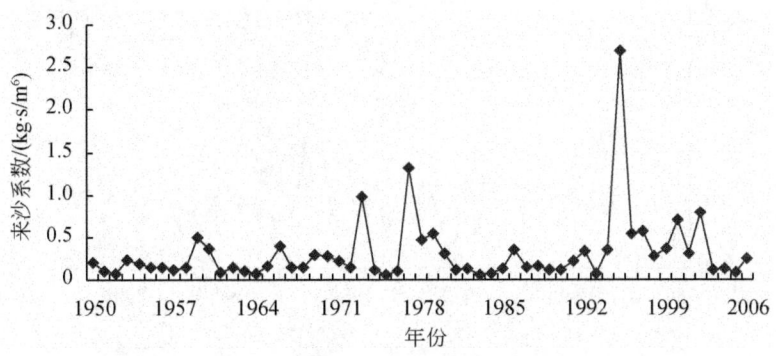

图 2-27　渭河咸阳站来沙系数变化过程线

3. 渭河华县站近期水沙变化特点

1）水沙变化情况

渭河流域出口控制站华县水文站 1950～2006 年降水量、径流量、输沙量变化过程线见图 2-28。

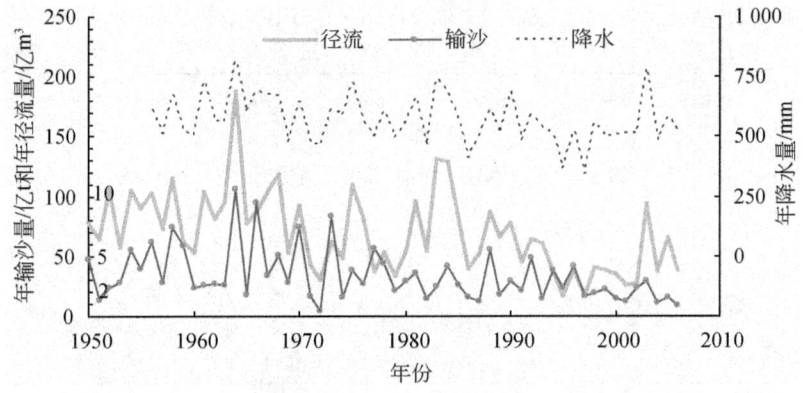

图 2-28　华县站逐年降水量、径流量、输沙量变化过程线

根据 1935～2006 年共 72 年的实测水文资料统计，华县站多年平均年径流量为 75.24 亿 m^3，多年平均输沙量为 3.57 亿 t。水量多集中在汛期（7～10 月），平均来水量为 46.19 亿 m^3，占年水量的 60.1%。沙量多集中在 6～9 月，平均来沙量为 3.28 亿 t，占年输沙量的 91.8%。多年平均含沙量为 47.4kg/m^3，其中汛期为 69.3kg/m^3，非汛期为 12.7kg/m^3。华县站径流量、输沙量、含沙量的年际变化过程线及其汛期和非汛期的年际变化过程线分别见图 2-29、图 2-30 和图 2-31。

2）各时期与近期水沙变化对比

华县站各年代平均水沙搭配变化对比见图 2-32。从图 2-32 中可以看出，20 世纪 40 年代（采用 1935～1949 年平均值）、60 年代均为丰水丰沙年；50 年代也属偏丰年代；

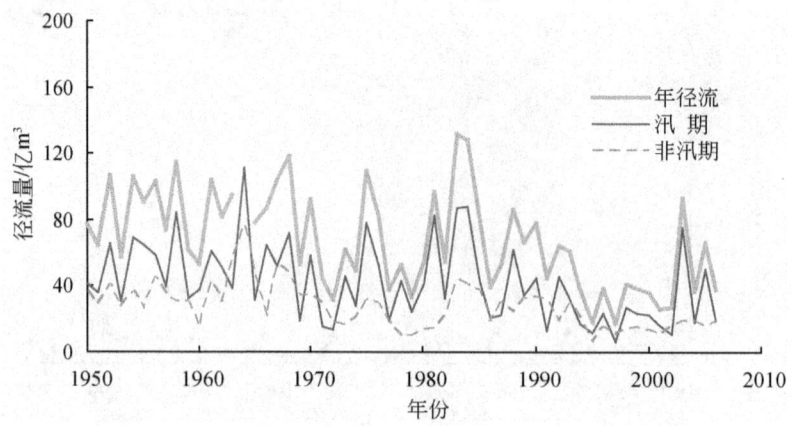

图 2-29　华县站汛期、非汛期及年径流量变化过程线

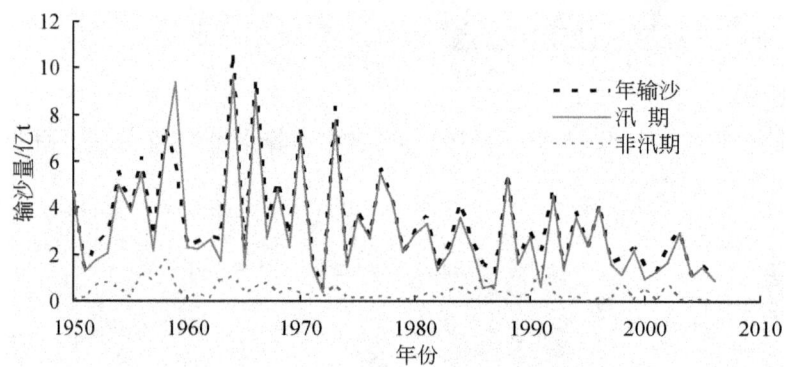

图 2-30　华县站汛期、非汛期及年输沙量变化过程线

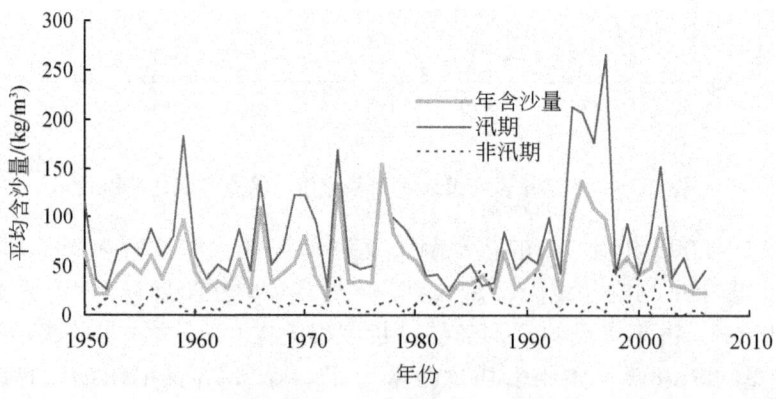

图 2-31　华县站汛期、非汛期及年含沙量变化过程线

70 年代沙量适中、水量偏枯；80 年代水量适中而沙量偏少；90 年代水沙均偏少，而水量偏少更多。2000～2006 年平均相对 90 年代而言，水量有所增加，沙量明显减少，总体上仍属枯水少沙。其中最枯的是 1994～2002 年，时段年均径流量只有 30.86 亿 m³，

年均输沙量却达到 2.37 亿 t；2003 年以后径流量明显增加，而输沙量却减少了，2003~2006 年年均径流量增加到 58.6 亿 m³，年均输沙量却减少到 1.63 亿 t。近期的 1997~2006 年，既包含了 90 年代的枯水期，也包含了 2002 年以后的转折时段。

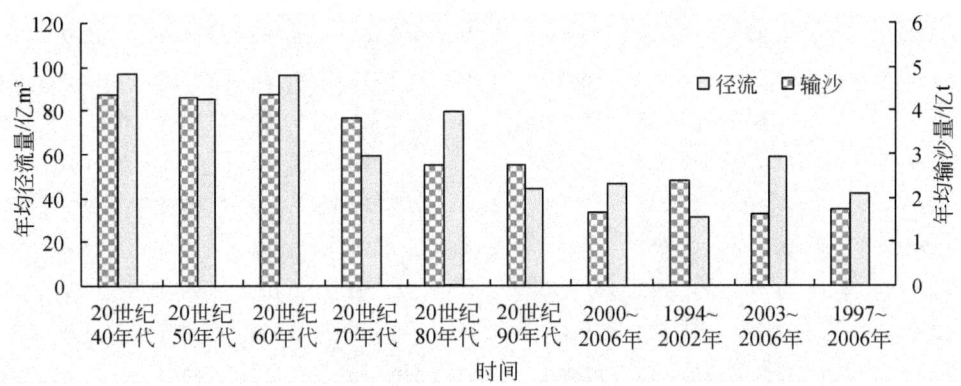

图 2-32　华县站各年代水沙搭配变化对比

华县站各时段汛期平均含沙量变化对比见图 2-33。由此可见，含沙量变化比较明显。20 世纪 70 年代汛期平均含沙量高达 95.9kg/m³；80 年代来沙量少，汛期平均含沙量只有 46.2kg/m³；90 年代虽然水量减少较多，但沙量却比 80 年代略有增加，含沙量增大很多，汛期平均含沙量高达 99.7kg/m³；最枯的 1994~2002 年，汛期平均含沙量达到了近 120kg/m³；2003 年是大水年，2000~2006 年汛期平均含沙量回落到 48.3kg/m³。近期的 1997~2006 年，其前期包含了大部分枯水时段，2003 年后径流量回增，汛期平均含沙量为 56.6kg/m³。

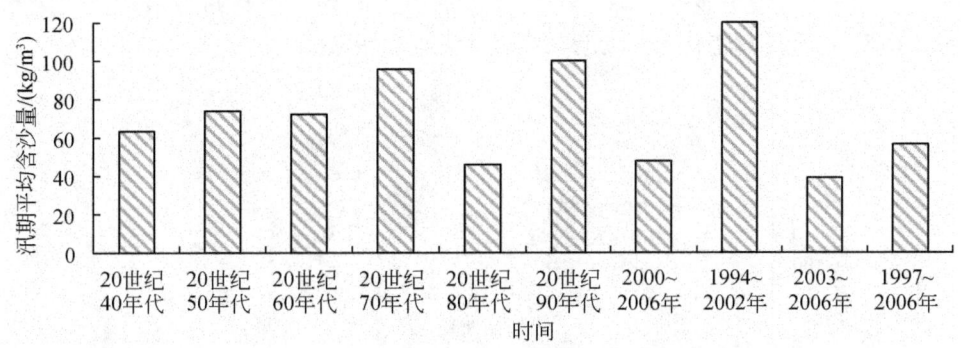

图 2-33　华县站各年代汛期平均含沙量变化对比

如果把受人类活动影响较小的 1950~1969 年作为"前期"，而把 1997~2006 年作为"近期"进行对比，则"前期"年均径流量、输沙量分别为 90.86 亿 m³ 和 4.33 亿 t，"近期"分别为 41.91 亿 m³ 和 1.75 亿 t，"近期"年均径流量、输沙量分别减少了 48.9 亿 m³ 和 2.58 亿 t，减少量分别占"前期"的 53.9% 和 59.6%。计算结果见表 2-9。

表 2-9 华县站不同年代与近期水沙量变化对比结果

时段	径流量/亿 m³			输沙量/亿 t			含沙量/（kg/m³）		
	汛期	非汛期	年径流量	汛期	非汛期	年输沙量	汛期	非汛期	年含沙量
1935～2006 年	46.190	29.050	75.240	3.203	0.369	3.572	69.4	12.7	47.6
1950～2006 年	42.153	27.390	69.543	3.014	0.352	3.366	71.5	12.9	48.4
1935～1949 年	61.531	35.359	96.890	3.923	0.433	4.356	63.8	12.2	45.0
1950～1959 年	52.036	33.493	85.530	3.866	0.427	4.292	74.3	12.7	50.2
1960～1969 年	53.728	42.452	96.179	3.876	0.486	4.362	72.1	11.4	45.4
1970～1979 年	37.890	21.510	59.400	3.634	0.206	3.840	95.9	9.6	64.6
1980～1989 年	51.247	27.953	79.200	2.368	0.390	2.757	46.2	14.0	34.8
1990～1999 年	24.204	19.583	43.787	2.413	0.350	2.763	99.7	17.9	63.1
2000～2006 年	32.239	15.903	48.142	1.459	0.210	1.669	48.3	13.2	36.2
前期	52.882	37.973	90.855	3.871	0.456	4.327	73.2	12.0	47.6
近期	26.765	15.144	41.909	1.514	0.233	1.747	56.6	15.4	41.7
近期比前期减少量	26.117	22.83	48.9	2.357	0.223	2.580	16.6	-3.4	5.9
减少量占前期的百分比/%	49.4	60.1	53.9	60.9	48.9	59.6	22.7	-28.3	12.4

3）水沙关系变化

从图 2-28 可以看到，华县站的年降水量、径流量、输沙量随着时间的推移均有不同程度的减少，在各年丰枯交替变化中，其枯值越来越小，降水和径流的变化更为明显。从总体变化幅度看，径流和输沙减少的幅度较大，其中径流过程线在 20 世纪 70 年代和 90 年代呈现出较明显的下降，2003 年以后有了改善。华县站降水径流、降水输沙以及径流输沙关系及其变化分别见图 2-34、图 2-35 和图 2-36。

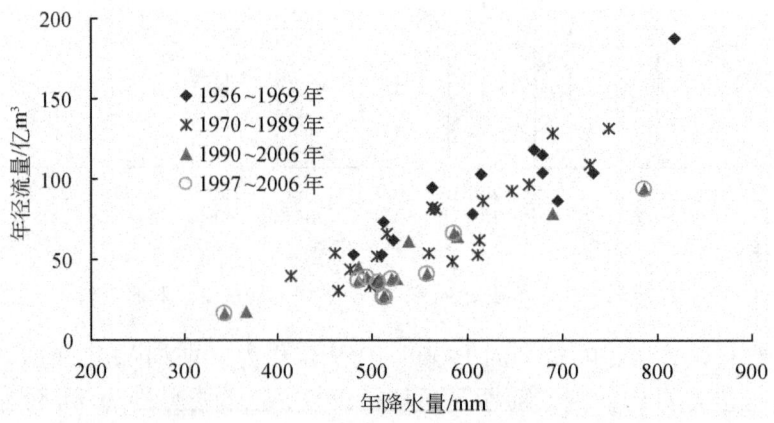

图 2-34 华县站各年代年降水径流关系对比

从图中可以看到，降水径流关系相对较好，降水量与径流量成正比，降水量大时径流量也偏高（如 20 世纪 50～60 年代）；70 年代和 90 年代降水量较小，其径流量也

第2章 黄河中游环境特征及近期水沙变化特点

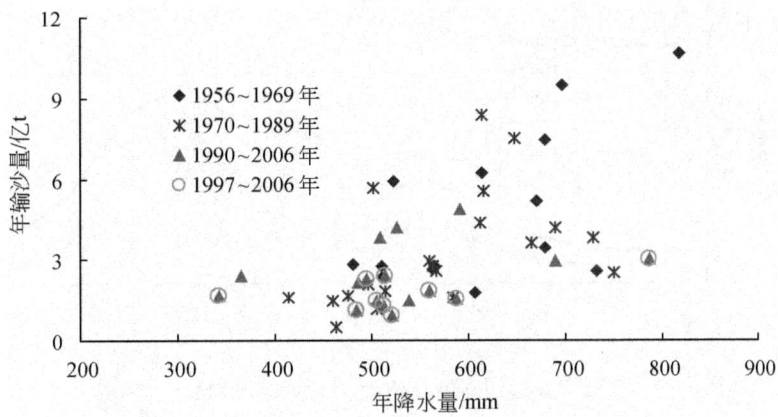

图 2-35 华县站各年代年降水输沙关系对比

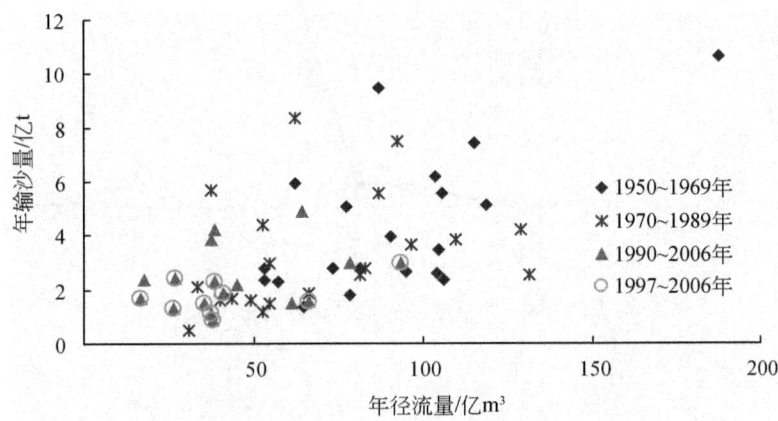

图 2-36 华县站各年代年径流输沙关系对比

偏低。而降水输沙关系以及径流输沙关系的相关性就较差。水沙关系的这种变化，反映了渭河流域的水沙异源和多变。其水沙搭配受到流域地理地貌、不同下垫面、降水类型以及人类活动等多元化变化的共同影响。

4) 水沙月分配及其变化

从各年代多年平均月径流变化对比（图 2-37）中可以看到，渭河华县站的径流主要集中在汛期的 7~10 月，输沙主要集中在 7~9 月（图 2-38）。

华县站 5~9 月与 7~10 月径流过程对比见图 2-39。从中可以看到二者过程基本一致，而且 7~10 月的径流量还略大于 5~9 月，反映出华县站 10 月的径流量很多时候比 5 月和 6 月两个月的径流量之和还要大，说明 10 月的径流对于渭河下游还是相当重要的。华县站 5~9 月与 7~10 月输沙过程对比见图 2-40，由于二者的统计都包含了沙量较大的 7~9 月，所以其大小和过程基本一致。

图 2-41 是华县站 1950~2006 年共 57 年中平均各月水沙的分配对比，从图中可以更清楚地看到 7~10 月的大径流量和 7 月、8 月的集中来沙量。图 2-42 是华县站 1997~2006 年的 10 年中平均各月水沙的分配对比，尽管较大径流仍然在 7~10 月，较大输沙也仍

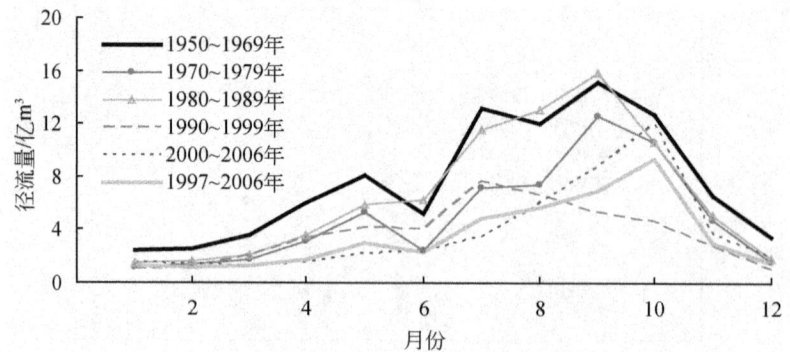

图 2-37　华县站各年代月径流分配对比

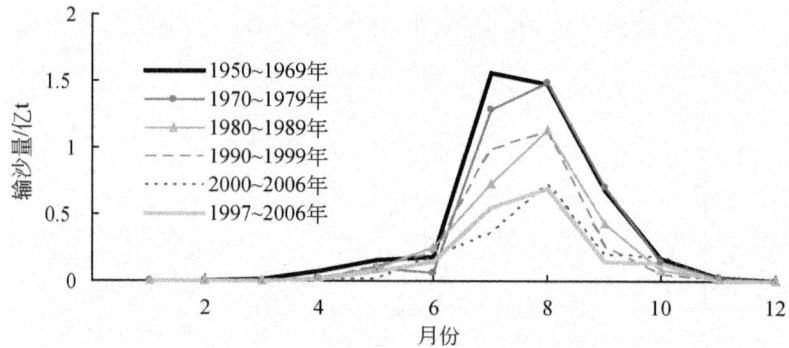

图 2-38　华县站各年代月输沙分配对比

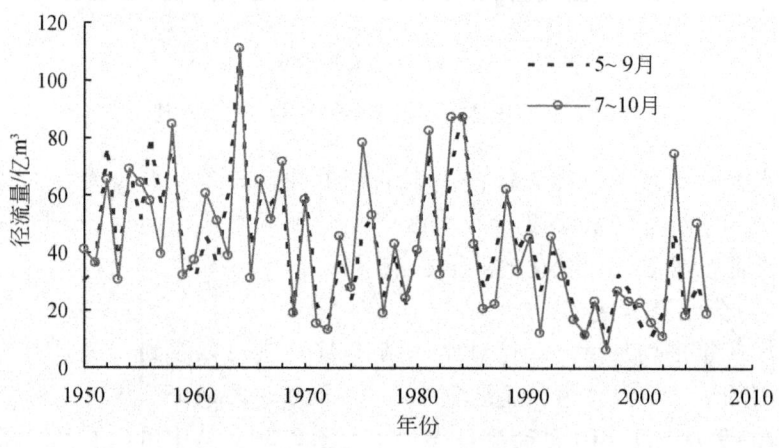

图 2-39　华县站 5~9 月与 7~10 月径流过程对比

然集中在 7~8 月，但无论是径流量还是输沙量都明显减小，变化较大的是 7~9 月。图 2-43 是华县站较枯的 1994~2002 年 9 年中平均各月水沙的分配对比。从与图 2-42 的对比可以看到，近期的 1997~2006 年变化最大的是 9 月、10 月的径流量比 1994~2002 年有明显增加，其他月份的径流也略有增加，而 7 月、8 月的输沙量却减少了，这主要是由渭河下游 2003 年的秋汛大水所致。从图 2-37 中的 2000~2006 年月平均径流分配也可以看出，10 月的平均径流量是最大的。

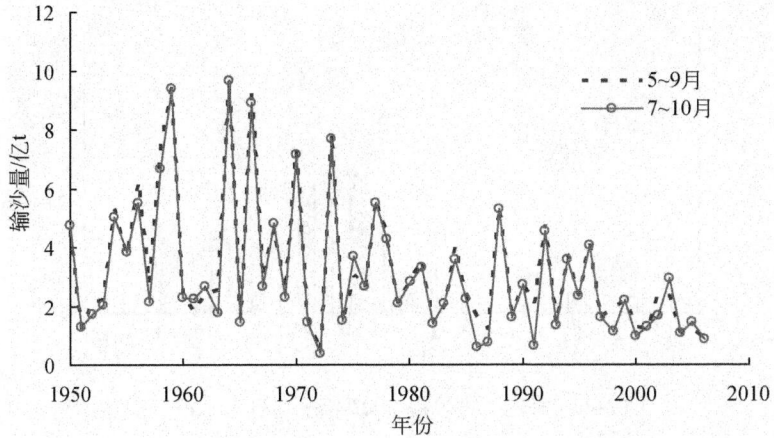

图 2-40 华县站 5~9 月与 7~10 月输沙过程对比

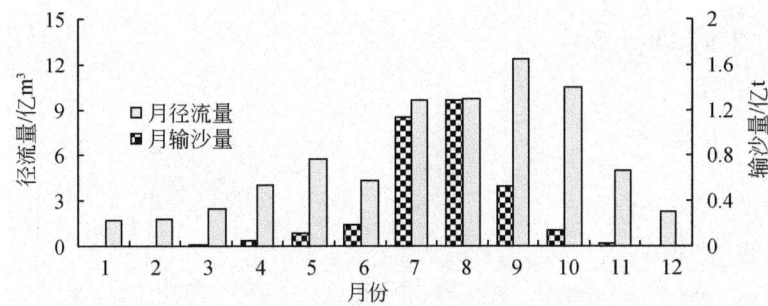

图 2-41 华县站 1950~2006 年平均各月水沙分配

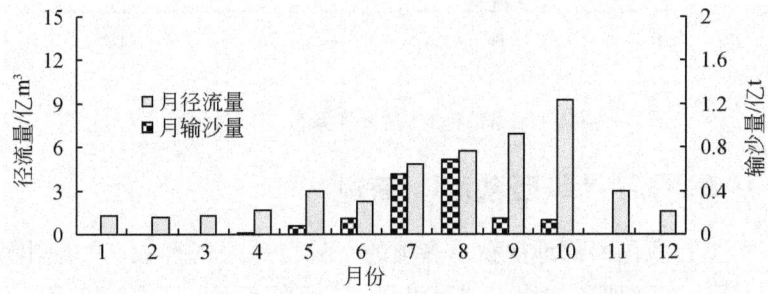

图 2-42 华县站近期（1997~2006 年）平均各月水沙分配

另据黄委会黄河电视台 2008 年 10 月下旬报道，渭河流域自 20 世纪 90 年代至今，径流减少了 5 成，泥沙减少了 1/3；泾河流域同期径流减少了 2 成，泥沙减少了 1 成。由此导致"泾渭分明"这一千年景观不再出现。昔日的"泾清渭浊"如今变成了"渭浊泾也浊"，泾渭不再分明，这是一个令人震惊的变化。

5）来沙系数变化

渭河华县站年平均来沙系数变化过程线见图 2-44。由此可见，1992 年以前（除 1977 年外）以前来沙系数普遍较小，1992 年以后来沙系数增大趋势明显，水沙关系的协调性明显变差。根据本次计算，华县站多年平均（1950~2006 年）来沙系数为

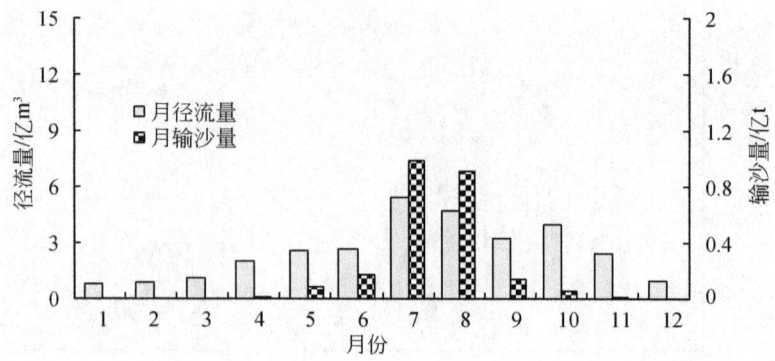

图 2-43 华县站 1994~2002 年平均各月水沙分配

0.353kg·s/m⁶，1950~1969 年、1970~1996 年来沙系数分别为 0.183kg·s/m⁶ 和 0.411kg·s/m⁶，近期来沙系数为 0.536kg·s/m⁶，分别是 1950~1969 年和 1970~1996 年来沙系数的 2.9 倍和 1.3 倍。

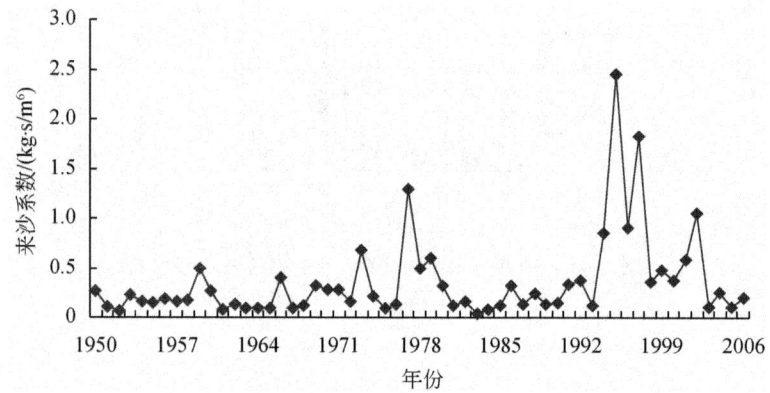

图 2-44 渭河华县站来沙系数变化过程线

2.4.3 2003 年渭河"华西秋雨"简述

"华西秋雨"是我国西部地区秋季多雨的一种特殊天气现象，一般出现在每年 9~11 月。华西秋雨，在陕西省被称为"秋淋"，是指在当年 8 月中旬以后，西太平洋副热带高压南退时，在长江以南驻留期间，其西部边缘携带大量暖湿气流，与其北部持续不断分裂南下的冷空气在陕西中南部上空汇合，形成持续性长、强度高的降水过程。"秋淋"天气最晚能持续到当年 10 月上旬。

2003 年渭河流域遭遇多年不遇的"华西秋雨"天气，8 月 26 日至 10 月 19 日先后出现 6 次强降雨过程，降雨范围大，暴雨中心多，降雨强度高。8 月 27~30 日，渭河出现第 2 次强降雨，形成年最大洪水，雨区主要分布在陕北南部和关中大部。渭河中游支流千河固关站、漆水河乾县站、渭河林家村站、渭河上游支流葫芦河威戎站 8 月 28 日的日降雨量分别达到 81mm、67mm、66mm 和 53mm；渭河中下游支流黑河黑峪口站、大峪河大峪站、涝河涝峪口站 8 月 29 日降雨量分别达到 55mm、55mm 和 52mm；

降雨量在100mm以上的雨区面积约3950km²。最大洪水主要来自林家村—咸阳区间。华县站9月1日洪峰流量3540m³/s，最大含沙量391kg/m³，最高水位342.76m，为该站建站以来实测最高洪水位。

2003年8~10月洪水是渭河下游有实测资料以来灾害最为严重的洪水，造成华县、华阴区间南山支流堤防决口11处，咸阳、西安、渭南三市12个县（市、区）有56.2万人受灾，迁移人口29.22万，直接经济损失达29亿元。其中华县、华阴市30万亩农田和66个村庄被淹，淹没水深2~4m。从8月下旬到10月中旬，渭河下游前后5次洪水过程历时40多天，洪水总量达55.1亿m³，洪水总输沙量达2.15亿t，分别占2003年全年径流量93.38亿m³和全年输沙量2.997亿t的59.0%和71.7%。洪水主要来自咸阳和咸阳—张家山—华县区间，占华县洪水总量的80%以上；泥沙主要来自泾河张家山以上和渭河北道以上，尤其集中在第1次洪水过程。各次洪水过程的来水来沙量统计结果见表2-10。

表2-10 渭河2003年洪水期各站来水来沙量统计

洪水时间	天数	洪水径流量/亿 m³				洪水输沙量/亿 t			
		华县	张家山	咸阳	北道	华县	张家山	咸阳	北道
8.27~9.5	10	15.437	3.992	9.042	1.910	1.257	0.960	0.459	0.390
9.6~9.11	6	7.113	0.853	4.968	0.677	0.150	0.008	0.091	0.041
9.19~9.25	7	8.987	0.798	4.438	0.610	0.187	0.038	0.053	0.029
10.1~10.10	10	14.783	2.627	7.071	2.305	0.388	0.066	0.156	0.124
10.11~10.17	7	8.764	1.667	3.808	1.072	0.169	0.024	0.042	0.023
小计	40	55.085	9.936	29.327	6.575	2.152	1.096	0.801	0.606

除了干流咸阳以上和支流泾河同时发生大暴雨并形成洪水外，形成渭河2003年秋汛大洪水的另一重要原因在于，咸阳以上从6月开始就已经有面平均15~20mm以上的多次降水，而且一直延续到8月下旬。由于洪水前期的连续降水已经形成了铺垫，地表已达饱和，再遇到暴雨后极易产流。当北道以下以及咸阳—华县区间主降雨过程到来并叠加后，渭河下游大洪水就难以避免。此时洪峰流量不一定最大，但传播慢、水位高、持续时间长，危害极大。

2.5 汾河流域特征及近期水沙变化特点

2.5.1 汾河流域环境特征

汾河是黄河第二大支流，也是山西的第一大河流，发源于宁武县东寨镇管涔山脉楼子山下水母洞，和周围的龙眼泉、象顶石支流汇流成河。汾河流经山西省忻州市、太原市、晋中市、长治市、吕梁市、临汾市、运城市等7个市的45个县（市、区），在万荣县庙前村附近汇入黄河，干流全长694km，流域面积39 471km²，占全省面积的25.3%。汾河流域简图见图2-45。

黄河中游近期水沙变化对人类活动的响应

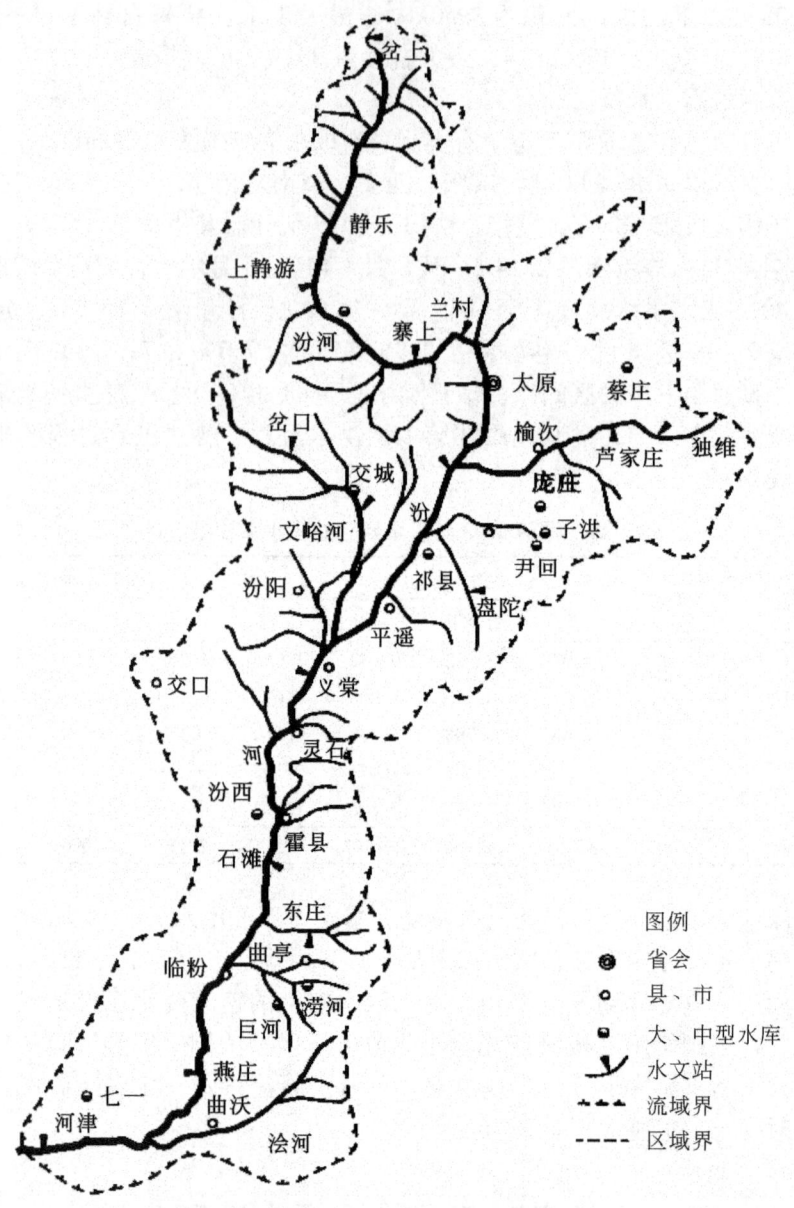

图 2-45 汾河流域简图

汾河干流穿过两段高山峡谷后被分成上、中、下游三段,自管涔山河源到兰村为上游段,河长218km,除小片川阶地外,大部分是山区,集水面积7705km²,平均纵坡为4.4‰。受吕梁山、燕山褶皱带控制,形成上游三段峡谷及峡带川地相间地形,提供了建库蓄水条件。上游沟壑密度大,河沟坡度陡,植被除在高山较好外,其余黄土丘陵区较差,水土流失严重,是产沙主要策源地。

中游段自兰村至义棠,干流河长160km,区间集水面积16 240km²。东部为太行山,西部为吕梁山,中部为断陷盆地,系第三纪下降并覆有厚层第四纪沉积物的冲积洪积平原,形成汾河中游的精华地区。河川海拔为724~810m,山脉海拔为1600~

2831m，东西两山由于地形所限，仅能发展小型水利，中部冲积平原平坦，便于灌溉。该段河道纵坡较缓，平均纵坡约1.7‰，河道输沙率低，河床淤积严重，造床不稳，泄洪能力小，易于形成洪水灾害。

下游区从义棠至汾河口，干流河长316km，区间集水面积15 526km^2。东为太行、太岳山，西为关帝山，干流经介休穿越灵石、霍县山峡进入临汾断陷盆地，南遇秸王山和孤山隆起地形的阻挡折向西汇入黄河。灵霍山峡总长84km，山脉海拔为1100～2347m，河川海拔724～366m。灵霍山峡多石炭二叠纪地层，煤炭丰富，工矿业发达。临汾盆地为第三纪沉降、上覆厚层第四纪淤积物的沉积平原，河道比降平缓，平均纵坡为1.3‰，河宽300～1200m，盆地地势平坦，适宜灌溉。汾河源远流长、支流众多，流域面积大于30km^{2}的支流有59条，其中流域面积大于1000km^{2}的有7条。支流中以岚河的泥沙最多，以文峪河的径流量最大。

2.5.2 水利水土保持概况

1. 水土保持概况

汾河流域水土保持工作开展较早，汾河中下游是黄河中游淤地坝密度最高的地区之一。尤其是1988～1997年的10年间，汾河水库上游初步治理面积为15.0万hm^2，为治理前38年治理面积总和的6倍多，平均治理度为4.9%。1997年以后，整个汾河流域水土保持的投资力度依然很大，治理速度很快。汾河水库以上流域仍然以每年2000万元的投资进行治理；中下游的治理也有明显效果。截至2006年年底，汾河流域水土保持措施累计保存面积222.3万hm^2。其中，梯田（包括滩地和旱坪垣地）49.7万hm^2，水保林118.0万hm^2，经济林15.95万hm^2，草地8.3万hm^2，坝地5.83万hm^2。另有封山育林面积24.5万hm^2。

2. 水库及灌溉

汾河流域现有大型水库3座，中型水库13座，总控制面积14 736km^2，占全流域面积的38%，总库容14.42亿m^3；另有小（一）型水库61座，小（二）型水库99座，总控制面积15 317km^2，总库容14.48亿m^3。

汾河水库是山西最大的水库，位于太原市西北方向83km的娄烦县下石家庄的汾河干流上，控制流域面积5268km^2，坝址处多年平均流量21.9m^3/s，设计洪水流量3670m^3/s。大坝高61.4m，主坝长448m，总库容7.21亿m^3，设计灌溉面积149.2万亩。水库于1958年7月动工，1961年6月竣工蓄水。汾河二库位于太原市尖草坪区与阳曲县交界处玄泉寺附近的汾河干流上，距太原市区30km，是一座以防洪、供水为主，兼顾有发电、旅游、养殖等综合效益的大Ⅱ型水利枢纽工程。水库控制流域面积2348km^2，总库容1.33亿m^3，兴利库容为0.41亿m^3。水库于"八五"初期开工，1999年年底下闸蓄水。汾河二库主要拦蓄汾河一、二库之间的区间来水，区间径流量多年平均1.45亿m^3，建成后每年可为太原市增加供水0.44亿m^3，并将太原市的防洪标准从现在的20年一遇提高到100年一遇。

文峪河水库位于吕梁市文水县北峪口村北的文峪河干流上，水库为大Ⅱ型年调节水库，总库容1.075亿m^3，控制流域面积1876km^2，坝址处多年平均径流量1.825亿m^3。担负着交城、文水、汾阳等县的247个村镇、2.7万余hm^2农田、30余万人口的防洪任务，水库灌区灌溉面积51万亩。

汾河流域灌溉历史悠久，至2006年流域内有效灌溉面积730.38万亩，占全省有效灌溉面积的39%，占流域内耕地面积的40%。流域内现有30万亩以上大型自流灌区4处，分别为汾河灌区、汾西灌区、文峪河灌区和潇河灌区；有万亩以上自流灌区25处。还有大型提水泵站2座，分别为汾河下游的汾南泵站和西范泵站，另有中型泵站26座。

3. 跨流域引水

为了解决汾河流域供水水源严重不足的矛盾，在汾河上中游和下游分别建设了万家寨引黄入晋工程南干线和临汾马房沟引沁入汾工程两个大型跨流域调水工程。引黄工程分两期实施。一期工程经总干线、南干线及连接段实现向太原市年供水3.2亿m^3，总投资103亿元，2003年10月引黄一期工程已经正式向太原市供水。

临汾马房沟引沁入汾提水工程是开发利用沁河上游水资源解决临汾盆地汾河流域供水短缺的一项大型工程，该工程首部提引水枢纽位于临汾市安泽县城北1km处的沁河岸边马房沟沟口，从安泽县经古县、洪洞县至临汾市尧都区，将沁河水送入临汾盆地，输水线路全长82.5km。马房沟提水工程设计年均引水量5900万m^3，为尧都区工业和城市生活净供水2190万m^3，新增灌溉面积2万亩，改善涝河、洰河灌区灌溉面积8万亩，总投资1.81亿元。

4. 水资源开发利用现状

汾河流域现状年均总供水量27.11亿m^3，其中地表水供水量（包括蓄、引、提工程）8.153亿m^3，地下水供水量16.97亿m^3，其他工程供水1.98亿m^3。在总供水量中，城市生活用水量3.186亿m^3，工业用水量5.99亿m^3，农业灌溉用水量14.14亿m^3，农村生活用水量1.35亿m^3，林牧渔业用水量0.462亿m^3，污水利用1.98亿m^3。

2.5.3 近期水沙变化特点

1. 水沙变化情况

由于汾河流域上、中、下游降水条件差别悬殊，下垫面产流产沙条件、人类活动类型以及对水沙的影响程度也不一样，从提高精度并考虑研究方便，以水文站为界将流域划分为兰村以上（上游）、兰村至义棠区间（中游）、义棠至河津区间（下游）等三个研究区。分析起始年份定为1954年，以年代为界，将1954~2006年划分为6个阶段，即1954~1959年、1960~1969年、1970~1979年、1980~1989年、1990~1996年和1997~2006年。

在对水利水保工程影响进行还原后，视20世纪50年代为天然情况。由汾河流域各分区实测水文资料统计结果（表2-11）可以看出，以人类活动影响较小的20世纪50

第 2 章 黄河中游环境特征及近期水沙变化特点

表 2-11 汾河流域各分区实测水沙资料统计

分区	阶段	降水量 均值/mm	与基准期比较 绝对差/mm	与基准期比较 所占比例/%	阶段极值 最大值/mm	阶段极值 出现年份	阶段极值 最小值/mm	阶段极值 出现年份	径流深 均值/mm	与基准期比较 绝对差/mm	与基准期比较 所占比例/%	阶段极值 最大值/mm	阶段极值 出现年份	阶段极值 最小值/mm	阶段极值 出现年份	悬移质输沙量 均值/万t	与基准期比较 绝对差/万t	与基准期比较 所占比例/%	阶段极值 最大值/万t	阶段极值 出现年份	阶段极值 最小值/万t	阶段极值 出现年份
上游	1954~1959年	567.5	—	—	725.9	1954	368.3	1955	101.4	—	—	153.8	1954	61.7	1955	3098	—	—	7350	1954	1100	1957
	1960~1969年	529.7	-37.8	-6.7	762.2	1967	261.9	1965	77.6	-23.8	-23.5	138.9	1967	46.7	1960	916	-2182	-70.4	2150	1967	196	1965
	1970~1979年	471.9	-95.6	-16.8	645.7	1973	243.1	1972	53.3	-48.1	-47.5	84.8	1970	30.0	1975	590	-2508	-81.0	1130	1977	52.3	1972
	1980~1989年	457.2	-110.3	-19.4	635.7	1988	309.5	1986	34.6	-66.8	-65.9	57.9	1980	14.0	1987	256	-2842	-91.7	664	1988	65.7	1987
	1990~1996年	490.1	-77.4	-13.6	595.1	1996	405.2	1993	39.7	-61.7	-60.9	95.7	1996	21.6	1992	258	-2840	-91.7	753	1996	95.7	1991
	1997~2006年	440.3	-127.2	-22.4	559.2	2003	324.2	1999	17.3	-84.1	-82.9	32.6	1997	8.4	2002	18	-3080	-99.4	96.2	2002	0.0	2005
	1954~2006年	487.3	-80.2	-14.1	762.2	1954	243.1	1972	51.2	-50.2	-49.5	153.8	1954	8.4	2002	721	-2377	-76.7	7350	1954	0.0	2005
中游	1954~1959年	543.1	—	—	678.6	1954	364.5	1957	23.0	—	—	72.9	1954	-13.0	1957	2527	—	—	8550	1954	-534	1957
	1960~1969年	528.3	-14.8	-2.7	689.8	1964	305.7	1965	18.8	-4.2	-18.3	63.3	1964	-11.8	1960	624	-1903	-75.3	1460	1963	-165	1960
	1970~1979年	490.1	-53.0	-9.8	656.0	1973	285.6	1972	7.1	-15.9	-69.1	39.0	1977	-20.6	1974	375	-2152	-85.2	2420	1977	-534	1974
	1980~1989年	468.2	-74.9	-13.8	642.8	1988	295.2	1986	-1.0	-24.0	-104.5	34.1	1988	-15.8	1980	20	-2507	-99.2	656	1988	-265	1982
	1990~1996年	467.5	-75.6	-13.9	546.7	1996	393.1	1992	2.2	-20.8	-90.5	34.9	1996	-5.8	1993	112	-2415	-95.6	997	1996	-275	1992
	1997~2006年	415.1	-128.0	-23.6	552.2	2003	270.9	1997	0.2	-22.8	-99.2	9.8	2003	-10.4	1999	7	-2520	-99.7	44.7	2003	-41.5	1999
	1954~2006年	482.0	-61.1	-11.2	689.8	1954	270.9	1997	7.6	-15.4	-66.9	72.9	1954	-20.6	1974	501	-2026	-80.2	8550	1954	-534	1974

黄河中游近期水沙变化对人类活动的响应

续表

分区	阶段	降水量							径流深							悬移质输沙量						
		均值/mm	与基准期比较		阶段极值				均值/mm	与基准期比较		阶段极值				均值/万t	与基准期比较		阶段极值			
			绝对差/mm	所占比例/%	最大值/mm	出现年份	最小值/mm	出现年份		绝对差/mm	所占比例/%	最大值/mm	出现年份	最小值/mm	出现年份		绝对差/万t	所占比例/%	最大值/万t	出现年份	最小值/万t	出现年份
下游	1954~1959年	583.8	—	—	782.0	1958	386.5	1954	61.0	—	—	101.1	1958	44.1	1957	3453	—	—	9236	1958	994	1957
	1960~1969年	568.3	-15.5	-2.7	783.0	1964	336.8	1965	59.9	-1.1	-1.7	117.9	1964	34.8	1960	1901	-1552	-44.9	4780	1964	558	1965
	1970~1979年	526.0	-57.8	-9.9	663.9	1971	402.5	1972	34.5	-26.5	-43.4	67.8	1971	15.4	1979	946	-2507	-72.6	3840	1971	119	1974
	1980~1989年	533.4	-50.4	-8.6	627.7	1988	358.6	1986	28.1	-32.9	-53.9	41.3	1985	15.0	1987	174	-3279	-95.0	354	1983	9.6	1986
	1990~1996年	521.4	-62.4	-10.7	589.0	1996	449.7	1995	18.6	-42.4	-69.5	26.8	1990	12.1	1991	74	-3379	-97.9	271	1995	-135	1996
	1997~2006年	504.4	-79.4	-13.6	812.2	2003	289.8	1997	11.2	-49.7	-81.6	24.7	2003	5.4	2002	3	-3450	-99.9	79.7	2003	-30.7	1998
	1954~2006年	537.3	-46.5	-8.0	812.2	1964	289.8	1997	34.6	-26.4	-43.3	117.9	1964	5.4	2002	966	-2487	-72.0	9236	1958	-135	1996
河津站	1954~1959年	563.2	—	—	675.1	1954	380.3	1957	53.1	—	—	82.6	1954	24.4	1957	9078	—	—	17600	1954	1560	1957
	1960~1969年	543.6	-19.6	-3.5	729.7	1964	308.5	1965	46.2	-6.9	-12.9	86.8	1964	17.6	1960	3441	-5637	-62.1	6500	1964	840	1965
	1970~1979年	499.9	-63.3	-11.2	656.0	1973	320.8	1972	26.8	-26.3	-49.5	41.8	1977	12.6	1974	1911	-7167	-78.9	5160	1977	181	1972
	1980~1989年	490.4	-72.8	-12.9	642.8	1988	321.8	1986	17.2	-35.9	-67.6	36.9	1988	6.3	1987	450	-8628	-95.0	1420	1988	17.7	1986
	1990~1996年	492.2	-71.0	-12.6	546.7	1996	431.9	1991	15.9	-37.2	-70.0	39.6	1996	7.3	1992	444	-8634	-95.1	1610	1996	22	1992
	1997~2006年	454.2	-109.0	-19.3	652.8	2003	298.5	1997	7.8	-45.3	-85.3	16.5	2003	3.9	2000	28	-9050	-99.7	125	2003	0.349	2000
	1954~2006年	503.9	-59.3	-10.5	729.7	1964	298.5	1997	26.6	-26.5	-49.9	86.8	1964	3.9	2000	2188	-6890	-75.9	17600	1954	0.349	2000

年代为基准期,与60年代、70年代、80年代、90年代及近期10年相比,兰村、义棠、河津各站的年降水量、年径流量、年输沙量基本上依时序递减。1997~2006年与基准期相比,上游降水减少22.4%,径流减少82.9%,泥沙减少99.4%;中游降水减少23.6%,径流减少99.2%,泥沙减少99.7%;下游降水减少13.6%,径流减少81.6%,泥沙减少99.9%。汾河流域出口站河津站降水减少19.3%,径流减少85.3%,泥沙减少99.7%。

2. 水沙变化过程

图2-46为汾河流域河津站降水量、径流量、输沙量变化过程。可以看出,20世纪50~60年代是汾河流域的一个相对丰水期,自此以后,年降水量、年径流量、年输沙量基本呈顺时序递减态势,但年径流量和年输沙量减幅远大于年降水量。这说明除了自然因素以及降水产流、降水产沙呈非线性变化关系外,人类活动对径流、泥沙的影响越来越大。自2000年以后,河津站实测年径流量、年输沙量均为0,呈断流(干河)状态。

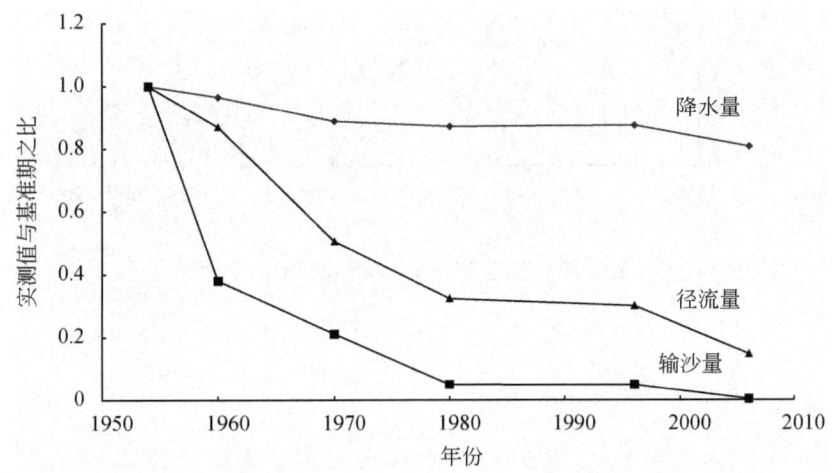

图2-46 汾河流域(河津站)降水量、径流量、输沙量变化过程

汾河河津站年水沙关系见图2-47。可以看出,汾河水沙关系一般,与河龙区间支流具有密切的水沙关系明显不同。1970~2000年由于来水来沙明显减少直至干涸,水沙关系反而相对密切。1964年河津站年径流量高达33.56亿 m^3,为实测系列最大,但年输沙量只有6500万t,在实测系列中居第5位。

3. 来沙系数变化

汾河河津站年平均来沙系数变化过程线见图2-48。由此可见,来沙系数呈波动下降趋势。根据本次计算,河津站多年平均(1950~1998年)来沙系数为 $0.382 kg \cdot s/m^6$,1950~1969年和1970~1998年来沙系数分别为 $0.471 kg \cdot s/m^6$ 和 $0.320 kg \cdot s/m^6$,后者比前者减小了32%。1999年和2000年来沙系数均为0。

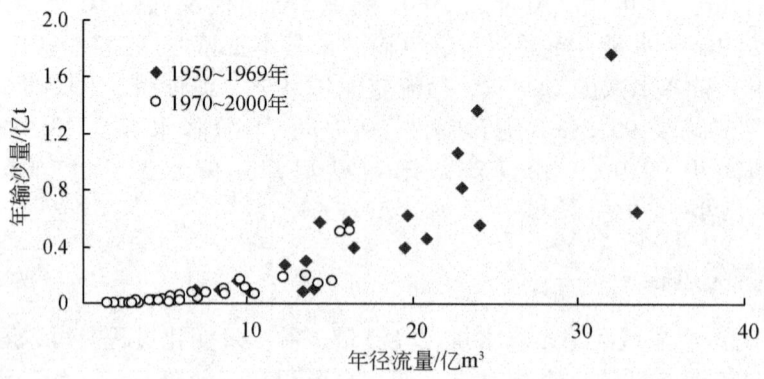

图 2-47　汾河河津站年水沙关系

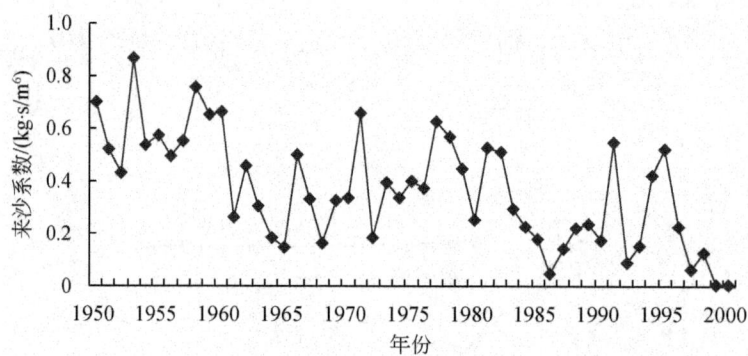

图 2-48　汾河河津站来沙系数变化过程线

第3章 黄河中游近期水沙变化"水文法"分析

流域水文模拟旨在应用物理数学和水文学知识,在流域尺度范围内,对降雨径流形成过程进行局部或综合模拟,从而达到确定流域水文响应的目的。流域水文模型则是体现这种数学模拟的逻辑装置。流域水文模型还是分析研究气候变化和人类活动对洪水、水土流失和水资源影响的有效工具。流域水文模型通常可以分为三大类:水文统计模型、概念性模型和物理模型。其中水文统计模型又称为经验模型,是建立在概率论和数理统计基础上的一种数学模型,适用于对各种随机现象、随机过程和随机事件的处理,发展较早,应用广泛。尽管形式多样,用途各异,但其建模方法基本相似,都是通过分析影响流域产流产沙的各种因素,根据研究对象的特点,通过主导因子筛选,抓住关系最密切的一个或几个主导因子,建立单因子或多因子统计回归模型(姚文艺和汤立群,2001;徐建华,2002)。它只关心模拟结果的精度,而不考虑输入—输出之间的物理因果关系,适应于资料系列比较齐全的流域,因此又被称为黑箱子模型(Black-box model),其输出是计算区域出口断面的"总量"或总过程。该模型的特点是形式简单,应用方便,实用性强。在黄河中游水沙变化和水利水土保持措施减水减沙效益研究中,目前大量应用的都是经验模型。

3.1 基本概念

"水文法"是利用流域水文泥沙观测资料分析流域水利水土保持综合治理等人类活动减水减沙作用的一种方法。

河流的水量和沙量,是流域降雨和下垫面结合的产物,它们之间具有函数关系。一个流域,如果下垫面条件不变,在一定的降雨条件下,将会产生一定的水量和沙量;如果下垫面条件变动,在同样的降雨条件下,将会产生不同的水量和沙量。"水文法"计算的首要任务即是根据此原理,利用治理前(通常称为基准期)实测的水文资料,建立降雨产流产沙数学模型,然后将治理后的降雨因子代入所建模型,计算出相当于治理前的产流产沙量,再与治理后的实测水沙量比较,其差值即水利水土保持综合治理等人类活动减少的水量和沙量(于一鸣,1997)。"水文法"计算所建立的降雨产流产沙数学模型通常称为经验模型或统计模型。该方法比较直观、简单,计算也比较方便,在建立经验模型的资料范围内具有可靠精度。它的基本假定是人类活动可以影响流域下垫面,但不可能显著影响降雨;它要求的条件是降雨、径流、泥沙资料要有较高的准确性,特别是降雨资料。

"水文法"计算的另一重要任务,是区分降雨变化和水利水保措施综合治理对流域水沙变化及减水减沙的影响程度。治理期根据基准期资料所建的降雨产流产沙数学模型计算的水沙值与同期实测水沙值之差，即为该时期由于人类活动所引起的水沙变化量；基准期流域实测水沙值和治理期根据基准期资料所建的降雨产流产沙数学模型计算的水沙值之差，即为该时期由于降雨变化所引起的水沙变化量。

3.2 计算方法

本次"水文法"研究主要采用"降雨产流产沙经验模型法"，进行黄河中游地区各支流水利水土保持措施综合治理等人类活动减水减沙效益的计算和分析。

3.2.1 降雨强度对产流产沙的影响机理

根据以往研究，流域产流产沙量与降雨量和降雨强度之积呈幂函数关系，即

$$W = k_1(PI)^{\alpha_1} \tag{3-1}$$

$$W_s = k_2(PI)^{\alpha_2} \tag{3-2}$$

式中，W 为流域产流量；W_s 为流域产沙量；P 为降雨量；I 为降雨强度。k_1、k_2、α_1、α_2 分别为系数和指数。

由式（3-1）、式（3-2）可知，流域产流产沙与降雨量和降雨强度之积为非线性关系；流域产流产沙对降雨强度的响应非常敏感。降雨量越大，降雨强度越大，流域产流产沙量越大。因此，两式可以统一表示为

$$W(W_s) = k(PI)^{\alpha} \tag{3-3}$$

对式（3-3）求一阶导数，有

$$dW(dW_s)/d(PI) = \alpha \cdot k \cdot (PI)^{\alpha-1} \tag{3-4}$$

显然，流域产流产沙变化率与降雨量和降雨强度之积的 $(\alpha-1)$ 次方成正比。由于 $|\alpha-1|$ 是一个很小的数，故变化率近似常值。尤其是当 $\alpha=1$ 时，流域产流产沙变化率 $dW(dW_s)/d(PI) =$ 常数，说明流域产流产沙量与降雨量和降雨强度之积关系非常密切，呈线性正比关系，减水势必减沙。

将式（3-4）改成差分形式有

$$\Delta W(\Delta W_s) = \alpha \cdot k \cdot (PI)^{\alpha-1} \cdot \Delta(PI) \tag{3-5}$$

因此，通过求出 (PI) 的变化，即可得到 ΔW 或 ΔW_s 的变化，进而计算流域减水减沙效益。

3.2.2 降雨产流产沙经验模型法

结构简单、精度高和便于应用是"水文法"建模的基本原则。河龙区间大部分地区为黄土丘陵沟壑区，流域以超渗产流方式为主，降雨强度在产流产沙过程中具有重要的作用。为此，在考虑雨量、雨强共同影响的基础上，以1966年雨量站网为基准，建立了河龙区间基于雨强的各有控支流的降雨产流产沙经验模型（表3-1）。在降水因子选取方面主要考虑年、汛期（5~9月）和主汛期（7~8月）三种。从模拟结果来看，除个别支流外，大部分支流的模拟相关系数都在0.8以上。对表3-1所建模型进行

第3章 黄河中游近期水沙变化"水文法"分析

显著性检验,结果表明,各因子之间的相关性都是极显著的。

表 3-1 河龙区间各支流降雨产流产沙经验模型

流域	控制站	模型形式	相关系数	建模系列
皇甫川	皇甫	$W = 20.801 P_a^{0.7381} I_a^{1.187}$	0.895	1954~1969 年
		$W_s = 0.043 (P_a I_a)^{1.447}$	0.896	
孤山川	高石崖	$W = 2.119 P_f I_f + 1957.36$	0.930	1954~1969 年
		$W_s = 0.0408 (P_a I_a)^{1.317}$	0.885	
窟野河	温家川	$W = 17.077 P_a I_a + 18564.94$	0.868	1954~1969 年
		$W_s = 0.0479 (P_a I_a)^{1.5048}$	0.873	
秃尾河	高家川	$W = 2.582 P_f I_f + 33267.67$	0.800	1956~1969 年
		$W_s = 0.3902 (P_{7-8} I_{7-8})^{1.1019}$	0.924	
佳芦河	申家湾	$W = 1.5969 P_f I_f + 4392.13$	0.846	1958~1969 年
		$W_s = 0.000579 P_a^{2.2982} I_a^{0.5608}$	0.920	
无定河	白家川	$W = 20.887 P_{7-8} I_{7-8} + 106772.5$	0.755	1956~1969 年
		$W_s = 8.3669 (P_{7-8} I_{7-8})^{1.0171}$	0.882	
清涧河	延川	$W = 153.53 (P_{7-8} I_{7-8})^{0.59}$	0.782	1954~1969 年
		$W_s = 0.3413 (P_{7-8} I_{7-8})^{1.2011}$	0.802	
延河	甘谷驿	$W = 224.276 (P_{7-8} I_{7-8})^{0.5904}$	0.841	1954~1969 年
		$W_s = 0.3863 (P_{7-8} I_{7-8})^{1.2271}$	0.808	
云岩河（汾川河）	新市河	$W = 2243.7 e^{0.000145 P_f I_f}$	0.778	1959~1969 年
		$W_s = 51.857 e^{0.000403 P_f I_f}$	0.789	
仕望川	大村	$W = 55.258 P_f^{1.107} I_f^{-0.7015}$	0.627	1959~1969 年
		$W_s = 91.8556 e^{0.000301 P_f I_f}$	0.690	
浑河	放牛沟	$W = 5.0497 P_f I_f + 13740.8$	0.820	1955~1969 年
		$W_s = 1.1686 P_f^{1.356} I_f^{0.7162}$	0.856	
偏关河	偏关	$W = 19.728 P_{7-8}^{0.942} I_{7-8}^{0.2805}$	0.972	1958~1969 年
		$W_s = 0.00206 P_{7-8}^{2.3026} I_{7-8}^{0.3846}$	0.907	
朱家川	后会村	$W = 0.02308 (P_{7-8} I_{7-8})^{1.4914}$	0.949	1957~1969 年
		$W_s = 0.002148 (P_{7-8} I_{7-8})^{1.6848}$	0.948	
岚漪河	裴家川	$W = 3.1887 P_{7-8} I_{7-8} + 1406.51$	0.881	1956~1969 年
		$W_s = 0.05281 (P_{7-8} I_{7-8})^{1.2388}$	0.869	
蔚汾河	碧村	$W = 2254.35 e^{0.000306 P_a I_a}$	0.949	1956~1969 年
		$W_s = 0.06309 P_{7-8}^{1.4702} I_{7-8}^{0.7258}$	0.945	
清凉寺沟	杨家坡	$W = 1.5504 P_{7-8}^{1.953} I_{7-8}^{-1.7037}$	0.806	1958~1969 年
		$W_s = 0.000307 P_{7-8}^{4.029} I_{7-8}^{-3.7043}$	0.802	
湫水河	林家坪	$W = 65.805 (P_{7-8} I_{7-8})^{0.6427}$	0.848	1954~1969 年
		$W_s = 0.6855 (P_{7-8} I_{7-8})^{1.0222}$	0.838	

续表

流域	控制站	模型形式	相关系数	建模系列
三川河	后大成	$W = 17.216 P_a^{1.4885} I_a^{-0.9267}$	0.857	1957~1969年
		$W_s = 0.081 P_a^{1.4856} I_a^{0.9773}$	0.872	
屈产河	裴沟	$W = 1.8178 P_a^{0.6388} I_a^{2.0066}$	0.954	1963~1969年
		$W_s = 2.077 P_f^{0.1464} I_f^{2.6053}$	0.926	
昕水河	大宁	$W = 1.7757 P_a^{1.3027} I_a^{0.5055}$	0.867	1955~1969年
		$W_s = 0.0893 P_f^{1.7646} I_f^{1.1975}$	0.826	
清水河（州川河）	吉县	$W = 3.2307 P_{7-8}^{1.8495} I_{7-8}^{-1.5314}$	0.863	1959~1969年
		$W_s = 0.007346 P_{7-8}^{2.959} I_{7-8}^{-2.1898}$	0.867	

注：W 为年径流量，万 m^3；W_s 为年输沙量，万 t；P_a 为年降水量，mm；P_{7-8} 为 7 月、8 月降雨量，mm；P_f 为 5~9 月降雨量，mm；I_a 为年平均雨强，mm/d；I_{7-8} 为 7 月、8 月平均雨强，mm/d；I_f 为 5~9 月平均雨强，mm/d。

需要说明的是，由于河龙区间晋西北地区县川河流域基准期水文资料缺测（县川河流域出口站旧县水文站 1977 年设立），故未能建立县川河流域降雨产流产沙经验模型。其近期人类活动减水减沙量按照未控区进行计算。

减洪减沙效益按下式计算，即

$$\eta = \frac{\Delta W}{W_{计}} \times 100\% \tag{3-6}$$

式中，η 为流域减水减沙效益，%；$W_{计}$ 为利用降雨产流产沙经验模型计算的径流量及输沙量；ΔW 为计算的径流量及输沙量与同期实测值之差。

泾河、北洛河、渭河、汾河流域降雨产流产沙经验模型见表 3-2。对表 3-2 所建模型进行显著性检验，结果表明，各因子之间的相关性都是极显著的。

表 3-2 泾洛渭汾河流域降雨产流产沙经验模型

流域	控制站（区间）	模型形式	相关系数	建模系列
泾河	张家山	$W = 8.6193 P_a^{1.031} P_f^{0.58}$	0.88	1952~1969年
		$W_s = 0.08066 P_a^{1.2} P_{30}$	0.80	
北洛河	刘家河	$W = 0.008 \left[P_f \left(\frac{P_1}{P_f}\right)^{0.25} + P_k^{0.75} \right] + 0.6157$	0.87	1959~1969年
		$W_s = 1.065 \left(\frac{\overline{W_{s1}}}{\overline{W_{sa}}} \times \frac{P_1}{P_1} + \frac{\overline{W_{s30}} - \overline{W_{s1}}}{\overline{W_{sa}}} \times \frac{P_{30}}{P_{30}} + \frac{\overline{W_{sf}} - \overline{W_{s30}}}{\overline{W_{sa}}} \times \frac{P_f}{P_f} + \frac{\overline{W_{sa}} - \overline{W_{sf}}}{\overline{W_{sa}}} \times \frac{P_a}{P_a} \right)^{2.7}$	0.80	
	洑头	$W = 0.076 \left[P_f \left(\frac{P_1}{P_f}\right)^{0.25} + P_k^{0.75} \right] - 12.84$	0.70	1959~1969年
		$W_s = 0.998 \left(\frac{\overline{W_{s1}}}{\overline{W_{sa}}} \times \frac{P_1}{P_1} + \frac{\overline{W_{s30}} - \overline{W_{s1}}}{\overline{W_{sa}}} \times \frac{P_{30}}{P_{30}} + \frac{\overline{W_{sf}} - \overline{W_{s30}}}{\overline{W_{sa}}} \times \frac{P_f}{P_f} + \frac{\overline{W_{sa}} - \overline{W_{sf}}}{\overline{W_{sa}}} \times \frac{P_a}{P_a} \right)^{2.5}$	0.72	

第3章 黄河中游近期水沙变化"水文法"分析

续表

流域	控制站（区间）	模型形式	相关系数	建模系列
渭河	北道	$W_5 = 0.00078 P_5^{1.8}$	0.69	1953～1969年
		$W_6 = 0.0018 P_6^{1.54}$	0.73	
		$W_7 = 0.00273 P_7^{1.46}$	0.66	
		$W_8 = 0.00452 P_8^{1.37}$	0.84	
		$W_9 = 0.0014 P_9^{1.66}$	0.88	
		$W_{10} = 0.0036 P_{10}^{1.64}$	0.61	
		$W = 0.00000118 P_a^{2.6}$	0.78	
		$W_{s5} = 0.032 W_5^{1.58}$	0.75	
		$W_{s6} = 0.123 W_6^{1.3}$	0.73	
		$W_{s7} = 0.174 W_7^{1.3}$	0.73	
		$W_{s8} = 0.14 W_8^{1.3}$	0.86	
		$W_{s9} = 0.045 W_9^{1.3}$	0.91	
		$W_{s10} = 0.007 W_{10}^{1.92}$	0.88	
		$W_s = 0.0519 W^{1.47}$	0.71	
	北道—咸阳	$W = 0.0001645 P_a^{1.9}$	0.90	1953～1969年
	咸阳	$W_{s咸} = -0.2785 W_{s北道}^2 + 2.3547 W_{s北道} - 1.0035$ （$W_{s北道} \geq 1$ 亿t）	0.93	1953～1969年
		$W_{s咸} = 1.265 W_{s北道}$ （$W_{s北道} < 1$ 亿t）	0.91	
汾河	上游	$H = 0.0003 (P_a + 0.3562 P_{a-1})^{1.9055}$	0.91	1954～1972年
		$W_s = 2389 \left(\dfrac{\overline{W_{s1}}}{\overline{W_{sa}}} \times \dfrac{P_1}{P_1} + \dfrac{\overline{W_{s30}} - \overline{W_{s1}}}{\overline{W_{sa}}} \times \dfrac{P_{30}}{P_{30}} + \dfrac{\overline{W_{sf}} - \overline{W_{s30}}}{\overline{W_{sa}}} \times \dfrac{P_f}{P_f} + \dfrac{\overline{W_{sa}} - \overline{W_{sf}}}{\overline{W_{sa}}} \times \dfrac{P_a}{P_a}\right)^{2.6338}$	0.93	1954～1960年
	中游	$H = 6.457 \times 10^{-6} (P_a + 0.1709 P_{a-1})^{2.4749}$	0.94	1954～1972年
		$W_s = 1063 \left(\dfrac{\overline{W_{s1}}}{\overline{W_{sa}}} \times \dfrac{P_1}{P_1} + \dfrac{\overline{W_{s30}} - \overline{W_{s1}}}{\overline{W_{sa}}} \times \dfrac{P_{30}}{P_{30}} + \dfrac{\overline{W_{sf}} - \overline{W_{s30}}}{\overline{W_{sa}}} \times \dfrac{P_f}{P_f} + \dfrac{\overline{W_{sa}} - \overline{W_{sf}}}{\overline{W_{sa}}} \times \dfrac{P_a}{P_a}\right)^{7.4118}$	0.94	1954～1960年
	下游	$H = 0.0053 (P_a + 0.275 P_{a-1})^{1.4729}$	0.84	1954～1972年
		$W_{s1} = 1145 \left(\dfrac{\overline{W_{s1}}}{\overline{W_{sa}}} \times \dfrac{P_1}{P_1} + \dfrac{\overline{W_{s30}} - \overline{W_{s1}}}{\overline{W_{sa}}} \times \dfrac{P_{30}}{P_{30}} + \dfrac{\overline{W_{sf}} - \overline{W_{s30}}}{\overline{W_{sa}}} \times \dfrac{P_f}{P_f} + \dfrac{\overline{W_{sa}} - \overline{W_{sf}}}{\overline{W_{sa}}} \times \dfrac{P_a}{P_a}\right)^{4.5936}$	0.96	1954～1966年
		$W_{s2} = 1664 \left(\dfrac{\overline{W_{s1}}}{\overline{W_{sa}}} \times \dfrac{P_1}{P_1} + \dfrac{\overline{W_{s30}} - \overline{W_{s1}}}{\overline{W_{sa}}} \times \dfrac{P_{30}}{P_{30}} + \dfrac{\overline{W_{sf}} - \overline{W_{s30}}}{\overline{W_{sa}}} \times \dfrac{P_f}{P_f} + \dfrac{\overline{W_{sa}} - \overline{W_{sf}}}{\overline{W_{sa}}} \times \dfrac{P_a}{P_a}\right)^{0.8817}$	0.97	1954～1966年

注：H 为年径流深；W 为年径流量；W_f 为汛期（5～9月）径流量；W_i 为 i 月径流量；W_s 为年输沙量；W_{si} 为 i 月输沙量；P_i 为 i 月降水量，$i = 5, 6, 7, 8, 9, 10$。$\overline{W_{s1}}$、$\overline{W_{s30}}$、$\overline{W_{sf}}$、$\overline{W_{sa}}$ 分别指建模系列年内最大1日、30日、汛期、年平均输沙量。$\overline{P_{s1}}$、$\overline{P_{s30}}$、$\overline{P_{sf}}$、$\overline{P_{sa}}$ 分别指建模系列年内最大1日、30日、汛期、年平均降水量。P_a 为流域年降水量；P_{a-1} 指流域前一年年降水量；P_f 为流域汛期降水量；P_k 为流域非汛期降水量；P_1、P_{30} 为年内最大1日、最大30日降水量。各种降水指标、径流深单位均为 mm；径流量单位除渭河为亿 m³ 外，其余均为万 m³；输沙量单位除渭河为亿 t 外，其余均为万 t。

需要说明的是，汾河流域下游义棠至河津区间以降雨指标 $K=1.106$ 为界，降雨产沙经验模型 $W_s = AK^n$ 的参数 A、n 发生变化，由此建立了两个降雨产沙经验模型。当 $K>1.106$ 时，采用第一个模型计算，其对应的参数 $A=1145$，$n=4.5936$；当 $K\leqslant 1.106$ 时，采用第二个模型计算，其对应的参数 $A=1664$，$n=0.8817$。

3.2.3 降雨影响减水减沙量的计算方法

以往研究中，基准期流域实测水沙值与后期（治理期）根据降雨产流产沙经验模型计算的水沙值之差，即为该时期由于降雨变化所引起的水沙变化量。本次研究采用改进的计算方法（戴明英，2002；冉大川，2000），即以 1970 年以前不受人类活动影响的系列作为对比基准期，用后期计算的径流、泥沙值与基准期计算值比较，其差值即为该时期由于降水变化引起的径流、泥沙变化量。本次计算中基准期的产流产沙量改进为由基准期降雨指标所计算的产流产沙量。改进的降雨影响计算方法的优点在于：由于降雨影响是由前、后期的计算值推算出来的，其偏差倾向是一致的，即要偏大（或偏小）则前、后期的计算值都偏大（或偏小），因而其相对差变化较小。

降雨变化影响及人类活动影响减水减沙量采用占总减水减沙量的比值来表示，即

$$\eta_p = \frac{\Delta W_p}{W_{前实} - W_{后实}} \times 100\% = \frac{W_{前计} - W_{后计}}{W_{前实} - W_{后实}} \times 100\% \tag{3-7}$$

$$\eta_人 = \frac{\Delta W_人}{W_{前实} - W_{后实}} \times 100\% = \frac{W_{后计} - W_{后实}}{W_{前实} - W_{后实}} \times 100\% \tag{3-8}$$

式中，η_p、$\eta_人$ 分别为降雨影响和人类活动影响程度，%；$W_{前实}$、$W_{前计}$ 分别为基准期实测和计算值；$W_{后实}$、$W_{后计}$ 分别为后期实测和计算值。

3.2.4 河龙区间未控区减水减沙量的计算方法

河龙区间各支流入黄把口站以上所控制的区域称为已控区，其面积约为 87 195 km²；没有控制的区域称为未控区，其面积为 26 475 km²，占河龙区间总面积 113 670 km² 的 23.3%。从实测水沙变化看，未控区的水沙变化幅度较已控区较小。未控区内除了个别雨量站有观测资料外，均无实测水文泥沙资料。

为了充分利用有控支流实测的降水、径流、泥沙资料，研究中采用查等值线图的方法，进行未控区降水、径流、泥沙资料的插补。研究中将河龙区间未控区计算区域按支流共分为 21 片。其具体方法为：在绘制的河龙区间时段平均降水量等值线、径流深等值线、年输沙模数等值线、洪水输沙模数等值线图上，按照未控区所在位置（即各流域边界线之外的地区）计算各支流对应的分片未控区面积；根据各等值线所包围的未控区面积，采取面积加权法推算各片未控区不同时段降水、径流、泥沙均值，作为本次未控区水沙变化分析计算的水文基础数据。

求得未控区分片面积、水文基础数据等基本资料后，利用各支流已控区"经验公式法"计算的减水减沙结果，推算出各支流已控区的减水减沙指标，乘以对应的未控区面积后，即可得到各分片未控区"水文法"减水减沙量。汇总即得河龙区间未控区"水文法"减水减沙量。

3.3 河龙区间近期"水文法"计算成果分析

3.3.1 有控支流近期减水减沙量计算

根据表 3-1 所建的降雨产流产沙经验模型，计算河龙区间各有控支流近期产流产沙量，并与同期实测值比较，即可求出水利水保措施综合治理等人类活动的减水减沙量。计算结果见表 3-3。

河龙区间 21 条有控支流近期（1997~2006 年）因水利水保措施综合治理等人类活动年均减水量合计 21.5 亿 m^3，减水作用 51.6%；年均减沙量合计 3.09 亿 t，减沙效益 66.7%。与基准期相比，由于人类活动影响减水 71.6%，影响减沙 46.1%；因降水因素影响减水 28.4%，影响减沙 53.9%。在减水方面，人类活动影响与降雨影响之比约为 7:3，人类活动影响居于主要地位；在减沙方面，人类活动影响与降雨影响之比约为 4.6:5.4，降雨影响虽然大于人类活动影响，但二者相差不大。

从河龙区间 21 条有控支流 1970~2006 年长时段来看，人类活动影响减水 65.6%，影响减沙 38.3%；降水影响减水 34.4%，影响减沙 61.7%。人类活动影响与降雨影响减水之比为 6.6:3.4，影响减沙之比为 3.8:6.2。显然，河龙区间近期人类活动对径流、泥沙的影响比 1970~2006 年更为明显。

根据表 3-3 计算结果，河龙区间粗泥沙集中来源区的皇甫川、孤山川、窟野河、秃尾河、佳芦河、无定河、清涧河、延河等 8 条有控支流，近期水利水保措施综合治理等人类活动年均减水量合计 13.9 亿 m^3，减水作用 47.1%；年均减沙量合计 2.22 亿 t，减沙效益 63.0%。与基准期相比，由于人类活动影响减水 70.8%，影响减沙 47.5%；由于降水因素影响减水 29.2%，影响减沙 52.5%。在减水方面，人类活动影响与降雨影响之比约为 7:3，人类活动影响仍居于主要地位；在减沙方面，人类活动影响与降雨影响之比为 4.8:5.2，降雨影响略大于人类活动影响。这与河龙区间总体结果基本一致。

从粗泥沙集中来源区 8 条有控支流 1970~2006 年长时段来看，人类活动影响减水 64.5%，影响减沙 35.9%；降水影响减水 35.5%，影响减沙 64.1%。人类活动影响与降雨影响减水之比为 6.5:3.5，影响减沙之比为 3.6:6.4，这也与河龙区间总体结果基本一致，说明人类活动与降雨对粗泥沙集中来源区水沙变化的影响比例基本上可以代表对河龙区间的影响比例。但皇甫川、孤山川、窟野河等 3 条支流 1970~1979 年水利水保措施综合治理等人类活动增水增沙的原因有待进一步研究。

综合以上计算结果，近期河龙区间及其粗泥沙集中来源区，水利水保措施综合治理等人类活动对径流的影响均远大于对泥沙的影响。

3.3.2 未控区近期减水减沙量计算

河龙区间各支流未控区近期减水减沙量经验公式法计算汇总结果仍见表 3-3。由此可以看出，未控区近期人类活动年均减水 8.98 亿 m^3，减水作用 50.1%；人类活动

黄河中游近期水沙变化对人类活动的响应

表 3-3 河龙区间 21 条支流年均减水减沙效益计算成果

流域	时段	年径流量/(万 m³/a)								年输沙量/(万 t/a)							
		实测	计算	总减少量	人类活动影响		降雨影响		实测	计算	总减少量	人类活动影响		降雨影响	
					计-实	作用/%	占总量/%	减少量	占总量/%				计-实	效益/%	占总量/%	减少量	占总量/%
皇甫川	1969 年以前	20 720	—	—	—	—	—	—	—	6 081	—	—	—	—	—	—	—
	1970~1979 年	17 568	16 089	3 152	-1 479	-9.2	-46.9	4 630	146.9	6 248	4 056	-167	-2 192	-54.0	1 312.8	2 025	-1 212.8
	1980~1989 年	12 718	13 223	8 002	505	3.8	6.3	7 497	93.7	4 281	2 901	1 800	-1 380	-47.6	-76.7	3 180	176.7
	1990~1996 年	10 265	16 292	10 455	6 028	37.0	57.7	4 427	42.3	3 023	4 225	3 058	1 202	28.4	39.3	1 856	60.7
	1997~2006 年	5 124	12 834	15 596	7 711	60.1	49.4	7 886	50.6	1 364	3 015	4 717	1 651	54.8	35.0	3 066	65.0
	1970~2006 年	11 512	14 473	9 208	2 961	20.5	32.2	6 247	67.8	3 786	3 495	2 295	-292	-8.3	-12.7	2 586	112.7
孤山川	1969 年以前	11 041	—	—	—	—	—	—	—	2 659	—	—	—	—	—	—	—
	1970~1979 年	9 795	8 785	1 247	-1 010	-11.5	-81.0	2 256	181.0	2 968	1 624	-310	-1 344	-82.8	434.2	1 035	-334.2
	1980~1989 年	5 516	7 877	5 525	2 361	30.0	42.7	3 164	57.3	1 278	1 316	1 381	38	2.9	2.8	1 342	97.2
	1990~1996 年	6 256	8 653	4 785	2 397	27.7	50.1	2 388	49.9	1 420	1 650	1 238	230	13.9	18.5	1 009	81.5
	1997~2006 年	2 059	6 727	8 983	4 668	69.4	52.0	4 314	48.0	340	1 032	2 319	692	67.0	29.8	1 627	70.2
	1970~2006 年	5 878	7 959	5 163	2 080	26.1	40.3	3 083	59.7	1 508	1 386	1 150	-123	-8.8	-10.7	1 273	110.7
窟野河	1969 年以前	76 287	—	—	—	—	—	—	—	12 480	—	—	—	—	—	—	—
	1970~1979 年	72 305	64 697	3 982	-7 608	-11.8	-191.0	11 590	291.0	13 995	7 329	-1 515	-6 666	-90.9	440.0	5 151	-340.0
	1980~1989 年	52 059	63 460	24 229	11 401	18.0	47.1	12 827	52.9	6 707	7 034	5 773	327	4.6	5.7	5 446	94.3
	1990~1996 年	51 335	62 647	24 953	11 312	18.1	45.3	13 641	54.7	8 307	6 777	4 173	-1 530	-22.6	-36.7	5 703	136.7
	1997~2006 年	21 330	54 538	54 957	33 207	60.4	39.6	21 750	39.6	1 139	4 942	11 341	3 803	77.0	33.5	7 538	66.5
	1970~2006 年	49 089	61 229	27 199	12 140	19.8	44.6	15 058	55.4	7 475	6 500	5 005	-975	-15.0	-19.5	5 980	119.5

第3章 黄河中游近期水沙变化"水文法"分析

续表

流域	时段	年径流量/(万 m³/a)								年输沙量/(万 t/a)							
		实测	计算	总减少量	人类活动影响			降雨影响		实测	计算	总减少量	人类活动影响			降雨影响	
					计-实	作用/%	占总量/%	减少量	占总量/%				计-实	效益/%	占总量/%	减少量	占总量/%
秃尾河	1969年以前	43 001	—	—	—	—	—	—	—	3018	—	—	—	—	—	—	—
	1970~1979年	38 261	40 129	4 740	1 868	4.7	39.4	2 871	60.6	2 344	2 076	675	-268	-12.9	-39.7	942	139.7
	1980~1989年	30 272	39 353	12 728	9 081	23.1	71.3	3 648	28.7	999	1 205	2 020	207	17.1	10.2	1813	89.8
	1990~1996年	30 160	39 586	12 840	9 426	23.8	73.4	3 414	26.6	1 480	1 937	1 539	457	23.6	29.7	1082	70.3
	1997~2006年	22 859	38 583	20 142	15 725	40.8	78.1	4 417	21.9	457	1 205	2 562	748	62.1	29.2	1 814	70.8
	1970~2006年	30 407	39 399	12 594	8 992	22.8	71.4	3 602	28.6	1 307	1 579	1 712	272	17.2	15.9	1 440	84.1
佳芦河	1969年以前	10 371	—	—	—	—	—	—	—	2 961	—	—	—	—	—	—	—
	1970~1979年	7 697	8 943	2 674	1 246	13.9	46.6	1 428	53.4	1 783	1 692	1 177	-92	-5.4	-7.8	1 269	107.8
	1980~1989年	4 622	8 139	5 748	3 516	43.2	61.2	2 232	38.8	461	1 267	2 500	806	63.6	32.2	1 694	67.8
	1990~1996年	4 523	8 479	5 848	3 956	46.7	67.6	1 892	32.4	789	1 822	2 171	1 032	56.7	47.5	1 139	52.5
	1997~2006年	2 503	7 886	7 867	5 382	68.3	68.4	2 485	31.6	296	1 485	2 664	1 188	80.0	44.6	1 476	55.4
	1970~2006年	4 862	8 352	5 509	3 490	41.8	63.4	2 019	36.6	836	1 545	2 125	710	45.9	33.4	1 415	66.6
无定河	1969年以前	151 672	—	—	—	—	—	—	—	21 741	—	—	—	—	—	—	—
	1970~1979年	121 072	148 160	30 600	27 087	18.3	88.5	3 512	11.5	11 593	18 900	10 147	7 307	38.7	72.0	2 841	28.0
	1980~1989年	103 667	135 932	48 005	32 265	23.7	67.2	15 740	32.8	5 267	13 254	16 474	7 987	60.3	48.5	8 487	51.5
	1990~1996年	99 977	144 148	51 695	44 171	30.6	85.4	7 524	14.6	9 729	17 064	12 012	7 335	43.0	61.1	4 676	38.9
	1997~2006年	75 981	139 227	75 691	63 246	45.4	83.6	12 445	16.4	4 733	14 771	17 007	10 037	68.0	59.0	6 970	41.0
	1970~2006年	100 190	141 681	51 482	41 491	29.3	80.6	9 990	19.4	7 677	15 911	14 064	8 234	51.8	58.5	5 830	41.5

续表

流域	时段	年径流量/(万m³/a)								年输沙量/(万t/a)							
		实测	计算	总减少量	人类活动影响			降雨影响		实测	计算	总减少量	人类活动影响			降雨影响	
					计-实	作用/%	占总量/%	减少量	占总量/%				计-实	效益/%	占总量/%	减少量	占总量/%
清涧河	1969年以前	15 496	—	—	—	—	—	—	—	4 657	—	—	—	—	—	—	—
	1970~1979年	15 035	14 941	461	-93	-0.6	-20.2	555	120.2	4 270	4 115	387	-154	-3.7	-39.8	541	139.8
	1980~1989年	11 673	13 766	3 823	2 092	15.2	54.7	1 730	45.3	1 448	3 688	3 209	2 240	60.7	69.8	969	30.2
	1990~1996年	18 050	14 800	—	-3 250	-22.0	127.3	696	-27.3	4 292	4 085	365	-207	-5.1	-56.7	572	156.7
	1997~2006年	10 991	15 201	4 505	4 210	27.7	93.4	295	6.6	2 535	4 473	2 122	1 938	43.3	91.3	184	8.7
	1970~2006年	13 604	14 667	1 892	1 063	7.2	56.2	829	43.8	3 042	1 129	1 614	-1 913	-169.4	-118.5	3 528	218.5
延河	1969年以前	24 220	—	—	—	—	—	—	—	6 185	—	—	—	—	—	—	—
	1970~1979年	20 622	23 044	3 599	2 423	10.5	67.3	1 176	32.7	4 682	5 473	1 502	791	14.5	52.7	711	47.3
	1980~1989年	20 802	22 093	3 418	1 291	5.8	37.8	2 127	62.2	3 193	5 222	2 991	2 028	38.8	67.8	963	32.2
	1990~1996年	22 994	29 399	1 226	6 405	21.8	522.3	-5 179	-422.3	5 335	9 036	850	3 702	41.0	435.5	-2 852	-335.5
	1997~2006年	15 600	20 536	8 620	4 935	24.0	57.3	3 685	42.7	2 162	4 311	4 023	2 149	49.8	53.4	1 874	46.6
	1970~2006年	19 762	23 311	4 458	3 549	15.2	79.6	909	20.4	3 722	5 765	2 462	2 043	35.4	83.0	419	17.0
云岩河(汾川河)	1969年以前	4 246	—	—	—	—	—	—	—	359	—	—	—	—	—	—	—
	1970~1979年	3 683	3 793	563	110	2.9	19.6	453	80.4	368	248	-9	-120	-48.2	1 394.4	111	-1 294.4
	1980~1989年	3 856	4 214	390	358	8.5	91.8	32	8.2	255	352	104	96	27.3	92.4	8	7.6
	1990~1996年	3 323	3 550	923	227	6.4	24.6	696	75.4	266	198	93	-68	-34.2	-72.8	161	172.8
	1997~2006年	2 027	3 678	2 219	1 651	44.9	74.4	568	25.6	86	221	273	135	61.0	49.2	139	50.8
	1970~2006年	3 214	3 830	1 032	616	16.1	59.7	416	40.3	242	259	117	17	6.6	14.6	100	85.4

第3章 黄河中游近期水沙变化"水文法"分析

续表

流域	时段	年径流量/（万 m³/a）								年输沙量/（万 t/a）							
		实测	计算	总减少量	人类活动影响			降雨影响		实测	计算	总减少量	人类活动影响			降雨影响	
					计-实	作用/%	占总量/%	减少量	占总量/%				计-实	效益/%	占总量/%	减少量	占总量/%
仕望川	1969年以前	10 080	—	—	—	—	—	—	—	378	—	—	—	—	—	—	—
	1970～1979年	7 785	9 330	2 295	1 545	16.6	67.3	750	32.7	319	395	59	76	19.3	129.0	−17	−29.0
	1980～1989年	8 308	8 997	1 772	690	7.7	38.9	1 083	61.1	124	342	254	218	63.8	86.0	35	14.0
	1990～1996年	4 485	8 689	5 595	4 204	48.4	75.1	1 391	24.9	63	194	314	130	67.2	41.4	184	58.6
	1997～2006年	4 450	9 170	5 630	4 720	51.5	83.8	910	16.2	22	323	355	301	93.1	84.7	54	15.3
	1970～2006年	6 401	9 076	3 679	2 675	29.5	72.7	1 005	27.3	138	323	240	186	57.4	77.3	54	22.7
浑河	1969年以前	27 576	—	—	—	—	—	—	—	2 285	—	—	—	—	—	—	—
	1970～1979年	19 852	28 532	7 724	8 680	30.4	112.4	−12.4		1 651	1 359	633	−292	−21.5	−46.1	925	146.1
	1980～1989年	12 913	26 051	14 663	13 138	50.4	89.6	1 525	10.4	688	948	1 597	260	27.4	16.3	1 337	83.7
	1990～1996年	16 190	26 479	11 386	10 289	38.9	90.4	1 097	9.6	190	1 116	2 095	925	83.0	44.2	1 169	55.8
	1997～2006年	7 018	26 380	20 558	19 362	73.4	94.2	1 195	5.8	80	869	2 204	789	90.7	35.8	1 416	64.2
	1970～2006年	13 815	26 892	13 761	13 077	48.6	95.0	684	5.0	690	1 069	1 595	380	35.5	23.8	1 215	76.2
偏关河	1969年以前	6 470	—	—	—	—	—	—	—	1 943	—	—	—	—	—	—	—
	1970～1979年	3 721	5 354	2 750	1 634	30.5	59.4	1 116	40.6	1 265	1 074	678	−191	−17.8	−28.2	869	128.2
	1980～1989年	2 288	5 381	4 183	3 094	57.5	74.0	1 089	26.0	737	1 167	1 206	430	36.8	35.7	776	64.3
	1990～1996年	2 153	6 226	4 318	4 074	65.4	94.3	244	5.7	260	1 609	1 684	1 349	83.9	80.1	335	19.9
	1997～2006年	1 013	4 066	5 458	3 053	75.1	55.9	2 404	44.1	123	554	1 820	431	77.7	23.7	1 389	76.3
	1970～2006年	2 305	5 178	4 166	2 874	55.5	69.0	1 292	31.0	624	1 060	1 320	436	41.2	33.1	884	66.9

黄河中游近期水沙变化对人类活动的响应

续表

流域	时段	年径流量/(万 m³/a)								年输沙量/(万 t/a)							
		实测	计算	总减少量	人类活动影响			降雨影响		实测	计算	总减少量	人类活动影响			降雨影响	
					计-实	作用/%	占总量/%	减少量	占总量/%				计-实	效益/%	占总量/%	减少量	占总量/%
朱家川	1969年以前	5 726	—	—	—	—	—	—	—	2 836	—	—	—	—	—	—	—
	1970~1979年	2 231	1 932	3 495	-299	-15.5	-8.6	3 794	108.6	964	796	1 872	-168	-21.2	-9.0	2 040	109.0
	1980~1989年	1 361	1 950	4 365	589	30.2	13.5	3 776	86.5	410	824	2 426	414	50.3	17.1	2 012	82.9
	1990~1996年	2 241	3 793	3 485	1 552	40.9	44.5	1 933	55.5	671	1 726	2 164	1 055	61.1	48.7	1 109	51.3
	1997~2006年	1 056	1 595	4 670	540	33.8	11.6	4 131	88.4	207	652	2 628	444	68.2	16.9	2 184	83.1
	1970~2006年	1 680	2 198	4 046	518	23.6	12.8	3 528	87.2	554	940	2 281	386	41.1	16.9	1 895	83.1
岚漪河	1969年以前	12 614	—	—	—	—	—	—	—	1 751	—	—	—	—	—	—	—
	1970~1979年	6 745	9 106	5 869	2 361	25.9	40.2	3 508	59.8	790	851	961	61	7.1	6.3	900	93.7
	1980~1989年	3 778	7 444	8 836	3 666	49.2	41.5	5 170	58.5	445	625	1 306	180	28.9	13.8	1 126	86.2
	1990~1996年	8 943	11 792	3 671	2 850	24.2	77.6	822	22.4	1 944	1 222	-194	-722	-59.0	372.9	528	-272.9
	1997~2006年	4 972	6 405	7 642	1 433	22.4	18.7	6 209	81.3	133	502	1 618	369	73.6	22.8	1 249	77.2
	1970~2006年	5 880	8 435	6 734	2 555	30.3	37.9	4 179	62.1	737	766	1 013	28	3.7	2.8	985	97.2
蔚汾河	1969年以前	9 026	—	—	—	—	—	—	—	1 499	—	—	—	—	—	—	—
	1970~1979年	6 032	6 279	2 994	247	3.9	8.3	2 746	91.7	1 149	1 193	350	44	3.7	12.6	306	87.4
	1980~1989年	3 515	6 133	5 511	2 618	42.7	47.5	2 892	52.5	461	834	1 038	373	44.7	35.9	665	64.1
	1990~1996年	3 225	7 927	5 801	4 703	59.3	81.1	1 098	18.9	360	1 431	1 139	1 071	74.8	94.0	68	6.0
	1997~2006年	2 005	6 613	7 021	4 608	69.7	65.6	2 413	34.4	182	928	1 317	746	80.4	56.6	571	43.4
	1970~2006年	3 732	6 642	5 293	2 910	43.8	55.0	2 384	45.0	552	1 070	947	517	48.3	54.6	430	45.4

续表

流域	时段	年径流量/(万 m³/a)								年输沙量/(万 t/a)							
					人类活动影响			降雨影响					人类活动影响			降雨影响	
		实测	计算	总减少量	计-实	作用/%	占总量/%	减少量	占总量/%	实测	计算	总减少量	计-实	效益/%	占总量/%	减少量	占总量/%
清凉寺沟	1969年以前	1 699	—	—	—	—	—	—	—	446	—	—	—	—	—	—	—
	1970~1979年	1 379	1 197	320	-183	-15.3	-57.0	—	—	334	211	112	-123	-58.3	-109.6	235	209.6
	1980~1989年	795	959	904	164	17.1	18.1	503	157.0	123	147	323	24	16.2	7.4	299	92.6
	1990~1996年	1 062	1 349	638	287	21.3	45.0	740	81.9	214	296	231	81	27.4	35.1	150	64.9
	1997~2006年	640	968	1 060	329	33.9	31.0	351	55.0	103	135	342	32	23.5	9.3	311	90.7
	1970~2006年	961	1 099	738	138	12.6	18.7	731	69.0	192	189	254	-3	-1.5	-1.1	257	101.1
湫水河	1969年以前	11 704	—	—	—	—	—	—	—	2 873	—	—	—	—	—	—	—
	1970~1979年	8 320	10 200	3 384	1 880	18.4	55.6	1 504	44.4	2 291	2 159	582	-132	-6.1	-22.7	714	122.7
	1980~1989年	5 201	8 377	6 504	3 177	37.9	48.8	3 327	51.2	931	1 638	1 942	706	43.1	36.4	1 235	63.6
	1990~1996年	4 837	10 051	6 867	5 214	51.9	75.9	1 653	24.1	753	2 131	2 120	1 378	64.7	65.0	742	35.0
	1997~2006年	2 709	8 641	8 995	5 933	68.7	66.0	3 063	34.0	380	1 667	2 493	1 287	77.2	51.6	1 206	48.4
	1970~2006年	5 301	9 258	6 403	3 957	42.7	61.8	2 446	38.2	1 116	1 880	1 757	764	40.6	43.5	993	56.5
三川河	1969年以前	32 330	—	—	—	—	—	—	—	3 682	—	—	—	—	—	—	—
	1970~1979年	24 751	29 166	7 579	4 415	15.1	58.3	3 164	41.7	1 831	3 710	1 851	1 879	50.6	101.5	-28	-1.5
	1980~1989年	19 119	29 541	13 212	10 422	35.3	78.9	2 790	21.1	963	2 160	2 719	1 197	55.4	44.0	1 522	56.0
	1990~1996年	19 080	30 659	13 251	11 580	37.8	87.4	1 671	12.6	1 079	3 347	2 604	2 268	67.8	87.1	335	12.9
	1997~2006年	10 431	33 088	21 899	22 657	68.5	103.5	—	-3.5	258	1 891	3 424	1 633	86.4	47.7	1 791	52.3
	1970~2006年	18 286	30 610	14 045	12 324	40.3	87.8	1 720	12.2	1 029	2 731	2 653	1 702	62.3	64.1	951	35.9

黄河中游近期水沙变化对人类活动的响应

续表

流域	时段	年径流量/(万m³/a)							年输沙量/(万t/a)						
		实测	计算	总减少量	人类活动影响			降雨影响		实测	计算	总减少量	人类活动影响			降雨影响	
					计-实	作用/%	占总量/%	减少量	占总量/%				计-实	效益/%	占总量/%	减少量	占总量/%
屈产河	1969年以前	4 779	—	—	—	—	—	—	—	1 481	—	—	—	—	—	—	—
	1970~1979年	3 885	4 540	894	656	14.4	73.3	238	26.7	1 151	1 654	331	503	30.4	152.2	-173	-52.2
	1980~1989年	2 505	4 475	2 273	1 970	44.0	86.6	304	13.4	511	1 452	970	941	64.8	97.0	29	3.0
	1990~1996年	3 074	4 806	1 705	1 731	36.0	101.6	—	-1.6	812	1 258	669	446	35.4	66.6	223	33.4
	1997~2006年	2 567	4 689	2 212	2 122	45.2	95.9	90	4.1	452	1 439	1 029	986	68.6	95.8	43	4.2
	1970~2006年	3 003	4 613	1 776	1 611	34.9	90.7	166	9.3	725	1 466	756	741	50.5	98.0	15	2.0
昕水河	1969年以前	20 680	—	—	—	—	—	—	—	2 731	—	—	—	—	—	—	—
	1970~1979年	14 553	16 628	6 127	2 075	12.5	33.9	4 052	66.1	1 864	2 483	868	620	25.0	71.4	248	28.6
	1980~1989年	10 112	14 284	10 568	4 171	29.2	39.5	6 396	60.5	742	1 787	1 989	1 045	58.5	52.5	944	47.5
	1990~1996年	10 229	16 801	10 451	6 572	39.1	62.9	3 879	37.1	1 080	2 249	1 652	1 170	52.0	70.8	482	29.2
	1997~2006年	5 777	14 034	14 903	8 257	58.8	55.4	6 646	44.6	388	1 589	2 343	1 201	75.6	51.2	1 142	48.8
	1970~2006年	10 163	15 326	10 517	5 163	33.7	49.1	5 354	50.9	1 014	2 009	1 718	996	49.6	58.0	722	42.0
清水河(州川河)	1969年以前	2 388	—	—	—	—	—	—	—	550	—	—	—	—	—	—	—
	1970~1979年	2 025	2 418	363	394	16.3	108.5	-31	-8.5	472	564	78	91	16.2	117.6	-14	-17.6
	1980~1989年	1 002	2 303	1 385	1 301	56.5	93.9	84	6.1	62	563	488	501	89.0	102.7	-13	-2.7
	1990~1996年	968	2 317	1 419	1 349	58.2	95.0	70	5.0	59	539	491	480	89.1	97.7	11	2.3
	1997~2006年	646	1 963	1 741	1 317	67.1	75.6	424	24.4	26	401	524	375	93.5	71.6	149	28.4
	1970~2006年	1 176	2 245	1 211	1 069	47.6	88.2	142	11.8	163	515	387	352	68.4	91.0	35	9.0

第3章 黄河中游近期水沙变化"水文法"分析

续表

流域	时段	年径流量/(万 m³/a) 实测	计算	总减少量	人类活动影响 计-实	作用/%	占总量/%	降雨影响 减少量	占总量/%	年输沙量/(万 t/a) 实测	计算	总减少量	人类活动影响 计-实	效益/%	占总量/%	降雨影响 减少量	占总量/%
有控支流合计	1969年以前	502 126	—	—	—	—	—	—	—	82 595	—	—	—	—	—	—	—
	1970~1979年	407 316	453 265	94 810	45 950	10.1	48.5	48 861	51.5	62 332	61 962	20 263	-369	-0.6	-1.8	20 633	101.8
	1980~1989年	316 082	423 952	186 044	107 870	25.4	58.0	78 174	42.0	30 085	48 725	52 510	18 640	38.3	35.5	33 870	64.5
	1990~1996年	323 368	458 443	178 758	135 075	29.5	75.6	43 683	24.4	42 127	63 912	40 468	21 785	34.1	53.8	18 683	46.2
	1997~2006年	201 758	416 822	300 368	215 064	51.6	71.6	85 304	28.4	15 469	46 404	67 126	30 934	66.7	46.1	36 191	53.9
	1970~2006年	311 220	436 473	190 906	125 253	28.7	65.6	65 653	34.4	37 129	54 549	45 467	17 420	31.9	38.3	28 046	61.7
未控区合计	1969年以前	225 881	—	—	—	—	—	—	—	21 146	—	—	—	—	—	—	—
	1970~1979年	134 518	190 968	91 363	56 450	29.6	61.8	34 913	38.2	13 587	19 767	7 559	6 180	31.3	81.8	1 379	18.2
	1980~1989年	60 489	181 145	165 393	120 656	66.6	73.0	44 737	27.0	7 461	18 824	13 685	11 363	60.4	83.0	2 322	17.0
	1990~1996年	128 586	200 504	97 295	71 918	35.9	73.9	25 377	26.1	11 731	20 715	9 415	8 984	43.4	95.4	431	4.6
	1997~2006年	89 645	179 482	136 237	89 837	50.1	65.9	46 400	34.1	5 899	18 670	15 246	12 770	68.4	83.8	2 476	16.2
	1970~2006年	101 260	187 013	124 621	85 753	45.9	68.8	38 868	31.2	9 502	19 395	11 644	9 892	51.0	85.0	1 751	15.0
总计	1969年以前	728 007	—	—	—	—	—	—	—	103 741	—	—	—	—	—	—	—
	1970~1979年	541 834	644 233	186 173	102 400	15.9	55.0	83 774	45.0	75 919	81 729	27 822	5 811	7.1	20.9	22 012	79.1
	1980~1989年	376 571	605 097	351 437	228 526	37.8	65.0	122 911	35.0	37 546	67 549	66 195	30 003	44.4	45.3	36 192	54.7
	1990~1996年	451 954	658 947	276 053	206 993	31.4	75.0	69 060	25.0	53 858	84 627	49 883	30 769	36.4	61.7	19 114	38.3
	1997~2006年	291 403	596 304	436 605	304 901	51.1	69.8	131 704	30.2	21 368	65 074	82 372	43 704	67.2	53.1	38 667	46.9
	1970~2006年	412 480	623 486	315 527	211 006	33.8	66.9	104 521	33.1	46 631	73 944	57 111	27 312	36.9	47.8	29 797	52.2

年均减沙 1.28 亿 t，减沙效益 68.4%。与基准期对比，近期人类活动影响减水 65.9%，影响减沙 83.8%；降雨影响减水 34.1%，影响减沙 16.2%。

3.3.3 河龙区间近期水沙变化水文分析汇总

1. 不同系列对比法

从河龙区间实测水沙变化来看（表 3-4），近期年降雨量与基准期相比平均减少了 69.5mm，减少 14.7%；年径流量平均减少了 43.9 亿 m³，减少 59.6%；年输沙量平均减少了 7.78 亿 t，减少 78.2%。减少幅度较 1970~1996 年各时段都较大。

表 3-4 河龙区间近期实测水沙变化情况

时段	年降雨量			年径流量			年输沙量		
	均值 /mm	差值 /mm	变化率 /%	均值 /亿 m³	差值 /亿 m³	变化率 /%	均值 /亿 t	差值 /亿 t	变化率 /%
1969 年以前	473.6	—	—	73.6	—	—	9.95	—	—
1970~1979 年	442.3	31.3	6.6	54.1	19.5	26.5	7.54	2.41	24.2
1980~1989 年	425.8	47.8	10.1	37.2	36.4	49.5	3.73	6.22	62.5
1990~1996 年	439.6	34.0	7.2	45.3	28.3	38.5	5.42	4.53	45.5
1997~2006 年	404.1	69.5	14.7	29.7	43.9	59.6	2.17	7.78	78.2
1970~2006 年	443.4	30.2	6.4	52.6	21.0	28.5	6.51	3.4	34.6

2. 经验公式法

河龙区间"经验公式法"近期减水减沙效益汇总结果（控制区与未控区之和）见表 3-5。由此可见，河龙区间近期人类活动年均减水 30.5 亿 m³，减水作用为 51.1%；人类活动年均减沙 4.37 亿 t，减沙效益为 67.2%。与基准期比较，近期人类活动年均影响减水 69.8%，影响减沙 53.1%；降雨影响减水 30.2%，影响减沙 46.9%。

表 3-5 河龙区间近期减水减沙效益汇总表

项目	时段	实测值	计算值	减少总量	人类活动影响			降雨影响	
					减少量	作用%	占总量%	减少量	占总量%
年径流量 /万 m³	1969 年以前	728 007	—	—	—	—	—	—	—
	1970~1979 年	541 834	644 233	186 173	102 400	15.9	55.0	83 774	45.0
	1980~1989 年	376 571	605 097	351 437	228 526	37.8	65.0	122 911	35.0
	1990~1996 年	451 954	658 947	276 053	206 993	31.4	75.0	69 060	25.0
	1997~2006 年	291 403	596 304	436 605	304 901	51.1	69.8	131 704	30.2
	1970~2006 年	412 480	623 486	315 527	211 006	33.8	66.9	104 521	33.1

续表

项目	时段	实测值	计算值	减少总量	人类活动影响			降雨影响	
					减少量	效益%	占总量%	减少量	占总量%
年输沙量/万 t	1969 年以前	103 741	—	—	—	—	—	—	—
	1970～1979 年	75 919	81 729	27 822	5 811	7.1	20.9	22 012	79.1
	1980～1989 年	37 546	67 549	66 195	30 003	44.4	45.3	36 192	54.7
	1990～1996 年	53 858	84 627	49 883	30 769	36.4	61.7	19 114	38.3
	1997～2006 年	21 368	65 074	82 372	43 704	67.2	53.1	38 667	46.9
	1970～2006 年	46 631	73 944	57 111	27 312	36.9	47.8	29 797	52.2

从 1970～2006 年长系列看，人类活动减水作用为 33.8%，减沙效益为 36.9%。与基准期比较，人类活动影响减水 66.9%，影响减沙 47.8%；降雨影响减水 33.1%，影响减沙 52.2%。

流域水沙过程的变化受多种因素的影响，是自然和人类活动共同影响的结果。以上分析表明，河龙区间近期水沙变化以人类活动影响为主。但从支流水沙变化情况来看，在降雨增加的情况下，来水来沙仍有可能增加。

3.4 泾洛渭汾河近期"水文法"计算成果分析

根据表 3-2 所建的降雨产流产沙经验模型，泾河、北洛河、渭河、汾河等四大流域 1997～2006 年水利水土保持综合治理等人类活动减水减沙"水文法"计算成果汇总见表 3-6。

表 3-6 泾洛渭汾河 1997～2006 年"水文法"计算成果

项目	泾河	北洛河	渭河	汾河	泾洛渭汾河合计
实测年径流量/亿 m³	10.714	4.666	32.225	3.020	50.625
人类活动年减水量/亿 m³	6.250	1.105	31.020	17.520	55.895
还原后天然年径流量/亿 m³	16.964	5.771	63.245	20.540	106.52
降雨影响年减水量/亿 m³	2.438	2.711	8.471	0.010	13.63
实测年输沙量/亿 t	1.375	0.401	0.383	0.002 8	2.162
人类活动年减沙量/亿 t	0.750	0.415	1.143	0.361	2.669
还原后天然年输沙量/亿 t	2.125	0.816	1.526	0.364	4.831
降雨影响年减沙量/亿 t	0.653	0.253	0.070	0.544	1.52

注：①渭河流域计算结果为华县以上（但不包括泾河流域）。②泾河基准期为 1952～1969 年；北洛河基准期为 1959～1969 年。

3.4.1 泾河

根据本次研究建立的泾河流域降雨产流产沙经验模型（表 3-2），进行泾河流域 1997～2006 年"水文法"减水减沙效益计算，分析人类活动和降雨对流域近期减水减沙量的影响。计算成果如表 3-7、表 3-8 所示。结果表明，与基准期比较，泾河流域 1997~2006 年总减水量为 8.691 亿 m^3，总减沙量为 1.403 亿 t，其中水利水土保持综合治理等人类活动年均减水 6.253 亿 m^3，年均减沙 0.75 亿 t；年均减水作用 36.9%，年均减沙效益 35.3%；人类活动与降雨影响减水之比为 72%:28%，人类活动与降雨影响减沙之比为 53%:47%。

表 3-7　泾河流域近期人类活动与降雨对减水量影响的计算结果

时段	年降水量 /mm	实测值 /万 m^3	计算值 /万 m^3	总减水量 /万 m^3	人类活动影响		降雨影响		减水作用 /%
					减水量 /万 m^3	占总量/%	减水量 /万 m^3	占总量/%	
1952~1969 年	565.3	194 050	—	—	—	—	—	—	—
1997~2006 年	496.2	107 140	169 670	86 910	62 530	72	24 380	28	36.9

表 3-8　泾河流域近期人类活动与降雨对减沙量影响的计算结果

时段	年降水量 /mm	实测值 /万 t	计算值 /万 t	总减沙量 /万 t	人类活动影响		降雨影响		减沙效益 /%
					减沙量 /万 t	占总量/%	减沙量 /万 t	占总量/%	
1952~1969 年	565.3	27 780	—	—	—	—	—	—	—
1997~2006 年	496.2	13 750	21 246	14 030	7 496	53	6 534	47	35.3

在特大暴雨年流域水利水保措施综合治理的减水减沙作用如何是人们关心的问题，也是一个有争议的问题。2003 年泾河流域发生了大洪水。年降水量高达 744.8mm，是自 1966 年出现年降水量 826.6mm 以来最大的一年。2003 年泾河流域来自杨家坪以上及杨家坪、雨落坪—张家山区间的径流量占年径流量的 74.2%，来自雨落坪以上的输沙量占年输沙量的 62.2%。

本次研究中，选择泾河全流域普降暴雨、暴雨中心出现在马莲河与蒲河流域的实测资料，与基本上未治理的 1964 年（年降水量 820.2mm）进行相似降雨对比，分析流域水利水保措施综合治理对特大暴雨洪水的拦减作用。结果表明，2003 年泾河流域由于水土保持治理度已达 56.4%，在降水量比 1964 年减少 9.2% 的情况下，年径流量减少了 49.4%，年输沙量减少了 70.3%。其中人类活动减沙量 2.722 亿 t，占总减沙量的 55.0%；降雨影响减沙量 2.229 亿 t，占总减沙量的 45.0%。由此说明在大暴雨之年，水利水保措施减水减沙效益仍是非常明显的。减沙计算结果对比见表 3-9。

表 3-9　2003 年与 1964 年人类活动影响减沙量对比

年份	年降水量 /mm	年输沙量/万 t		总减沙量 /万 t	人类活动影响		降雨影响		减沙效益 /%	治理度 /%
		实测值	计算值		减沙量 /万 t	占总量比例/%	减沙量 /万 t	占总量比例/%		
1964 年	820.2	70 410	—	—	—	—	—	—	—	2.0
2003 年	744.8	20 900	48 117	49 510	27 217	55.0	22 293	45.0	56.6	56.4

3.4.2 北洛河

根据本次研究建立的北洛河流域降雨产流产沙经验模型（表3-2），北洛河流域1997～2006年"水文法"减水作用计算成果见表3-10。结果表明，与基准期比较，刘家河站1997～2006年总减水量为7320万 m^3，其中人类活动影响占36%，降雨影响占64%；与基准期比较，洑头站1997～2006年径流量减少3.819亿 m^3，其中人类活动影响减水1.105亿 m^3，占减水总量的29%，降雨影响减水量为2.711亿 m^3，占减水总量的71%。从刘家河站与洑头站分析计算结果来看，北洛河流域径流量大量减少主要出现在刘家河以下；就人类活动与降雨影响来看，降雨影响减水占60%～70%，人类活动影响占30%～40%。

表3-10 北洛河流域人类活动与降雨对减水影响量的计算结果

站名	时段	计算值/亿 m^3	实测值/亿 m^3	总减水量/亿 m^3	人类活动影响		降雨影响	
					减水量/亿 m^3	占总量比例/%	减水量/亿 m^3	占总量比例/%
刘家河	1959～1969年	2.699	2.699	—	—	—	—	—
	1997～2006年	2.23	1.967	0.732	0.263	35.9	0.469	64.1
洑头	1959～1969年	8.482	8.485	—	—	—	—	—
	1997～2006年	5.771	4.666	3.819	1.105	28.9	2.714	71.1

北洛河流域1997～2006年"水文法"减沙效益计算成果见表3-11。结果表明，与基准期相比，刘家河站1997～2006年总减沙量为6270万t，其中人类活动影响占65.6%，降雨影响占34.4%；与基准期相比，洑头站1997～2006年总减沙量为6680万t，其中人类活动影响减沙4150万t，占62.1%，降雨影响减沙2530万t，占37.9%。从刘家河站与洑头站分析计算结果来看，北洛河流域减沙几乎全部在刘家河以上；两站人类活动影响减沙平均约占64%，降雨影响平均约占36%。

表3-11 北洛河流域人类活动与降雨对减沙影响量的计算结果

站名	时段	计算值/亿t	实测值/亿t	总减沙量/亿t	人类活动影响		降雨影响	
					减沙量/亿t	占总量比例/%	减沙量/亿t	占总量比例/%
刘家河	1959～1969年	1.000	1.000	—	—	—	—	—
	1997～2006年	0.784	0.373	0.627	0.411	65.6	0.216	34.4
洑头	1959～1969年	1.069	1.069	—	—	—	—	—
	1997～2006年	0.816	0.401	0.668	0.415	62.1	0.253	37.9

3.4.3 渭河

根据本次研究建立的渭河流域降雨产流产沙经验模型（表3-12），咸阳以上"水文法"计算的水沙变化及各因素影响量的对比分别见表3-12和表3-13。

表 3-12　咸阳以上各河段径流量变化及各因素影响量的对比（单位：亿 m³）

时段	北道以上			北道—咸阳区间			咸阳以上		
	变化量	降雨影响	其他影响	变化量	降雨影响	其他影响	变化量	降雨影响	其他影响
1970~1979 年	1.84	1.52	0.32	20.70	6.09	14.61	22.54	7.614	14.92
1980~1989 年	3.81	2.43	1.39	9.88	-0.25	10.13	13.70	2.182	11.51
1990~1999 年	9.22	5.81	3.41	27.50	12.52	14.98	36.72	18.33	18.39
1997~2006 年	11.37	4.07	7.30	27.32	9.80	17.52	38.68	13.87	24.81

表 3-13　咸阳以上各河段输沙变化及各因素影响量的对比　（单位：亿 t）

时段	北道以上			北道—咸阳区间			咸阳以上		
	变化量	降雨影响	其他影响	变化量	降雨影响	其他影响	变化量	降雨影响	其他影响
1970~1979 年	0.202	0.167	0.036	0.299	-0.002	0.301	0.501	0.164	0.337
1980~1989 年	0.718	0.234	0.484	0.332	0.059	0.272	1.050	0.294	0.756
1990~1999 年	1.021	0.610	0.411	0.426	0.213	0.213	1.446	0.823	0.624
1997~2006 年	1.219	0.330	0.889	0.349	0.185	0.164	1.567	0.515	1.053

本次研究渭河流域"水文法"计算成果以咸阳为界。咸阳—华县区间因缺少资料，只能进行粗估推算。渭河流域受降水资料的限制，选用 1953~1969 年作为"水文法"计算的基准期。以下着重进行咸阳以上"水文法"计算成果的分析。

从总体来看，1997~2006 年渭河咸阳以上比基准期（1953~1969 年）径流量减少 38.7 亿 m³，其中北道以上减少 11.4 亿 m³，北道至咸阳区间减少 27.3 亿 m³，径流的减少主要发生在北道至咸阳区间；输沙减少 1.57 亿 t，其中北道以上减少 1.22 亿 t，北道至咸阳区间减少 0.35 亿 t，输沙的减少主要发生在北道以上地区。径流的减少中降雨影响占 36%；输沙的减少中，人类活动的影响在北道以上占 73%，在咸阳以上占 67%。总的来看，人类活动的影响起了主要作用。

从各水文站具体来看，渭河北道水文站基准期（1953~1969 年）年均径流量、输沙量分别为 16.275 亿 m³ 和 1.58 亿 t，近期（1997~2006 年）年均径流量、输沙量分别为 4.91 亿 m³ 和 0.365 亿 t，水沙分别减少了 11.4 亿 m³ 和 1.22 亿 t，减少量分别占基准期的 69.9% 和 77%。通过"水文法"计算可知，近期比基准期年径流量减少 11.4 亿 m³，其中因降雨影响减少年径流 4.1 亿 m³，人类活动影响减少 7.3 亿 m³，即在减少的径流量中，降雨影响占 36%，人类活动影响占 64%。

北道水文站近期比基准期年输沙量减少 1.22 亿 t，其中降雨影响减少 0.33 亿 t，人类活动影响减少 0.889 亿 t，即在减少量中，降雨影响占 27%，人类活动影响占 73%。

渭河咸阳水文站基准期（1953~1969 年）年均径流量、输沙量分别为 59.2 亿 m³ 和 1.903 亿 t，近期（1997~2006 年）年均径流量、输沙量分别为 20.5 亿 m³ 和 0.336 亿 t，水沙分别减少了 38.7 亿 m³ 和 1.567 亿 t，减少量分别占基准期的 65.4% 和 82.1%。通过"水文法"计算可知，近期比基准期年径流量减少 38.7 亿 m³，其中因降雨影响减少的年径流量为 13.9 亿 m³，人类活动影响减少 24.8 亿 m³，即在减少的径流量中，降雨影响占 36%，人类活动影响占 64%。

咸阳水文站近期比基准期年输沙量减少 1.567 亿 t，其中降雨影响减少 0.514 亿 t，人类活动影响减少 1.053 亿 t；降雨影响占 32.8%，人类活动影响占 67.2%。

3.4.4 汾河

统计汾河流域各分区模拟径流量（即计算径流量）分阶段平均值，各阶段模拟均值与基准期均值之变差，即为降水时序变化对河川径流的影响。汾河上游兰村水文站，降水量由 20 世纪 60 年代的 6.7% 减少到 1997~2006 年的 22.4%，因降水波动各阶段模拟径流量相对于基准期的递减比例，20 世纪 60 年代为 12.9%、70 年代为 30.5%、80 年代为 35.0%，90 年代为 28.1%，而 1997~2006 年平均达到 39.0%。

中游兰村至义棠区间，降水量由 20 世纪 60 年代的 2.7% 减少到 1997~2006 年的 23.6%，因降水波动，各阶段模拟径流量相对于基准期的递减比例，20 世纪 60 年代为 10.0%、70 年代为 24.2%，80 年代为 32.5%，90 年代为 36.1%，到 1997~2006 年 10 年高达 50.1%。

下游义棠至河津区间，降水量由 20 世纪 60 年代的 2.7% 减少到 1997~2006 年的 13.6%，因降水波动各阶段模拟径流量相对于基准期的变化是：20 世纪 60 年代径流量增加 3.7%、70 年代以后变为减少，减少的比例 70 年代为 7.3%，80 年代为 6.4%，90 年代为 9.6%，到 1997~2006 年的 10 年达到 12.6%。

下游义棠至河津区间，岩溶泉水占天然状态下河川径流量的 1/2 左右。由于岩溶泉泉域宽广，岩溶地块蓄水性能好，地下径流流速缓慢，汇流时间长，具有较长的补排周期，使得泉水流量丰枯变差小，相对于降水波动，变化时间滞后。基于以上原因，义棠至河津区间阶段模拟径流量随降水波动的变化规律有别于上中游，径流量的递减幅度均小于降水量的变化幅度。

就汾河全流域而言，研究序列内各阶段降水量顺时序递减，与基准期相比，降水量时序变化影响河川径流量，从 20 世纪 60 年代到 2006 年各阶段减少比例分别为 5.0%、18.8%、22.2%、23.1%、31.7%。

1. 人类活动对径流量的影响分析

各阶段模拟均值与实测均值之差，即为人类活动影响量。计算结果见表 3-14。由此可知，人类活动影响河川径流量的变化情况是：上游兰村站 20 世纪 60 年代减少 0.7 亿 m^3，占本阶段模拟来水（天然来水）量的 10.4%，占基准期模拟来水量的 9.1%；1997~2006 年减少 3.34 亿 m^3，占本阶段模拟来水量的 71.5%，占基准期模拟来水量的 43.6%。中游兰村至义棠区间，20 世纪 60 年代减少 5.82 亿 m^3，占本阶段模拟来水量的 65.6%，占基准期模拟来水量的 59.0%；1997~2006 年减少 4.89 亿 m^3，占本阶段模拟来水量的 99.4%，占基准期模拟来水量的 49.6%。下游义棠至河津区间，20 世纪 60 年代减少 4.15 亿 m^3，占本阶段模拟来水量的 32.0%，占基准期模拟来水量的 33.2%；1997~2006 年减少 9.29 亿 m^3，占本阶段模拟来水量的 84.8%，占基准期模拟来水量的 74.2%。

黄河中游近期水沙变化对人类活动的响应

从全流域来看，人类活动的影响也为顺时序递减，由20世纪60年代的10.67亿 m^3 增至1997~2006年的17.52亿 m^3；全流域1997~2006年减水水量占模拟状态下来水量的85.3%，占基准期模拟来水量的58.3%。

从以上统计分析可见，从20世纪50年代到近期10年（1997~2006年），由于人类活动影响逐渐增加，因而导致河川径流随时间呈递减趋势。

表3-14 人类活动影响径流量定量分析成果表

分区	时 段	径流量均值/亿 m^3		人类活动影响径流量增减值		
		实测值	模拟值	影响径流量/亿 m^3	占本阶段模拟值比例/%	占基准期模拟值比例/%
上游	1954~1959年	7.81	7.66	-0.15	-1.9	-1.9
	1960~1969年	5.98	6.68	0.70	10.4	9.1
	1970~1979年	4.11	5.34	1.23	23.0	16.0
	1980~1989年	2.67	4.99	2.32	46.5	30.3
	1990~1996年	3.06	5.50	2.45	44.5	32.0
	1997~2006年	1.33	4.67	3.34	71.5	43.6
	1954~2006年	3.95	5.68	1.74	30.6	22.7
中游	1954~1959年	3.73	9.87	6.14	62.2	62.2
	1960~1969年	3.05	8.87	5.82	65.6	59.0
	1970~1979年	1.15	7.48	6.32	84.6	64.1
	1980~1989年	0.17	6.65	6.82	102.5	69.1
	1990~1996年	0.36	6.30	5.95	94.3	60.3
	1997~2006年	0.03	4.92	4.89	99.4	49.6
	1954~2006年	1.24	7.22	5.98	82.9	60.6
下游	1954~1959年	9.01	12.51	3.50	28.0	28.0
	1960~1969年	8.83	12.98	4.15	32.0	33.2
	1970~1979年	5.09	11.61	6.51	56.1	52.1
	1980~1989年	4.18	11.73	7.55	64.3	60.3
	1990~1996年	2.75	11.32	8.57	75.7	68.5
	1997~2006年	1.66	10.95	9.29	84.8	74.2
	1954~2006年	5.11	11.83	6.72	56.8	53.7
河津站	1954~1959年	20.55	30.04	9.48	31.6	31.6
	1960~1969年	17.85	28.53	10.67	37.4	35.5
	1970~1979年	10.36	24.42	14.06	57.6	46.8
	1980~1989年	6.68	23.37	16.69	71.4	55.6
	1990~1996年	6.17	23.13	16.96	73.3	56.5
	1997~2006年	3.02	20.54	17.52	85.3	58.3
	1954~2006年	10.30	24.73	14.44	58.4	48.1

注：以20世纪50年代为对比基准期。

2. 人类活动对悬移质输沙量的影响分析

各阶段模拟输沙量（计算输沙量）均值与实测输沙量均值之差，即为人类活动影响量，统计分析结果见表 3-15。

表 3-15　人类活动影响输沙量定量分析成果表

分区	时段	输沙量均值/万 t		人类活动影响输沙量增减值		
		模拟值	实测值	影响输沙量/万 t	占本阶段模拟值比例/%	占基准期模拟值比例/%
上游	1954～1959 年	3 755	3 098	657	17.5	17.5
	1960～1969 年	3 279	916	2 363	72.1	62.9
	1970～1979 年	2 431	590	1 841	75.7	49.0
	1980～1989 年	2 055	256	1 799	87.5	47.9
	1990～1996 年	2 806	258	2 548	90.8	67.9
	1997～2006 年	1 783	18	1 765	99.0	47.0
	1954～2006 年	2 597	721	1 876	72.3	50.0
中游	1954～1959 年	3 274	2 527	747	22.8	22.8
	1960～1969 年	3 044	624	2 420	79.5	73.9
	1970～1979 年	2 876	375	2 501	87.0	76.4
	1980～1989 年	1 768	20	1 748	98.9	53.4
	1990～1996 年	1 455	112	1 343	92.3	41.0
	1997～2006 年	309	7	302	97.8	9.2
	1954～2006 年	2 072	501	1 570	75.8	48.0
下游	1954～1959 年	3 393	3 453	-60	-1.8	-1.8
	1960～1969 年	2 149	1 901	248	11.5	7.3
	1970～1979 年	1 757	946	811	46.2	23.9
	1980～1989 年	1 947	174	1 773	91.1	52.3
	1990～1996 年	1 563	74	1 489	95.3	43.9
	1997～2006 年	1 543	3	1 540	99.8	45.4
	1954～2006 年	1 986	966	1 020	51.3	30.1
河津站	1954～1959 年	10 422	9 078	1 344	12.9	12.9
	1960～1969 年	8 472	3 441	5 031	59.4	48.3
	1970～1979 年	7 064	1 911	5 153	72.9	49.4
	1980～1989 年	5 770	450	5 320	92.2	51.0
	1990～1996 年	5 824	444	5 380	92.4	51.6
	1997～2006 年	3 635	28	3 607	99.2	34.6
	1954～2006 年	6 655	2 188	4 467	67.1	42.9

注：以 20 世纪 50 年代为对比基准期。

人类活动对河流泥沙的影响程度各分区均呈顺时序递增。影响量占同阶段模拟值的比例变化情况是：上游兰村站由20世纪60年代减少72.1%增大到1997~2006年减少99.0%；中游兰村至义棠区间由60年代减少79.5%增大到1997~2006年减少97.8%；下游义棠至河津区间由60年代减少11.5%增大到1997~2006年减少99.8%，全流域由60年代减少59.4%增大到1997~2006年减少99.2%。

研究序列内，人类活动影响全流域悬移质输沙量年均值为4467万t，而实测年均值为2188万t，人类活动的影响量是实测悬移质输沙量的2.04倍，而影响量占模拟输沙量的比例为67.1%。其中兰村站为72.3%，中游为75.8%，下游为51.3%。

研究序列内，人类活动影响悬移质输沙量的累积值，兰村站为9.945万t，是同期实测输沙量的2.60倍，占同期天然输沙量（模拟输沙量）的72.2%；义棠站为18.268万t，是同期实测输沙量的2.82倍，占同期天然输沙量（模拟输沙量）的73.8%；河津站为23.673万t，是同期实测输沙量的2.04倍，占同期天然输沙量（模拟输沙量）的67.1%。

3.5 减水减沙效益的空间分布特点

关于黄河中游地区减水减沙效益的空间分布，以往研究很少涉及。分析黄河中游地区减水减沙效益的空间分布特点，可以从宏观上评估近期水利水土保持综合治理的实施效果，可以揭示近期黄河中游地区水土保持生态工程建设（包括退耕还林还草、封禁治理和淤地坝建设等）在不同尺度流域的治理效应和流域水沙变化的响应，具有重要的实用价值。为了全面分析近期黄河中游地区减水减沙效益的空间分布特点，补充计算了近期泾河、北洛河、渭河、汾河等四大流域的减水减沙效益。黄河中游地区主要支流"水文法"减水减沙效益、水利水土保持综合治理等人类活动（简称人类活动）和降雨影响减水减沙所占比例计算结果汇总见表3-16。

表3-16 黄河中游主要支流近期人类活动与降雨对减水减沙的作用 （单位:%）

河流	减水			减沙		
	减水作用	人类活动影响所占比例	降雨影响所占比例	减沙效益	人类活动影响所占比例	降雨影响所占比例
皇甫川	60.1	49.4	50.6	54.8	35.0	65.0
孤山川	69.4	52.0	48.0	67.0	29.8	70.2
窟野河	60.9	60.4	39.6	77.0	33.5	66.5
秃尾河	40.8	78.1	21.9	62.1	29.2	70.8
佳芦河	68.3	68.4	31.6	80.0	44.6	55.4
无定河	45.4	83.6	16.4	68.0	59.0	41.0
清涧河	27.7	93.4	6.6	43.3	91.3	8.7
延河	24.0	57.3	42.7	49.8	53.4	46.6
汾川河	44.9	74.4	25.6	61.0	49.2	50.8

续表

河流	减水			减沙		
	减水作用	人类活动影响所占比例	降雨影响所占比例	减沙效益	人类活动影响所占比例	降雨影响所占比例
仕望川	51.5	83.8	16.2	93.1	84.7	15.3
浑河	73.4	94.2	5.8	90.7	35.8	64.2
偏关河	75.1	55.9	44.1	77.7	23.7	76.3
朱家川	33.8	11.6	88.4	68.2	16.9	83.1
岚漪河	22.4	18.7	81.3	73.6	22.8	77.2
蔚汾河	69.7	65.6	34.4	80.4	56.6	43.4
湫水河	68.7	66.0	34.0	77.2	51.6	48.4
三川河	68.5	100.0	0.0	86.4	47.7	52.3
屈产河	45.2	95.9	4.1	68.6	95.8	4.2
昕水河	58.8	55.4	44.6	75.6	51.2	48.8
州川河	67.1	75.6	24.4	93.5	71.6	28.4
泾河	36.9	72.0	28.0	35.3	53.0	47.0
北洛河	19.1	28.9	71.1	50.9	62.1	37.9
渭河	43.5	64.0	36.0	73.5	67.2	32.8
汾河	85.3	99.9	0.1	99.2	39.9	60.1
已控区	51.6	71.6	28.4	66.7	46.1	53.9
未控区	50.1	65.9	34.1	68.4	83.8	16.2
河龙区间	51.1	69.8	30.2	67.3	53.1	46.9

注：渭河流域研究成果为咸阳以上。

从总体上看，24条支流虽然面积变化跨度很大，从几百、几千到几万平方公里，但近期人类活动的减沙效益均在35%以上；粗泥沙集中来源区的"两川两河"（即皇甫川、孤山川、窟野河、秃尾河）等支流均在50%以上；晋西支流高达65%以上。水利水土保持综合治理的减沙效果非常明显。从量值上看，绝大部分支流减沙效益大于减水作用。同时，减水势必减沙，减水作用与减沙效益具有明显的正比关系，减水作用越大，减沙效益也越大。减水作用与减沙效益之间有着较好的对应关系（图3-1）。

3.5.1 河龙区间西部支流

从近期人类活动减水作用计算结果看，河龙区间西部10条支流（自北向南包括皇甫川、孤山川、窟野河、秃尾河、佳芦河、无定河、清涧河、延河、汾川河和仕望川）中，无定河以北6条支流的平均减水作用为57.5%，大于南部4条支流的平均减水作用（37.0%）。北部6条支流减水作用均超过了40%，南部4条支流最小减水作用只有24.0%（延河），最大减水作用达到51.5%（仕望川）。尤其是地处林区的汾川河和仕望川，减水作用比较明显，均超过了40%。从近期人类活动减沙效益计算结果看，北

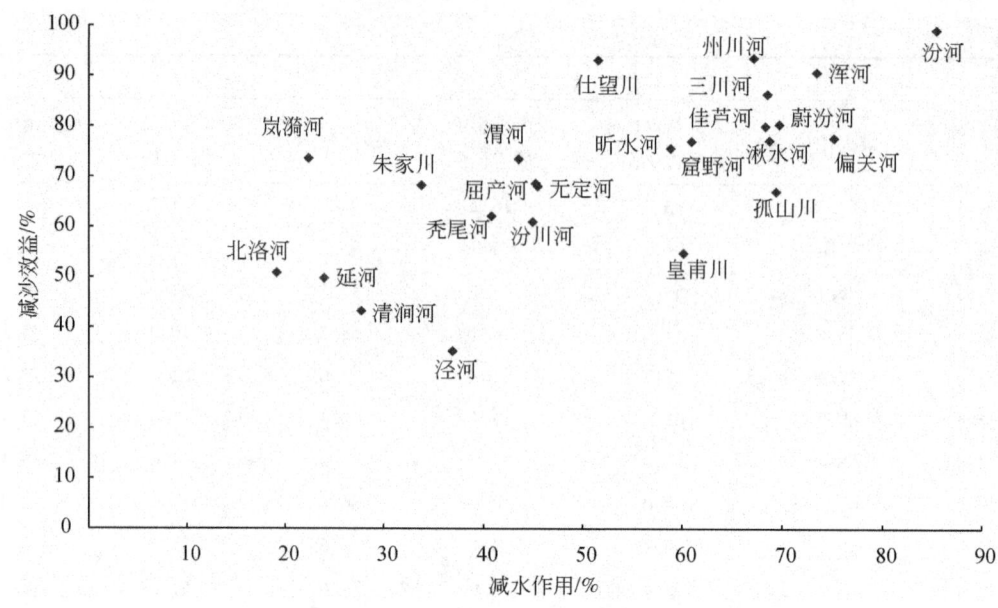

图 3-1 黄河中游各支流近期减沙效益与减水作用关系的空间分布

部支流平均大于南部。无定河以北 6 条支流的减沙效益均在 50% 以上，平均达到 68.2%；南部 4 条支流的平均减沙效益为 61.8%，仕望川的减沙效益竟超过了 90%。

3.5.2 河龙区间东部支流

从近期人类活动减水作用计算结果看，河龙区间东部（晋西）10 条支流（包括浑河、偏关河、朱家川、岚漪河、蔚汾河、湫水河、三川河、屈产河、昕水河和州川河）减水作用变幅很大，变幅区间为 22.4%~75.1%。最北的 2 条支流减水作用很大，均超过了 70%。从近期人类活动减沙效益计算结果看，10 条支流减沙效益均超过了 60%，其中 7 条支流减沙效益均超过了 75%，高于西部的皇甫川、孤山川、窟野河和秃尾河。减沙效益的变幅为 68.2%~93.5%，小于减水作用变幅。

3.5.3 泾洛渭汾河

近期汾河、渭河的减水减沙效益远大于泾河、北洛河。由于汾河自 2000 年以来实测年输沙量均为 0，年径流量很小（近于干涸），因此，其减水作用高达 85.3%，减沙效益接近 100%，均为黄河中游地区最大值。

综合以上结果，从黄河中游地区 24 条主要支流 1997~2006 年人类活动减水减沙效益空间分布看，沿河口镇—潼关区间的北干流自上游至下游，总体上呈现出"北部大于南部，河东大于河西"的特点（图 3-2）。

从人类活动影响减水所占比例（占比）沿程分布看，总体上是由河段上游至下游逐渐增加（表 3-16 及图 3-3）。北部的皇甫川、朱家川、岚漪河及南部的北洛河，人类活动影响减水所占比例相对较小，不足 50%。人类活动影响减水所占比例较大的支流包括北部的浑河和南部的三川河、清涧河和汾河，均超过了 90%。相应地，在河口镇—潼关区间的降雨影响作用则由上而下逐渐减小。

第3章 黄河中游近期水沙变化"水文法"分析

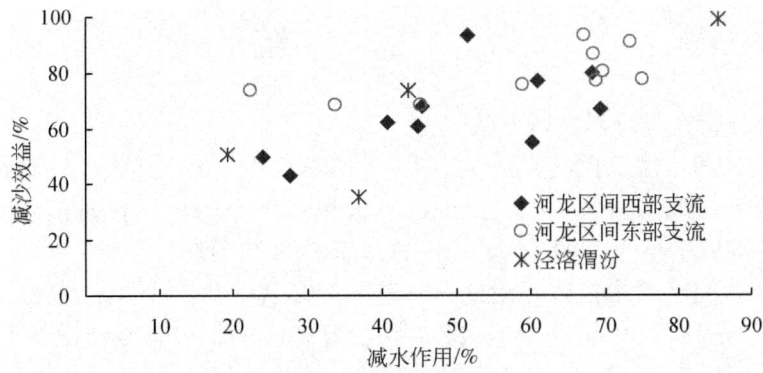

图 3-2 黄河中游各支流近期减沙效益与减水作用关系

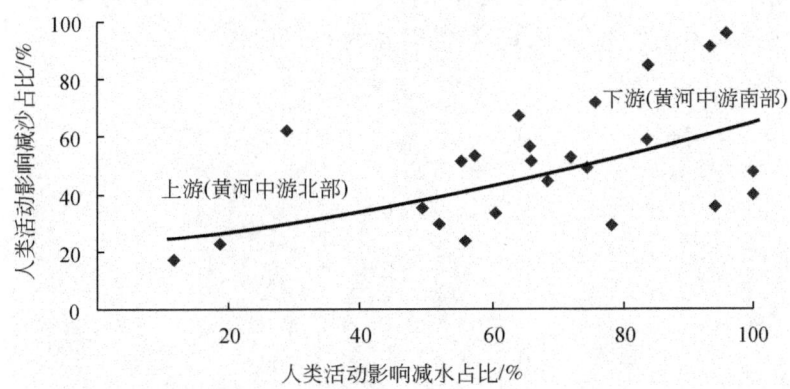

图 3-3 黄河中游各支流近期人类活动影响减水减沙占比关系

从人类活动影响减沙所占比例沿程分布看，总体上也是由河段的上游到下游逐渐增加（表 3-16 及图 3-3）。仕望川和北洛河均位于黄河中游南部，但近期人类活动影响减沙所占比例分别达到 84.7% 和 62.1%，人类活动影响减水所占比例分别达到 83.8% 和 28.9%。仕望川流域二者所占比例基本持平，但北洛河流域前者却是后者的 2.1 倍。两条支流的流域面积分别为 2356km^2 和 26 905km^2，相差 11.4 倍，但人类活动影响减沙所占比例均超过 60%，说明近期黄河中游地区水土保持生态工程建设等综合治理措施在不同尺度流域均取得了显著的减沙效果。

值得说明的是，1997~2006 年黄河中游粗泥沙集中来源区大部分支流人类活动影响减沙所占比例较低，除无定河、清涧河和延河外，其他支流的人类活动影响减沙所占比例均低于 50%。尤其是皇甫川、孤山川、窟野河和秃尾河等支流，人类活动影响减沙所占比例只有 29.2%~35.0%，但该区域降雨影响减沙所占的比例相对较高，约在 70% 左右。由此说明，近期粗泥沙集中来源区来沙锐减主要是因降雨减少所致，水土保持综合治理仍未占主导地位，应持续加大投入，坚持不懈地进行有效治理。

3.6 小　　结

通过以上分析，可以得出以下认识：

（1）河龙区间（含未控区）近期（1997~2006年）年均总减水量为43.6亿m^3，其中人类活动年均减水量为30.5亿m^3，减水作用为51.1%，占总减水量的70.0%；因降雨减少年均减水量为13.1亿m^3，占总减水量的30.0%。

（2）河龙区间（含未控区）近期（1997~2006年）年均总减沙量为8.24亿t，其中人类活动年均减沙量为4.37亿t，减沙效益为67.2%，占总减沙量的53.1%；因降雨减少年均减沙量为3.87亿t，占总减沙量的46.9%。

需要说明的是，由于万家寨水库近期年均淤积量按0.4亿t考虑，因此，河龙区间近期人类活动年均减沙量应扣除万家寨水库近期年均淤积量。最后河龙区间近期人类活动年均减沙量采用值为3.95亿t，减沙效益为60.5%。

第4章 黄河中游近期水沙变化"水保法"分析

"水保法"也叫"成因分析法",它是从成因方面通过分析黄河中游各地水土保持科学试验站径流小区各项水土保持措施减水减沙作用的观测资料,确定减水减沙指标,按一定方法推到流域;将流域各类水利水土保持措施分项计算,逐项相加,并考虑流域产沙在河道运行中的冲淤变化以及人类活动新增水土流失等因素,分析计算流域水利水土保持措施减水减沙作用的一种方法。其特点有三个:一是能清楚地了解各项水利水土保持措施在流域水沙变化中的作用;二是能检查分析"水文法"计算结果是否合理;三是能预测流域未来水沙变化趋势(张胜利等,1994)。

在本次研究中,首先进行了黄河中游地区水土保持措施面积核实,其次对"水保法"计算方法进行了探讨。河龙区间"水保法"计算采用"以洪算沙法";北洛河、渭河、汾河流域等三大流域"水保法"计算采用"指标法";泾河流域"水保法"计算采用两种方法平行计算。

4.1 水利水保措施数量核实

4.1.1 河龙区间水利水保措施数量核实

近年来,河龙区间水土保持工作发展势头良好。在黄河中游地区推行的以退耕还林还草及封禁治理措施为主的生态修复技术,使得河龙区间的植被覆盖度得到了很大提高,生态环境逐渐向良性方向发展。大部分流域林茂粮丰,坝库成群;延河流域及以南地区"山川秀美"雏形初现。1999年以来,国家先后启动实施了淤地坝建设、退耕还林、封山禁牧等一大批水土保持生态建设重点项目,中央先后安排黄河上中游水土保持专项资金14.4亿元,利用外资11.82亿元,投资标准从"九五"期间的每平方公里1.5万~3万元提高到4万~6万元。投资力度之大、覆盖面之广、效果之显著前所未有。各省(自治区)及时调整思路,加快水土流失防治步伐,实现了由单纯依靠人工治理到人工治理与自然修复相结合的转变;贯彻以点带面、整体推进的要求,实现了由分散治理向集中规模治理,由一般治理向突出重点、强化示范的转变;按照小流域进行坝系建设的方略,确立以多沙粗沙区为重点,骨干坝与中小型淤地坝配套的举措,促进了淤地坝建设的健康发展;针对黄河粗泥沙的危害,把粗泥沙作为治理黄河泥沙的突破口和核心目标,并将黄土高原水土流失治理作为控制黄河泥沙的第一道防线,集中资金,强化治理,提高了治理精度,加快了治理步伐,产生了巨大效应(冉大川等,2006)。

一批重点项目建设，取得了显著的生态、经济和社会效益。黄河水土保持生态工程自 2000 年启动实施以来，已累计治理水土流失面积 7186 km^2；淤地坝建设试点工程作为水利部 2003 年"三大亮点"工程之一，已开展了 83 条小流域坝系建设，建成各类淤地坝 1849 座；黄土高原水土保持世界银行贷款项目作为我国首次利用外资开展的大型水土保持项目，一期、二期工程共引进世行贷款 3 亿美元，累计治理水土流失面积 9200 km^2。生态修复项目 2001 年启动以来，已在黄河上中游七省（自治区）54 个地（市）的 294 个县（市、旗）实施封禁保护面积近 30 万 km^2。水土保持预防监督工作以《中华人民共和国水土保持法》为依据，进一步加大了水土保持方案监督管理与执法的力度，全面落实水土保持"三同时"制度，6 年来，共查处各类水保违法案件 7200 多起，审批开发建设项目水土保持方案 1900 多个。黄河流域水土保持监测网络体系建设全面启动，先后建成流域监测中心站一个，省（自治区）级的监测总站 7 个，地市级监测分站 39 个，并开展了重点区域、重点流域和项目区的水土保持动态监测，定期向社会发布水土流失监测公告。1999 年以来国家累计投入 216 亿元，共完成退耕还林面积 509.4 万 hm^2，使黄土高原地区生态面貌得到有效改善，工程区林草覆盖率平均增加 2 个百分点；使黄河上中游七省区 1400 多万农户中的 6700 多万农民直接受益，每年人均获得生活费补助 40 元、粮食补助 247kg，被广大干部群众称为"德政工程"、"民心工程"（冉大川等，2006）。

河龙区间作为黄河中游地区水土保持治理的主战场，近期（1997~2006 年）水土保持治理工作也取得了巨大的成就。表 4-1 为河龙区间 21 条支流及未控区不同年份各项水保措施累计保存面积。从表中可以看出，截至 2006 年底，河龙区间水土保持措施累计保存面积 418.22 万 hm^2。各项治理措施面积逐年增加，1970 年以后，林地、草地面积增加迅速，坝地、梯田面积增加相对缓慢。近期造林、种草这两种治理措施的增长速度明显大于其他措施。此外，近期水保治理措施中还增加封禁治理面积 25.66 万 hm^2。

本次研究中所采用的河龙区间各支流近期水保措施累计保存面积资料，由课题第二专题"黄河中游水土保持措施资料核查与评价"提供（王富贵等，2009）（表 4-2）。

表 4-1　河龙区间不同年度水保措施保存面积　　（单位：万 hm^2）

年份	梯田	林地	草地	坝地	封禁治理
1959	3.313	15.127	3.574	0.278	—
1969	11.577	34.234	3.827	1.537	—
1979	23.052	88.181	10.449	3.947	
1989	34.483	198.618	21.145	5.632	
1996	48.590	253.730	24.080	6.820	—
2006	49.285	277.111	59.051	7.113	25.66

资料来源：1996 年及以前数据来自冉大川等，2000。

河龙区间水库主要是 1985 年以前修建的，实行家庭联产承包责任制后，基本上再没有新修水库。根据《黄河流域水库泥沙淤积调查报告》（1994 年 11 月）和《黄河水文基本资料审查评价及天然径流量计算》（1997 年 8 月）等资料，河龙区间已修建支流水库 134 座，总库容 21.76 亿 m^3，见表 4-3（张胜利和赵业安，2005）。20 世纪 70 年代、80 年代和 90 年代年均淤积量分别为 2620 万 m^3、3752 万 m^3 和 2502 万 m^3，推算近期淤积量为 2400 万 m^3。

第4章 黄河中游近期水沙变化"水保法"分析

表4-2 河龙区间各支流水保措施核实面积统计

流域	年份	控制区水保措施核实面积/hm²					分片面积/km²	未控区水保措施核实面积					
		梯田/hm²	林地/hm²	草地/hm²	坝地/hm²	封禁治理/hm²	合计		梯田/hm²	林地/hm²	草地/hm²	坝地/hm²	封禁治理/hm²	合计/hm²
皇甫川	1996	3 089	52 868	5 089	2 410	—	63 456	2 990	14 275	34 305	4 368	3 095	—	56 043
	2006	2 557	127 281	48 984	1 616	9 983	180 438		270	1 850	944	104	41	3 168
孤山川	1996	4 179	11 779	7 202	961	—	24 121	683	2 870	5 410	5 260	170	—	13 710
	2006	3 954	37 006	17 442	1 578	1 473	59 980		34	235	120	13	5	402
窟野河	1996	9 909	118 420	37 980	1 913	—	168 222	417	730	11 210	280	340	—	12 560
	2006	9 829	263 873	93 225	4 990	44 587	371 918		110	1 315	598	49	48	2 072
秃尾河	1996	6 654	102 155	3 737	1 547	—	114 093	474	2 350	3 650	560	260	—	6 820
	2006	8 212	77 931	30 560	2 408	2 633	119 111		75	895	407	33	33	1 410
佳芦河	1996	14 140	29 533	1 553	1 626	—	46 852	683	9 920	12 610	180	800	—	23 510
	2006	10 168	29 550	7 526	1 242	715	48 485		143	325	78	17	7	563
无定河	1996	98 867	1 035 240	82 264	15 779	—	1 232 150	2 459	25 950	17 790	890	3 580	—	48 210
	2006	136 016	686 799	163 761	18 056	46 533	1 004 634		6 451	17 105	1 713	715	1 958	25 985
清涧河	1996	16 160	65 293	2 727	4 660	—	88 840	851	2 350	16 750	520	650	—	20 270
	2006	24 281	121 322	22 963	3 091	12 892	171 657		3 659	22 773	4 050	600	3 511	31 082
延河	1996	27 560	110 020	25 987	4 167	—	167 734	2 195	11 933	46 033	11 127	1 589	—	70 682
	2006	29 645	202 538	34 467	3 192	14 224	269 841		8 401	60 771	9 638	1 196	7 681	80 005
云岩河	1996	8 373	37 193	5 140	468	—	51 174	585	3 800	17 147	2 160	268	—	23 375
	2006	7 427	49 140	9 263	1 080	2 207	66 910		589	3 858	790	96	124	5 333
仕望川(汾川河)	1996	7 380	23 307	1 280	162	—	32 129	1 680	5 413	16 193	1 047	323	—	22 976
	2006	4 368	37 769	3 948	65	5 367	46 150		650	4 607	370	11	594	5 639

续表

流域	年份	控制区水保措施核实面积/hm²						分片面积/km²	未控区水保措施核实面积/hm²					
		梯田	林地	草地	坝地	封禁治理	合计		梯田	林地	草地	坝地	封禁治理	合计
浑河	1996	9 716	104 270	8 273	2 365	—	124 624	2 226	3 567	28 597	3 708	1 436	—	37 038
	2006	24 392	137 058	43 319	2 862	7 041	207 631		278	2 032	727	19	211	3 055
偏关河	1996	9 294	44 243	1 205	596	—	55 338	680	4 035	15 547	865	406	—	20 853
	2006	23 293	63 892	12 833	733	6 110	100 752		2 023	6 333	949	26	414	9 331
县川河	1996	8 664	52 118	1 106	1 143	—	63 011	231	1 178	2 774	74	73	—	4 099
	2006	15 855	51 855	7 600	821	3 138	76 131		312	813	96	21	84	1 242
朱家川	1996	8 165	68 673	667	600	—	78 105	955	1 372	8 349	255	77	—	10 053
	2006	19 911	92 475	10 471	3 032	4 532	125 889		65	323	33	4	2	425
岚漪河	1996	6 219	66 649	3 983	339	—	77 190	268	771	3 290	180	97	—	4 338
	2006	7 513	60 074	9 056	849	3 505	77 494		37	226	17	8	20	287
蔚汾河	1996	10 369	26 343	1 632	819	—	39 163	2 309	16 684	43 840	2 425	1 285	—	66 234
	2006	7 492	41 726	5 236	1 531	3 539	55 985		9	56	4	2	5	72
湫水河	1996	26 336	31 845	1 980	2 422	—	62 583	471	4 275	6 058	477	779	—	11 589
	2006	11 669	60 097	4 327	4 697	1 428	80 790		1 075	4 429	258	254	79	6 016
三川河	1996	33 357	94 179	3 237	3 885	—	134 685	437	7 540	18 453	1 350	1 271	—	28 614
	2006	37 888	153 456	7 883	4 665	5 723	203 893		717	2 860	116	208	187	3 901
屈产河	1996	3 217	14 000	1 173	407	—	18 707	2 133	7 527	30 120	3 687	1 267	—	42 601
	2006	5 251	36 988	4 629	2 842	1 072	49 709		1 012	7 144	1 038	635	229	9 828

第4章 黄河中游近期水沙变化"水保法"分析

续表

流域	年份	控制区水保措施核实面积/hm²						未控区水保措施核实面积						
		梯田	林地	草地	坝地	封禁治理	合计	分片面积/km²	梯田/hm²	林地/hm²	草地/hm²	坝地/hm²	封禁治理/hm²	合计/hm²
昕水河	1996	21 673	62 967	3 233	1 632	—	89 505		2 867	10 033	940	337	—	14 177
	2006	32 967	119 879	6 053	2 332	40 359	161 231	456	5 298	12 389	954	398	1 579	19 039
清水河	1996	2 393	5 573	54	208	—	8 228		18 880	32 513	960	1 961	—	54 314
(州川河)	2006	3 943	10 113	608	328	2 965	14 993	3 293	1 901	4 806	281	146	1 465	7 135
分年合计	1996	335 604	2 156 668	199 502	48 109	—	2 739 883		150 287	380 672	41 313	20 064	—	592 336
	2006	459 741	2 615 968	567 334	66 568	238 304	3 709 611	26 475.4	33 110	155 144	23 180	4 557	18 279	215 990
河龙区	1996	485 891	2 537 340	240 815	68 173	—	3 332 219		—	—	—	—	—	—
间总计	2006	492 851	2 771 112	590 514	71 125	256 583	3 925 602		—	—	—	—	—	—

注：①合计栏不含封禁治理面积；②未控区一栏中"分片面积"为各支流未控区的流域面积（km²）。

表4-3 河龙区间支流水库泥沙淤积情况表

河名	水库数/座	库容/万 m³			累计淤积量/万 m³				淤损率/%	20世纪各年代淤积量/万 m³		
		总库容	兴利库容	死库容	1969年	1979年	1989年	1997年		70年代	80年代	90年代
浑河	7	11 877	7 682	480	1 950	2 940	4 390	5 260	44.3	990	1 450	870
偏关河	1	1 890	1 682	460	1 300	1 400	1 500	1 560	82.5	100	100	60
县川河	2	1 025	0	0	0	300	300	300	29.3	300	0	0
朱家川	2	1 705	909	238	105	210	290	338	19.8	105	80	48
岚漪河	2	3 049	2 370	1 403	0	150	310	406	13.0	150	160	96
蔚汾河	2	1 887	1 038	341	50	230	1 010	1 478	78.3	180	780	468

续表

河名	水库数/座	库容/万 m³ 总库容	库容/万 m³ 兴利库容	库容/万 m³ 死库容	累计淤积量/万 m³ 1969年	累计淤积量/万 m³ 1979年	累计淤积量/万 m³ 1989年	累计淤积量/万 m³ 1997年	库容淤损率/%	20世纪各年代淤积量/万 m³ 70年代	20世纪各年代淤积量/万 m³ 80年代	20世纪各年代淤积量/万 m³ 90年代
湫水河	3	2 831	2 017	718	150	316	496	604	21.3	166	180	108
三川河	3	3 312	1 243	401	100	295	510	639	19.3	195	215	129
屈产河	1	783	374	100	0	30	100	142	18.1	30	70	42
皇甫川	7	1 549	1 178	547	0	100	651	982	63.4	100	551	331
清水川	1	166	123	24	0	7	38	57	34.1	7	31	19
孤山川	4	1 414	1 120	294	0	187	567	795	56.2	187	380	228
石马川	1	295	226	40	0	23	134	201	68	23	111	67
窟野河	7	3 698	2 571	217	0	214	1 265	1 896	51.3	214	1 051	631
秃尾河	4	810	436	216	0	97	293	411	50.7	97	196	118
佳芦河	2	1 948	1 338	108	1	67	263	381	19.5	67	196	118
无定河	67	145 999	88 556	39 782	4 241	19 845	47 569	64 203	44.0	15 604	27 724	16 634
清涧河	7	7 323	5 896	671	0	1 272	2 508	3 250	44.4	1 272	1 236	742
延 河	3	22 457	16 603	226	0	6 258	8 880	10 453	46.5	6 258	2 622	1 573
未控区	8	3 554	2 327	488	1	154	537	767	21.6	153	383	230
支流合计	134	217 572	137 699	46 754	7 897	34 095	71 611	94 121	43.3	26 198	37 516	22 510
干流水库（天桥）	1	0.67	—	—	0	0.32	0.38	0.38	56.7	0.32	0.06	0

第4章 黄河中游近期水沙变化"水保法"分析

根据"黄河流域黄土高原地区水土保持淤地坝建设规划"(送审稿)(黄河水利委员会,2003)资料整理,1986年开始修建的治沟骨干工程,截至2002年底共建成治沟骨干工程782座;修建中小淤地坝59 092座。修建水库和拦泥库118座(其中吴堡以南77座,吴堡以北41座),见表4-4(张胜利和赵业安,2005)。

根据有关资料统计(齐斌等,2005),河龙区间干流现有水利枢纽工程2座,即万家寨水利枢纽工程和天桥水利枢纽工程。其中万家寨水利枢纽工程为混凝土重力坝,总装机容量108万kW,是黄河中游梯级开发的第一级,是引黄入晋的龙头枢纽工程,主要任务是供水,结合发电调峰,同时兼有防洪、防凌作用,2001年竣工,水库总库容约8.96亿 m^3。

天桥水利枢纽工程为混凝土重力坝、土石坝,是一座径流式水电站,总装机容量12.8万kW,原始总库容0.6734亿 m^3。

河龙区间支流现有大型水库2座,即无定河新桥水库(原始库容2亿 m^3)和延河王瑶水库(原始库容2.03亿 m^3);中型水库52座,总库容17.40亿 m^3;小(一)型水库164座,总库容5.48亿 m^3。

表4-4 河龙区间主要支流淤地坝建设情况(截至2002年)   (单位:座)

支流名称	骨干坝	中小淤地坝	合计
皇甫川	161	2 735	2 896
清水川	16	952	968
孤山川	9	852	861
窟野河	18	7 713	7 731
秃尾河	4	1 478	1 482
佳芦河	6	1 727	1 733
无定河	32	11 599	11 631
清涧河	5	4 887	4 892
延河	57	7 815	7 872
云岩河	2	794	796
仕望川	2	363	365
浑河	62	1 746	1 808
杨家川	23	630	653
偏关河	40	1 193	1 233
县川河	47	1 894	1 941
朱家川	44	1 014	1 058
岚漪河	41	746	787
蔚汾河	32	1 343	1 375
湫水河	56	2 009	2 065
三川河	41	6 298	6 339
屈产河	18	925	943
昕水河	66	379	445
合计	782	59 092	59 874

4.1.2 泾洛渭汾河水利水保措施数量核实

泾河、北洛河、渭河、汾河等四大流域，近期（1997~2006年）水土保持综合治理工作也取得了巨大的成就。本次研究中所采用的泾河、北洛河、渭河近期水保措施累计保存面积资料（表4-5~表4-11），由课题第二专题"黄河中游水土保持措施资料核查与评价"承担单位黄委会黄河上中游管理局提供（王富贵等，2009）。汾河流域近期水保措施累计保存面积资料（表4-12），由本专题第三子专题"汾河流域近期水沙变化分析"承担单位山西省水资源研究所提供。其中，泾河流域近期水保措施保存面积分环江庆阳以上、庆阳—雨落坪区间（含柔远河流域）、杨家坪以上和雨落坪、杨家坪—张家山区间等四片给出；北洛河流域按照黄土丘陵沟壑区、黄土高原沟壑区和其他类型区等不同类型区给出；渭河流域分北道以上、北道—咸阳区间和咸阳—华县区间（不包括泾河）等三片给出；汾河流域按照上游、中游、下游分三段给出。

表4-5　泾河流域各分片近期水保措施保存面积　　　　　　　（单位：hm²）

区间	类型	1997年	1998年	1999年	2000年	2001年	2002年	2003年	2004年	2005年	2006年
庆阳以上	梯田	55 229	57 952	60 781	63 338	66 139	69 255	72 155	74 961	77 724	79 590
	林地	49 607	54 263	59 858	66 627	71 471	77 396	84 432	90 252	94 800	98 721
	草地	74 814	80 380	90 519	97 828	103 368	110 259	117 718	125 742	131 664	136 428
	坝地	2 036	2 080	2 138	2 282	2 377	2 512	2 646	3 082	3 149	3 217
	封禁	6 599	7 306	9 053	11 632	12 971	16 806	20 691	25 022	30 498	37 545
	小计	188 285	201 982	222 349	241 707	256 326	276 228	297 643	319 059	337 836	355 500
庆阳—雨落坪区间	梯田	103 148	108 233	113 517	118 293	123 523	129 343	134 760	139 999	145 160	148 644
	林地	92 547	101 232	111 671	124 299	133 335	144 388	157 516	168 373	176 858	18 4173
	草地	44 859	48 197	54 276	58 659	61 981	66 112	70 585	75 396	78 947	81 803
	坝地	696	712	731	781	813	860	905	1 055	1 077	1 101
	封禁	3 957	4 381	5 428	6 974	7 778	10 077	12 407	15 003	18 287	22 513
	小计	245 208	262 755	285 623	309 006	327 429	350 781	376 173	399 826	420 329	438 233
杨家坪以上	梯田	164 380	172 484	180 904	188 515	196 850	206 125	214 757	223 107	231 332	236 884
	林地	123 085	134 636	148 519	165 314	177 332	192 032	209 492	223 932	235 216	244 945
	草地	63 022	67 711	76 251	82 409	87 076	92 880	99 163	105 923	110 911	114 924
	坝地	393	401	412	440	458	485	510	595	607	621
	封禁	5 559	6 155	7 626	9 798	10 927	14 158	17 430	21 078	25 691	31 628
	小计	356 438	381 387	413 713	446 477	472 643	505 680	541 353	574 634	603 757	629 001

第4章 黄河中游近期水沙变化"水保法"分析

续表

区间	类型	1997年	1998年	1999年	2000年	2001年	2002年	2003年	2004年	2005年	2006年
雨落坪、杨家坪—张家山区间	梯田	223 825	234 858	246 324	256 687	268 036	280 666	292 419	303 788	314 987	322 547
	林地	220 033	240 682	265 500	295 524	317 008	343 287	374 498	400 311	420 483	437 875
	草地	27 032	29 044	32 707	35 348	37 350	39 840	42 535	45 434	47 574	49 295
	坝地	129	132	136	145	151	159	168	196	200	204
	封禁	2 384	2 640	3 271	4 203	4 687	6 073	7 476	9 041	11 020	13 566
	小计	473 403	507 356	547 938	591 907	627 231	670 024	717 097	758 770	794 264	823 488
流域合计	梯田	546 582	573 527	601 526	626 833	654 548	685 389	714 091	741 855	769 203	787 665
	林地	485 272	530 813	585 548	651 764	699 146	757 103	825 938	882 868	927 357	965 714
	草地	209 727	225 332	253 753	274 244	289 775	309 091	330 001	352 495	369 096	382 450
	坝地	3 254	3 325	3 417	3 648	3 799	4 016	4 229	4 928	5 033	5 143
	封禁	18 499	20 482	25 378	32 607	36 363	47 114	58 004	70 144	85 496	105 252
	总计	1 263 334	1 353 479	1 469 622	1 589 096	1 683 631	1 802 713	1 932 263	2 052 290	2 156 185	2 246 224

表4-6 北洛河流域各分区近期水保措施保存面积　　　　（单位：hm²）

年份	黄土丘陵沟壑区					黄土高塬沟壑区					其他类型区				
	梯田	坝地	林地	草地	封禁	梯田	坝地	林地	草地	封禁	梯田	坝地	林地	草地	封禁
1997	10 014	967	126 852	10 436	715	37 080	1 090	99 917	4 853	5 390	45 014	708	27 578	19 447	3 603
1998	11 686	1 100	136 302	12 458	1 844	40 100	1 107	109 214	5 563	6 818	47 181	725	31 399	21 188	3 814
1999	13 214	1 240	146 638	14 359	2 654	40 803	1 091	114 286	6 409	7 770	49 184	737	36 373	23 799	4 150
2000	14 804	1 369	156 824	20 744	4 144	42 300	1 109	130 369	8 298	8 347	51 069	750	40 973	27 110	4 832
2001	16 454	1 475	170 918	27 048	6 713	43 826	1 163	153 741	11 385	15 186	52 499	796	46 044	29 261	5 401
2002	18 273	1 616	188 119	32 755	8 950	45 364	1 205	179 660	15 262	22 345	54 025	799	51 634	30 669	6 058
2003	19 825	1 702	201 388	37 494	16 294	46 614	1 308	204 513	19 638	29 805	55 455	800	55 221	32 376	8 051
2004	22 037	1 740	207 478	41 101	20 627	47 786	1 320	216 034	23 221	31 206	56 902	996	58 593	33 633	9 219
2005	26 264	1 757	214 629	44 441	23 819	48 136	1 320	227 734	24 784	38 445	58 528	996	61 894	34 943	10 228
2006	28 673	1 965	221 109	48 661	29 148	48 598	1 320	242 245	27 409	46 278	59 671	995	65 122	35 754	11 753

表4-7 北洛河流域近期水保措施累计保存面积　　　　　　（单位：hm²）

年份	梯（条）田	坝地	林地	草地	封禁治理	合计
1997	92 109	2 765	254 347	34 737	9 708	383 958
1998	98 967	2 932	276 915	39 209	12 476	418 024
1999	103 201	3 068	297 296	44 567	14 575	448 132
2000	108 173	3 228	328 166	56 152	17 323	495 720
2001	112 779	3 435	370 703	67 694	27 300	554 611
2002	117 663	3 620	419 414	78 686	37 353	619 383
2003	121 894	3 810	461 122	89 507	54 151	676 333
2004	126 724	4 055	482 105	97 955	61 051	710 839
2005	132 929	4 073	504 257	104 168	72 492	745 427
2006	136 942	4 280	528 476	111 824	87 179	781 522

表4-8 渭河北道以上近期水保措施保存面积　　　　　　（单位：hm²）

年份	梯（条）田	坝地	林地	草地	封禁治理	合计
1997	468 818	962	157 591	93 057	34 461	731 047
1998	495 638	975	176 708	100 907	36 661	785 684
1999	524 024	1 043	198 380	113 813	44 602	855 214
2000	548 692	1 050	226 378	124 938	52 977	926 132
2001	570 685	1 072	247 945	137 074	60 744	988 499
2002	592 196	1 085	274 645	148 293	70 047	1 056 152
2003	617 178	1 095	299 204	157 966	80 942	1 124 999
2004	643 496	1 217	326 817	172 434	89 894	1 201 134
2005	658 723	1242	345 506	184 727	101 101	1 257 801
2006	674 115	1 252	365 608	197 348	115 525	1 319 568

表4-9 渭河北道—咸阳区间近期水保措施保存面积　　　　　　（单位：hm²）

年份	梯（条）田	坝地	林地	草地	封禁治理	合计
1997	182 318	907	146 033	24 645	18 556	396 300
1998	192 748	919	163 749	26 724	19 741	429 085
1999	203 787	984	183 831	30 142	24 016	469 409

续表

年份	梯（条）田	坝地	林地	草地	封禁治理	合计
2000	213 380	990	209 776	33 088	28 526	513 663
2001	221 933	1 011	229 762	36 302	32 708	550 738
2002	230 299	1 023	254 503	39 274	37 718	592 931
2003	240 014	1 032	277 261	41 835	43 584	635 112
2004	250 248	1 148	302 849	45 667	48 404	681 041
2005	256 170	1 171	320 168	48 923	54 439	714 369
2006	262 156	1 181	338 796	52 265	62 206	750 884

表 4-10 渭河咸阳—华县区间近期水保措施保存面积 （单位：hm²）

年份	梯（条）田	坝地	林地	草地	封禁治理	合计
1997	107 441	1 125	84 290	3 518	59 927	256 301
1998	113 918	1 193	97 283	4 341	61 706	278 442
1999	120 656	1 264	109 984	5 378	64 269	301 551
2000	124 880	1 307	123 954	7 346	66 879	324 367
2001	128 529	1 390	144 505	10 441	70 695	355 560
2002	132 720	1 457	162 089	13 108	80 777	390 151
2003	136 953	1 457	183 071	16 178	91 437	429 096
2004	139 888	1 673	198 169	19 074	95 325	454 130
2005	143 177	1 696	210 604	20 229	103 315	479 021
2006	148 878	1 744	226 638	22 068	108 522	507 850

表 4-11 渭河流域（不包括泾河）近期水保措施累计保存面积（单位：hm²）

年份	梯（条）田	坝地	林地	草地	封禁治理	合计
1997	758 577	2 994	387 914	121 219	112 944	1 383 647
1998	802 303	3 087	437 740	131 972	118 108	1 493 211
1999	848 468	3 291	492 195	149 333	132 887	1 626 174
2000	886 953	3 346	560 108	165 373	148 383	1 764 162
2001	921 147	3 473	622 213	183 817	164 147	1 894 796
2002	955 215	3 565	691 238	200 676	188 541	2 039 234
2003	994 145	3 583	759 537	215 979	215 963	2 189 207
2004	1 033 633	4 038	827 835	237 175	233 623	2 336 304
2005	1 058 070	4 108	876 279	253 879	258 855	2 451 191
2006	1 085 150	4 177	931 042	271 681	286 253	2 578 302

表 4-12 汾河流域近期水保措施保存面积　　　　　　　　　（单位：hm²）

河段	年份	当年新增治理面积							
		水平梯田	坝地	滩地	旱坪垣地	水保林	经济林	草地	封山育林
上游	1996年累计	42 630	3 770	15 280	11 890	221 640	8 010	11 630	46 910
	1997	5 213	28	955	0	13 536	1 702	530	0
	1998	4 144	0	538	130	10 563	1 302	1 606	30
	1999	4 376	40	849	0	14 250	2 285	1 557	1 000
	2000	1 338	28	662	190	14 572	1 824	1 663	3 265
	2001	1 123	0	1 151	370	13 534	1 288	3 020	2 837
	2002	635	10	910	0	23 857	1 301	94	2 219
	2003	45	2	329	0	20 649	672	3 658	1 073
	2004	0	0	285	0	19 190	346	580	3 138
	2005	67	0	981	0	14 509	1 434	999	937
	2006	800	0	516	0	17 232	687	946	4 031
中游	1996年累计	58 340	23 790	14 920	47 630	251 510	0	6 940	69 240
	1997	2 760	421	350	196	8 170	6 814	648	729
	1998	2 151	451	394	81	11 971	6 158	344	1 930
	1999	4 138	856	803	751	12 918	5 085	2 095	420
	2000	2 482	266	643	540	11 785	7 493	1 112	1 180
	2001	2 752	548	392	631	9 415	7 978	1 444	300
	2002	1 852	212	229	736	18 293	4 951	1 546	2 913
	2003	1 465	166	344	341	15 639	6 287	1 950	2 111
	2004	747	31	164	273	15 486	5 375	1 198	4 241
	2005	746	83	314	308	17 341	7 318	976	3 298
	2006	620	82	572	237	15 781	6 706	1 779	3 505
下游	1996年累计	96 810	21 860	12 490	81 680	235 600	0	25 800	69 620
	1997	1 842	318	142	352	8 483	2 697	238	0
	1998	3 282	1 071	292	2 271	14 491	8 736	697	60
	1999	4 522	615	3 590	3 599	23 252	6 219	665	110
	2000	4 886	806	1 754	1 530	19 759	11 511	1 996	1 421
	2001	7 079	676	1 457	1 267	17 985	9 959	1 565	290
	2002	3 843	266	884	1 039	16 095	9 062	1 336	3 517
	2003	2 289	151	549	1 359	17 380	7 465	1 230	2 374
	2004	2 574	703	541	1 676	19 195	7 550	1 519	3 232
	2005	3 273	553	516	1 080	1 7891	5 732	936	4 275
	2006	2 774	469	403	978	18 474	5 572	787	4 533
合计		271 598	58 272	64 199	161 135	1180 446	159 519	83 084	244 739

注：合计栏为截至2006年底水土保持措施累计治理保存面积。

由表 4-5 可见，截至 2006 年底，泾河流域水土保持措施累计保存面积 224.6 万 hm²，其中，梯田 78.77 万 hm²，林地 96.57 万 hm²，草地 38.245 万 hm²，坝地 0.514 万 hm²，封禁治理面积 10.525 万 hm²。

泾河流域近期没有建设较大的水利工程,但泾河东庄水库工程前期工作已于2010年7月启动,东庄水库是关中地区最大的控制性防洪骨干工程。泾河流域现有水库109座,其中大型水库1座,中型水库3座,小(一)型水库57座,小(二)型水库65座。大型水库巴家嘴水库控制面积3 522km²,总库容4.956亿 m³,截至2004年已淤积3.39亿 m³,库容淤损率高达66.3%,拦泥作用已经减缓。流域最大的灌区为泾惠渠灌区。

由表4-7可见,截至2006年底,北洛河流域水土保持措施累计保存面积78.152万 hm²,其中,梯田13.694万 hm²,林地52.848万 hm²,草地11.182万 hm²,坝地0.428万 hm²。另有封禁治理面积8.718万 hm²。流域内较大灌区为洛惠渠及富(县)张(村驿)渠。

由表4-11可见,截至2006年底,渭河流域水土保持措施累计保存面积257.83万 hm²,其中,梯田108.515万 hm²,林地93.104万 hm²,草地27.168万 hm²,坝地0.418万 hm²。另有封禁治理面积28.625万 hm²。

由表4-12可见,截至2006年底,汾河流域水土保持措施累计保存面积222.294万 hm²,其中,梯田(包括滩地和旱坪垣地)49.693万 hm²,水保林118.04万 hm²,经济林15.952万 hm²,草地8.308万 hm²,坝地5.827万 hm²。另有封山育林面积24.474万 hm²。

4.2 以洪算沙法

"以洪算沙法"(冉大川等,2000)的核心是"一体系"和"一模型",即流域坡面水土保持措施减洪指标体系和以洪算沙经验模型。

首先通过代表小区措施区与对照区的对比分析,建立坡面水土保持措施减洪指标体系,然后采用汛期降雨量同频率对应分析,转化为流域坡面水土保持措施减洪指标体系,完成由小区向流域的尺度转换。以洪算沙模型是利用流域治理前洪水和泥沙的良好相关性,根据减洪量计算减沙量(需进行迭代计算)。本次研究中,河龙区间各支流及未控区坡面措施减洪减沙量计算采用该方法。

4.2.1 坡面措施减洪量计算方法

1. 代表小区的选择

代表小区的选择应综合考虑影响水土流失的主要因子及径流场(区)布设、观测系列等客观实际,并遵循以下原则。

(1)地区一致性:即代表小区尽可能选在分析区域内,且小区所在的地貌类型区应和分析区域的主要地貌类型区相同。

(2)资料系列代表性:有一定年限的观测系列($n \geq 10$),在系列内不同成因的径流量应能满足常规分析中丰、平、枯各种情况下的频率分布。

河龙区间主要涉及的地貌类型区有黄土丘陵沟壑区第一副区(简称丘1区)、黄土丘陵沟壑区第二副区(简称丘2区)、黄土高塬沟壑区、黄土丘陵林区、风沙区、土石山区等6种类型。该区域以往和现有的径流小区主要布设在两个类型区内，即地处丘1区的黄委会绥德水土保持科学试验站绥德径流小区、山西省水土保持科学研究所离石径流小区和地处丘2区的陕西省延安市水土保持科学研究所延安径流小区。区间内黄土高塬沟壑区（涉及昕水河、清水河流域）无径流小区，通过修正可移用黄委会西峰水土保持科学试验站西峰径流小区资料（分区因子基本一致）。因此，本次分析所选代表小区为绥德、西峰、延安、离石四个水保站（所）的径流小区。根据分析区域地貌类型区的分布等特点，最后确定的代表小区见表4-13。

表4-13 黄河中游各类型区（流域）代表小区选择

片名	涉及类型区	代表小区
陕北北片	丘1区、风沙区	绥德、离石
晋西北片	丘1区、土石山区	绥德、离石
南片	丘1区、丘2区、林区、塬区、土石山区	昕水河、清水河（西峰） 延河、云岩河、仕望川（延安） 屈产河（绥德、离石）

2. 小区坡面措施减洪指标体系

在建立流域水土保持坡面措施减洪指标体系前，首先对小区资料进行了系统的整理和分析。在措施区与对照区系列的确定上，根据分析计算要求，结合小区观测与分析流域坡面措施的布设情况，采用梯田—坡耕地、人工林—荒草坡、人工牧草地—宜牧坡耕地（>20°）对比系列。代表小区坡面措施减洪指标体系的建立，采用"频率分析法"。

河龙区间21条支流在建立小区坡面水土保持措施减洪指标体系时，分别采用了陕西绥德小区、山西离石小区、陕西延安大砭沟小区和甘肃西峰南小河沟小区资料，其中皇甫川、孤山川、窟野河、秃尾河、佳芦河、无定河、清涧河采用绥德、离石小区资料；浑河、偏关河、县川河、朱家川、岚漪河、蔚汾河、湫水河、三川河采用西峰南小河沟小区资料；延河、云岩河（汾川河）、仕望川和屈产河、昕水河、清水河（州川河）采用延安大砭沟小区资料。小区坡面水土保持措施减洪指标见表4-14。由该表可见，不同水土保持坡面措施的减洪指标随着汛期降雨频率的减小和量级的增大而减小。因此，水土保持坡面措施的减洪作用在发生特大暴雨时是有限的。

3. 流域坡面措施减洪指标体系的尺度转换

流域坡面措施减洪指标体系的建立过程，实质上是解决以小区指标推大区指标的问题，亦即消除时段、点面、地区等三大差异。在时间尺度统一为"年"的基础上，实现小区指标向流域指标的空间尺度转换。其基本途径是：先解决雨量的代表性问题，再解决径流的差异。流域坡面措施减洪指标的计算公式为

$$\Delta R = \Delta R_1 \cdot \alpha \cdot X \tag{4-1}$$

式中，ΔR为流域坡面单项措施减洪指标；ΔR_1为某一雨量级下的代表小区单项措施减洪指标；α为点面修正系数；X为地区产洪水平修正系数。

第4章 黄河中游近期水沙变化"水保法"分析

表4-14 河龙区间代表小区不同汛期分级雨量下的坡面措施减洪指标

频率/%	延安大砭沟小区 汛期降雨量/mm	梯田(无埂) 绝对值/(万m³/km²)	梯田(无埂) 相对/%	人工造林 绝对值/(万m³/km²)	人工造林 相对/%	人工牧草 绝对值/(万m³/km²)	人工牧草 相对/%	坡耕地 绝对值/(万m³/km²)	离石王家沟小区(绥德) 汛期降雨量/mm	梯田(无埂) 绝对值/(万m³/km²)	梯田(无埂) 相对/%	人工造林 绝对值/(万m³/km²)	人工造林 相对/%	人工牧草 绝对值/(万m³/km²)	人工牧草 相对/%	坡耕地 绝对值/(万m³/km²)	西峰南小河沟小区 汛期降雨量/mm	梯田(无埂) 绝对值/(万m³/km²)	梯田(无埂) 相对/%	人工造林 绝对值/(万m³/km²)	人工造林 相对/%	人工牧草 绝对值/(万m³/km²)	人工牧草 相对/%	坡耕地 绝对值/(万m³/km²)
5	770.0	9.3	81.6	5.8	37.2	3.4	30.6	11.4	620.3	6.0	59.0	3.0	16.0	1.5	17.6	10.17	534.0	6.6	69.6	3.5	43.6	2.1	27.3	9.5
10	568.0	8.0	87.0	6.8	53.5	2.8	31.1	9.2	563.9	4.1	60.5	2.4	20.0	1.2	20.0	6.78	486.0	3.8	70.4	2.5	52.0	1.9	31.3	5.4
20	457.0	6.3	92.7	5.4	63.5	2.7	38.6	6.8	499.5	2.4	62.5	1.7	27.5	0.8	23.5	3.84	433.0	2.5	73.5	1.9	67.9	1.4	33.3	3.4
30	364.0	4.8	94.1	3.6	65.5	2.5	43.1	5.1	454.0	1.8	70.0	1.4	43.5	0.6	25.0	2.57	397.0	1.8	75.0	1.4	77.8	1.1	34.4	2.4
40	326.0	3.7	97.4	2.7	71.1	2.2	47.8	3.8	421.0	1.3	76.0	1.2	61.0	0.6	30.5	1.71	370.0	1.5	77.8	1.1	88.0	0.9	37.5	1.9
50	285.0	2.7	100	2.2	78.6	2.0	55.6	2.7	390.7	1.0	90.0	1.0	75.0	0.5	41.0	1.11	343.0	1.3	86.7	0.7	93.3	0.8	42.1	1.5
60	249.0	2.1	100	1.7	85.0	1.6	59.3	2.1	363.0	0.8	99.0	0.8	83.0	0.3	43.0	0.81	318.0	1.1	91.7	0.5	100	0.7	53.9	1.2
70	216.0	1.4	100	1.3	92.9	1.2	66.7	1.4	334.0	0.5	100	0.6	96.0	0.2	50.0	0.50	290.0	0.8	100	0.3	100	0.5	57.5	0.8
80	184.0	0.9	100	0.9	100	0.9	75.0	0.9	300.0	0.2	100	0.4	100	0.1	60.0	0.20	260.0	0.5	100	0.1	100	0.3	60.0	0.5
90	150.0	0.4	100	0.3	100	0.3	100	0.3	257.8	0.1	100	0.1	100	0.02	100	0.10	224.0	0.2	100	0.05	100	0.2	100	0.2
系列均值	356.9	3.95	95.3	3.07	74.7	1.97	54.8	4.4	420.4	1.74	81.7	1.23	62.2	0.58	41.1	2.78	365.5	2.01	84.5	1.21	82.3	1.75	82.0	2.7

注：表中"绝对值"代表减洪指标绝对值；"相对"代表减洪指标相对值。资料来源：冉大川等，2000。

通过分析代表小区与流域的汛期降雨量统计规律与特性，以汛期降雨量作为联系代表小区与流域的纽带，可以改善或消除不同系列水文周期性的影响及点面的差异。修正的前提是代表小区系列的汛期降雨量和流域系列的汛期降雨量分布参数基本一致。修正方法采用"同雨量对应法"：用汛期降雨量点面修正系数 α 分别对代表小区系列雨量及措施减洪指标进行修正，然后用流域某一年份的汛期降雨量值以"同雨量对应法"查得 ΔR 值。采用"模比系数法"对 ΔR 值进行较核。本次计算时河龙区间 21 条支流汛期统一按照 5～9 月对待，各流域汛期降雨量为流域所有雨量站汛期降雨量的算术平均值。修正后的流域减洪指标见表 4-15。

表 4-15　河龙区间各支流修正后的流域减洪指标

流域	年份	流域汛期降雨量/mm	模比系数 K_i	点面修正系数	小区对应的汛期降雨量/mm	频率/%	修正后减洪指标/(万 m³/km²)		
							梯田	林地	草地
皇甫川流域	1997	216.7	0.73	0.618	350.9	60	0.42	0.44	0.16
	1998	300.7	1.01		487.0	20	1.71	1.04	0.49
	1999	194.1	0.65		314.2	70	0.2	0.3	0.09
	2000	167.5	0.56		271.2	80	0.08	0.12	0.02
	2001	220.8	0.74		357.5	60	0.46	0.47	0.17
	2002	269.3	0.91		436.2	30	1.03	0.8	0.37
	2003	350.8	1.18		568.1	5	3.07	1.51	0.75
	2004	345.7	1.16		559.8	10	2.89	1.45	0.73
	2005	240.5	0.81		389.4	50	0.61	0.61	0.3
	2006	290.0	0.98		469.6	10	1.16	0.85	0.38
孤山川流域	1997	217.6	0.66	0.735	296.3	80	0.14	0.27	0.07
	1998	321.5	0.98		437.7	30	1.25	0.96	0.44
	1999	232.8	0.71		316.9	70	0.26	0.37	0.11
	2000	247.2	0.75		336.5	60	0.39	0.45	0.15
	2001	308.1	0.94		419.5	40	1.01	0.87	0.44
	2002	312.7	0.95		425.7	30	1.09	0.9	0.44
	2003	498.6	1.52		678.7	5	5.14	2.2	1.1
	2004	350.2	1.07		476.8	20	1.76	1.14	0.51
	2005	320.3	0.98		436.1	30	1.23	0.95	0.44
	2006	279.0	0.85		379.8	40	0.63	0.68	0.34
窟野河流域	1997	201.4	0.66	0.700	287.7	80	0.12	0.22	0.05
	1998	331.2	1.09		473.1	20	1.64	1.07	0.48
	1999	202.1	0.66		288.6	80	0.12	0.22	0.05
	2000	195.5	0.64		279.3	80	0.11	0.18	0.04
	2001	276.4	0.91		394.8	40	0.74	0.72	0.36
	2002	337.7	1.11		482.3	20	1.75	1.11	0.51
	2003	375.7	1.23		536.7	10	2.77	1.47	0.72
	2004	376.1	1.23		537.3	10	2.78	1.48	0.72
	2005	347.0	1.14		495.7	10	1.88	1.16	0.54
	2006	300.0	0.98		428.5	30	1.08	0.87	0.42

第4章 黄河中游近期水沙变化"水保法"分析

续表

流域	年份	流域汛期降雨量/mm	模比系数 K_i	点面修正系数	小区对应的汛期降雨量/mm	频率/%	修正后减洪指标/(万 m³/km²)		
							梯田	林地	草地
秃尾河流域	1997	211.3	0.69	0.754	280.3	80	0.12	0.2	0.04
	1998	337.0	1.10		447.0	30	1.41	1.02	0.45
	1999	149.5	0.49		198.4	90	0.08	0.08	0
	2000	268.6	0.88		356.4	60	0.55	0.57	0.21
	2001	392.4	1.29		520.6	10	2.6	1.45	0.70
	2002	438.8	1.44		582.2	5	4.16	1.96	0.98
	2003	375.6	1.23		498.3	20	2.09	1.28	0.60
	2004	342.6	1.12		454.5	20	1.51	1.06	0.61
	2005	314.7	1.03		417.5	40	1.02	0.89	0.44
	2006	338.2	1.11		448.7	30	1.44	1.03	0.45
佳芦河流域	1997	223.8	0.76	0.769	290.9	80	0.14	0.26	0.06
	1998	293.7	0.99		381.7	50	0.72	0.72	0.33
	1999	237.7	0.80		308.9	70	0.21	0.35	0.10
	2000	287.5	0.97		373.7	50	0.67	0.67	0.29
	2001	428.6	1.45		557.1	10	3.53	1.79	0.89
	2002	408.6	1.38		531.1	10	2.91	1.57	0.77
	2003	374.2	1.27		486.3	20	2.12	1.29	0.61
	2004	321.2	1.09		417.5	40	1.04	0.91	0.45
	2005	268.1	0.91		348.5	60	0.5	0.54	0.19
	2006	391.2	1.32		508.4	10	2.37	1.38	0.66
无定河流域	1997	211.7	0.72	0.782	270.7	80	0.1	0.15	0.02
	1998	293.5	1.00		375.3	50	0.7	0.7	0.3
	1999	213.0	0.73		272.3	80	0.11	0.16	0.03
	2000	245.8	0.84		314.4	70	0.32	0.38	0.11
	2001	430.0	1.47		549.8	10	3.41	1.76	0.87
	2002	444.2	1.52		568.0	5	3.88	1.91	0.96
	2003	403.8	1.38		516.4	10	2.6	1.47	0.71
	2004	330.4	1.13		422.5	30	1.12	0.95	0.47
	2005	315.6	1.08		403.5	40	0.91	0.85	0.42
	2006	399.6	1.37		511.0	10	2.47	1.43	0.98

续表

流域	年份	流域汛期降雨量/mm	模比系数 K_i	点面修正系数	小区对应的汛期降雨量/mm	频率/%	修正后减洪指标/(万 m³/km²)		
							梯田	林地	草地
清涧河流域	1997	208.4	0.59	0.913	228.3	90	0.09	0.09	0
	1998	362.6	1.03		397.4	40	0.99	0.95	0.48
	1999	178.3	0.51		195.3	90	0.09	0.09	0.09
	2000	292.1	0.83		320.0	70	0.34	0.47	0.15
	2001	482.6	1.37		528.8	10	3.39	1.84	0.9
	2002	555.3	1.58		608.4	5	5.96	2.62	1.31
	2003	491.4	1.40		538.4	10	3.66	1.94	0.95
	2004	304.0	0.87		333.1	70	0.45	0.54	0.18
	2005	441.6	1.26		483.8	20	2.3	1.46	0.67
	2006	520.5	1.48		570.3	5	4.61	2.25	1.13
延河流域	1997	203.0	0.50	1.077	188.5	70	1.05	1.03	1.01
	1998	425.0	1.04		394.7	20	5.81	4.52	2.76
	1999	230.7	0.57		214.3	70	1.48	1.38	1.27
	2000	296.1	0.73		275.0	50	2.73	2.22	2.03
	2001	412.6	1.01		383.3	20	5.61	4.28	2.74
	2002	463.7	1.14		430.7	20	6.43	5.27	2.85
	2003	529.2	1.30		491.6	10	7.56	6.28	2.94
	2004	376.6	0.93		349.8	30	4.79	3.51	2.57
	2005	450.5	1.11		418.4	20	6.22	5.01	2.82
	2006	454.8	1.12		422.4	20	6.29	5.09	2.83
云岩河流域	1997	246.4	0.59	1.156	213.1	70	1.57	1.46	1.36
	1998	447.9	1.07		387.4	20	6.1	4.69	2.95
	1999	274.5	0.65		237.4	60	2.14	1.8	1.69
	2000	344.9	0.82		298.3	40	3.5	2.73	2.39
	2001	381.3	0.91		329.8	30	4.42	3.23	2.58
	2002	376.0	0.89		325.2	40	4.26	3.11	2.54
	2003	616.1	1.47		532.9	10	8.98	7.35	3.2
	2004	423.9	1.01		366.7	20	5.72	4.22	2.9
	2005	493.9	1.17		427.2	20	6.84	5.58	3.05
	2006	521.0	1.24		450.7	20	7.28	6.1	3.11

第4章 黄河中游近期水沙变化"水保法"分析

续表

流域	年份	流域汛期降雨量/mm	模比系数 K_i	点面修正系数	小区对应的汛期降雨量/mm	频率/%	修正后减洪指标/(万 m³/km²)		
							梯田	林地	草地
仕望川流域	1997	254.0	0.59	1.155	219.9	60	1.71	1.56	1.44
	1998	416.1	0.96		360.2	30	5.52	4.06	2.85
	1999	286.4	0.66		248.0	60	2.4	1.95	1.83
	2000	335.4	0.77		290.4	40	3.27	2.62	2.34
	2001	305.4	0.70		264.4	50	2.72	2.21	2.05
	2002	351.5	0.81		304.3	40	3.66	2.81	2.42
	2003	608.5	1.40		526.8	10	8.84	7.25	3.19
	2004	422.3	0.97		365.7	20	5.69	4.2	2.89
	2005	575.9	1.33		498.6	10	8.26	6.84	3.16
	2006	566.6	1.31		490.6	10	8.09	6.73	3.15
浑河流域	1997	296.9	0.92	0.770	385.5	30	1.41	0.98	0.78
	1998	265.9	0.82		345.3	40	1.09	0.56	0.62
	1999	234.1	0.73		303.9	60	0.73	0.31	0.46
	2000	244.7	0.76		317.7	60	0.84	0.38	0.54
	2001	246.2	0.76		319.6	50	0.86	0.4	0.54
	2002	262.6	0.81		341.0	50	1.06	0.53	0.61
	2003	343.1	1.06		445.5	10	2.45	1.57	1.17
	2004	349.3	1.08		453.6	10	2.64	1.64	1.23
	2005	275.8	0.85		358.2	40	1.16	0.71	0.66
	2006	296.3	0.92		384.7	30	1.4	0.97	0.78
偏关河流域	1997	318.1	0.91	0.962	330.7	50	1.2	0.58	0.72
	1998	317.0	0.91		329.6	50	1.19	0.57	0.72
	1999	289.6	0.83		301.1	60	0.88	0.36	0.56
	2000	306.7	0.88		318.9	50	1.07	0.49	0.68
	2001	273.6	0.79		284.4	70	0.72	0.25	0.45
	2002	329.4	0.95		342.4	50	1.34	0.67	0.77
	2003	424.9	1.22		441.8	10	2.95	1.92	1.43
	2004	402.9	1.16		418.9	20	2.39	1.64	1.23
	2005	441.4	1.27		458.9	10	3.45	2.11	1.58
	2006	412.0	1.18		428.3	20	2.59	1.76	1.31

续表

流域	年份	流域汛期降雨量/mm	模比系数 K_i	点面修正系数	小区对应的汛期降雨量/mm	频率/%	修正后减洪指标/(万 m³/km²)		
							梯田	林地	草地
县川河流域	1997	255.3	0.76	0.887	288.0	70	0.69	0.25	0.43
	1998	284.3	0.85		320.6	50	1	0.46	0.63
	1999	296.8	0.88		334.8	50	1.15	0.56	0.68
	2000	283.0	0.84		319.1	50	0.99	0.45	0.62
	2001	272.5	0.81		307.3	60	0.87	0.38	0.55
	2002	304.9	0.91		343.8	40	1.25	0.63	0.63
	2003	425.2	1.26		479.6	10	3.73	1.68	1.24
	2004	340.6	1.01		384.1	30	1.6	1.11	0.89
	2005	452.5	1.35		510.3	5	5.34	2.67	1.77
	2006	325.7	0.97		367.3	40	1.4	0.94	0.79
朱家川流域	1997	340.1	0.93	1.011	336.3	50	1.33	0.65	0.78
	1998	341.2	0.93		337.4	50	1.35	0.66	0.79
	1999	276.8	0.76		273.8	70	0.64	0.19	0.4
	2000	370.4	1.01		366.3	40	1.59	1.06	0.9
	2001	296.8	0.81		293.5	60	0.85	0.33	0.53
	2002	388.9	1.07		384.6	30	1.84	1.28	1.02
	2003	430.5	1.18		425.7	20	2.67	1.82	1.35
	2004	387.0	1.06		382.7	30	1.81	1.26	1.01
	2005	530.8	1.45		525.0	5	7.08	3.35	2.09
	2006	333.4	0.91		329.7	50	1.25	0.6	0.76
岚漪河流域	1997	419.5	1.01	1.019	411.8	20	2.37	1.64	1.25
	1998	376.8	0.91		369.9	40	1.63	1.12	0.92
	1999	295.2	0.71		289.8	70	0.81	0.3	0.51
	2000	423.9	1.02		416.2	20	2.47	1.7	1.28
	2001	287.0	0.69		281.8	70	0.73	0.25	0.45
	2002	370.4	0.89		363.7	40	1.58	1.03	0.89
	2003	445.4	1.07		437.2	10	2.98	1.98	1.47
	2004	338.6	0.82		332.4	50	1.3	0.63	0.77
	2005	443.0	1.07		434.9	10	2.91	1.96	1.44
	2006	323.1	0.78		317.2	60	1.11	0.5	0.71

第4章 黄河中游近期水沙变化"水保法"分析

续表

流域	年份	流域汛期降雨量/mm	模比系数 K_i	点面修正系数	小区对应的汛期降雨量/mm	频率/%	修正后减洪指标/(万 m³/km²)		
							梯田	林地	草地
蔚汾河流域	1997	346.1	0.90	0.968	357.4	40	1.46	0.89	0.83
	1998	374.2	0.97		386.4	20	1.71	1.21	0.98
	1999	324.3	0.84		334.9	50	1.26	0.62	0.74
	2000	444.0	1.15		458.5	10	3.46	2.12	1.59
	2001	266.9	0.69		275.6	70	0.64	0.2	0.39
	2002	350.3	0.91		361.7	40	1.49	0.95	0.84
	2003	384.6	1.00		397.2	20	1.94	1.36	1.07
	2004	447.9	1.16		462.5	10	3.58	2.16	1.63
	2005	319.1	0.83		329.5	50	1.2	0.57	0.72
	2006	281.9	0.73		291.1	60	0.79	0.3	0.49
湫水河流域	1997	315.1	0.79	0.981	321.1	50	1.12	0.51	0.7
	1998	319.3	0.80		325.4	50	1.17	0.55	0.72
	1999	288.0	0.72		293.4	60	0.82	0.32	0.51
	2000	418.7	1.05		426.6	20	2.61	1.78	1.32
	2001	299.7	0.75		305.3	60	0.95	0.4	0.6
	2002	392.8	0.98		400.2	20	2.03	1.42	1.11
	2003	467.6	1.17		476.4	10	4.03	2.35	1.78
	2004	424.8	1.06		432.8	20	2.74	1.86	1.37
	2005	275.8	0.69		281.0	70	0.7	0.24	0.43
	2006	385.5	0.96		392.7	30	1.9	1.33	1.05
三川河流域	1997	246.0	0.62	0.996	247.1	80	0.39	0.1	0.26
	1998	315.2	0.80		316.6	60	1.08	0.49	0.69
	1999	310.0	0.78		311.4	60	1.02	0.45	0.65
	2000	394.2	0.99		396.0	30	1.98	1.38	1.09
	2001	317.8	0.80		319.2	50	1.11	0.51	0.7
	2002	405.3	1.02		407.1	20	1.99	1.53	1.18
	2003	478.7	1.21		480.8	10	2.79	2.43	1.84
	2004	367.1	0.93		368.7	40	1.39	1.08	0.89
	2005	367.6	0.93		369.3	40	1.39	1.08	0.89
	2006	436.8	1.10		438.8	10	4.38	1.96	1.45

续表

流域	年份	流域汛期降雨量/mm	模比系数 K_i	点面修正系数	小区对应的汛期降雨量/mm	频率/%	修正后减洪指标/(万 m³/km²)		
							梯田	林地	草地
屈产河流域	1997	208.2	0.56	0.923	225.7	60	1.48	1.31	1.22
	1998	326.0	0.87		353.3	30	4.21	3.09	2.23
	1999	275.2	0.74		298.2	40	2.79	2.18	1.9
	2000	251.0	0.67		272.0	50	2.29	1.86	1.71
	2001	270.7	0.72		293.4	40	2.68	2.12	1.88
	2002	374.5	1.00		405.9	20	5.15	4.07	2.39
	2003	462.0	1.24		500.7	10	6.63	5.49	2.53
	2004	344.7	0.92		373.6	20	4.66	3.49	2.33
	2005	404.6	1.08		438.5	20	5.63	4.65	2.45
	2006	376.3	1.01		407.8	20	5.17	4.1	2.39
昕水河流域	1997	223.9	0.53	1.117	200.4	70	1.29	1.23	1.18
	1998	415.3	0.98		371.7	20	5.61	4.19	2.81
	1999	288.4	0.68		258.1	50	2.52	2.04	1.9
	2000	302.4	0.71		270.7	50	2.75	2.24	2.06
	2001	388.6	0.91		347.8	30	4.9	3.59	2.65
	2002	420.9	0.99		376.7	20	5.7	4.3	2.82
	2003	616.5	1.45		551.9	10	9.06	7.37	3.11
	2004	384.2	0.90		343.9	30	4.77	3.49	2.62
	2005	484.8	1.14		434.0	20	6.73	5.53	2.96
	2006	462.2	1.09		413.8	20	6.37	5.1	2.91
清水河流域	1997	254.0	0.61	1.214	209.3	70	1.57	1.48	1.38
	1998	449.1	1.08		370.0	20	6.07	4.51	3.05
	1999	321.4	0.77		264.8	50	2.87	2.33	2.16
	2000	360.9	0.86		297.4	40	3.64	2.85	2.5
	2001	400.7	0.96		330.2	30	4.65	3.4	2.71
	2002	407.7	0.98		335.9	30	4.87	3.56	2.77
	2003	590.5	1.41		486.5	10	8.41	7.01	3.31
	2004	393.3	0.94		324.1	40	4.43	3.25	2.66
	2005	538.3	1.29		443.5	20	7.5	6.24	3.24
	2006	615.6	1.47		507.2	10	8.87	7.32	3.33

需要说明的问题有如下两个：

（1）表4-14中陕北北片部分支流当个别年份降雨量偏小时，其修正后梯田的减洪指标小于林地。据此计算的梯田、林地减洪量与其他方法计算结果对比基本一致，符合实际情况。因此，在降雨量尤其是汛期降雨量偏小年份，梯田的减洪指标可能小于林地，但二者相差不大。

（2）晋西偏关河、县川河、朱家川等3条支流1997~2002年个别年份修正后林地的减洪指标小于草地，出现这种情况也是因为当年汛期降雨量偏小。经检查，计算过程无误，可能由于计算方法本身不完善，有待进一步研究。

4. 减洪量的计算

流域坡面措施减洪量按以下两式计算：

$$W = \Sigma \Delta W \tag{4-2}$$

$$\Delta W = \Delta R \cdot F \tag{4-3}$$

式中，W 为流域坡面措施减洪量（万 m^3）；ΔW 为单项坡面措施减洪量（万 m^3）；ΔR 为单项坡面措施减洪指标（万 m^3/km^2）；F 为核实的单项坡面措施面积（hm^2）。

4.2.2 "以洪算沙"模型

黄河中游地区水土保持坡面措施减沙量根据"以洪算沙"模型进行计算。采用"以洪算沙"的计算方法的重大意义在于推求因坡面措施减洪而减少的对沟道侵蚀的贡献量。该方法体现了坡面系统与沟道系统、洪水与泥沙的有机联系。

1. "以洪算沙"模型的结构及原理

流域洪水泥沙关系是表征流域水沙特征最重要的关系式，是流域地质、地貌、植被和人类活动的综合反映。流域基准期（即无治理的自然状况）的洪沙关系，是流域原始状况下产洪产沙的综合反映，在本次研究中是"水保法"坡面措施"以洪算沙"的重要依据。河龙区间各支流的洪水泥沙均集中于汛期且变幅较大，其洪沙关系在散点图上多呈幂函数分布，即

$$W_s = KW^\alpha \tag{4-4}$$

式中，W、W_s 分别为流域出口站实测洪水径流量、实测洪水输沙量；K、α 分别为系数、指数。

"以洪算沙"实用计算模型为

$$(W_s)_n = K[W' + (n-1)\Sigma\Delta W]^\alpha \tag{4-5}$$

$$\Delta W_s = (W_s)_n - (W_s)_{n-1} \tag{4-6}$$

式中，W' 为流域实测洪水量；$\Sigma \Delta W$ 为各种水保措施减洪量之和；n 为试算次数；$(W_s)_n$ 为第 n 次计算的减沙量（中间变量）；ΔW_s 为水保措施减沙量。

迭代计算精度公式为

$$\delta = \{[(W_s)_n - (W_s)_{n-1}] - [(W_s)_{n-1} - (W_s)_{n-2}]\} / [(W_s)_n - (W_s)_{n-1}] \times 100\%$$

$$\tag{4-7}$$

迭代计算精度要求 $\delta \leqslant 2\%$。

2. 河龙区间各支流基准期洪水泥沙关系

河龙区间各支流已经建立的1970年以前（基准期）的洪水泥沙关系见表4-16。

表4-16 河龙区间21条有控支流基准期洪水泥沙关系

河流	洪沙关系	相关系数	资料系列
皇甫川	$W_s = 0.0802 W_H^{1.17}$	0.95	1954~1969年
孤山川	$W_s = 0.1764 W_H^{1.088}$	0.95	1954~1969年
窟野河	$W_s = 0.0228 W_H^{1.244}$	0.97	1954~1969年
秃尾河	$W_s = 0.0195 W_H^{1.329}$	0.96	1956~1969年
佳芦河	$W_s = 0.1317 W_H^{1.179}$	0.99	1957~1969年
无定河	$W_s = 0.0367 W_H^{1.232}$	0.98	1953~1969年
清涧河	$W_s = 0.0476 W_H^{1.314}$	0.97	1954~1969年
延河	$W_s = 0.0108 W_H^{1.387}$	0.93	1956~1969年
云岩河	$W_s = 0.051 W_H^{1.151}$	0.85	1959~1969年
仕望川	$W_s = 0.1502 W_H^{0.969}$	0.94	1959~1969年
浑河	$W_s = 0.0147 W_H^{1.226}$	0.95	1954~1969年
偏关河	$W_s = 0.402 W_H^{1.024}$	0.98	1957~1969年
县川河	$W_s = 0.06 W_H^{1.263}$	0.97	1960~1969年
朱家川	$W_s = 0.5118 W_H^{1.007}$	0.99	1956~1969年
岚漪河	$W_s = 0.104 W_H^{1.084}$	0.97	1954~1969年
蔚汾河	$W_s = 0.1128 W_H^{1.091}$	0.97	1956~1969年
湫水河	$W_s = 0.3701 W_H^{0.998}$	0.95	1954~1969年
三川河	$W_s = 0.7255 W_H^{0.9115}$	0.97	1957~1969年
屈产河	$W_s = 0.1984 W_H^{1.103}$	0.99	1962~1969年
昕水河	$W_s = 0.4182 W_H^{0.9319}$	0.96	1956~1969年
清水河	$W_s = 0.258 W_H^{1.05}$	0.96	1959~1969年

资料来源：冉大川等，2000。

由表4-16可见，各支流洪水泥沙关系相关性均很好，有18条支流相关系数在0.93以上，其中，14条支流相关系数在0.96以上，其幂函数的指数范围为0.91~1.39。

3. 坡面措施总减沙量的确定

按照"以洪算沙"的含义，由公式 $\Delta W_s = (W_s)_n - (W_s)_{n-1}$ 求出的流域减沙量

ΔW_s 应包括以下几部分：①淤地坝拦沙量 $\Delta W_{s坝}$；②坡面措施在其拦蓄能力范围以内的减沙量 $\Delta W_{s坡}'$；③坡面措施因减洪而对减少沟道侵蚀的贡献量 $\Delta W_s'$。即

$$\Delta W_s = \Delta W_{s坡}' + \Delta W_s' + \Delta W_{s坝} \tag{4-8}$$

$\Delta W_s'$ 所代表的这部分沙量具有明确的物理意义：它正是由于坡面措施因减洪而减少的对沟道侵蚀的贡献量，"以洪算沙"的意义即在于此。因此，坡面措施总减沙量 $\Delta W_{s坡}$ 由两部分构成，即

$$\Delta W_{s坡} = \Delta W_{s坡}' + \Delta W_s' \tag{4-9}$$

其中，

$$\Delta W_{s坡}' = \frac{(\Delta W_{HT} + \Delta W_{HL} + \Delta W_{HC})}{\sum_{i=1}^{n} \Delta W_H} \times \Delta W_s \tag{4-10}$$

式中，$\sum_{i=1}^{n} \Delta W_H$ 为流域内各种水保措施总减洪量；ΔW_{HT}、ΔW_{HL}、ΔW_{HC} 分别为流域内单项坡面措施梯田、林地、草地的减洪量。单项坡面措施减沙量按各自减洪所占比例（线性同比）分配确定。

由于 $\Delta W_{s坡} = \Delta W_s - \Delta W_{s坝}$，而 $\Delta W_{s坝}$ 可由淤地坝拦沙量计算公式求出，则坡面措施因减洪而减少的对沟道侵蚀的贡献量 $\Delta W_s'$ 的计算公式可由式（4-9）变形而得

$$\Delta W_s' = \Delta W_{s坡} - \Delta W_{s坡}' \tag{4-11}$$

4.3 指 标 法

"指标法"是根据各水利水土保持单项措施减水减沙指标和水利水土保持措施数量，分别计算其减水减沙量，然后逐项相加，从而求出水利水土保持措施减水减沙总量的一种方法，多用于水土保持坡面措施和淤地坝减水减沙量的计算。

坡面措施减水减沙量计算公式为

$$\Delta W = (1-K) \sum M \eta_i f_i \tag{4-12}$$

$$\Delta W_s = \sum M_{sb} \eta_{si} f_i \tag{4-13}$$

式中，ΔW、ΔW_s 为坡面措施减水量（万 m^3）和减沙量（万 t）；M、M_{sb} 为流域天然状况下的地表径流模数（m^3/km^2）和坡面产沙模数（t/km^2）；η_i、η_{si} 为单项坡面措施相对减水指标和减沙指标（%）；f_i 为单项坡面措施保存面积（hm^2）；K 为地下径流补给系数。

流域天然状况下的地表径流模数 M，采用经过还原的天然地表径流量与流域面积相除求得（张胜利等，1994）。

坡面产沙模数 M_{sb} 与流域平均侵蚀模数 M_s 的关系为（张胜利等，1994）

$$M_{sb} = M_s/1.3 \tag{4-14}$$

式中，M_s 系根据流域出口站实测输沙量，按照流域沙量平衡原理，采用"逐步逼近法"通过试算求得（于一鸣，1997）。

采用"指标法"计算水土保持措施减水减沙量关键在于水保措施面积的核实和减

黄河中游近期水沙变化对人类活动的响应

水减沙指标的确定。经综合分析计算，泾河、北洛河、渭河、汾河流域坡面措施减水减沙指标分别见表4-17～表4-27。

表4-17 泾河流域进行"三大差异"修正后的坡面措施减洪指标

频率/%	环江庆阳以上				庆阳—雨落坪区间（含柔远河流域）			
	汛期降雨量/mm	减洪指标/（万 m³/km²）			汛期降雨量/mm	减洪指标/（万 m³/km²）		
		梯田	人工林	人工草		梯田	人工林	人工草
5	696.1	5.20	3.07	1.80	868.6	11.08	6.54	3.84
10	513.5	4.39	3.60	1.48	640.7	9.36	7.67	3.16
20	413.1	3.40	2.86	1.43	515.5	7.25	6.09	3.05
30	329.1	2.58	1.91	1.32	410.6	5.50	4.06	2.82
40	294.7	1.97	1.43	1.16	367.7	4.20	3.05	2.48
50	257.6	1.43	1.16	1.06	321.5	3.05	2.48	2.26
60	225.1	1.11	0.90	0.85	280.9	2.37	1.92	1.80
70	195.3	0.74	0.69	0.64	243.7	1.58	1.47	1.35
80	166.3	0.48	0.48	0.48	207.6	1.02	1.02	1.02
90	135.6	0.16	0.16	0.21	169.2	0.34	0.34	0.45
系列平均	322.6	2.15	1.62	1.04	402.6	4.57	3.46	2.22
频率/%	杨家坪以上				雨落坪、杨家坪—张家山区间			
	汛期降雨量/mm	减洪指标/（万 m³/km²）			汛期降雨量/mm	减洪指标/（万 m³/km²）		
		梯田	人工林	人工草		梯田	人工林	人工草
5	588.8	11.9	5.7	3.4	611.2	11.1	5.3	3.2
10	535.8	6.8	4.1	3.1	556.2	6.4	3.8	2.9
20	477.4	4.4	3.1	2.3	495.6	4.1	2.9	2.1
30	437.7	3.2	2.3	1.8	454.4	3.0	2.1	1.7
40	407.9	2.6	1.8	1.5	423.5	2.4	1.7	1.4
50	378.2	2.2	1.1	1.3	392.6	2.0	1.1	1.2
60	350.6	1.8	0.8	1.1	364.0	1.7	0.8	1.1
70	319.7	1.3	0.5	0.8	331.9	1.2	0.5	0.8
80	286.7	0.8	0.2	0.5	297.6	0.8	0.2	0.5
90	247.0	0.3	0.1	0.3	256.4	0.3	0.1	0.3
系列平均	403.0	3.5	2.0	2.8	418.3	3.3	1.8	2.7

资料来源：冉大川等，2006。

表4-18 泾河流域1950～1969年丰、平、枯水年径流输沙模数

项目	丰水年	平水年	枯水年	项目	丰水年	平水年	枯水年
年径流/亿 m³	22.48	17.85	15.97	年输沙/亿 t	3.5	1.9	1.49
径流模数/（万 m³/km²）	6.767	5.373	3.786	输沙模数/（万 t/km²）	1.054	0.572	0.449

第4章 黄河中游近期水沙变化"水保法"分析

表4-19 泾河流域坡面措施减水减沙指标

措施	梯田			条田			人工林地			人工草地		
	丰	平	枯	丰	平	枯	丰	平	枯	丰	平	枯
减水/(m³/hm²)	358.7	446.0	466.3	358.7	446	466.3	135.3	209.5	253.6	101.5	166.6	219.6
减沙/(t/hm²)	29.2	30.8	32.5	7.6	8.0	8.4	13.7	19.4	36.4	16.5	17.2	34.6

表4-20 北洛河流域坡面措施相对减水指标　　　　（单位:%）

措施	丰水年	平水年	枯水年
梯田	20	40	60
造林	25	35	45
种草	10	15	20
封禁	10	15	20

表4-21 北洛河流域黄土丘陵沟壑区坡面措施减沙系数

措施	梯田	造林	种草	封禁
小区试验观测系数	0.94	0.85	0.40	0.40
小区推大面积折减系数	0.70	0.40	0.60	0.60

表4-22 北洛河流域黄土高塬沟壑区坡面措施减沙系数

项目	条田、埝地	梯田	造林	种草	封禁
小区观测减沙系数	1.0	0.94	0.85	0.40	0.40
小区推算大面积折减系数	0.80	0.80	0.40	0.60	0.60

表4-23 北洛河流域坡面措施相对减沙指标　　　　（单位:%）

措施	黄土高塬沟壑区	黄土丘陵沟壑区
梯田	75.2	65.8
造林	34.0	34.0
种草	24.0	24.0
封禁	24.0	24.0

表4-24 渭河北道以上区域水保措施减水减沙指标

年份	降雨水平	减水指标/（万 m³/km²）				减沙指标/（万 t/km²）			
		梯田	林地	草地	坝地	梯田	林地	草地	坝地
1997	枯	0.911	0.629	0.545	45	0.133	0.115	0.109	900
1998	枯	1.957	1.352	1.170	45	0.338	0.292	0.277	900
1999	枯	2.204	1.523	1.318	45	0.386	0.333	0.316	900
2000	平	2.410	1.133	0.900	45	0.316	0.154	0.136	900
2001	平	2.041	0.959	0.763	45	0.358	0.174	0.153	900
2002	枯	1.662	1.148	0.994	45	0.301	0.259	0.246	900

续表

年份	降雨水平	减水指标/（万 m³/km²）				减沙指标/（万 t/km²）			
		梯田	林地	草地	坝地	梯田	林地	草地	坝地
2003	丰	3.822	1.442	1.082	45	0.415	0.15	0.127	900
2004	枯	2.154	1.488	1.288	45	0.401	0.346	0.329	900
2005	丰	2.355	0.889	0.667	45	0.276	0.1	0.084	900
2006	平	2.570	1.208	0.960	45	0.393	0.191	0.168	900

表 4-25　渭河北道—咸阳区间水保措施减水减沙指标

年份	降雨水平	减水指标/（万 m³/km²）				减沙指标/（万 t/km²）			
		梯田	林地	草地	坝地	梯田	林地	草地	坝地
1997	枯	3.984	2.752	2.382	45	0.005	0.004	0.004	900
1998	平	9.586	4.504	3.580	45	0.014	0.007	0.006	900
1999	平	7.813	3.671	2.918	45	0.029	0.014	0.012	900
2000	枯	8.101	5.595	4.844	45	0.071	0.062	0.059	900
2001	枯	6.275	4.334	3.752	45	0.116	0.1	0.095	900
2002	枯	6.009	4.151	3.593	45	0.008	0.006	0.006	900
2003	丰	9.191	3.468	2.601	45	0.063	0.023	0.019	900
2004	枯	6.788	4.689	4.059	45	0.052	0.045	0.042	900
2005	丰	6.956	2.625	1.969	45	0.053	0.019	0.016	900
2006	枯	7.935	5.481	4.745	45	0.148	0.127	0.121	900

表 4-26　渭河咸阳—华县区间水保措施减水减沙指标

年份	降雨水平	减水指标/（万 m³/km²）				减沙指标/（万 t/km²）			
		梯田	林地	草地	坝地	梯田	林地	草地	坝地
1997	枯	3.984	2.752	2.382	45	0.005	0.004	0.004	780
1998	平	9.586	4.504	3.580	45	0.014	0.007	0.006	780
1999	平	7.813	3.671	2.918	45	0.029	0.014	0.012	780
2000	枯	8.101	5.595	4.844	45	0.071	0.062	0.059	780
2001	枯	6.275	4.334	3.752	45	0.116	0.100	0.095	780
2002	枯	6.009	4.151	3.593	45	0.008	0.007	0.006	780
2003	丰	9.191	3.468	2.601	45	0.063	0.023	0.019	780
2004	枯	6.788	4.689	4.059	45	0.052	0.045	0.042	780
2005	丰	6.956	2.625	1.969	45	0.053	0.019	0.016	780
2006	枯	7.935	5.481	4.745	45	0.148	0.127	0.121	780

第4章 黄河中游近期水沙变化"水保法"分析

表4-27 汾河流域水保措施拦蓄水沙指标及修正系数

措施	指标	上游	中游	下游	措施	指标	上游	中游	下游
梯田	拦沙指标/(t/km²)	4050	4050	4050	种草	拦沙指标/(t/km²)	1800	1500	1500
	蓄水指标/(万m³/km²)	13.5	13.5	13.5		蓄水指标/(万m³/km²)	4.5	2.5	6.5
	面积系数	0.8	0.6	0.6		面积系数	0.9	0.4	0.4
水保林	拦沙指标/(t/km²)	3000	1800	1800	封山育林	拦沙指标/(t/km²)	3173	1800	1800
	蓄水指标/(万m³/km²)	6.5	6.5	10		蓄水指标/(万m³/km²)	8.5	6.75	15
	面积系数	0.8	0.4	0.7		面积系数	0.7	0.3	0.3
经济林	拦沙指标/(t/km²)	2538	1800	1800	旱坪垣地	拦沙指标/(t/km²)	3000	2000	2000
	蓄水指标/(万m³/km²)	4.5	4.5	4.5		蓄水指标/(万m³/km²)	2.1	2.1	2.1
	面积系数	0.9	0.3	0.3		面积系数	0.9	0.6	0.6
坝地	拦沙指标/(万t/km²)	22.5	20	20	滩地	拦沙指标/(万t/km²)	3.9	3	3
	蓄水指标/(万m³/km²)	30	30	30		蓄水指标/(万m³/km²)	13.5	13.5	13.5
	面积系数	1	0.5	0.5		面积系数	0.9	0.9	0.9

四大流域在计算过程中又各有不同，主要如下：

（1）泾河流域在计算过程中，把全流域分为环江庆阳以上、庆阳—雨落坪区间（含柔远河流域）、杨家坪以上和雨落坪、杨家坪—张家山区间等四片。由于泾河流域坡面措施减水减沙量计算采用了"以洪算沙法"和"指标法"等两种方法平行计算，因此，表4-17～表4-19分别给出了两套计算指标。

（2）北洛河流域在计算过程中，把全流域分为黄土丘陵沟壑区和黄土高塬沟壑区两大部分，考虑了坡面措施的减沙系数，分别确定坡面产沙模数和减沙相对指标；近期减水相对指标采用平水年指标。详见表4-20和表4-23。

（3）渭河流域在计算过程中，把全流域分为北道以上、北道—咸阳区间和咸阳—华县区间三部分，根据近期（1997～2006年）历年降水的丰、平、枯水平，分别确定了水土保持坡面措施的减水减沙指标，计算比较详细。计算指标分别见表4-24

~表4-26。

（4）汾河流域水保措施分类较细（共分为8类），全流域分为上游、中游和下游三段，分别确定了不同水保措施的蓄水指标和拦沙指标，见表4-27。

4.4 淤地坝减洪减沙量计算

淤地坝是最直接的拦截泥沙的水保措施，它不仅具有拦截从坡面、沟道上冲刷下来的泥沙的作用，同时还具有减轻沟蚀及滞洪的作用，淤好的坝地又是当地群众最好的生产地。淤地坝减洪减沙量计算有别于坡面措施。河龙区间淤地坝减洪减沙量计算方法考虑因素比较全面，在计算顺序上是首先计算出淤地坝减沙量，再根据减沙量计算减洪量。泾河、北洛河、渭河、汾河等四大流域则根据拦沙指标进行计算。

4.4.1 河龙区间淤地坝减洪减沙量计算方法

1. 拦泥量计算方法

淤地坝减沙量的计算包括淤地坝的拦泥量、减轻沟蚀量以及由于坝地滞洪及流速减小对坝下游沟道侵蚀量的减少量。目前拦泥量、减蚀量可以通过一定的方法来进行计算，消峰滞洪对下游沟道的影响量还无法计算，因此仅计算前两部分的量。

在核实并求出历年各支流已淤成坝地面积的基础上，根据重点调查及普查的淤地坝资料，确定出坝地的拦泥指标 M_s、坝地的淤积年限 n。通过分析其变化过程或利用灰色拓扑预测等方法，可以预测到未来时段的淤地坝累积面积。通过分析计算，可以求出以下参数：①不同流域内坝地的拦泥指标 M_s（即单位面积坝地的拦泥量）；②坝地平均淤积年限 n；③与计算有关的其他参数。

河龙区间各片 M_s 值不同，一般随着年代递增。晋西北片（指浑河、偏关河、县川河、朱家川、岚漪河、蔚汾河、湫水河和三川河等8条入黄一级支流及7577km² 的未控区）M_s 值最大的支流是偏关河，为8.31万 t/hm²；最小的支流是浑河，为5.32万 t/hm²。8条支流的 M_s 值平均为7.18万 t/hm²。

河龙区间陕北片（包括黄河北干流右岸的清涧河、无定河、佳芦河、秃尾河、窟野河、孤山川、皇甫川等7条较大的入黄一级支流及8700km² 的未控区）M_s 值最大的支流是无定河，为10.43万 t/hm²；最小的支流是清涧河，为7.41万 t/hm²。

河龙区间南片6条支流（包括河西的延河、云岩河、仕望川及4460km² 的未控区和河东的屈产河、昕水河、清水河及5880km² 的未控区）20世纪80~90年代 M_s 值最大的支流是延河，达10.1万 t/hm²；最小的支流是仕望川，为5.55万 t/hm²。各支流本次计算时采用的 M_s 值见表4-28。

第4章 黄河中游近期水沙变化"水保法"分析

表4-28 河龙区间各支流拦泥指标汇总表

序号	流域名称	拦泥指标 M_s /（万 t/hm²）	序号	流域名称	拦泥指标 M_s /（万 t/hm²）
1	皇甫川	8.04	12	偏关河	8.31
2	孤山川	8.16	13	县川河	7.84
3	窟野河	7.81	14	朱家川	8.23
4	秃尾河	8.29	15	岚漪河	5.81
5	佳芦河	7.65	16	蔚汾河	6.89
6	无定河	10.43	17	湫水河	7.52
7	清涧河	7.41	18	三川河	7.55
8	延河	10.10	19	屈产河	9.30
9	云岩河（汾川河）	7.95	20	昕水河	9.75
10	仕望川	5.55	21	清水河（州川河）	6.45
11	浑河	5.32			

对于坝地平均淤积年限 n 值，从晋西北片典型坝地重点调查资料分析来看，淤地坝的淤积年限范围为 $n=5\sim20$ 年；多坝平均淤积年限为黄土丘陵沟壑区 $n=12.5$ 年，缓坡风沙区 $n=13.1$ 年，因此，晋西北片及陕北片 n 值取13年。南片 n 值略大。

淤地坝总拦泥量的计算分成如下两部分。

第一部分是截至2006年已淤成坝地的拦泥量。采用下式计算，即

$$W_{sg1} = F \cdot M_s \cdot (1-\alpha_1)(1-\alpha_2) \tag{4-15}$$

式中，W_{sg1} 为截至2006年，已淤成坝地的拦泥量（万t）；F 为截至2006年底坝地的累积面积（hm²）；M_s 为坝地的拦泥指标（万t/hm²）；α_1 为人工填垫及坝地两岸坍塌所形成的坝地面积占坝地总面积的比例；α_2 为推移质系数。本次研究取 $\alpha_1=0.15$，$\alpha_2=0.1$。

第二部分是截至2006年未淤成坝地的拦泥量。这部分拦泥量未能在坝地累积面积中进行计算，且在淤地坝总拦泥量中占有一定比例。按照淤积年限为13年考虑，截至2006年，已经拦沙1年的淤地坝将在12年后，也就是2018年淤成坝地，并计入坝地累积面积中，这部分拦泥量将占2018年淤地坝拦泥增长量的1/13，即

$$\Delta W_{sg21} = 1/13 \cdot [(f_0-f_1) \cdot M_s \cdot (1-\alpha_1)(1-\alpha_2)]$$

式中，ΔW_{sg21} 为截至2006年已经拦沙1年的淤地坝的拦泥量（万t）；f_0，f_1 分别为预测的2018年和2017年坝地的累积面积（hm²）。

同理，截至2006年，已经拦沙2年的淤地坝将在11年后，也就是2017年淤成坝地，并计入坝地累积面积中，这部分拦泥量将占2017年淤地坝拦泥增长量的2/13，即

$$\Delta W_{sg22} = 2/13 \cdot [(f_1-f_2) \cdot M_s \cdot (1-\alpha_1)(1-\alpha_2)]$$

式中，ΔW_{sg22} 为截至2006年已经拦沙2年的淤地坝的拦泥量（万t）；f_1，f_2 分别为预测的2017年和2016年坝地的累积面积（hm²）。其他年份依此类推。

将上述不同拦沙年限的拦泥量计算公式合并整理（即将以上推求过程中的12个未

淤成坝地的拦泥量计算公式相加整理），则可得到未淤成坝地的最终拦泥量计算公式为

$$W_{sg2} = \frac{1}{13}(\sum_{i=1}^{12}f_i - 12F)M_s(1-\alpha_1)(1-\alpha_2) \qquad (4\text{-}16)$$

式中，ΔW_{sg2} 为截至 2006 年未淤成坝地部分的拦泥量（万 t）；f_i 为 2006 年后预测年每年"淤成"的坝地面积（hm^2）。其他符号含义同前。

由此可得截至 2006 年淤地坝总拦泥量 $\Delta W_{s坝}$ 为

$$\Delta W_{s坝} = W_{sg1} + W_{sg2} \qquad (4\text{-}17)$$

对于近期各年份的拦泥量，按照各年输沙量占近期累积年输沙总量的大小，将截至 2006 年的累积拦泥量分配到各年份。

2. 减蚀量计算方法

修建在侵蚀发育强烈地区的中小水库及淤地坝，随着拦泥量的增加和淤地范围的扩大，抬高了局部侵蚀基面，减缓了沟道比降，减小了水流行进流速，从而能减轻沟道的重力侵蚀，对侵蚀起控制作用，称为减蚀作用（张胜利等，1994）。

淤地坝的减蚀作用在沟道建坝后即行开始，其减蚀量一般与沟壑密度、沟道比降及沟谷侵蚀模数等因素有关，其数量包括被坝内泥沙淤积物覆盖的原沟谷侵蚀量及波及影响的淤泥面以上沟道侵蚀的减少量。后一部分的数量较难确定，通常是在计算前一部分的基础上乘以一个扩大系数。减蚀量的计算公式为

$$\Delta W_{sj} = F \cdot M_{si} \cdot K_1 \cdot K_2 \qquad (4\text{-}18)$$

式中，ΔW_{sj} 为某年淤地坝减蚀量（万 t）；F 为某年所有淤地坝的面积，包括已淤成的坝地面积及正在淤积但尚未淤满部分的水面面积（hm^2）；M_{si} 为计算年内流域的侵蚀模数（t/km^2）。

以往研究认为，由于河龙间河流泥沙输移比接近于 1.0，实际计算时可用流域控制站内的年输沙模数代替。但本次研究发现，河龙区间近期河流泥沙输移比普遍偏小约 20%，因此，计算时统一采用各支流年输沙模数扩大 1.2 倍作为流域计算年内的侵蚀模数，即 $M_{si} = 1.2 M_A$（M_A 为流域年输沙模数）。

K_1 为沟谷侵蚀量与流域平均侵蚀量之比，参照山西省水土保持科学研究所在离石王家沟流域的多年观测资料，取 $K_1 = 1.75$；K_2 为坝地以上沟谷侵蚀的影响系数。

河龙区间近期（1997~2006 年）各支流平均输沙模数见表 4-29。

表 4-29　河龙区间各支流 1997~2006 年平均输沙模数计算结果

序号	流域名称	输沙模数 /[t/(km²·a)]	序号	流域名称	输沙模数 /[t/(km²·a)]
1	皇甫川	4 296	6	无定河	1 593
2	孤山川	2 692	7	清涧河	7 350
3	窟野河	1 318	8	延河	3 669
4	秃尾河	1 399	9	云岩河（汾川河）	517
5	佳芦河	2 649	10	仕望川	104

第4章 黄河中游近期水沙变化"水保法"分析

续表

序号	流域名称	输沙模数 /[t/(km²·a)]	序号	流域名称	输沙模数 /[t/(km²·a)]
11	浑河	934	17	湫水河	2 029
12	偏关河	1 305	18	三川河	629
13	县川河	871	19	屈产河	4 428
14	朱家川	710	20	昕水河	974
15	岚漪河	616	21	清水河（州川河）	601
16	蔚汾河	1233			

在淤地坝中还有一部分坝地是修建在沟道比较平缓、沟床已不再继续下切、沟坡多年来比较稳定、沟谷侵蚀已达到相对稳定程度的流域内，当坝建成后基本无减蚀作用，在计算减蚀量时还应扣除这一部分。由于对这一部分不减蚀坝地目前还没有更好的办法来分割，但又确实存在，本次计算可假设未淤成坝地的这一部分量和对坝地以上沟谷侵蚀的减少量相互抵消，则式（4-18）简化为

$$\Delta W_{sj} = 1.75 \cdot F \cdot M_{si} \tag{4-19}$$

式中，F 为计算年坝地的累积面积（hm²）。

由此可以求出淤地坝的减沙总量 $\Delta W_{s总}$ 为

$$\Delta W_{s总} = \Delta W_{s坝} + \Delta W_{sj} \tag{4-20}$$

在计算出各年代末淤地坝总拦沙量后，需要分配到各年。由于各年份淤地坝拦沙量的多少，除与淤地坝的数量（库容）有关外，还与坡面来沙量的多少有关。因此，各年拦沙量的分配分别按各年坝地增长面积占累积面积的比例和流域年输沙量占总输沙量的比例分配，取上述两次分配值的平均值作为各年最终拦沙量。

3. 淤地坝减洪量计算

淤地坝的减洪量包括两部分：一部分是已经淤平后作为农地利用的坝地减洪量，另一部分是仍在拦洪时期的淤地坝减洪量。淤地坝淤平后，坝地已经利用，其减水作用就与有埂的水平梯田一样。仍在拦洪时期的淤地坝，其拦泥和拦洪是同时进行的，拦洪的目的是拦泥，泥中有水。淤泥中所含的水分，有一部分将耗于蒸发，另一小部分又从地下流入河中。据此分析计算这部分减洪量时，不能考虑其蓄水量，只能计算淤泥中所含的水量。

本次研究中，对淤地坝减洪量的计算是在计算出淤地坝减沙量（包括拦泥量和减蚀量）的基础上进行的。此时将淤地坝减洪量的计算分为如下两步。

第一步：计算未淤平坝地即正在拦洪时期的淤地坝拦洪量，其拦洪量根据淤地坝拦泥量（不包括减蚀量）依淤地坝拦洪时的洪沙比反求。计算公式为

$$\Delta W_1 = K \cdot \Delta W_{s坝}/r_s \tag{4-21}$$

式中，ΔW_1 为仍在拦洪时期淤地坝的拦洪量（万 m³）；$\Delta W_{s坝}$ 为淤地坝的总拦泥量（万 t）；K 为流域淤地坝拦洪时的洪沙比；r_s 为淤泥干容重，取 $r_s = 1.4 t/m^3$。

根据黄委会绥德水土保持科学试验站的实测资料及以往研究的典型调查资料，结合各支流治理前的洪沙线性关系式中的斜率值，可以确定 K 值。本次研究分片 K 值平均值如下：陕北片 $K=2.4$，晋西北片 $K=1.929$，南片河东区 $K=1.822$，河西区 $K=1.433$。河龙区间各支流计算采用的 K 值详见表4-30。

表4-30　河龙区间各支流洪沙比 K 值

序号	流域名称	洪沙比 K 值	序号	流域名称	洪沙比 K 值
1	皇甫川	2.33	12	偏关河	1.69
2	孤山川	2.49	13	县川河	1.62
3	窟野河	2.87	14	朱家川	1.95
4	秃尾河	2.68	15	岚漪河	1.5
5	佳芦河	1.73	16	蔚汾河	1.5
6	无定河	2.42	17	湫水河	2.31
7	清涧河	2.31	18	三川河	2.87
8	延河	1.35	19	屈产河	1.72
9	云岩河（汾川河）	1.47	20	昕水河	1.82
10	仕望川	1.47	21	清水河（州川河）	1.92
11	浑河	2.0			

第二步：计算已淤平坝地的减洪量。计算公式为

$$\Delta W_2 = M_\text{洪} \cdot F_\text{坝} \cdot \eta \tag{4-22}$$

式中，ΔW_2 为已淤平坝地减洪量（万 m³）；$M_\text{洪}$ 为计算流域天然状况下的产洪模数（万 m³/km²）；$M_\text{洪} = W_\text{洪}/F$；$\eta$ 为减洪系数，以有埂梯田看待，取 $\eta=1.0$；$F_\text{坝}$ 为坝地面积（hm²）；F 为流域面积（km²）。

$M_\text{洪}$ 可根据流域水量平衡原理按下式计算确定：

$$W_\text{洪} = W_0 + W_\text{措} + M_\text{洪} \cdot F_\text{坝} \cdot \eta \tag{4-23}$$

式中，$W_\text{洪}$ 为流域计算年天然产洪量；W_0 为流域把口站实测洪量；$W_\text{措}$ 为流域除坝地以外的其他水保措施总减洪量。

显然，式（4-23）为 $W_\text{洪}$ 的隐函数，通过试算确定 $W_\text{洪}$ 后，则 $M_\text{洪} = W_\text{洪}/F$。因此，淤地坝的减洪总量为

$$\Delta W_\text{总} = \Delta W_1 + \Delta W_2 \tag{4-24}$$

4.4.2　泾洛渭汾河淤地坝减洪减沙量计算方法

1. 泾河

泾河流域近期淤地坝减水减沙量计算采用"指标法"。计算方法如下：

（1）淤地坝减水量＝单位面积减水量（减水指标）×计算时段新增坝地面积。根据调查分析，泾河流域淤地坝单位面积的减水量为 $4500 \text{m}^3/\text{hm}^2$。

（2）淤地坝减沙量＝单位面积拦沙量（拦沙指标）×计算年份新增坝地面积。根据调查分析，泾河流域坝地单位面积拦沙量为 $76\,500 \text{t}/\text{hm}^2$。

第4章 黄河中游近期水沙变化"水保法"分析

根据水利部第二期黄河水沙变化研究基金项目"泾河流域水土保持措施减水减沙作用分析"1970~1996年研究成果（冉大川等，2006），泾河流域近期淤地坝减蚀系数（减蚀量/拦泥量）取为6.6%，据此进行淤地坝减蚀量计算。

2. 北洛河

北洛河流域近期淤地坝减水量计算方法同河龙区间，不再赘述。在近期淤地坝减沙量的计算中，采用了如下方法。

1) 淤地坝减沙量计算方法

淤地坝减沙量包括淤地坝的拦泥量、减轻沟蚀量以及由于坝地滞洪和流速减小对坝下游沟道侵蚀的影响减少量。目前，削峰滞洪对下游的影响减沙量还难以计算，因此，仅计算拦泥量和减蚀量。其中，拦泥量由实际测算获得；减蚀量根据已有研究成果推算。

淤地坝减沙量采用以下公式计算：

$$\Delta W_s = \Delta W_{sg} + \Delta W_{sb} \tag{4-25}$$

$$\Delta W_{sg} = M_s \cdot f \cdot (1-\alpha_1)(1-\alpha_2) \tag{4-26}$$

$$\Delta W_{sb} = k \cdot \Delta W_{sg} \tag{4-27}$$

式中，ΔW_s 为淤地坝总减沙量；ΔW_{sg} 为坝地拦泥量；ΔW_{sb} 为坝地减蚀量；M_s 为单位面积坝地拦泥量（拦泥定额）；f 为计算期内坝地面积；α_1 为人工填地及坝地两岸坍塌所形成的坝地面积占坝地总面积的比例系数，北洛河流域取 0.2；坝地拦泥量主要是悬移质泥沙，α_2 为推移质在坝地拦泥量中所占比例系数，北洛河流域取 0.15。

k 为淤地坝减蚀系数。根据冉大川等以往的计算成果（表4-31），北洛河流域不同水土流失类型区的减蚀系数各不相同。黄土丘陵沟壑区多年平均 k 值为7%，黄土高塬沟壑区为1.5%，其他类型区为4.3%，多年平均值为4.4%。

表4-31 北洛河流域淤地坝减沙量以往计算成果

时段	拦泥量/万t				减蚀量/万t				减蚀系数/%			
	丘陵沟壑区	高塬沟壑区	其他类型区	小计	丘陵沟壑区	高塬沟壑区	其他类型区	小计	丘陵沟壑区	高塬沟壑区	其他类型区	小计
1956~1969年	206.94	189.14	54.47	450.55	5.23	0.35	0.58	6.16	2.5	0.2	1.1	1.4
1970~1979年	297.74	260.36	78.37	636.48	18.75	3.86	4.18	26.79	6.3	1.6	5.3	4.2
1980~1989年	57.44	52.50	15.12	125.06	16.43	1.75	1.96	20.14	28.6	3.3	13.0	16.1
1990~1996年	285.37	260.83	75.12	621.32	23.29	7.63	3.90	34.83	8.2	2.9	5.2	5.6
1970~1996年	205.53	183.50	54.10	443.13	19.07	4.05	3.29	26.41	9.3	2.2	6.1	6.0
1956~1996年	206.01	185.43	54.23	445.67	14.34	2.79	2.36	19.50	7.0	1.5	4.3	4.4

资料来源：冉大川等，2006。

2) 坝地拦泥定额

根据《黄河流域水土保持基本资料》（王坤平，2001）提供的资料，截至1999年底，北洛河流域共建淤地坝1326座，淤成坝地3628hm²（折合54 420亩），已拦泥12 897万 m³，由此计算出北洛河流域坝地拦泥定额为3.555万 m³/hm²（折合2370m³/亩）。取淤泥干容重为1.4t/m³，则坝地拦泥定额为4.977万 t/hm²（折合3320t/亩）。

3. 渭河与汾河

渭河流域在淤地坝减水减沙量计算过程中同坡面措施一样，仍把全流域分为三部分，根据近期历年降雨的丰、平、枯水平，分别确定了坝地的减水减沙指标。坝地的拦泥指标（减沙指标）参考并采用水利部第二期水沙基金项目"渭河流域水土保持措施减水减沙作用分析"1990~1996 年后期的状况（冉大川等，2006），即中上游取 900 万 t/km²，下游取 780 万 t/km²。坝地减水指标由调查分析取 4500m³/hm²，即 45 万 m³/km²。具体见前述表 4-24~表 4-26。汾河流域上游、中游、下游坝地的蓄水拦沙指标仍见表 4-27。

渭河与汾河流域淤地坝减蚀量计算方法同河龙区间。

4.5 水利措施减水减沙量计算

4.5.1 水库减水减沙量计算

1. 水库减水量计算

水库减水量包括两部分，一是水库蓄水量，二是水库蒸发量。水库蓄水量又包括两部分，其一是用于灌溉的水量，可由灌溉面积计算，不计入水库减水量；其二是水库的蓄水变量，计算仅限于大、中型水库，小型水库不予考虑。

水库减水量及蒸发量计算公式如下：

$$\Delta W_H = \Delta W_K + \Delta W_X \tag{4-28}$$

$$\Delta W_K = 10^{-1} \cdot F \cdot [E - (P - R)] \tag{4-29}$$

$$\Delta W_X = V_b - V_a \tag{4-30}$$

式中，ΔW_H 为水库减水量（万 m³）；ΔW_K 为水库蒸发量（万 m³）；F 为水库水面面积（km²）；E 为水库水面蒸发量（mm）；P 为库区年平均降水量（mm）；R 为库区实测年径流深（mm）；ΔW_X 为水库蓄水变量（万 m³）；V_b 为水库年终蓄水量（万 m³）；V_a 为水库年初蓄水量（万 m³）。

2. 水库减沙量计算

水库减沙量是指水库拦截的悬移质输沙量，可由淤积量推求。水库淤积量可根据其实测淤积资料求得，有逐年实测资料可直接计入；有时段实测资料时可根据汛期降雨量所占比例进行分配后计入。水库淤积量计算公式如下：

$$\Delta V_{水库} = V_{水库} \cdot P_{汛} / \sum P_{汛} \tag{4-31}$$

式中，$\Delta V_{水库}$ 为计算年份的水库淤积量（万 t）；$V_{水库}$ 为实测时段淤积量（万 t）；$P_{汛}$ 为计算年份汛期降雨量（mm）；$\sum P_{汛}$ 为与水库实测淤积量相对应的时段汛期降雨量之和（mm）。

无实测淤积资料时，可根据典型调查按下式推算：

$$\Delta V_{水库} = V \cdot F \cdot M_K \cdot \Delta V_d / (V_d \cdot M_{kd} \cdot F_d) \tag{4-32}$$

式中，$\Delta V_{水库}$为推算水库淤积量（万 t）；V为水库库容（万 m^3）；M_K为水库集水区产沙模数（t/km^2）；F为水库集水面积（km^2）；ΔV_d为典型水库淤积量（万 t）；V_d为典型水库库容（万 m^3）；M_{kd}为典型水库集水区产沙模数（t/km^2）；F_d为典型水库集水面积（km^2）。

有了水库淤积量，其减沙量可按下式计算：

$$\Delta W_{sh} = (1 - \alpha) \cdot \Delta V_{水库} \cdot \gamma \tag{4-33}$$

式中，ΔW_{sh}为水库减沙量（万 t）；α为水库中推移质所占比重，取 $\alpha = 0.1 \sim 0.2$；γ为水库淤积体的干容重，$\gamma = 1.35 \sim 1.4 t/m^3$。

3. 水库历年减水减沙量推求

进行水库历年减水减沙量推求时，可采用各年洪水值与计算时段洪水均值之比（模比系数）分配到各年，即

$$\Delta W_{Hi} = (W_{Hi}/W_H) \times \Delta W_H \tag{4-34}$$

$$\Delta W_{SHi} = (W_{Hi}/W_H) \times \Delta W_{SH} \tag{4-35}$$

式中，ΔW_{Hi}、ΔW_{SHi}分别为某年水库减水量（万 m^3）和减沙量（万 t）；ΔW_H、ΔW_{SH}分别为水库时段减水量（万 m^3）和时段减沙量（万 t）；W_{Hi}、W_H分别为某年水库实测洪水量（万 m^3）和计算时段平均洪水量（万 m^3）。

4.5.2 灌溉减水减沙量计算

1. 灌溉减水量计算

灌溉减水量可按下式计算：

$$\Delta W_L = (1 - \zeta) \cdot G_m \cdot F_{实} \cdot K_0 \cdot 1/\varphi \tag{4-36}$$

式中，ΔW_L为灌溉减水量（万 m^3）；ζ为灌溉回归水系数；G_m为灌溉定额（m^3/hm^2）；$F_{实}$为实际灌溉面积（hm^2）；K_0为灌溉引水量中河川径流量所占比例（由调查确定）；φ为灌溉有效利用系数。

2. 灌溉减沙量计算

灌溉减沙量按下式计算：

$$\Delta W_{gs} = 1/1000 \cdot \Delta W_L \cdot \rho \tag{4-37}$$

式中，ΔW_{gs}为灌溉减沙量（万 t）；ΔW_L为灌溉减水量（万 m^3）；ρ为灌溉引水含沙量（kg/m^3）。

4.6 河道冲淤量和工业、城镇生活用水量

4.6.1 影响河道输沙能力的主要因素分析

影响河道输沙能力的因素较多。通过联解水流连续方程、水流动力方程［谢才公

式（Chezy formula，1769 年）]和水流输沙方程（水流挟沙力公式），即可求得河道输沙能力与河道边界条件的关系。

（1）水流连续方程：

$$Q = A \cdot v \quad (4\text{-}38)$$

式中，Q 为流量（m³/s）；A 为过水断面面积（m²）；v 为断面平均流速（m/s）。

（2）谢才公式：

$$v = C \cdot (R \cdot J)^{1/2} = (1/n) \cdot R^{2/3} \cdot J^{1/2} \quad (4\text{-}39)$$

式中，C 为谢才系数；J 为水力坡度（河道比降）。根据曼宁公式（Manning formula，1890 年）进行计算：

$$C = (1/n) \cdot R^{1/6} \quad (4\text{-}40)$$

式中，n 为糙率；R 为水力半径（m）。

（3）水流输沙方程：

$$S_* = K \cdot [v^3 / (gR\omega)]^m \quad (4\text{-}41)$$

式中，S_* 为水流挟沙力（kg/m³）；ω 为床沙质的沉速（m/s）；g 为重力加速度（m/s²）；K 为系数；m 为指数。

对于黄河下游河道，水力半径 $R \approx h$（水深），则 $A = BR \approx Bh$，B 为水面宽（m）。黄河下游 $m = 0.76$，$K = 0.22$（武汉水利电力学院，1983）。由以上三式联解有

$$R = [Q \cdot n / (B \cdot J^{1/2})]^{3/5} \quad (4\text{-}42)$$

$$S_* = K \cdot [Q^3 / (B^3 R^4 g\omega)]^m = 0.22 (Q/B)^{0.456} \cdot (J^{0.5}/n)^{1.824} \cdot (1/g\omega)^{0.76}$$
$$(4\text{-}43)$$

由式（4-43）可知，黄河下游河道输沙能力除与水流条件（流量 Q）和来沙条件（泥沙沉速 ω）有关外，还可以通过以下三种途径提高输沙能力：①改善河道横断面形态，缩窄河宽；②裁弯取直，增大纵比降；③减少河道综合糙率。其中，平顺控导工程外形、光洁控导工程表面是减少河道综合糙率的有效途径。

对于黄河中游的较大支流如泾河、北洛河、渭河的下游河道而言，以上提高输沙能力、减缓淤积的途径也可以借鉴。

4.6.2 河道冲淤量计算方法

河道冲淤是影响流域水沙变化的重要因素。河道发生淤积，河口输沙量将会小于流域产沙量；河道发生冲刷，河口输沙量将会大于流域产沙量。一般采用"断面法"计算河道冲淤量。其步骤如下：

（1）绘制各支流逐年各测次实测大断面图，观察其断面形态变化，确定一个比较高的控制高程作为断面冲淤变化的基准面（一般选取资料系列内最高洪水位作为控制高程）。

（2）逐年量算汛前实测大断面控制基准面以下的断面面积。

（3）计算断面相邻年份的面积之差，确定其时段冲淤面积，计算时段冲淤量。

（4）根据计算所得的冲淤面积，计算逐年累积冲淤面积及累积冲淤量。

（5）按下式计算冲淤量：

$$\Delta W_{SY} = \beta \cdot \gamma \cdot \Delta L (\Delta F_1 + \Delta F_2)/2 \tag{4-44}$$

式中，ΔW_{SY} 为河道悬移质冲淤量（t）；ΔF_1 为河段上断面冲淤面积（m²）；ΔF_2 为河段下断面冲淤面积（m²）；ΔL 为两断面间距（m）；γ 为河床质干容重，其值一般为 1.35~1.5t/m³；β 为悬移质在冲淤物中的比例，有实测资料时，采用实测数值，若无实测资料，可取其近似值等于1。

4.6.3 工业、城镇生活用水量

工业及城镇生活用水量是指从河道中引用供给城镇生活和工业生产所用水量，其与城镇人口数量、工业生产发展水平等因素有关。生活用水量按城镇人口与人均用水量的乘积求得；工业用水量根据年工业产值的用水定额计算。

4.7 人类活动增洪增沙量

在黄河中游地区，对土壤侵蚀及河流泥沙影响较为突出的人类活动主要有陡坡开荒、修路、开矿等。人类活动增沙量计算方法简述如下（冉大川等，2000）。

4.7.1 陡坡开荒

陡坡开荒增沙量可按下式计算：

$$\Delta W_{SK} = f_K \cdot (m_{s1} - m_{s2}) \tag{4-45}$$

式中，ΔW_{SK} 为开荒增沙量（t）；f_K 为开荒面积（km²）；m_{s1} 为坡耕地产沙模数（t/km²）；m_{s2} 为荒坡地产沙模数（t/km²）；$(m_{s1} - m_{s2})$ 称为增沙模数，本次研究中黄河中游地区人类活动增沙模数统一取为 6600t/km²。

4.7.2 开矿

开矿弃土、弃石、弃渣流失量按下式计算：

$$\Delta W_{SM} = M \cdot G \cdot \xi_1 \cdot \gamma \tag{4-46}$$

式中，ΔW_{SM} 为开矿引起的流失量（t）；M 为单位产量弃土、弃石、弃渣量（m³/t）；G 为开矿年产量（t）；ξ_1 为流失系数；γ 为弃物容重（t/m³）。

4.7.3 修路

修路弃土弃石流失量可按下式计算：

$$\Delta W_{sq} = \zeta_2 \cdot \Delta V_q \tag{4-47}$$

$$\Delta V_q = L \cdot G_q \tag{4-48}$$

式中，ΔW_{sq} 为修路弃土弃石流失量（t）；ΔV_q 为弃土弃石量（t）；ζ_2 为流失系数；L 为修路里程（km）；G_q 为单位里程弃土弃石量（t/km）。

人类活动增洪量计算方法详见相关研究成果（冉大川等，2000，2006），不再赘述。黄河中游地区最近10年来公路网建设突飞猛进，路网建设使道路产流面积明显增大。公路年增水模数取为 2.08 万 m³/km²，据此计算路网建设增洪量。

4.8 未控区减水减沙量的计算

本次研究中未控区"水保法"计算同"水文法"一样,仍然只涉及河龙区间。在河龙区间未控区"水保法"计算中,用各支流未控区的水土保持措施面积乘以该流域控制区各项水保措施的减水减沙指标,得出各支流未控区水土保持措施的减水减沙量,按各支流分片计算后汇总。河龙区间未控区水利措施、人类活动增洪增沙量等根据调查资料,按各支流控制区的计算方法进行计算。

4.9 计算结果分析

4.9.1 河龙区间

1. 分项计算结果对比分析

1)河龙区间控制区近期人类活动年均减水作用分析

河龙区间控制区 1997~2006 年水利水土保持综合治理等人类活动年均减水作用计算成果见表 4-32。由该表可见,河龙区间控制区 1997~2006 年水保措施年均减少洪水量 68 735 万 m^3,减洪效益 40.7%;年均减少径流量 137 086 万 m^3,减水作用 41.0%。其中,梯田年均减洪 8504 万 m^3,林地年均减洪 29 522 万 m^3,草地年均减洪 3404 万 m^3,坝地年均减洪 24 740 万 m^3,封禁治理年均减洪 1517 万 m^3。灌溉年均引水 54 643 万 m^3,水库年均减水 8860 万 m^3,工业及生活年均用水 8396 万 m^3,人为年均增洪 2500 万 m^3。

从各单项水保措施减水所占比重来看,梯、林、草、坝、封禁减少洪水量分别占总减水量的 6.2%、21.5%、2.4%、18.0% 和 1.1%,林地减洪所占比重最大,坝地减洪所占比重较大;水利措施(包括水库、灌溉)减水量占总减水量的 46.3%;工业及生活用水占总减水量的 6.1%;人为增洪占总减水量的 -1.8%。

2)河龙区间控制区近期人类活动年均减沙作用分析

河龙区间控制区 1997~2006 年水利水土保持综合治理等人类活动年均减沙效益计算成果见表 4-33。由该表可见,河龙区间控制区 1997~2006 年水保措施年均减少洪水输沙量(洪沙)31 584 万 t,减少洪沙效益为 66.7%;年均减沙 33 262 万 t,减沙效益 67.4%。其中,梯田年均减少洪沙 5577 万 t,林地年均减少洪沙 10 160 万 t,草地年均减少洪沙 2377 万 t,坝地年均减少洪沙 9250 万 t,封禁治理年均减少洪沙 748 万 t。灌溉年均引沙 1370 万 t,水库年均减沙 5598 万 t,人为年均增沙 3218 万 t。

从各单项水保措施减沙所占比重来看,梯、林、草、坝、封禁减沙量分别占总减沙量的 16.8%、30.5%、7.1%、27.8% 和 2.2%。林地减沙所占比重最大,坝地减沙所占比重较大;水利措施(包括水库、灌溉)减沙量占总减沙量的 20.9%;河道淤积占 4.2%;人为增沙占 -9.7%。

河龙区间未控制区 1997~2006 年水利水土保持综合治理等人类活动年均减水减沙效益计算成果分别见表 4-34、表 4-35。汇总结果分别见表 4-36、表 4-37。

第4章 黄河中游近期水沙变化"水保法"分析

表4-32 河龙区间21条支流控制区1997~2006年"水保法"年均减水作用计算成果表

流域	水保措施减洪量/万 m³						水利措施减水量/万 m³					工业及生活用水/万 m³	人为增洪/万 m³	减洪效益		减水作用	
	梯田	林地	草地	坝地	封禁	小计	灌溉	水库洪水	水库常水	小计				减少量/万 m³	效益/%	减少量/万 m³	作用/%
皇甫川	26	770	156	1 037	13	2 003	734	130	135	999	175	-27	2 106	30.0	3 150	38.1
孤山川	43	265	54	1 039	3	1 404	442	—	—	442	84	-9	1 395	45.4	1 922	46.8
窟野河	109	1 816	323	1 318	107	3 672	10 846	61	67	10 975	2 937	-45	3 688	25.9	17 538	45.1
秃尾河	104	645	491	1 178	38	2 456	2 341	—	—	2 341	150	-7	2 449	21.7	4 939	17.8
佳芦河	133	243	19	963	2	1 360	485	—	—	485	23	—	1 360	51.4	1 868	42.7
无定河	1 940	5 928	631	3 215	147	11 861	29 412	1 363	2 871	33 645	1 267	-1 818	11 405	27.5	44 955	37.2
清涧河	458	1 208	103	1 212	48	3 029	452	327	372	1 152	438	-136	3 220	29.0	4 483	29.0
延河	1 142	6 448	567	1 167	172	9 497	418	523	542	1 482	53	-45	9 974	50.5	10 986	41.3
云岩河	320	1 637	172	950	24	3 103	656	—	—	656	83	-18	3 085	74.4	3 825	65.4
仕望川	193	1 293	63	877	67	2 493	1 199	94	99	1 393	152	-14	2 574	55.3	4 025	47.5
浑河	303	819	240	1 009	31	2 402	635	377	414	1 426	218	-73	2 706	35.1	3 972	36.1
偏关河	366	504	77	934	42	1 922	56	—	—	56	20	-36	1 886	69.5	1 962	64.7
县川河	272	336	39	933	17	1 599	212	—	—	212	120	-27	1 571	77.8	1 903	81.0
朱家川	368	690	76	1 157	36	2 327	4 003	124	169	4 296	614	-36	2 414	69.5	7 200	87.1
岚漪河	121	536	72	916	28	1 673	346	194	239	780	230	-32	1 835	72.8	2 651	64.3
蔚汾河	115	306	33	961	17	1 433	188	137	146	470	18	-19	1 551	63.3	1 903	66.4
湫水河	186	485	33	1 291	9	2 004	673	25	30	728	92	-41	1 988	51.3	2 783	50.7
三川河	633	1 266	48	1 389	35	3 370	287	89	107	483	31	-73	3 387	38.4	3 811	26.8
屈产河	196	916	84	1 162	19	2 376	120	49	57	226	45	-7	2 418	53.8	2 640	50.7
昕水河	1 304	3 122	110	1 129	638	6 303	1 130	41	46	1 217	1 636	-32	6 312	64.7	9 124	61.2
清水河	173	290	12	900	24	1 400	7	14	17	38	12	-3	1 411	80.8	1 447	68.9
合计（平均）	8 504	29 522	3 405	24 740	1 517	67 688	54 643	3 548	5 312	63 503	8 396	-2 500	68 736	40.7	137 087	41.0

表4-33 河龙区间21条支流控制区1997~2006年"水保法"年均减沙效益计算成果表

流域	水保措施减沙量/万t						水利措施减沙量/万t					河道冲淤/万t	人为增沙/万t	减少洪沙效益		减沙效益	
	梯田	林地	草地	坝地	封禁	小计	灌溉	水库			小计			减少量/万t	效益/%	减少量/万t	效益/%
								洪沙	常沙								
皇甫川	13	388	79	355	6	841	33	25	3		61	67	-120	813	37.4	849	38.4
孤山川	18	112	23	355	1	510	14	—	—		14	67	-4	573	62.8	587	63.3
窟野河	43	209	126	513	43	934	155	64	2		221	67	-742	323	22.6	480	29.6
秃尾河	80	487	381	392	30	1 370	18	—	—		18	67	-5	1 432	77.4	1 450	76.1
佳芦河	102	184	15	325	2	628	16	—	—		16	67	-1	694	70.5	710	70.5
无定河	1 462	2 890	472	1 545	111	6 480	713	3 500	150		4 363	67	-1 674	8 373	64.9	9 236	66.2
清涧河	811	587	181	459	85	2 124	21	145	2		167	67	-96	2 240	46.8	2 262	47.0
延河	1 534	2 656	763	495	232	5 680	14	920	43		977	67	-51	6 616	75.5	6 673	75.5
云岩河	87	448	47	316	7	905	17	4	0		21	67	-18	958	91.8	975	91.9
仕望川	21	138	7	262	7	435	3	0	0		3	67	-11	491	95.8	494	95.7
浑河	53	145	42	367	5	611	9	302	35		347	67	-68	911	64.3	956	65.2
偏关河	189	262	40	306	22	819	2	—	—		2	67	-37	849	77.7	851	77.3
县川河	235	303	34	308	14	895	11	—	—		11	67	-26	936	87.3	946	87.5
朱家川	203	381	42	451	20	1 098	111	33	4		147	67	-54	1 144	84.7	1 258	85.9
岚漪河	29	131	17	296	7	480	14	56	6		76	67	-39	564	80.9	584	81.5
蔚汾河	32	85	9	333	5	464	6	26	3		35	67	-29	528	74.4	537	74.7
湫水河	67	176	12	497	3	755	21	23	3		46	67	-50	795	67.6	818	68.3
三川河	166	329	13	483	9	1 000	2	60	7		69	67	-84	1 043	80.2	1 052	80.3
屈产河	118	55	50	494	11	727	4	85	5		94	67	-5	874	65.9	883	66.1
昕水河	239	70	20	424	118	871	188	41	46		275	67	-103	876	69.5	1 111	74.1
清水河	73	123	5	275	10	486	0	3	0		4	67	-5	551	95.5	551	95.5
合计(平均)	5 577	10 160	2 377	9 250	748	28 112	1 370	5 289	309		6 968	1 400	-3 218	31 583	66.7	33 262	67.4

第4章 黄河中游近期水沙变化"水保法"分析

表4-34 河龙区间主要支流未控区1997~2006年"水保法"年均减水作用计算成果表

流域	水保措施减洪量/万 m³						水利措施减水量/万 m³					工业及生活用水/万 m³	人为增洪/万 m³	减洪效益		减水作用	
	梯田	林地	草地	坝地	封禁	小计	灌溉	水库		常水	小计			减少量/万 m³	效益/%	减少量/万 m³	作用/%
								洪水	常水								
皇甫川	2.6	11.5	2.3	11.4	0.1	28.1	691.1	122.6	127.3	941.0	164.8	-25.7	125	2.6	1 108	18.7
孤山川	0.4	1.7	0.3	1.4	0.0	3.8	239.1	—	—	239.1	45.6	-4.9	-1	-0.1	284	19.4
窟野河	1.2	9.7	1.9	4.0	0.1	16.9	523.6	3.0	3.2	529.8	141.8	-2.2	18	3.4	686	40.0
秃尾河	0.9	7.3	6.6	3.5	0.5	18.8	340.8	—	—	340.8	21.8	-1.1	18	1.4	380	10.3
佳芦河	3.4	4.5	0.5	1.4	0.0	9.9	256.8	—	—	256.8	13.7	0.0	10	0.9	280	15.0
无定河	93.8	143.1	5.2	90.3	6.7	339.2	2 438.0	112.9	238.0	2 788.9	105.1	-150.7	301	10.8	3 082	32.9
清涧河	61.6	193.2	22.2	45.8	13.1	335.9	111.0	80.3	91.4	282.6	107.5	-33.4	383	16.5	693	20.4
延河	340.6	1 913.5	136.7	88.2	122.5	2 601.5	155.6	194.8	201.9	552.3	19.8	-16.9	2 779	43.3	3 157	35.2
云岩河	25.3	128.1	14.6	5.5	1.1	174.6	231.0	—	—	231.0	29.4	-6.4	168	31.0	429	37.5
仕望川	28.7	158.7	6.9	0.5	8.1	202.9	940.8	73.9	78.0	1 092.7	119.6	-10.7	266	14.0	1 404	28.7
浑河	3.3	12.4	4.3	0.4	1.9	22.2	258.7	153.7	168.6	581.1	93.0	-29.6	146	6.7	667	18.9
偏关河	3.3	12.4	4.3	0.4	1.9	22.2	258.7	153.7	168.6	581.1	93.0	-29.6	146	33.3	667	63.7
县川河	3.0	4.8	0.3	0.2	0.2	8.5	31.3	—	—	31.3	17.7	-4.0	5	6.5	54	44.7
朱家川	1.2	2.2	0.2	0.3	0.0	3.9	1 311.5	40.5	55.5	1 407.5	201.0	-11.9	33	8.6	1 600	82.1
岚漪河	0.6	1.8	0.1	0.3	0.1	2.9	43.0	24.1	29.7	96.8	28.5	-3.9	23	21.3	124	40.5
蔚汾河	0.6	1.8	0.1	0.3	0.1	2.9	43.0	24.1	29.7	96.8	28.5	-3.9	23	1.6	124	7.6
湫水河	17.9	33.0	2.0	20.7	0.7	74.3	169.3	6.3	7.5	183.1	31.3	-10.3	70	12.9	278	29.0
三川河	11.7	23.2	0.6	20.6	1.6	57.7	30.5	9.5	11.4	51.4	3.3	-7.7	59	9.3	105	8.6
屈产河	37.4	178.9	18.7	70.7	3.9	309.6	250.2	101.9	119.3	471.4	93.1	-15.2	396	8.4	859	13.6
昕水河	135.7	336.7	13.6	32.5	9.1	527.7	129.0	4.7	5.2	138.9	186.6	-3.6	529	57.4	850	56.3
清水河	83.8	137.1	5.1	17.2	12.1	255.3	54.5	108.3	126.8	289.6	91.7	-549.3	-186	-7.9	87	1.7
合计（平均）	857	3 316	247	416	184	5 019	8 507	1 214	1 462	11 184	1 637	-921	5 312	14.6	16 918	25.6

黄河中游近期水沙变化对人类活动的响应

表4-35 河龙区间主要支流未控区1997～2006年"水保法"年均减沙效益计算成果表

流域	水保措施减沙量/万t							水利措施减沙量/万t				河道冲淤/万t	人为增沙/万t	减少洪沙效益		减沙效益	
	梯田	林地	草地	坝地	封禁	小计	灌溉	水库			小计			减少量/万t	效益/%	减少量/万t	效益/%
								洪沙	常沙								
皇甫川	1.1	1.1	0.9	21.7	0.0	24.9	33.0	23.5	3.0		59.6	—	-113	-64	-5.3	-28	-2.3
孤山川	0.1	0.1	0.1	15.6	0.0	16.0	8.0	—	—		8.0	—	-2	14	7.1	22	10.7
窟野河	0.2	0.3	0.3	17.3	0.0	18.1	8.1	3.1	0.1		11.3	—	-36	-15	-37.8	-6	-13.2
秃尾河	0.3	0.5	1.9	16.6	0.1	19.5	2.8	—	—		2.8	—	-1	19	23.6	22	24.6
佳芦河	1.0	0.3	0.1	15.7	0.0	17.1	10.5	—	—		10.5	—	0	17	8.6	27	13.1
无定河	33.6	12.4	1.8	66.9	2.4	117.2	63.7	290.1	12.4		366.3	—	-139	269	41.8	345	46.8
清涧河	63.4	47.8	22.6	42.5	13.5	189.8	5.5	35.6	0.4		41.5	—	-23	202	24.5	208	24.9
延河	290.2	401.7	118.1	97.9	105.3	1 013.2	5.5	343.0	16.1		364.6	—	-19	1 337	62.5	1 359	62.8
云岩河	4.8	6.0	2.8	19.8	0.2	33.6	6.4	1.3	0.1		7.9	—	-6	29	48.8	35	53.8
仕望川	3.2	4.4	0.8	15.2	0.9	24.5	2.4	0.2	0.1		2.7	—	-8	16	49.3	19	51.9
浑河	0.3	0.3	0.4	15.2	0.2	16.5	4.1	123.1	14.3		141.6	—	-28	112	35.2	130	32.1
偏关河	16.0	6.0	2.0	16.5	1.9	42.5	0.9	—	—		0.9	—	-13	30	25.4	30	25.5
县川河	1.8	0.4	0.1	16.0	0.1	18.5	1.7	—	—		1.7	—	-4	15	42.2	16	44.9
朱家川	0.6	0.3	0.1	15.1	0.0	16.1	39.0	10.8	1.2		51.0	—	-18	9	12.1	50	42.2
岚漪河	0.1	0.1	0.0	15.1	0.0	15.3	1.8	7.0	0.8		9.6	—	-5	17	51.4	20	54.9
蔚汾河	0.1	0.1	0.0	15.1	0.0	15.3	1.8	7.0	0.8		9.6	—	-5	17	5.8	20	8.8
湫水河	6.5	3.0	0.7	27.3	0.2	37.7	5.6	5.8	0.6		12.1	—	-13	31	24.4	37	28.0
三川河	4.1	2.0	0.2	24.8	0.6	31.7	0.2	6.4	0.7		7.4	—	-9	29	51.5	30	52.3
屈产河	20.5	24.2	10.2	55.7	2.1	112.7	8.2	178.0	9.6		195.8	—	-10	280	22.9	298	24.0
昕水河	28.7	17.7	2.9	39.3	1.9	90.5	2.6	2.5	0.1		5.3	—	-12	81	64.9	84	65.5
清水河	35.0	14.1	2.1	22.5	5.1	78.9	0.8	25.7	2.3		28.7	—	-37	68	25.7	71	26.4
合计(平均)	512	543	168	592	135	1 950	213	1 063	63		1 339	0	-500	2 513	31.0	2 789	33.1

第4章 黄河中游近期水沙变化"水保法"分析

表4-36 河龙区间1997～2006年"水保法"年均减水作用计算成果汇总

区域	水保措施减洪量/万 m³					水利措施减水量/万 m³			工业及生活用水/万 m³	人为增洪/万 m³	减洪效益		减水作用	
	梯田	林地	草地	坝地	封禁	小计	灌溉	水库	小计			减少量/万 m³	效益/%	减少量/万 m³	作用/%
控制区	8 504	29 522	3 404	24 740	1 517	67 687	54 643	8 860	63 503	8 396	-2 500	68 735	40.7	137 086	41.0
未控区	857	3 316	247	416	184	5 020	8 507	2 676	11 183	1 637	-921	5 313	14.6	16 919	25.6
合计	9 361	32 838	3 651	25 156	1 701	72 707	63 150	11 536	74 686	10 033	-3 421	74 048	—	154 005	—

表4-37 河龙区间1997～2006年"水保法"年均减沙效益计算成果汇总

区域	水保措施减沙量/万 t					水利措施减沙量/万 t			河道冲淤/万 t	人为增沙/万 t	减洪减沙效益		减沙效益	
	梯田	林地	草地	坝地	封禁	小计	灌溉	水库	小计			减少量/万 t	效益/%	减少量/万 t	效益/%
控制区	5 577	10 160	2 377	9 250	748	28 112	1 370	5 598	6 968	1 400	-3 218	31 584	66.7	33 262	67.4
未控区	512	543	168	592	135	1 950	213	1 126	1 339	—	-500	2 513	31.0	2 789	33.1
合计	6 089	10 703	2 545	9 842	883	30 062	1 583	6 724	8 307	1 400	-3 718	34 097	—	36 051	—

表4-38 河龙区间控制区不同年代水利水保措施减水减沙贡献率计算结果

项目	时段	总减少量	坡面措施		淤地坝		水利措施		人为因素	
			减少量	贡献率/%	减少量	贡献率/%	减少量	贡献率/%	减少量	贡献率/%
减水/万 m³	1970～1979年	67 462	7 794	11.6	25 728	38.1	32 686	48.5	-596	-0.9
	1980～1989年	73 687	15 759	21.4	19 448	26.4	37 642	51.1	-2 292	-3.1
	1990～1996年	83 841	22 586	26.9	17 346	20.7	39 946	47.6	-2 726	-3.3
	1970～1996年	74 014	14 576	19.7	21 229	28.7	36 404	49.2	-1 777	-2.4
	1997～2006年	137 086	41 430	30.2	24 740	18.0	63 503	46.3	-2 500	-1.8
减沙/万 t	1970～1979年	17 643	2 918	16.5	11 663	66.1	4 445	25.2	-1 489	-8.4
	1980～1989年	16 914	5 130	30.3	8 847	52.3	4 132	24.4	-1 897	-11.2
	1990～1996年	20 360	8 834	43.4	8 044	39.5	5 436	26.7	-2 873	-14.1
	1970～1996年	18 077	5 270	29.2	9 682	53.6	4 586	25.4	-1 999	-11.1
	1997～2006年	33 262	18 114	54.5	9 250	27.8	6 968	20.9	-3 218	-9.7

资料来源：1997年以前数据来自冉大川等，2000。

· 143 ·

3) 河龙区间控制区各项措施减水减沙贡献率分析

减水减沙贡献率是各项措施减水减沙量占总减水减沙量的百分比。河龙区间控制区不同年代水利水保措施及人为因素对减水减沙的贡献率计算结果见表 4-38。各项措施减水减沙贡献率柱状图分别见图 4-1、图 4-2。

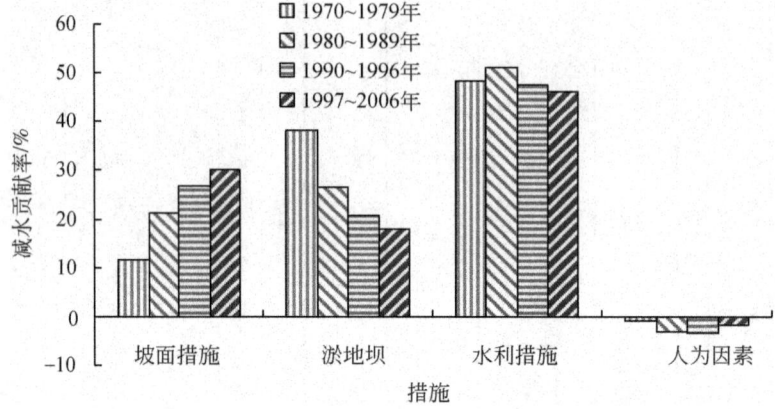

图 4-1 河龙区间水利水保措施等减水贡献率柱状图

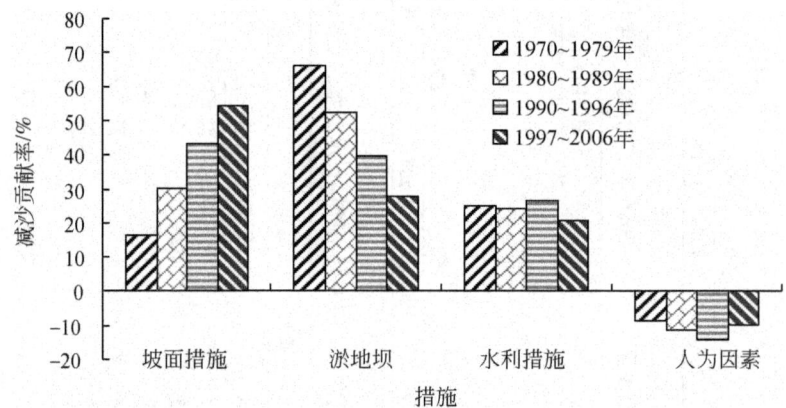

图 4-2 河龙区间水利水保措施等减沙贡献率柱状图

从河龙区间各项措施减水减沙贡献率总体变化来看，与以往研究成果相比，近期水利措施减水贡献率最大且不同年代变化趋势比较平稳；坡面措施减沙贡献率最大且不同年代上升趋势明显；淤地坝减水减沙贡献率下降趋势明显。水保措施减沙贡献率普遍大于减水贡献率。其中，近期坡面措施减水减沙贡献率分别从 1990～1996 年的 26.9% 和 43.4% 上升为 30.2% 和 54.5%；淤地坝减水减沙贡献率却分别从 1990～1996 年的 20.7% 和 39.5% 下降为 18.0% 和 27.8%；淤地坝减水贡献率只下降了 2.7%，减沙贡献率却下降了 11.7%。近期坡面措施减水贡献率比淤地坝减水贡献率增大了 12.2%，减沙贡献率比淤地坝减沙贡献率增大近 1 倍。水利措施减水减沙贡献率也分别从 47.6% 和 26.7% 下降为 46.3% 和 20.9%；人为新增水土流失减水减沙贡献率（负值）分别从 -3.3% 和 -14.1% 下降为 -1.8% 和 -9.7%，分别下降了 1.5% 和 4.4%。

从河龙区间近期坡面各单项措施减水减沙贡献率来看,梯田减水减沙贡献率分别为 6.2%和 16.8%,林地减水减沙贡献率分别为 21.5%和 30.5%,草地减水减沙贡献率分别为 2.5%和 7.1%。近期坡面措施中林地减水减沙贡献率最大且超过了淤地坝,其次为梯田,草地最小。此外,近期新增的封禁治理减水减沙贡献率分别为 1.1%和 2.2%。

河龙区间坡面措施减水减沙贡献率逐年代上升,淤地坝减水减沙贡献率逐年代下降,这"一升一降"反映出近期河龙区间水土保持减水减沙的措施主体和构成已经发生重大变化。由于河龙区间近期降雨偏少,来沙量锐减,导致许多坝地淤积速度减缓,有的甚至成了"空壳坝"。在典型调查中发现,近年来河龙区间新建淤地坝数量虽然很多,但由于流域坡面治理速度的加快和治理质量的提高,坡面径流泥沙入沟量明显减少,流域泥沙来量也明显减少,这是导致近期淤地坝减水减沙贡献率下降的主要原因。

近年来,河龙区间水土流失预防监督机制逐步得到完善;开发建设项目都编制了水土保持方案;开发建设项目按照水土保持方案实施的水土保持设施必须经过竣工验收技术评估才能正式投入运行。虽然在个别支流、个别河段(如窟野河支流乌兰木伦河等)人为新增水土流失依然非常严重,但河龙区间近期总体上人为新增水土流失基本得到了遏制,近期人为新增水土流失减水减沙贡献率(负值)与 20 世纪 90 年代初期相比有所下降,符合客观实际。

4)河龙区间控制区不同时段单项措施减水减沙量对比分析

在河龙区间 1997~2006 年四大水保措施(梯、林、草、坝)及封禁治理减洪减沙量中,林地的减洪减沙量最大,高于以往其他时段,其次为坝地、梯田、草地和封禁治理。这主要与近期林地面积迅速增大有关。根据黄河上中游管理局承担的课题第二专题研究成果分析,1997~2006 年河龙区间林地保存面积比 1990~1996 年增长了 21.3%,达到 277.11 万 hm^2,是同期梯田、草地、坝地及封禁治理面积总和的 2.1 倍。

从河龙区间不同时段各项水保措施减洪减沙量的对比情况来看,以"水沙基金"2 的结果作为对比基准,近期四大水保措施减洪量分别是上一时段(1990~1996 年)的 1.93 倍、1.76 倍、2.5 倍和 1.43 倍;减沙量分别是上一时段的 3.3 倍、1.55 倍、4.0 倍和 1.15 倍,均比上一时段增大了 1 倍以上。

在河龙区间近期水利措施年均减水减沙量中,水库减水量比上一时段减少了 23.2%,但水库减沙量却比上一时段增大了 10.6%;灌溉用水是上一时段的 1.92 倍,工业及城镇生活用水是上一时段的 1.26 倍。因此,近期灌溉用水增幅很大,工业及城镇生活用水也有明显增加。

5)河龙区间控制区近期人为增沙量及其变化

河龙区间近期人为增沙量比上一时段增加了 1.1 倍。近期人为增沙最为明显的 3 条支流分别是皇甫川、窟野河、无定河。其中,皇甫川近期人为年均增沙量为 120 万 t,是上一时段的 3 倍;窟野河、无定河近期人为年均增沙量分别达到 742 万 t 和 1674 万 t,分别是上一时段的 1.1 倍和 1.2 倍。这说明这 3 条支流近期人为活动比较剧烈,人为新增水土流失量大。这与外业典型调查的结果相符。

2. 减水减沙比变化分析

根据表 4-32、表 4-33 计算结果，求得河龙区间 21 条支流近期水保措施减水减沙比见表 4-39。

水保措施减水减沙比定义为水保措施减水量与水保措施减沙量之比，表示减少单位泥沙量（1t）时同时减少的径流量。减水减沙比越大，则表示水保措施减少 1t 泥沙时减少的径流量越多，也表示水保措施减少相同径流量时减沙量越少。由表 4-39 可知，对于河龙区间西部的皇甫川等 10 条支流而言，近期水保措施减水减沙比最小的是清涧河，以清涧河为界表现出两种不同的变化趋势：清涧河以北的 6 条支流减水减沙比自北向南逐步减小，但窟野河有突变；清涧河以南的 3 条支流减水减沙比自北向南逐步增大，云岩河（汾川河）、仕望川减水减沙比急剧增大。对于河龙区间东部的浑河等 11 条支流而言，总体上自北向南变化相对平稳，但昕水河有突变，减水减沙比为 21 条支流中的最大值。

表 4-39 河龙区间 1997~2006 年水保措施减水减沙比

河流	水保措施减水量/万 m³	水保措施减沙量/万 t	减水减沙比/(m³/t)
皇甫川	2 003	841	2.38
孤山川	1 404	510	2.75
窟野河	3 672	934	3.93
秃尾河	2 456	1 370	1.79
佳芦河	1 360	628	2.17
无定河	11 861	6 480	1.83
清涧河	3 029	2 124	1.43
延河	9 497	5 680	1.67
云岩河	3 103	905	3.43
仕望川	2 493	435	5.73
浑河	2 402	611	3.93
偏关河	1 922	819	2.35
县川河	1 599	895	1.79
朱家川	2 327	1 098	2.12
岚漪河	1 673	480	3.49
蔚汾河	1 433	464	3.09
湫水河	2 004	755	2.65
三川河	3 370	1 000	3.37
屈产河	2 376	727	3.27
昕水河	6 303	871	7.24
清水河	1 400	486	2.88

从总体上看，河龙区间近期水保措施减水减沙比的空间变化具有由北向南逐渐增大、自西向东逐渐增大的趋势（图 4-3）。如果把水保措施减水减沙比理解为减少 1t 泥沙需要同时付出的减水代价（即减沙水代价）（王飞等，2004，2005），则以上分析表明，河龙区间今后治理的重点仍是西部和北部支流，因为这些支流减沙水代价比较小。

第4章 黄河中游近期水沙变化"水保法"分析

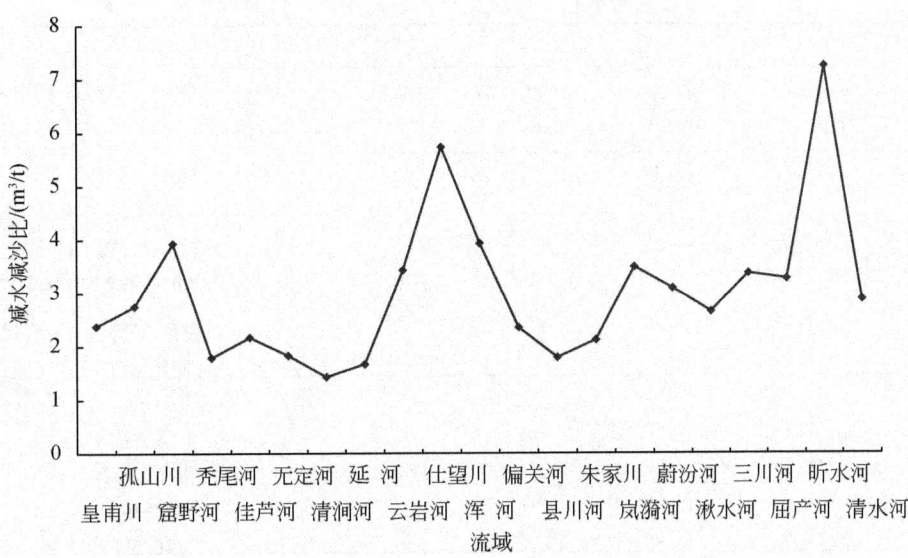

图 4-3 河龙区间近期水土保持措施减水减沙比空间变化过程

从不同年代水保措施的减水减沙比变化看（表 4-40）（冉大川等，2000，2009），自 20 世纪 70 年代以来，河龙区间水保措施减水减沙比有波动上升的趋势，近期减水减沙比最大，但不同年代坡面措施（梯田、林地、草地）减水减沙比却呈现波动下降的趋势，近期减水减沙比最小。相比之下，1997 年以前坝地的减水减沙比变化平稳且小于同期坡面措施的减水减沙比，但近期坝地的减水减沙比却明显增大且第一次超过了坡面措施。因此，近期坝地与坡面措施若减少相同的沙量，则其减沙水代价更大。这是近期河龙区间水保措施减水减沙比最明显的变化特点。

表 4-40 河龙区间不同年代水保措施减水减沙比　　　（单位：m³/t）

时段	减水减沙比		
	水保措施	坡面措施	坝地
1970~1979 年	1.65	2.67	2.21
1980~1989 年	1.82	3.07	2.20
1990~1996 年	1.65	2.56	2.16
1997~2006 年	2.20	2.29	2.67

3. 研究成果综合分析对比

河龙区间以往不同项目水利水保措施减水减沙作用研究成果一览见表 4-41 和表 4-42。

表 4-41 河龙区间水利水保措施等人类活动减水计算成果汇总一览

计算方法	时段					成果来源
	1970~1979年	1980~1989年	1990~1996年	1997~2006年	1970年以来均值	
水保法/亿 m³	11.52	14.49	—	—	—	国家"八五"攻关
	7.44	7.35	—	—	—	水保基金
	10.28	14.21	—	—	—	"水沙基金"1
	8.69	9.16	11.41	—	—	"水沙基金"2（串联法）
	8.61	9.30	10.84	—	—	"水沙基金"2（并联法）
	—	—	—	15.4（26.8）	—	本次研究
水文法/亿 m³	10.92	13.65	—	—	—	国家"八五"攻关
	7.35	14.54	—	—	—	水保基金
	16.7	21.24	—	—	—	国家自然科学基金
	10.55	15.72	—	—	—	"水沙基金"1
	8.23	13.89	12.83	—	—	"水沙基金"2
	—	9.40	10.39	—	—	黄河防洪规划
	10.24	22.85	20.70	30.5	21.10	本次研究经验模型法

表 4-42 河龙区间水利水保措施等人类活动减沙计算成果汇总一览

计算方法	时段					成果来源
	1970~1979年	1980~1989年	1990~1996年	1997~2006年	1970年以来均值	
水保法/亿 t	2.465	2.333	—	—	2.399	国家"八五"攻关
	2.135	1.635	—	—	1.885	水保基金
	2.338	3.715	—	—	—	"水沙基金"1
	2.321	2.150	2.902	—	—	"水沙基金"2（串联法）
	2.266	2.149	2.699	—	—	"水沙基金"2（并联法）
	—	—	—	3.605	—	本次研究
水文法/亿 t	2.7497	3.321	—	—	3.035	国家"八五"攻关
	0.8327	3.213	—	—	1.998	水保基金
	2.5943	3.198	—	—	—	国家自然科学基金
	2.383	3.934	—	—	—	"水沙基金"1
	2.258	4.482	4.729	—	—	"水沙基金"2
	—	2.536	2.733	—	—	黄河防洪规划
	2.0	3.3	—	3.1	—	（李焯，2008）
	0.581	3.000	3.077	4.370	2.731	本次研究经验模型法

由此看出，各项成果定性上存在共识，定量上存在差异。从目前水利水保措施减水减沙作用评价方法来看，由于计算依据不同，降水资料的统计方法不同，因而造成计算成果差异较大。综合分析认为，河龙区间近期人类活动减水减沙量"水文法"计

算成果采用经验公式法计算结果比较合适，即河龙区间 1997~2006 年因水利水土保持综合治理等人类活动，年均减水 30.5 亿 m^3，年均减沙 4.37 亿 t。

河龙区间（含未控区）近期人类活动减水减沙量"水保法"计算成果表明，1997~2006 年水利水土保持综合治理等人类活动年均减少洪水量 15.4 亿 m^3，年均减沙量 3.605 亿 t。由于采用的计算方法本身所限，河龙区间"水保法"减水计算结果为减少的洪水量。经综合对比分析，河龙区间（含未控区）"水保法"年均减水 26.8 亿 m^3，其中年均减少洪水 15.4 亿 m^3，非汛期年均减水 11.4 亿 m^3。

4.9.2 泾洛渭汾河

泾洛渭汾河等四大流域 1997~2006 年水利水土保持措施等人类活动"水保法"减水减沙量计算成果汇总见表 4-43。

表 4-43 泾洛渭汾河 1997~2006 年"水保法"减水减沙量计算成果

项目	泾河	北洛河	渭河	汾河	泾洛渭汾河合计
实测年径流量/亿 m^3	10.714	4.666	32.225	3.020	50.625
人类活动年减水量/亿 m^3	8.427	2.182	32.108	17.618	60.335
还原后天然年径流量/亿 m^3	19.141	6.848	64.333	20.638	110.960
实测年输沙量/亿 t	1.375	0.401	0.383	0.002 8	2.162
人类活动年减沙量/亿 t	0.531	0.118	0.921	0.459	2.029
还原后天然年输沙量/亿 t	1.906	0.519	1.304	0.462	4.191

注：渭河流域计算结果为华县以上（但不包括泾河流域）。

由此可见，1997~2006 年泾洛渭汾河水利水土保持措施等人类活动年均合计减水 110.96 亿 m^3，年均合计减沙 2.029 亿 t。

1. 泾河

1）减水减沙计算结果

泾河流域在进行 1997~2006 年"水保法"减水减沙效益计算时采用了"指标法"和"以洪算沙法"两种方法，计算结果分别见表 4-44 和表 4-45。由于"指标法"计算结果与"水文法"计算结果更为接近，最后以"指标法"计算结果作为流域近期"水保法"减水减沙作用最终结果。

表 4-44 泾河流域 1997~2006 年"水保法"减水作用计算成果

计算方法	区域	类别	减水/万 m^3			工业生活用水/万 m^3	人为增洪/万 m^3	减水作用	
			水保措施	灌溉	水库			减少量/万 m^3	作用/%
以洪算沙法	张家山以上	分四片	47 370	46 490	1 820	5 150	-2 150	98 680	47.9
指标法	张家山以上	不分片	32 960	46 490	1 820	5 150	-2 150	84 270	44.0

表 4-45　泾河流域 1997~2006 年"水保法"减沙效益计算成果

计算方法	区域	类别	减沙/万 t			河道冲淤/万 t	人为增沙/万 t	减沙效益	
			水保措施	灌溉	水库			减少量/万 t	效益/%
以洪算沙法	张家山以上	分四片	9 170	1 040	566	—	-1 895	8 881	39.2
指标法	张家山以上	不分片	5 600	1 040	566	—	-1 895	5 311	27.9

"指标法"计算结果表明，1997~2006 年泾河流域水利水土保持综合治理等人类活动年均减水 8.427 亿 m^3。其中，水土保持措施（梯、林、草、坝、封禁）年均减水 3.296 亿 m^3，水利措施年均减水 4.831 亿 m^3（其中泾惠渠年均引水 3.428 亿 m^3），工业生活用水 0.515 亿 m^3，人为增洪 0.215 亿 m^3；以上各项分别占人类活动年均减水总量的 39.1%、57.4%、6.1%、-2.6%。水利措施减水所占比重接近 60%，水保措施减水比重接近 40%。水利水保措施减水占流域人类活动总减水量的 96.5%，其正效应非常明显。

"指标法"计算结果表明，1997~2006 年泾河流域水利水土保持综合治理等人类活动年均减沙 0.531 亿 t。其中，水土保持措施（梯、林、草、坝、封禁）年均减沙 0.560 亿 t，水利措施年均减沙 0.161 亿 t（其中泾惠渠年均引沙 0.041 亿 t），人为增沙 0.19 亿 t；以上各项分别占人类活动年均减沙总量的 105.5%、30.3%、-35.8%。水土保持措施减沙占绝对主导地位。

2) 水保措施减水减沙变化特点

泾河流域近期水保措施减水减沙量变化过程线分别见图 4-4 和图 4-5。由此可见，近期水保措施减水减沙量虽然呈现出上升的趋势，减水势必减沙，但并不稳定。水保措施减水量的波动幅度小于减沙量。2003 年以来水保措施减沙量的波动变化更为明显：2004 年水保措施减沙量为近期最大，2005 年又明显下降，2006 年再上升。其原因是作为减沙主要措施的坝地保存面积增幅在 2005 年突然减小。水保措施减水减沙量的波动变化间接反映了水保措施保存面积的波动。因此，在现状治理条件下，泾河流域水保措施还不能达到稳定减沙。水土保持综合治理依然任重道远。

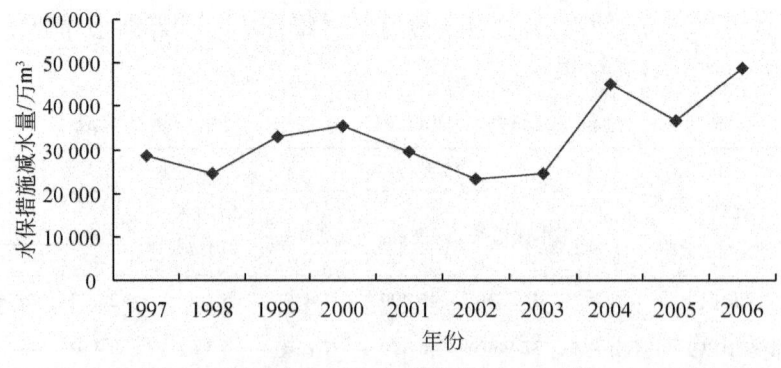

图 4-4　泾河流域近期水保措施减水量变化过程线

第4章 黄河中游近期水沙变化"水保法"分析

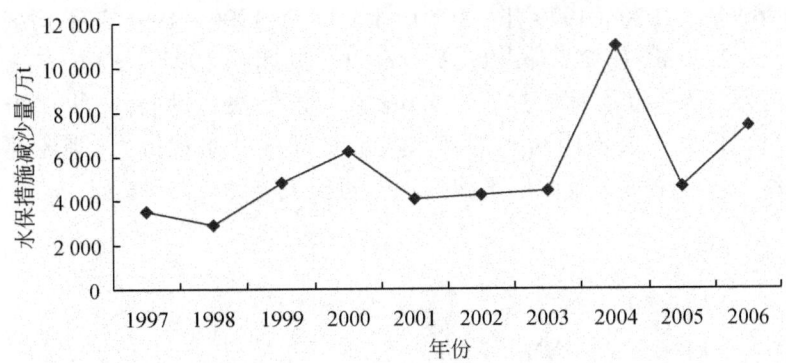

图 4-5 泾河流域近期水保措施减沙量变化过程线

泾河流域近期水保单项措施减水减沙量变化过程线分别见图 4-6 和图 4-7，也反映了上述同样的问题。但作为流域基本农田的梯（条）田，其减水减沙量相对稳定；林地减水减沙量的波动趋势后期也很明显。

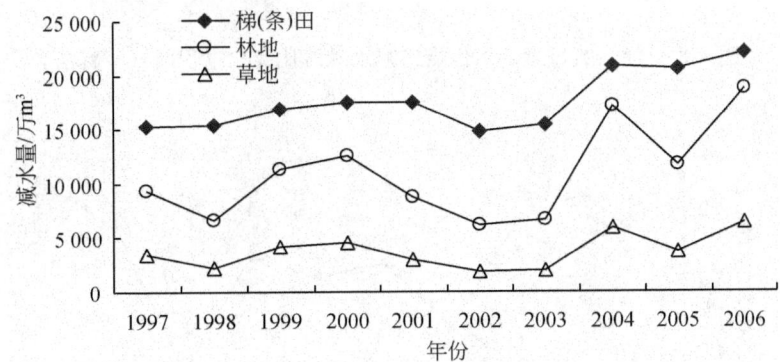

图 4-6 泾河流域近期单项水保措施减水量变化过程线

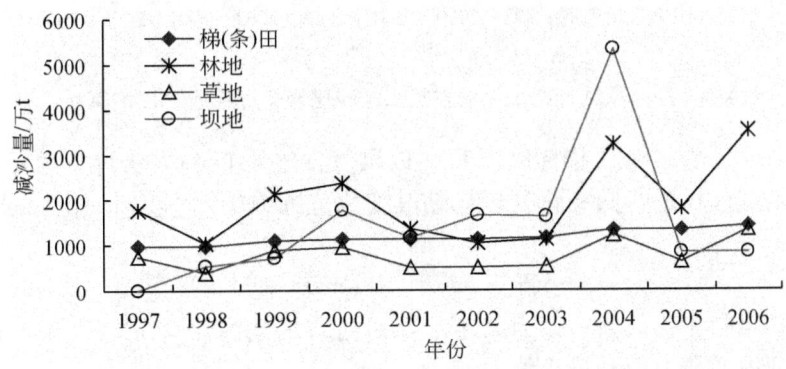

图 4-7 泾河流域近期单项水保措施减沙量变化过程线

泾河流域近期水保措施减水减沙比变化过程线分别见图 4-8、图 4-9。可以看出，泾河流域近期水保措施减水减沙比总体上依时序呈下降趋势，最小值出现在 2004 年；

2005年明显上升，2006年又有下降。从泾河流域不同年代水保措施的减水减沙比变化看，1956~1969年、1970~1979年、1980~1989年、1990~1996年平均减水减沙比分别为2.50m³/t、2.59m³/t、2.24m³/t、2.49m³/t，近期的1997~2006年减水减沙比平均值迅速增大为5.3（以洪算沙法）~6.6m³/t（指标法）。同样把水保措施减水减沙比理解为减少1t泥沙需要同时付出的减水代价（即减沙水代价），则泾河流域近期减沙水代价最大，这与泾河流域近期来沙减少密切相关。

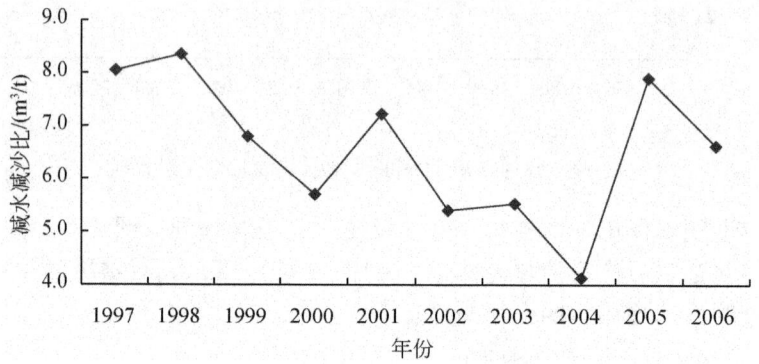

图4-8　泾河流域近期水保措施减水减沙比变化过程线（指标法）

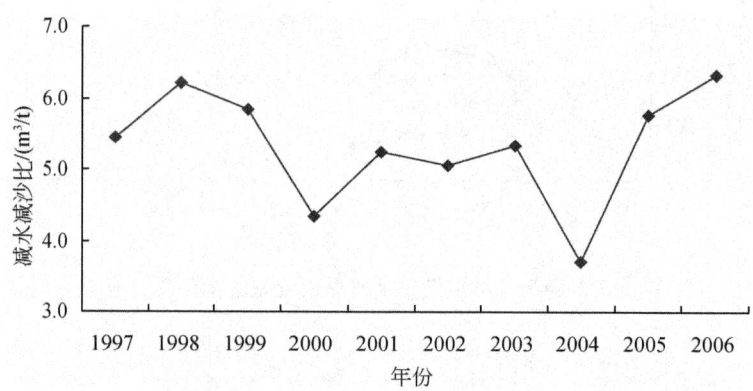

图4-9　泾河流域近期水保措施减水减沙比变化过程线（以洪算沙法）

为便于对比分析，将"指标法"和"以洪算沙法"两种方法计算的泾河流域近期水保措施减水减沙比进行归一化处理（使其变化范围为0~1）。归一化数据处理计算公式为

$$y_i = (x_i - \min x) / (\max x - \min x) \tag{4-49}$$

式中，y_i为某年归一化数值；x_i为某年水保措施减水减沙比（m³/t）；$\max x$和$\min x$分别为计算系列内的最大值和最小值。

在同一图上点绘经过归一化处理的泾河流域近期水保措施减水减沙比变化过程线见图4-10。由此可见，两种方法计算的减水减沙比归一化处理后变化趋势总体上基本一致，峰谷点基本对应。与各年"指标法"计算的减水减沙比绝对值均大于"以洪算沙法"不同，归一化处理后两者大小交替出现，2004年均为最小，但2006年一个上升,一个下降,变化趋势相反;2004 年以前两者均呈波动下降趋势,2004 年以后又开始明显上升。根据计算,归一化处理的"指标法"和"以洪算沙法"水保措施减水减沙比平均值分别为 0.59 和 0.62,说明虽然"指标法"绝对值大于"以洪算沙法",但其变幅却小于"以洪算沙法",变化相对平稳。

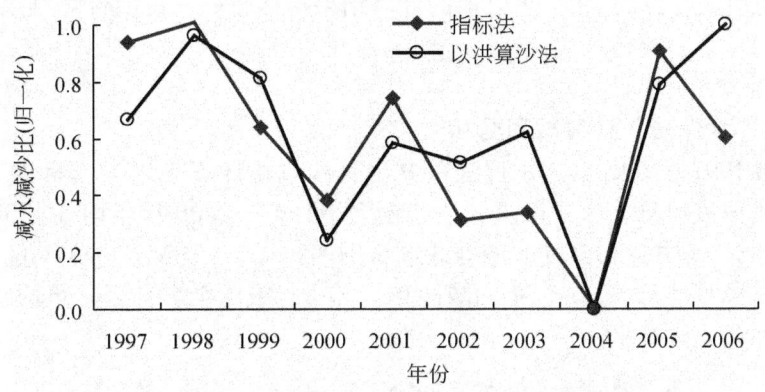

图 4-10　泾河流域近期水保措施减水减沙比归一化对比

此外,从无量纲化处理(即减水减沙比绝对值均除以泥沙干容重 1.35t/m³)后的结果看,两种方法计算的泾河流域近期减水减沙比均在 2.5 以上,最大达到 6.2,说明减水量(体积)远大于减沙量(体积),这与以往黄河中游地区水土保持措施减水减沙量计算结果中减水量(体积)一般大于减沙量(体积)的变化规律相吻合。

综合以上减水减沙比计算结果说明,泾河流域近期减沙水代价最大,既与流域近期来沙减少密切相关,又从一个侧面凸显出流域近期水土保持生态工程建设的减沙作用巨大,治理效果明显。

2. 北洛河

北洛河流域 1997~2006 年"水保法"减水减沙效益计算采用"指标法"。计算结果表明,1997~2006 年北洛河流域年均减水 21 820 万 m³,减水作用为 31.9%;年均减沙 1185 万 t,减沙作用为 22.8%。

北洛河流域"水保法"减水具体计算结果如下:1997~2006 年水土保持措施年均减水 3870 万 m³,水利措施年均减水 19 000 万 m³(其中洛惠渠年均引水 1.52 亿 m³,富张渠年均引水 717 万 m³),工业及生活用水 1590 万 m³,人为增洪 2640 万 m³;前三者相加扣除人为增洪后,年均减水 21 820 万 m³,减水效益为 31.9%。在水利水保措施总减水量 22 870 万 m³ 中,水保措施减水占 16.9%,水利措施减水占 83.1%;在水保措施减水量中,梯田减水占 20.5%,造林占 61.0%,坝地减水占 11.0%,种草和封禁减水占 7.5%;在水利措施减水量中,灌溉减水占 83.6%,水库减水占 16.4%。

北洛河流域"水保法"减沙具体计算结果如下:1997~2006 年水土保持措施年均减沙 1466 万 t,水利措施年均减沙 945 万 t(其中洛惠渠年均引沙 490 万 t,富张渠年均引沙 0.625 万 t),人为增沙 1226 万 t;水利水保措施减沙中扣除人为增沙后,年均减沙 1185 万 t,减沙效益为 22.8%。在水利水保措施总减沙量 2411 万 t 中,水保措施减沙占 60.8%，水利措施占 39.2%。在水保措施减沙量中，梯田减沙占 27.3%，造林占 51.4%，坝地减沙占 14.7%，种草和封禁减沙占 6.6%；在水利措施减沙量中，灌溉减沙占 52%，水库减沙占 48%。

对比分析发现，北洛河流域 1997～2006 年水利水保措施等人类活动年均减水减沙量计算结果与前人计算的 1997 年以前的计算结果衔接较好，说明计算结果比较合理。

3. 渭河

1) 近期"水保法"计算成果分析

渭河流域 1997～2006 年"水保法"减水减沙效益计算采用"指标法"；计算结果见表 4-46。由该表可见，华县以上（不含泾河）1997～2006 年年均减水 32.109 亿 m^3，减沙 0.921 亿 t。其中，北道以上年均减水 6.81 亿 m^3，年均减沙 0.411 亿 t；北道至咸阳区间年均减水 16.992 亿 m^3，年均减沙 0.31 亿 t；咸阳至华县区间年均减水 8.307 亿 m^3，年均减沙 0.2 亿 t。

表 4-46 渭河流域 1997～2006 年"水保法"减水减沙量计算成果

区段	减水量/亿 m^3				
	水保措施	农林灌溉	城镇工业	生活环境	合计
北道以上	1.830	2.254	0.922	1.804	6.810
北道至咸阳	2.928	8.897	3.018	2.149	16.992
咸阳以上	4.758	11.151	3.940	3.953	23.802
咸阳至华县	1.450	3.846	1.948	1.063	8.307
合计	6.208	14.997	5.888	5.016	32.109

区段	减沙量/亿 t				
	水保措施	灌溉和水库	河道冲淤	人为增沙	合计
北道以上	0.336	0.090	0.015	-0.030	0.411
北道至咸阳	0.052	0.145	0.140	-0.027	0.310
咸阳以上	0.388	0.235	0.155	-0.057	0.721
咸阳至华县	0.067	0.084	0.070	-0.021	0.200
合计	0.455	0.319	0.225	-0.078	0.921

从分区计算结果来看，1997～2006 年因水土保持措施的拦蓄作用，北道以上年均减水 1.83 亿 m^3，年均减沙 0.336 亿 t；北道至咸阳区间年均减水 2.928 亿 m^3，年均减沙 0.052 亿 t；咸阳至华县区间年均减水 1.45 亿 m^3，年均减沙 0.067 亿 t。华县以上 1997～2006 年水土保持措施年均共减水约 6.21 亿 m^3，年均共减沙约 0.46 亿 t。

渭河流域近期径流主要减少在北道以下区段，北道以下减水约占总减水的 71%；输沙主要减少在北道以上，北道以上减沙约占总减沙的 3/4（74%）。在各项水保措施中，减水最多的是梯田，其次为林地；减沙最多的也是梯田，其次为坝地。北道以上梯田减沙量占北道以上水保措施总减沙量的 64%，占华县以上水保措施总减沙量的 47%。

第4章 黄河中游近期水沙变化"水保法"分析

2)"水文法"与"水保法"计算结果对比

渭河流域 1997~2006 年"水文法"与"水保法"减水减沙量计算成果对比见表 4-47。

表 4-47 渭河流域 1997~2006 年减水减沙量计算成果对比

河段	水文法		水保法	
	减水量/亿 m³	减沙量/亿 t	减水量/亿 m³	减沙量/亿 t
北道以上	7.30	0.889	6.810	0.411
北道至咸阳	17.52	0.164	16.992	0.310
咸阳以上	24.82	1.053	23.802	0.721
咸阳至华县	6.20	0.09	8.307	0.200
华县以上	31.02	1.143	32.109	0.921

由此可知，近期北道以上"水文法"计算年均减水 7.3 亿 m³，"水保法"计算年均减水 6.8 亿 m³；咸阳以上"水文法"计算年均减水 24.8 亿 m³，"水保法"计算年均减水 23.8 亿 m³；咸阳至华县区间因缺少资料，其"水文法"计算年均减少水量粗估推算为 6.2 亿 m³，"水保法"计算年均减水 8.3 亿 m³；华县以上"水文法"计算年均减水 31 亿 m³，"水保法"计算年均减水 32 亿 m³，"水保法"计算量略大于"水文法"计算量。

渭河流域近年来由于国民经济发展较快，不仅工农业用水的需求增加，而且在人文景观和生态环境的改善上对水资源也有了更多的要求。图 4-11 为渭河流域根据"水保法"计算的各河段不同时段年均拦减径流量（用水量）对比图。图中咸阳以上近期拦减水量增长较快，咸阳以下（主要是水利措施拦减）则由于引灌水的回归及地下水的补充而抵消了部分用水。

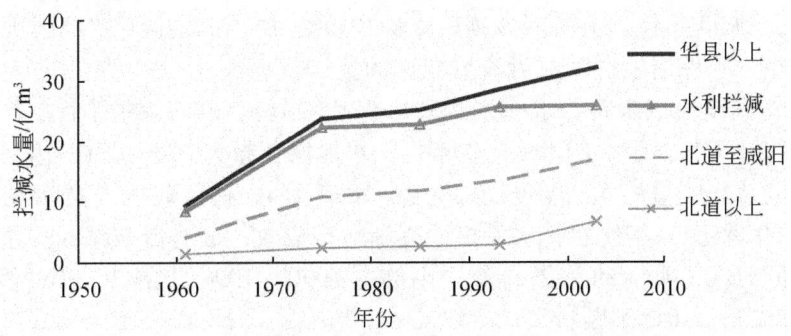

图 4-11 渭河流域各河段不同时段年均拦减径流量对比

从拦减沙量结果对比来看，华县以上"水文法"年均拦减达 1.1 亿 t，"水保法"拦减为 0.92 亿 t，"水文法"结果略大于"水保法"结果。但在拦减部位的分配上差异较大："水文法"计算的拦减主要集中在北道以上的主要输沙区，"水保法"计算的拦减则相对均衡。在"水保法"计算中咸阳以上水保措施拦减泥沙 0.388 亿 t，其中 0.336 亿 t 是拦减在北道以上的，这与"水文法"计算的比例相符，只是数量上有所减少。在北道以下，"水文法"计算拦减的泥沙较小，而"水保法"计算拦减的泥沙相对较多。从总体上看，华县以上（不包括泾河）近期水利水土保持措施等年均拦减径流约 31.5 亿 m³，拦减泥沙约 1 亿 t。

4. 汾河

汾河流域在研究初期，先后搜集到了山西省水土保持局提供的汾河流域近十年的各项水保措施治理面积资料，并对汾河流域上游娄烦等县进行了典型调查。根据实地调查结果以及娄烦县水土保持研究所提供的面积资料，与山西省水土保持局提供的娄烦县资料进行了对照，结果出入不大。事实上，由于汾河上游自 1988 年以来一直是山西省水土保持的重点流域，相对于中下游各项水保措施面积的统计相对准确，保存率也高，因此，在确定各项水保措施保存率时，上游普遍大于中下游。

通过确定水利水土保持各项治理措施拦蓄指标和修正系数，采用"指标法"计算结果表明，汾河流域 1997~2006 年因水利水保措施等人类活动年均减水 17.6 亿 m³，年均减沙 4590 万 t。兹具体分析如下：

（1）根据分析，汾河流域减水的主要因素在 1996 年以前是农业用水量，而到近 10 年则是农业用水和水保措施两项。在 20 世纪 90 年代，农业用水和水保措施减水量分别为 10.468 亿 m³ 和 8.119 亿 m³，分别占人类活动总影响量的 53.2% 和 41.3%；1997~2006 年，两者分别为 7.028 亿 m³ 和 10.556 亿 m³，分别占人类活动总影响量的 38.1% 和 57.2%。近期水保措施的影响量首次超过了农业用水量。从时序上看，农业用水量顺时序呈减少的趋势，而水保措施减水量则顺时序逐渐增加。

（2）根据分析，汾河流域水利水土保持措施等人类活动减沙在上、中、下游因流域内水利工程不同而呈现出不同的情况。由于在汾河水库建库后的一段时间内，没有充分考虑到流域上游的水土流失，致使水库泥沙大量淤积，因此，在 20 世纪 50 年代到 80 年代，人类活动中减沙的主要影响因素一直是水库淤积。随着 80 年代水土保持力度的不断加大，到 90 年代，上游减沙则以水保拦沙为主。汾河中下游地区则始终以水保措施拦沙为主，水保措施拦沙成为流域减沙的主体。

（3）从汾河全流域来看，水库淤积和水保拦沙是流域减沙的两个主要因素。汾河河津水文站统计资料显示，20 世纪 60 年代，水库淤积量为 2740 万 t，达到最大，占同时段人类活动总影响量的 52.6%；水保拦沙 2080 万 t，占同时段人类活动总影响量的 39.9%。自 20 世纪 70 年代起，水保拦沙逐渐显现成效，成为流域减沙的主要手段，水保拦沙量占同时段人类活动总影响量的比例由 1990~1996 年的 77.9% 剧增到 1997~2006 年的 91.2%，比例不断增大。

5. 汇总结果

泾洛渭汾河 1997~2006 年各项措施"水保法"年均减水减沙作用计算成果汇总分别见表 4-48、表 4-49。

综合以上泾洛渭汾河"水文法"和"水保法"计算成果，1997~2006 年泾洛渭汾河水利水保措施等人类活动年均减水 55.895 亿（水文法）~60.335 亿 m³（水保法）；水利水保措施等人类活动年均减沙 2.669 亿（水文法）~2.03 亿 t（水保法）。

第4章 黄河中游近期水沙变化"水保法"分析

表4-48 泾洛渭汾河 1997~2006年"水保法"年均减水作用计算成果汇总表

河流	水保措施减洪量/万m³						水利措施减水量/万m³			工业及生活用水/万m³	人为增洪/万m³	减水作用	
	梯田	林地	草地	坝地	封禁	小计	灌溉	水库	小计			减少量/万m³	作用/%
泾河	16 294	10 899	3 736	1 400	628	32 957	46 490	1 820	48 310	5 150	-2 150	84 267	46.5
北洛河	792	2 360	186	427	102	3 867	15 886	3 119	19 005	1 589	-2 640	21 821	31.9
渭河	35 974	18 055	3 028	660	4 363	62 080	149 970	0	149 970	109 030	0	321 080	49.9
汾河	30 258	56 962	469	8 835	590	97 114	70 280	240	70 520	8 550	0	176 184	85.4
合计	83 318	88 276	7 419	11 322	5 683	196 018	282 626	5 179	287 805	124 319	-4 790	603 352	53.4

表4-49 泾洛渭汾河 1997~2006年"水保法"年均减沙效益计算成果汇总表

河流	水保措施减沙量/万t						水利措施减沙量/万t			河道冲淤/万t	人为增沙/万t	减沙效益	
	梯田	林地	草地	坝地	封禁	小计	灌溉	水库	小计			减少量/万t	效益/%
泾河	1 165	1 935	767	1 605	129	5 601	1 040	570	1 610	0	-1 900	5 311	28.0
北洛河	400	754	63	216	33	1 466	491	454	945	0	-1 226	1 185	22.8
渭河	2 352	730	296	990	186	4 554	3 190	0	3 190	2 250	-780	9 214	70.6
汾河	1 571	1 555	18	899	144	4 187	105	521	626	-190	-30	4 593	99.4
合计	5 488	4 974	1 144	3 710	492	15 808	4 826	1 545	6 371	2 060	-3 936	20 303	48.6

第 5 章 淤地坝拦沙的泥沙级配组成分析

黄河为患，根在泥沙；泥沙之害，首在粗沙。千方百计拦截粗泥沙以减轻黄河下游河道淤积是近期黄河中游水土保持综合治理的重要方略。近期大规模的水土保持治理措施对入黄泥沙级配的影响如何是黄河中游水沙变化研究值得关注的重要问题。作为黄河中游最重要的沟道工程措施，近期淤地坝拦沙的泥沙级配组成关系到多沙粗沙区沟道工程的布局。其中，拦截粒径 $d \geqslant 0.05\text{mm}$ 和 $d \geqslant 0.1\text{mm}$ 的粗泥沙所占比例的大小，是评价近期淤地坝拦截粗泥沙效应的两个主要指标。

在以往开展的淤地坝拦沙研究中，泥沙级配组成分析是一个比较薄弱的环节，主要原因是淤地坝淤积物取样资料比较缺乏。皇甫川、窟野河、秃尾河和佳芦河等 4 条支流，是黄河中游粗泥沙集中来源区之一，控制该地区粗泥沙及输沙过程，对改善小浪底水库入库泥沙组成、减轻下游河道淤积有着举足轻重的影响作用。

为了完成"十一五"国家科技支撑计划重点项目第一课题第四专题子专题"黄河中游淤地坝拦沙的泥沙级配分析"研究任务，2008 年进行了淤地坝淤积泥沙的取样。取样工作由内蒙古自治区鄂尔多斯市水土保持局研究所负责，样品颗粒分析由黄委会黄河水利科学研究院工程力学研究所土工实验室承担。在河龙区间右岸皇甫川、窟野河、秃尾河、佳芦河等 4 条典型支流淤地坝的淤积物中钻孔取样后，主要分析各条支流淤地坝拦截粒径 $d \geqslant 0.05\text{mm}$ 和 $d \geqslant 0.1\text{mm}$ 的粗泥沙所占比例及其淤积的基本特征。

5.1 已有研究综述

黄河中游黄土高原地区开展淤地坝淤积泥沙级配组成分析研究，最早始于 1976 年。当时的内蒙古自治区准格尔旗水利电力局等单位，曾在皇甫川流域坝地取单样进行研究。1993 年水利部黄河水沙变化研究基金会在第一期水沙基金项目有关研究中，针对多沙河流水库"翘尾巴"问题，曾对无定河流域 54 座淤地坝的中值粒径进行了测量，分析给出了各种拦泥因子与坝体淤积量的关系。2004 年 10 月，黄委会在治黄专项"黄河中游粗泥沙集中来源区界定研究"中，也进行过钻孔取样研究。此外，1979~1981 年刘纯明在中国台湾地区东北部兰阳河流域内，曾对桑洛、圆逊、苏图三座谷坊进行过淤积物颗粒测量。下面按研究时间的先后对其研究成果予以简述。

5.1.1 准格尔旗水利电力局等研究成果

内蒙古自治区准格尔旗水利电力局和皇甫川流域综合治理规划组（1976），曾在皇甫川流域独特沟进行坝地取样，采用"筛分法"进行颗粒分析。结果表明，在坝地上游段取样深度为 0~10cm 的土样中，粒径大于 0.6mm、粒径为 0.5~0.1mm 和粒径小于 0.1mm 的沙重百分比分别为 17.3%、76.7% 和 6.0%；在坝前段相同取样深度的土样中，以上三种粒径的沙重百分比分别为 13.0%、75.7% 和 11.2%。坝地上游段的活性有机质、速效性氮、速效性磷均低于坝前段。这说明上游段淤积泥沙粗，肥分低；坝前段淤积泥沙细，肥分高。

5.1.2 刘纯明研究成果

刘纯明（1988）为研究谷坊对沟道特性的影响，曾于 1979～1981 年在中国台湾地区东北部兰阳河上游相连的三条小流域（桑洛、圆逊和苏图）进行过淤积物测量。根据对三条小流域淤积泥沙颗粒粗细的分析，得到如下结论：①谷坊改变了河底泥沙颗粒大小、组成，淤积泥沙粒径小于原始推移质泥沙粒径，坝前为细泥沙，坝后为混有大圆石的粗砾石；②高坝拦截的泥沙粒径远小于原始沟道内的泥沙粒径，而低坝内的淤积泥沙，则大于原始河床粒径。

5.1.3 徐建华等研究成果

徐建华等（2002）1993 年为研究淤地坝淤积后"翘尾巴"现象对淤积量的影响程度，首次测量了无定河流域 54 座淤地坝原始河床的中值粒径 d_{50}、淤积后坝前与坝尾的中值粒径 d_{50} 和各种拦泥因子，分析给出了各因子与坝体淤积量的关系。对影响淤地坝淤积形态因素的初步分析结果表明：①淤地坝实测原始河床比降与淤积比降关系较差，但存在原始河床比降大、淤积泥面比降也大的现象，同时淤地坝淤积泥面比降尾部大于前部；②淤积泥面比降与坝前淤积厚度成反比；③淤地坝水平淤积长度与淤积面比降成反比；④有溢洪道淤泥面比降比无溢洪道淤泥面要大；⑤淤积物级配对淤积面比降也有影响。

从以往水库淤积的有关研究成果可知，若 J 为淤泥面比降，J_0 为原河床比降，当 $J/J_0 > 0.5$ 时，水库淤积物中值粒径与原沟床中值粒径是直线关系。而徐建华等测量的 54 座淤地坝的 J/J_0 均在 0.5 以下，平均值只有 0.1，故淤积物中值粒径与原沟床中值粒径的关系并不明显。

为了界定黄河中游粗泥沙集中来源区的范围，徐建华等（2006）还专门对黄河中游严重水土流失区进行了侵蚀土样粒径的取样分析研究。根据粗泥沙粒径界限 $d \geq 0.05$mm 和输沙模数 $K \geq 2500$t/（km^2·a）两个条件，以黄河以西地区为主且当 $K \geq 5000$t/（km^2·a）时适当增加采样点，采集了不同淤地坝淤积泥沙的 56 个土样进行级配分析。坝地钻孔取样分析结果表明，淤积物平均粒径为 0.05～0.71mm，$d \geq 0.05$mm 的泥沙占 40%～97%，$d \geq 0.10$mm 的泥沙占 10%～85.6%，说明不同位置的坝地其淤积物存在着很大差异；坝地淤积物平均粒径从南向北呈逐渐变粗的趋势。

5.1.4 毕慈芬等研究成果

毕慈芬等（2006）自 1997 年开始，至 2005 年汛后，先后对窟野河中游三级支流西召沟小流域东一支沟 1 号谷坊、0 号和 1 号等两座沙棘植物"柔性坝"以及西召沟主沟 1 号骨干工程进行过淤地坝淤积泥沙的采样。其中 1 号骨干工程样品均采自表层和

50cm 深处，采样部位分别位于坝前、坝中和坝尾。同时专门布设观测断面，对西召沟9座沙棘植物"柔性坝"进行过长达6年的淤积物连续采样分析。观测及颗粒级配组成分析结果一致表明，西召沟坝尾淤积泥沙颗粒级配普遍粗于坝前。

5.1.5 左仲国等研究成果

左仲国等（2007）通过对黄河中游多沙粗沙区54座淤地坝钻孔取样资料进行对比分析，研究了淤地坝对泥沙的分选作用。结果表明：①坝前和坝尾淤积泥沙的中值粒径分别为0.135mm，说明淤地坝对泥沙具有分选作用。坝前泥沙粒径小于坝尾，泥沙粒径越粗分选作用越明显。②淤地坝有一定的"淤粗排细"作用。在淤地坝对泥沙粒径进行分选的情况下，到达坝前的泥沙粒径小于坝尾的泥沙粒径。对于排洪运用的淤地坝，排出的泥沙粒径相对较细，可以达到"淤粗排细"的作用。

付凌（2007）曾选择淤地坝建设历史较早的陕北韭园沟流域进行坝地淤积物采样，分析了坝地淤积物粒径的空间变化规律。通过野外调查，考虑淤地坝的控制面积大小、放水工程类型以及是否受上游淤地坝影响等因素，在众多淤地坝中选择了8座有代表性的淤地坝进行取样和分析，得到如下主要结论：①在垂直剖面上，淤地坝堆积物表现为颗粒较粗的粉土层与颗粒较细的黏土层相间分布，具有一定沉积层理。特别是在控制面积较大或者排水不畅的淤地坝坝前，厚薄不一的粉土层与黏土层相间分布更加明显。②淤地坝淤积物的颗粒级配在水平方向上存在明显的差异，表现为上游较下游粗，下游粗泥沙明显减少。这说明淤地坝具有明显的"淤粗排细"作用。③具有同样放水工程的淤地坝，控制面积大的较控制面积小的淤积物较细；无放水工程的淤地坝属于全拦全蓄"闷葫芦"坝，坝前黏土层厚度较大；缺口坝同样具有"淤粗排细"的作用。

此外，以往相关研究（冉大川等，2005，2007）还表明，黄河中游水利水土保持综合治理措施具有调控泥沙级配的功能。实施水利水土保持综合治理后，黄河中游粗泥沙集中来源区绝大部分支流及干流水文站的泥沙中值粒径和平均粒径同时变细。但大规模的开矿等开发建设能使入黄泥沙粒径明显变粗。淤地坝在来沙组成很粗的流域（如皇甫川）具有明显的"拦粗排细"作用；在来沙组成较细的流域（如无定河）同样具有"拦粗排细"的作用。流域产沙越粗，淤地坝"拦粗排细"效果越明显。

5.2 取样地点遴选和取样方法

根据粒径 $d \geq 0.05$mm 的粗颗粒泥沙含量百分数和皇甫川等4条支流淤地坝及坝系建设的实际情况，本次研究确定重点取样地点分别为皇甫川流域的川掌沟和纳林川、窟野河流域的阿不亥小流域和悖牛川。

5.2.1 皇甫川流域

选择皇甫川流域最大支流川掌沟（盖土砒砂岩区，流域面积147km^2）和典型裸露砒砂岩区的纳林川沙圪堵以上10km^{2}范围内的淤地坝进行取样。

1. 川掌沟

川掌沟盖土砒砂岩区位于十里长川上游段，流域面积 147km², 人口 3381 人，人口密度 23 人/km²，人均耕地 0.53hm²。流域内沟壑密度 3.9km/km², 沟壑面积占总面积的 24.1%，年侵蚀模数 19 000t/（km²·a）。1982 年治理保存面积仅 4.65km², 占流域总面积的 3.2%。1983 年川掌沟被列为国家重点治理流域，开始了集中连续综合治理。1986 年黄河中游治沟骨干工程开始在此试点。根据川掌沟原有淤地坝工程较多但标准不高的特点，遵循"小多成群有骨干"的原则，遂将川掌沟列为布设治沟骨干工程坝系的重点。至 2003 年，川掌沟治理面积累计 124km², 占流域总面积的 84%。沟道工程建设成绩显著。在支毛沟修建谷坊 100 多座；治沟骨干工程和治河造地工程 27 座，其中，骨干工程 21 座，淤地坝 15 座，已形成较完整的坝库工程防御体系。

川掌沟到 2000 年已建成骨干工程和治理沟骨干工程 27 座，总库容 3422 万 m³, 控制面积 92.5km², 加上其他淤地坝、谷坊坝尚保存的拦蓄能力，整个坝系控制面积为 132km², 总库容 4413 万 m³。据统计，27 座治沟骨干工程和治河造地工程最终可淤出坝地 659hm², 已淤出并投入耕种的坝地有 443hm², 拦泥总量为 2051.02 万 m³, 每平方公里拦泥 15.6 万 m³。为此，该流域为淤地坝拦沙取样的重点区。选择该区取样，不仅能代表盖土砒砂岩的特征，而且有足够数量的淤地坝可供取样挑选。

2. 纳林川

取样地点为纳林川沙圪堵以上 10km² 的典型裸露砒砂岩区。该区是皇甫川流域集中裸露砒砂岩区，位于沙圪堵水文站以上右岸的干昌板沟和圪秋沟，沟壑密度大于 5km/km²。侵蚀模数平均为 18 000t/（km²·a），最大达 30 000t/（km²·a）。该区域不仅可以代表典型的裸露砒砂岩区并与盖土砒砂岩进行对比，而且可以依据沙圪堵水文站长系列的输沙资料进行淤地坝拦沙多寡的判断和分析。

5.2.2 窟野河流域

选择窟野河流域上中游东乌兰木伦河阿不亥小流域裸露砒砂岩区和悖牛川上游裸露砒砂岩区的淤地坝，进行取样和分析。同时，借用窟野河流域上游西召沟小流域盖沙裸露砒砂岩区以往研究资料进行分析。

1. 阿不亥小流域

阿不亥小流域是窟野河流域支流东乌兰木伦河上游左岸的一级支流，为裸露砒砂岩区。流域面积 121.6km², 水土流失面积 119.2km², 占总流域面积的 98%。地理位置在东经 109°42′41″~109°49′51″、北纬 39°43′29″~39°51′29″, 海拔 1365~1522m, 属黄土丘陵沟壑区第一副区，流域宽 10.1km, 南北长 15.2km, 主沟长 16km。全流域共有支沟 46 条，沟壑密度 2.6km/km², 多年平均侵蚀模数 10 000t/（km²·a）。阿不亥坝系工程于 1996 年正式启动，经过 6 年建设，到 2001 年底共计完成骨干坝 12 座，淤地坝 6 座，引洪漫地工程 3 处。选择该地区可与皇甫川裸露砒砂岩区淤地坝拦沙颗粒组成进行对比。值得强调的是，窟野河流域支毛沟右岸多数有风沙覆盖，会直接影响产沙量的多少和拦沙粗细的组成成分。

2. 悖牛川

悖牛川裸露砒砂岩区，与皇甫川流域的纳林川相连，面积 $10km^2$，是窟野河流域裸露砒砂岩区的核心，在其支毛沟右岸多数也有黄沙覆盖。

3. 西召沟

西召沟小流域盖沙裸露砒砂岩区，面积 $20km^2$。选择该流域是由于从 1985 年起，黄委会黄河上中游管理局在该流域东一支沟进行过长达 10 年之久的沙棘植物"柔性坝"拦沙试验研究，有翔实的测量数据。该流域主沟上的 1 号骨干坝和东一支沟的 1 号谷坊均有实测颗粒级配资料，可作对比分析（毕慈芬等，2006）。

5.2.3 钻孔取样点布设与取样方法

1. 取样点布设

本次研究取样分淤地坝淤积物和淤地坝上游原生态土两类。其中，淤地坝内取样沿中泓线（避开溢洪道、泄水洞）分别在每座淤地坝的坝尾、坝中、坝前各布设 1 个取样点；原生态土取样点分别布设在坡面顶、梁峁坡、沟谷坡和坡裙处。

2. 取样方法及数量

（1）淤地坝采用洛阳铲钻孔取样，每个钻孔深 2.5m，每 0.5m 深取一个沙样，共取 5 个沙样。每座淤地坝内 3 线 5 样，共取 15 个沙样。淤地坝已种植农作物的，先清除 20cm 耕作层土壤后，再钻孔取样。

（2）选择淤地坝上游具有代表性的支毛沟，直接进行原生态土单点取样。支毛沟的坡面顶、梁峁坡、沟谷坡和坡裙堆积物代表原生态土，可直接单点取样。根据支毛沟不同部位产沙情况，在沟谷坡或坡裙堆积物处可进行重力侵蚀物单点取样。

本次研究共取沙样 587 个，每个沙样重均为 1kg。其中，皇甫川、窟野河、秃尾河、佳芦河坝地钻孔沙样 540 个；原生态土坡面顶和坡裙堆积物沙样 41 个；毛乌素沙地、库布其沙漠以及哈什拉川沙样 6 个。皇甫川、窟野河流域沙样数分别为 313 个和 151 个，占本次淤地坝钻孔取样总数的 58% 和 28%。

3. 取样编号

将取好后的每个沙样（重 1kg）装入结实的塑料袋，袋外用标签注明淤地坝的名称、编号、总序号和所在流域，按坝尾、坝中、坝前分别编号为尾 1、尾 2、尾 3、尾 4、尾 5；中 1、中 2、中 3、中 4、中 5；前 1、前 2、前 3、前 4、前 5。原生态土坡面顶和坡裙堆积物沙样编号分别为坡 1、坡 2、坡 3；裙 1、裙 2、裙 3、裙 4、裙 5。砒砂岩沙样根据颜色不同，编号名称分别为砒砂黄色、砒砂白色、砒砂灰色、砒砂绿色、砒砂蓝色、砒砂粉色、砒砂紫色。其他沙样按照名称和取样地点编号,分别为黄土、风沙土、毛乌素沙地、库布其沙漠。

4. 取样级配计算结果的处理

(1) 淤地坝沙样级配为坝尾、坝中、坝前各钻孔取样级配的算术平均值;
(2) 坡面顶沙样级配为所有坡面顶沙样级配的算术平均值;
(3) 坡裙堆积物沙样级配为所有坡裙堆积物沙样级配的算术平均值。

5.3 淤地坝拦沙的泥沙级配组成分析

5.3.1 钻孔取样基本情况

1. 皇甫川

2008年皇甫川淤地坝钻孔取样地点主要是在主沟纳林川和十里长川及其支沟,共选淤地坝21座进行取样,其中,主沟纳林川11座,十里长川2座,川掌沟和西黑岱沟8座。皇甫川淤地坝钻孔取样基本情况见表5-1。

表5-1 皇甫川淤地坝钻孔取样基本情况

淤地坝编号	钻孔取样位置		坝高/m	库容/万 m³	控制面积 /km²	原沟床比降 /%	淤地坝建成时间
	东经	北纬					
1	39°43′20″	110°54′03″	22	74	2.2	4.79	1997年9月
2	39°53′24″	110°52′42″	19	74.3	2.7	2.89	1998年9月
3	39°45′48″	110°28′54″	18	95.6	2.1	2.96	1998年11月
4	39°47′28″	110°57′59″	26	196	9.5	2.78	1990年10月
5	39°43′50″	110°55′51″	24	204.9	13.3	1.52	1990年10月
6	39°34′08″	110°09′17″	26	161.4	4.7	5.11	1992年10月
7	39°37′18″	111°10′57″	36	194.5	5.3	3.05	1992年7月
8	39°54′15″	110°57′56″	22	68.4	3.0	4.53	1987年10月
9	39°53′42″	110°59′34″	12.6	9.26	0.68	3.13	2004年
10	39°53′42″	110°59′34″	13	9.56	0.7	3.93	2004年
11	39°53′13″	110°59′44″	13	9.26	0.68	6.08	2004年
12	39°52′29″	111°00′24″	17	73.8	3.2	2.3	1987年10月
13	39°53′01″	111°01′07″	19	104.4	4.5	2.16	1987年10月
14	39°52′35″	111°01′35″	14	20.34	1.05	1.78	2004年
15	39°57′39″	110°58′23″	25.5	143.4	4.2	3.94	1993年11月
16	39°55′50″	110°04′33″	20	88.7	3.1	2.59	1996年5月
17	39°54′47″	111°02′15″	21	91.8	3.0	4.92	1988年10月
18	39°54′48″	111°03′33″	18	70	3.2	4.37	1988年10月
19	39°54′01″	111°04′19″	24.9	130.6	4.5	2.6	1993年8月
20	39°51′43″	111°05′15″	21.5	156.7	5.4	2.0	1989年10月
21	39°38′55″	111°15′14″	22	94.7	3.3	2.28	1992年6月
平均	—	—	20.7	98.7	3.8	3.3	
变化范围	39°34′08″~39°57′39″	110°05′33″~111°15′14″	12.6~36	9.26~204.9	0.68~13.3	1.52~6.08	1987~2004年

2. 窟野河

2008年窟野河淤地坝钻孔取样地点，主要分布于窟野河中上游河段，共选淤地坝10座取样，其中，东乌兰木伦河2座，西乌兰木伦河3座，悖牛川、暖水川、东阿不亥、乔家渠、束会川各1座，具体情况见表5-2。

表5-2 窟野河淤地坝钻孔取样基本情况

淤地坝编号	钻孔取样位置 东经	钻孔取样位置 北纬	坝高/m	库容/万 m³	控制面积/km²	原沟床比降/%	淤地坝建成时间
1	39°20′21″	109°59′21″	21	54.5	2.5	3.68	1990年9月
2	39°21′55″	110°02′11″	—	—	—	—	—
3	39°41′29″	109°33′23″	9	43.06	3.7	1.72	1993年10月
4	39°38′41″	109°36′05″	16	53.6	5.2	3.67	1998年9月
5	39°41′25″	109°31′10″	13	55.5	3.1	4.74	2001年5月
6	39°30′13″	109°53′11″	20	52.23	2.5	12.34	1996年9月
7	39°44′56″	110°27′11″	16	171.0	6.5	1.63	2001年11月
8	39°46′43″	109°44′03″	14	76.42	2.98	2.43	2000年7月
9	39°47′24″	109°44′40″	12.5	70.15	3.01	2.02	1997年8月
10	39°31′57″	110°16′34″	8.7	2.59	0.25	5.98	2004年
平均	—	—	14.5	64.3	3.3	4.24	14.5
变化范围	39°20′21″~39°47′24″	109°36′05″~110°27′11″	9~12	2.59~171	0.25~6.5	1.63~12.34	1990年9月~2004年

3. 秃尾河、佳芦河和哈什拉川

2008年在秃尾河、佳芦河流域各选取两座淤地坝进行钻孔取样；在内蒙古"十大孔兑"之一的哈什拉川选取1座淤地坝进行钻孔取样。基本情况见表5-3。

表5-3 秃尾河等流域淤地坝钻孔取样基本情况

支流名称	淤地坝编号	钻孔取样位置 东经	钻孔取样位置 北纬	坝高/m	库容/万 m³	控制面积/km²	原沟床比降/%	淤地坝建成时间
秃尾河	1	38°27′25″	110°31′07″	27	68	3.7	2.95	1994年
秃尾河	2	38°29′27″	110°32′59″	19.5	55.2	1.5	4.82	1976年
佳芦河	1	38°10′56″	110°15′50″	50	66.2	9.5	5.44	1970年
佳芦河	2	—	—	40	91	13	4.23	1973年
哈什拉川	1	39°53′58″	111°11′31″	18	124.6	3.3	4.07	1994年7月

综合表5-1~表5-3淤地坝钻孔取样的基本情况可知，2008年在皇甫川、窟野河、秃尾河、佳芦河和哈什拉川共实施淤地坝钻孔取样36座。

5.3.2 淤地坝拦截粗泥沙百分数排序

1. 算术平均粒径统计结果

根据皇甫川和窟野河流域 31 座淤地坝取样分析的算术平均粒径统计结果,得到两个流域淤地坝拦截的 $d≥0.05$mm 和 $d≥0.1$mm 的粗泥沙百分数,见表 5-4 和表 5-5。其中,$d_{淤}$ 代表淤地坝沙样中拦截的 $d≥0.05$mm 和 $d≥0.1$mm 粗泥沙所占比例的算术平均值;$d_{原}$ 表示原生态土样中 $d≥0.05$mm 和 $d≥0.1$mm 粗泥沙所占比例的算术平均值。表中 $d_{淤}$ 计算不考虑缺 $d_{原}$ 时的 $d_{淤}$ 资料,$d_{淤}/d_{原}$ 表示两个算术平均值之比。

表 5-4 皇甫川淤地坝拦截粗泥沙级配组成及与原状沙样级配比值(单位:%)

淤地坝编号	$d≥0.05$mm			$d≥0.1$mm		
	$d_{原}$	$d_{淤}$	$d_{淤}/d_{原}$	$d_{原}$	$d_{淤}$	$d_{淤}/d_{原}$
1	74.4	73.0	98.1	61.7	60.3	97.7
2	75.2	66.8	88.8	69.8	52.8	75.6
3	76.6	65.1	85.0	62.8	52.3	83.3
4	87.1	71.9	82.5	82.1	62.9	76.6
5	83.1	67.5	81.2	75.1	58.1	77.4
6	73.3	49.0	66.8	37.5	32.8	87.5
7	63.0	55.8	88.6	54.2	41.2	76.0
8	72.1	53.9	74.8	59.3	36.4	61.4
9	76.2	67.6	88.7	65.9	57.0	86.5
10	70.0	61.7	88.1	61.5	50.2	81.6
11	70.9	66.4	93.7	63.3	57.2	90.4
12	71.0	38.1	53.7	75.7	21.9	28.9
13	83.6	33.4	40.0	79.3	17.0	21.4
14	97.3	49.8	51.2	94.0	36.0	38.3
15	—	53.3	—	—	39.6	—
16	75.2	56.5	75.1	59.1	43.1	72.9
17	75.9	60.4	79.6	62.0	43.2	69.7
18	72.9	53.7	73.7	65.1	36.2	55.6
19	—	50.9	—	—	36.3	—
20	65.0	56.1	86.3	47.4	44.0	92.8
21	39.3	49.8	127	16.5	29.9	181
平均	73.8	57.2	77.5	62.8	43.3	68.9
变化范围	39.3~97.3	33.4~73.0	40.0~127	16.5~94.0	17.0~62.9	21.4~181

表 5-5 窟野河淤地坝拦截粗泥沙级配组成及与原状沙样级配比值(单位:%)

淤地坝编号	$d≥0.05$mm			$d≥0.1$mm		
	$d_{原}$	$d_{淤}$	$d_{淤}/d_{原}$	$d_{原}$	$d_{淤}$	$d_{淤}/d_{原}$
1	68.0	77.1	113	56.6	67.2	119
2	88.1	76.1	86.4	83.5	66.1	79.2
3	—	76.9	—	—	68.0	—

续表

淤地坝编号	$d \geqslant 0.05$mm			$d \geqslant 0.1$mm		
	$d_原$	$d_淤$	$d_淤/d_原$	$d_原$	$d_淤$	$d_淤/d_原$
4	87.6	87.2	99.5	81.0	79.0	97.5
5	95.8	85.0	88.7	93.9	79.4	84.6
6	93.5	85.9	91.9	90.2	79.3	87.9
7	—	61.3	—	—	48.7	—
8	76.0	68.8	90.5	64.5	59.2	91.8
9	86.0	77.1	89.7	80.4	68.9	85.7
10	98.0	85.8	87.6	98.0	81.6	83.3
平均	86.6	78.1	90.2	81.0	69.7	86.0
变化范围	68.0~98.0	61.3~87.2	86.4~113	56.6~98.0	48.7~81.6	79.2~119

从表 5-4、表 5-5 可以得到如下两点认识：

（1）淤地坝拦截的 $d \geqslant 0.05$mm 和 $d \geqslant 0.1$mm 的粗泥沙级配组成含量百分数的大小，明显呈现出自南向北递增的趋势，最多含量集中于窟野河中上游；

（2）淤地坝拦截的 $d \geqslant 0.05$mm 和 $d \geqslant 0.1$mm 的粗泥沙级配组成含量百分数的大小，与流域原生态土壤粗泥沙含量百分数成正比，亦即原生态颗粒愈粗，淤地坝拦截的泥沙也愈粗。

秃尾河只在两座淤地坝钻孔取样，得到淤地坝拦截的 $d \geqslant 0.05$mm 和 $d \geqslant 0.1$mm 粗泥沙百分数分别为 62.5% 和 34.0%。佳芦河也在两座淤地坝钻孔取样，得到淤地坝拦截的 $d \geqslant 0.05$mm 和 $d \geqslant 0.1$mm 粗泥沙百分数分别为 53.1% 和 25.7%。

2. 粗泥沙所占比例排序

皇甫川等 4 条支流 36 座淤地坝拦截 $d \geqslant 0.05$mm 和 $d \geqslant 0.1$mm 粗泥沙所占比例的大小排序结果见表 5-6。由表 5-6 可以看出，不同支流淤地坝拦截粗泥沙所占比例具有明显差异。窟野河流域坝地淤积粗泥沙所占比例最大，淤积物中粒径 $d \geqslant 0.05$mm 的粗泥沙所占比例（$d_淤$）与原生态土样中对应的粗泥沙所占比例（$d_原$）之比达到 90.2%，粒径 $d \geqslant 0.1$mm 的特粗泥沙所占比例也达到 86.0%。从 4 条支流坝地淤积粗泥沙排序结果看，分别按粒径 $d \geqslant 0.05$mm 和 $d \geqslant 0.1$mm 的粗泥沙百分数所占比例大小的两种排序结果一致，均为窟野河＞皇甫川＞秃尾河＞佳芦河。其排序与各支流不同母质岩土中 $d \geqslant 0.05$mm 的粗颗粒百分数排序基本吻合，说明淤地坝拦减粗泥沙自南向北递增。

表 5-6 皇甫川等 4 条支流淤地坝拦截粗泥沙百分数排序表 （单位:%）

支流名称	$d \geqslant 0.05$mm		$d \geqslant 0.1$mm		变化范围			
					$d \geqslant 0.05$mm		$d \geqslant 0.1$mm	
	$d_淤/d_原$	排序号	$d_淤/d_原$	排序号	最大	最小	最大	最小
皇甫川	77.5	2	68.9	2	73.0	33.4	62.9	17.0
窟野河	90.2	1	86.0	1	87.2	61.3	81.6	48.7
秃尾河	62.5	3	53.1	3	—	—	—	—
佳芦河	34.0	4	25.7	4	—	—	—	—

5.3.3 淤地坝中粗泥沙百分数沿纵向分布规律

根据皇甫川等4条支流淤地坝的坝前、坝中、坝尾共540组粗泥沙级配资料，以对应部位每个钻孔5个沙样颗粒级配的算术平均粒径分别作为坝前、坝中及坝尾淤积泥沙粒径的代表值，单独分析$d \geqslant 0.05$mm的粗泥沙级配百分数沿纵向（坝前、坝中、坝尾）分布规律，大体有三种情况：①坝前泥沙细，坝尾泥沙粗。如图5-1为窟野河西乌兰木伦河温家渠沟坝颗粒级配曲线图。②坝前泥沙粗，坝尾泥沙细。如图5-2为皇甫川西黑岱沟狐儿子坝颗粒级配曲线图。③坝前、坝中、坝尾泥沙均匀。如图5-3为秃尾河左岸阳崖沟坝颗粒级配曲线图。图例中$D_{cp原}$、$D_{cp前}$、$D_{cp中}$、$D_{cp尾}$、D_{cp}分别代表原生态沙样、坝前、坝中、坝尾沙样及其平均沙样颗粒级配曲线。

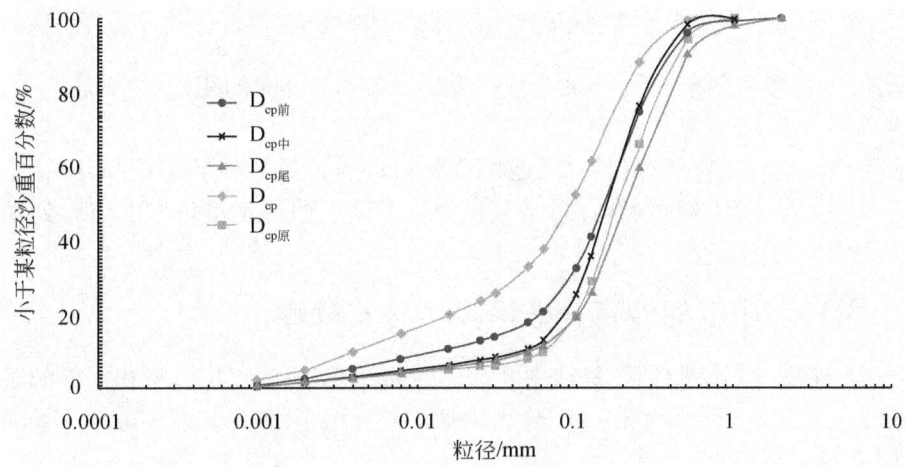

图5-1 窟野河西乌兰木伦河温家渠沟坝颗粒级配曲线

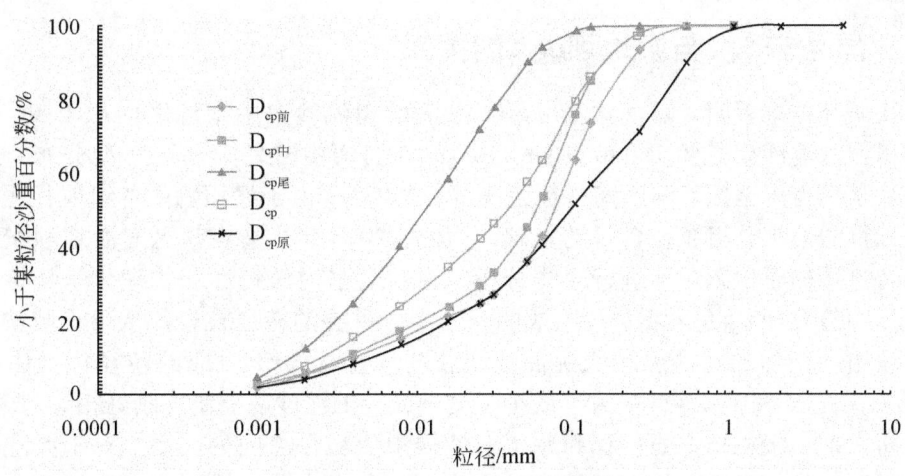

图5-2 皇甫川西黑岱狐儿子沟坝颗粒级配曲线

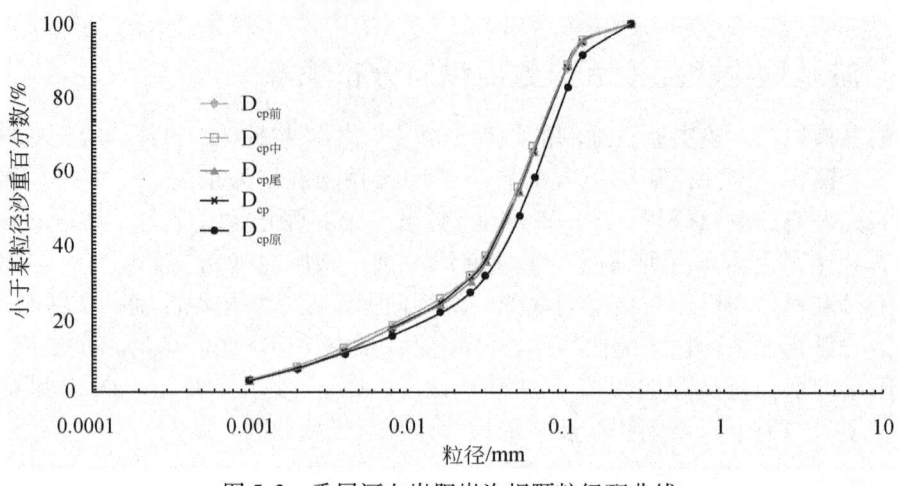

图 5-3 秃尾河左岸阳崖沟坝颗粒级配曲线

秃尾河、佳芦河两条支流中淤地坝拦截的 $d \geqslant 0.05\text{mm}$ 的粗泥沙级配，有的均匀，有的不均匀。

统计结果表明，第一种情况占淤地坝总数的88%，第二种情况只占7%，第三种情况仅占5%。因此，淤地坝淤积泥沙粒径的纵向分布，总体上呈现出由坝尾到坝前逐渐变细的规律。

5.3.4 淤地坝中粗泥沙百分数沿垂线分布规律

根据36座淤地坝垂线钻孔资料中 $d \geqslant 0.05\text{mm}$ 的粗泥沙比例，淤积泥沙的垂线分布大体上可以分成以下四种情况：①下粗上细；②上粗下细；③上下均匀；④坝前、坝中、坝尾交错分布。

其中，第一种大体占1/3，第二种比较少，第三种也占1/3左右。其中的原因和规律有待进一步分析。

5.3.5 原生态 $\bar{d}_{50原}$ 与淤地坝 $\bar{d}_{50淤}$ 的关系

以往研究结果表明，黄河中游 $d \geqslant 0.1\text{mm}$ 的粗泥沙集中来源区面积 1.88 万 km^2，对应的粗泥沙输沙模数为 $1400\text{t}/(\text{km}^2 \cdot \text{a})$，在黄河中游呈"品"字型分布，其中最大的一片是皇甫川至佳芦河区间（徐建华等，2006）。由于淤积物中各组粒径泥沙百分含量是计算淤地坝分组粒径含量的基础，为此，2008年主要在该区对淤地坝淤积泥沙及其上游流域的原生态泥沙进行取样分析。泥沙的水力学特性和物理化学特性均与粒径有关，中值粒径 d_{50} 是表示泥沙组成的一个十分重要的特征粒径。从小流域坡面和重力侵蚀坡裙堆积物的泥沙颗粒级配曲线上，与纵坐标50%对应的粒径称为中值粒径 d_{50}，其意义是表示全部沙样中大于或小于这一粒径的泥沙在重量上刚好相等。

分析淤地坝淤积物中值粒径和原生态沙样中值粒径之间的关系，对于淤地坝规划设计和粗泥沙集中来源区的有效治理具有重要意义。为此，需要建立流域原生态沙样平均中值粒径 $\bar{d}_{50原}$ 和淤地坝沙样平均中值粒径 $\bar{d}_{50淤}$ 的关系，其中 $\bar{d}_{50原}$ 和 $\bar{d}_{50淤}$ 分别为原生态坡面、坡裙堆积物和淤地坝坝前、坝中、坝尾拦截泥沙中值粒径的算术平均值。在淤地坝的规划设计中,利用$\bar{d}_{50原}$和$\bar{d}_{50淤}$的关系,可以预测淤地坝中淤积物的中值粒径。根据本次取样资料,分别点绘窟野河流域和皇甫川流域$\bar{d}_{50原}$和$\bar{d}_{50淤}$关系见图 5-4 和图 5-5。

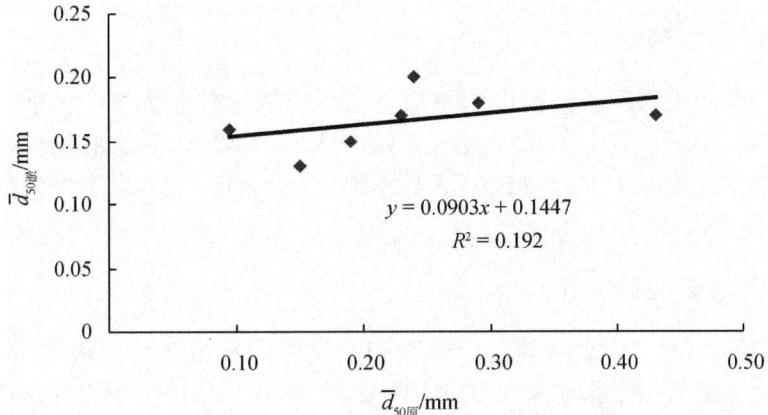

图 5-4 窟野河淤地坝上游流域原生态 $d_{50原}$ 与淤地坝 $d_{50淤}$ 关系

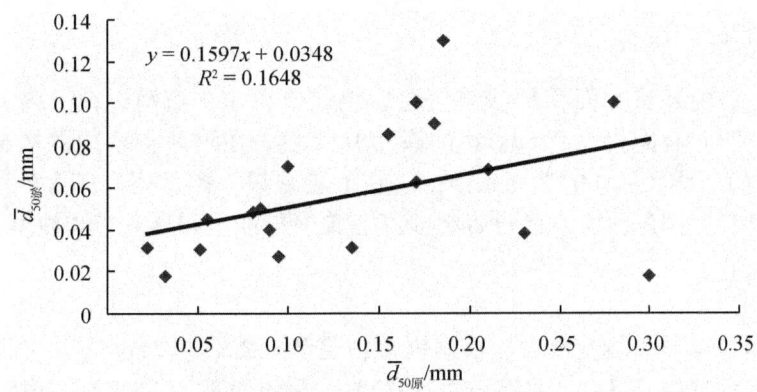

图 5-5 皇甫川淤地坝上游流域原生态 $d_{50原}$ 与淤地坝 $d_{50淤}$ 关系

从图中可以看出如下两点:

(1) 窟野河和皇甫川$\bar{d}_{50原}$和$\bar{d}_{50淤}$均呈正比关系。原生态$\bar{d}_{50原}$越粗,淤地坝$\bar{d}_{50淤}$也越粗;原生态$\bar{d}_{50原}$越细,淤地坝$\bar{d}_{50淤}$也越细。

(2) 窟野河与皇甫川$\bar{d}_{50原}$对应的粒径大小不同,窟野河$\bar{d}_{50原}$对应着两个大小不同的$\bar{d}_{50原}$,且窟野河$\bar{d}_{50淤}$比皇甫川$\bar{d}_{50淤}$粗。对相关点据进行回归分析,可以得到如下的经验关系式:

$$窟野河:\bar{d}_{50淤} = 0.09\bar{d}_{50原} + 0.145$$
$$皇甫川:\bar{d}_{50淤} = 0.16\bar{d}_{50原} + 0.035$$

以上两式的相关系数分别为 0.44 和 0.41。虽然相关系数比较低,但二者的正比变化关系趋势明显,可用于预测窟野河和皇甫川两流域淤地坝中淤积物的中值粒径,具有较大的实用价值。

综合以上分析可知，在黄河中游粗泥沙集中来源区，淤地坝拦减粗泥沙存在着"多来多淤、多淤多粗"的规律。

5.3.6 影响原生态泥沙级配组成的主要因素

1. 特殊的地质构造

皇甫川至佳芦河区间主要是以二叠纪至白垩纪的红色相为主的松散沉积岩，在第四纪干冷气候作用下，其上堆积了黄土和风成沙层。基岩、黄土和风成沙层是本区主要土壤的母质，这也是土壤被侵蚀的基本原因。所不同的是基岩上堆积的黄土和沙土分布的厚度不一样。

2. 不可忽视的地貌缺口

内蒙古自治区境内东西向的阴山山脉和宁夏回族自治区境内的贺兰山山脉之间，在内蒙古临河一带有一个天然的地貌缺口。这个缺口正对着砒砂岩区，这里每年四季均有风，尤其是当年10月至次年5月，均有强劲的西北风作为泥沙搬运的动力。这一地貌缺口不可忽视。

3. 充足的风沙源

在地貌缺口内外有大面积的沙漠。在地貌缺口以东、黄河以南、内蒙古鄂尔多斯市以北，沿东西向有面积为2762km²的库布其沙漠，在陕西省境内的榆林市一带，南北向有面积为1.58万km²的毛乌素沙地。在地貌缺口以西，还有四大沙漠包围，即内蒙古境内的巴音温都尔沙漠、巴丹吉林沙漠、腾格里沙漠和乌兰布和沙漠。

4. 温差大

研究区间的年季日温差很大。根据内蒙古自治区鄂尔多斯市气象实测资料（表5-7），该区年平均气温7.5℃，最高气温40.2℃，最低气温-35.7℃。温差对砒砂岩地区冻融侵蚀的影响很大。在很大的温差作用下，分层沉积的砒砂岩不断发生风化、崩解和运移，导致产生大量粗泥沙。根据调查者目击，不论是皇甫川还是窟野河流域，支毛沟迎风面顶坡和岸坡普遍有粗泥沙和风沙覆盖。

表5-7 内蒙古自治区鄂尔多斯市气象特征表

县	气温/℃			≥10℃积温/℃	年日照时数/h	无霜天数/天	年太阳总辐射/(kcal/cm²)	大风日数/天	平均风速/(m/s)	观测年限/年
	最高	最低	年平均							
准格尔旗	38.3	-30.9	7.3	3118.4	3109	145	143.0	21.3	2.2	—
达拉特旗	40.2	-34	6.1	2942.1	3142	140	143.3	23.4	3.1	—
东胜区	35	-29.8	5.3	2499.7	3107	116	143.0	28.1	3.5	20
伊金霍洛旗	36.9	-31.4	6.2	2754.5	3011	136	140.8	27.9	3.5	44
乌审旗	36.5	-30.1	6.7	2820.3	2897	140	137.5	24.1	3.3	44

续表

县	气温/℃			≥10℃积温/℃	年日照时数/h	无霜天数/天	年太阳总辐射/(kcal/cm²)	大风日数/天	平均风速/(m/s)	观测年限/年
	最高	最低	年平均							
杭锦旗	36.5	-32.1	5.7	2690.8	3193	129	144.4	28.6	4.3	—
鄂托克旗	37.7	-32.6	6.4	2795.5	3056	135	142.8	47	3.2	18
鄂托克前旗	36.7	-35.7	7.2	2928.3	3398	128	143.0	46.6	3.5	38
平均	—	—	7.5	3200	3050	137	145.0	30	3.0	—

5. 黄河三大暴雨中心之一

该区间分布着纬向型、斜向型和经向型三种暴雨，以纬向型为主，有时可以形成几个暴雨中心。因此，该区有集中的高强度暴雨、径流，能够冲蚀沟谷顶坡面、沟谷坡面和沟谷坡脚大量的坡裙堆积物，而且冲刷河床、淘刷沟谷壁，携带大量的泥沙进入黄河干流。这里的多年平均降雨量在400mm左右，但每年汛期一些小流域几乎都会遇到日雨量为30~50mm的暴雨。

综上所述，由于五种因素的共同作用，直接影响着该区间原生态泥沙颗粒级配组成的粗细和差异。

5.3.7 四种原生态土壤粒径级配组成大小排序

1. 代表粒径特征值选择及定义

1）代表粒径特征值选择

本次研究采用3个指标作为不同流域相同和不同土壤类别颗粒级配组成的代表特征值，以此作为判别不同土壤粒径大小排序的标准，也作为对影响该区原生态颗粒级配组成主要因素的解读。这3个指标分别是：原生态单样$d_{50原}$；同一土壤算术平均$\overline{d}_{50原}$；分组粒径百分含量最大差值算术平均$\Delta\overline{d}_{原}$。

2）代表粒径特征值定义

（1）原生态单样$d_{50原}$。选择研究区内针对黄土、栗钙土、沙漠和砒砂岩专门取单样颗粒级配组成进行对比分析。点绘不同原生态泥沙来源的单样颗粒级配曲线图，从图中查出纵坐标取值为50%时所对应的粒径值，即为$d_{50原}$。根据$d_{50原}$的大小进行四类土壤的排序。

（2）同一土类算术平均$\overline{d}_{50原}$。计算不同流域同一土类颗粒级配的算术平均值，点绘其级配组成曲线图，从图中查出纵坐标取值为50%时所对应的粒径值$\overline{d}_{50原}$。根据$\overline{d}_{50原}$大小进行四类土壤排序。

（3）分组粒径百分含量最大差值算术平均$\Delta\overline{d}_{原}$。$\Delta\overline{d}_{原}$代表分组粒径的百分含量，表示不同流域相同土样的接近程度。根据不同流域同一类土壤算术平均颗粒级配组成资料中每组颗粒组成百分含量的最大差值，求出各组差值的算术平均值$\Delta\overline{d}_{原}$。根据$\Delta\overline{d}_{原}$大小，进行四类土壤排序。其中砾质砒砂岩因为颗粒特粗，未参与排序。

2. 单样颗粒级配组成的 $d_{50原}$ 排序

2008 年在库布其沙漠、毛乌素沙地、皇甫川（黄土、栗钙土）和窟野河（紫色砒砂岩）等地取样的五种原生态土壤单样颗粒级配组成（即各取样地点小于某粒径的沙重百分数）见表 5-8。根据表 5-8 点绘颗粒级配曲线见图 5-6。从图 5-6 中查出 $d_{50原}$ 分别为 0.2mm、0.285mm、0.034mm、0.105mm 和 0.013mm。由此得到四类原生态土壤单样颗粒级配组成 $d_{50原}$ 由粗到细排序如下：①毛乌素沙地；②库布其沙漠；③栗钙土；④黄土；⑤紫色砒砂岩。

表 5-8　库布其沙漠等地取样的颗粒级配组成　　　　（单位：%）

取样地点		库布其沙漠	毋利沟右梁顶黄土	毛乌素沙地	乌兰木伦河紫色砒砂岩	十里长川冀家沟左梁顶钙土	砾质砒砂岩
粒径/mm	0.001	0.0	4.2	0.3	4.8	1.1	0.3
	0.002	0.0	9.6	0.8	12.3	2.6	1.2
	0.004	0.0	17.0	1.5	24.5	4.7	2.5
	0.008	0.0	25.8	2.2	39.7	7.1	3.8
	0.016	0.0	36.0	2.6	57.4	10.2	5.1
	0.025	0.0	43.7	2.8	70.4	12.6	6.0
	0.031	0.0	48.2	3.0	77.1	13.8	6.4
	0.05	0.0	60.6	3.8	90.3	19.7	7.7
	0.062	0.0	67.4	4.4	94.5	25.7	8.5
	0.10	0.4	82.9	5.7	98.7	48.4	11.1
	0.125	4.2	89.0	8.8	99.1	60.9	13.0
	0.25	67.4	99.2	40.8	99.8	86.3	23.5
	0.50	100	100	90.9	100	96.4	42.0
	1.0	—	—	100	—	100	57.8
	2.0	—	—	—	—	—	64.9
	5.0	—	—	—	—	—	72.0
	>5.0	—	—	—	—	—	78.0
d_{50}/mm		0.2	0.034	0.285	0.013	0.105	5.9

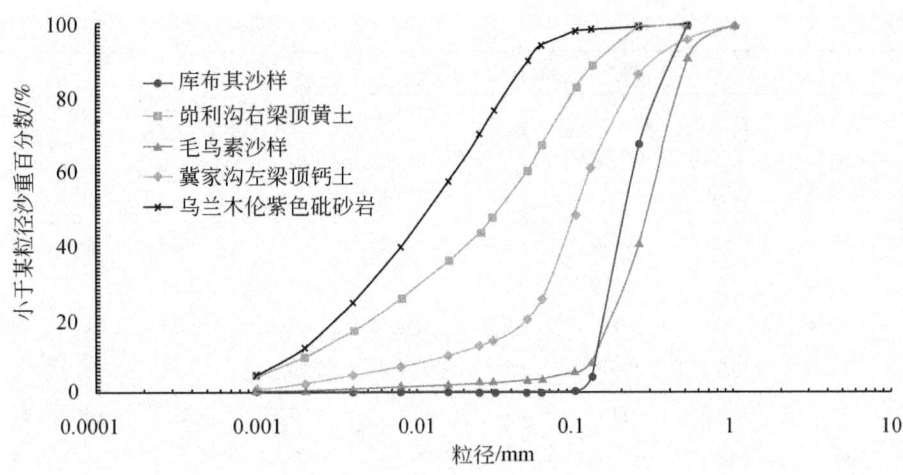

图 5-6　库布其沙漠等地原生态土壤单样颗粒级配曲线

3. 算术平均颗粒级配组成 $\overline{d}_{50原}$ 排序

从 36 座淤地坝的取样材料中，挑选出相同土壤、不同流域的黄土、栗钙土、盖沙和砒砂岩沙样共 21 个，其中，黄土 5 个、栗钙土 5 个、盖沙 3 个、砒砂岩 8 个，涉及 19 座淤地坝。21 个沙样的级配组成分析结果分别见表 5-9～表 5-12。分别求出每个土类的原生态土样颗粒级配组成百分数（算术平均值），点绘四类土样的颗粒级配曲线见图 5-7。从图 5-7 中分别查出四类原生态土样的算术平均 $\overline{d}_{50原}$，其结果分别为黄土 0.04mm、栗钙土 0.088mm、盖沙 0.185mm、砒砂岩 0.17mm。由此得到四种原生态土样的 $\overline{d}_{50原}$ 算术平均值从大到小排序为：盖沙 > 砒砂岩 > 栗钙土 > 黄土。

表 5-9　不同流域黄土类颗粒级配组成（算术平均值）

粒径/mm	各取样地点小于某粒径泥沙的百分含量/%					算术平均值/%	各组粒径变化最大差值/%	最大差值变化范围/%	平均最大差值 $\Delta\overline{d}_原$/%
	纳林川公益盖坝渠地	西黑岱狐儿子沟坝梁地	哈什拉川独利沟坝梁顶	皇甫川脑亥沟	佳芦河菜地峁坝坡裙黄土				
0.001	2.7	2.8	2.8	4.2	3.6	3.2	1.5		
0.002	6.1	5.8	5.9	9.6	7.9	7.1	3.8		
0.004	11.0	10.0	10.2	17.0	13.7	12.4	7.0		
0.008	16.9	15.1	16.1	25.8	20.9	19.0	10.7	1.5～26.3	13.9
0.016	24.6	22.2	24.7	36.0	30.2	27.5	13.8		
0.025	33.2	29.3	35.6	43.7	36.5	14.4			
0.031	38.9	33.8	43.8	48.2	48.5	42.6	14.7		
0.05	57.3	46.3	67.4	60.6	70.1	60.3	23.8		

续表

粒径/mm	各取样地点小于某粒径泥沙的百分含量/%					算术平均值/%	各组粒径变化最大差值/%	最大差值变化范围/%	平均最大差值 $\Delta \bar{d}_\text{原}$/%
	纳林川公益盖沟坝渠地	西黑岱狐儿子沟坝梁地	哈什拉川独利沟坝梁顶	皇甫川脑亥沟	佳芦河菜地峁坝坡裙黄土				
0.062	60.6	53.5	77.9	67.4	79.8	67.8	26.3		
0.10	70.4	72.7	93.9	82.9	94.9	83.0	24.5		
0.125	73.9	81.6	97.3	89.0	98.2	88.0	24.3		
0.25	85.7	96.7	99.7	99.2	100	96.3	14.3		
0.50	98.3	99.9	100	100		99.6	1.7	1.5~26.3	13.9
1.0	100	100	—	—		100			
2.0	—	—							
5.0									
>5.0									

表 5-10 不同流域栗钙土类颗粒级配组成（算术平均值）

粒径/mm	各取样地点小于某粒径泥沙的百分含量/%					算术平均值/%	各组粒径变化最大差值/%	最大差值变化范围/%	平均最大差值 $\Delta \bar{d}_\text{原}$/%
	脑亥沟五不兔沟坡面	脑亥沟五不兔沟梁顶	川掌沟海力色太沟坡面	窟野河酸刺沟梁顶	十里长川冀家沟左渠顶				
0.001	1.4	1.5	1.5	1.0	1.1	1.3	0.5		
0.002	3.9	3.4	3.9	3.0	2.6	3.4	1.3		
0.004	9.2	6.2	7.9	6.7	4.7	6.9	4.5		
0.008	16.4	9.3	12.8	11.8	7.1	11.5	9.3		
0.016	23.6	13.1	18.5	18.6	10.2	16.8	13.4		
0.025	28.3	16.2	22.2	24.4	12.6	20.7	15.7		
0.031	30.9	18.7	24.1	27.7	13.8	23.0	17.1		
0.05	37.8	30.7	31.8	38.1	19.7	31.6	18.4		
0.062	41.3	40.6	38.2	43.5	25.7	37.8	17.8	0.4~33.1	12.4
0.10	48.9	68.9	57.4	55.3	48.4	55.8	20.5		
0.125	51.8	80.9	66.2	60.0	60.9	64.0	29.1		
0.25	63.1	96.2	81.6	72.5	86.3	80.0	33.1		
0.50	88.1	98.5	93.4	89.4	96.4	93.2	10.4		
1.0	100	100	97	96.1	100	98.6	3.9		
2.0	—	—	97.3	96.9	—	97.1	0.4		
5.0			97.8	100		98.9	2.2		
>5.0	—	—	100	—	—	100			

第 5 章 淤地坝拦沙的泥沙级配组成分析

表 5-11 不同流域盖沙颗粒级配组成（算术平均值）

粒径/mm	各取样地点小于某粒径泥沙的百分含量/%			算术平均值/%	各组粒径变化最大差值/%	最大差值变化范围/%	平均最大差值 $\Delta \bar{d}_{原}$
	西黑岱纳林沟2#南梁	西乌兰木伦河(右岸)活昌汉1#梁坡	西乌兰木伦河(左岸)活尼兔梁顶				
0.001	0.0	0.2	0.6	0.3	0.6		
0.002	0.1	0.8	1.5	0.8	1.4		
0.004	0.6	1.6	2.8	1.7	2.2		
0.008	0.9	2.5	4.0	2.5	3.1		
0.016	1.9	3.4	5.1	3.5	3.2		
0.025	2.7	3.9	6.0	4.2	3.3		
0.031	2.7	4.2	6.5	4.5	3.8		
0.050	3.0	5.0	8.0	5.4	5.1		
0.062	6.0	6.1	9.8	7.3	3.8	0.6~32.3	7.8
0.10	28.5	12.6	20.1	20.4	15.9		
0.125	40.5	18.8	28.8	29.4	21.7		
0.25	84.7	52.4	65.9	67.7	32.3		
0.50	95.8	90.3	94.4	93.5	5.5		
1.0	100	100	100	100	—		
2.0	—	—	—	—	—		
5.0	—	—	—	—	—		
>5.0							

表 5-12 不同流域砒砂岩颗粒级配组成（算术平均值）

粒径/mm	各取样地点小于某粒径泥沙的百分含量/%						算术平均值/%	各组粒径变化最大差值/%	最大差值变化范围/%	平均最大差值 $\Delta \bar{d}_{原}$
	纳林川公益盖沟白色砒砂岩	西黑岱(左岸)许家沟灰色砒砂岩	川掌沟五支树沟白色砒砂岩	川掌沟五支树沟红色砒砂岩	窟野河乔家渠赤圪坦黄色砒砂岩	乌兰木伦河紫色砒砂岩				
0.001	0.0	0.3	0.2	2.3	0.2	4.8	1.3	4.8		
0.002	0.5	1.4	0.9	6.3	1.3	12.3	3.8	11.8		
0.004	1.8	4.0	2.6	13.1	3.2	24.5	8.2	22.7	4.8~80.4	48.6
0.008	4.4	8.1	5.3	22.2	5.6	39.7	14.2	35.3		
0.016	8.2	13.3	9.9	33.7	9.1	57.4	21.9	49.2		
0.025	10.9	17.1	14.7	43.4	12.3	70.4	28.1	59.5		

续表

粒径/mm	各取样地点小于某粒径泥沙的百分含量/%						算术平均值/%	各组粒径变化最大差值/%	最大差值变化范围/%	平均最大差值 $\Delta \bar{d}_{原}$
	纳林川公益盖沟白色砒砂岩	西黑岱（左岸）许家沟灰色砒砂岩	川掌沟五支树沟白色砒砂岩	川掌沟五支树沟红色砒砂岩	窟野河乔家渠赤圪坦黄色砒砂岩	乌兰木伦河紫色砒砂岩				
0.031	12.5	19.1	17.5	49.1	14.0	77.1	31.6	64.6		
0.05	15.3	24.0	23.6	63.3	17.9	90.3	39.1	75.0		
0.062	16.5	26.1	25.8	69.2	19.6	94.5	42.0	78.0		
0.10	18.3	29.9	28.4	78.9	22.7	98.7	46.2	80.4		
0.125	19.3	31.8	29.3	81.9	24.5	99.1	47.7	79.8		
0.25	35.7	49.8	46.3	90.5	32.3	99.0	58.9	66.7	4.8~80.4	48.6
0.50	80.3	87.9	86.8	99.4	55.6	100	85.0	44.4		
1.0	100	100	100	100	92.4	—	98.5	7.6		
2.0	—	—	—	—	96.3	—	96.3	—		
5.0	—	—	—	—	99.6	—	99.6	—		
>5.0	—	—	—	—	100	—	100	—		

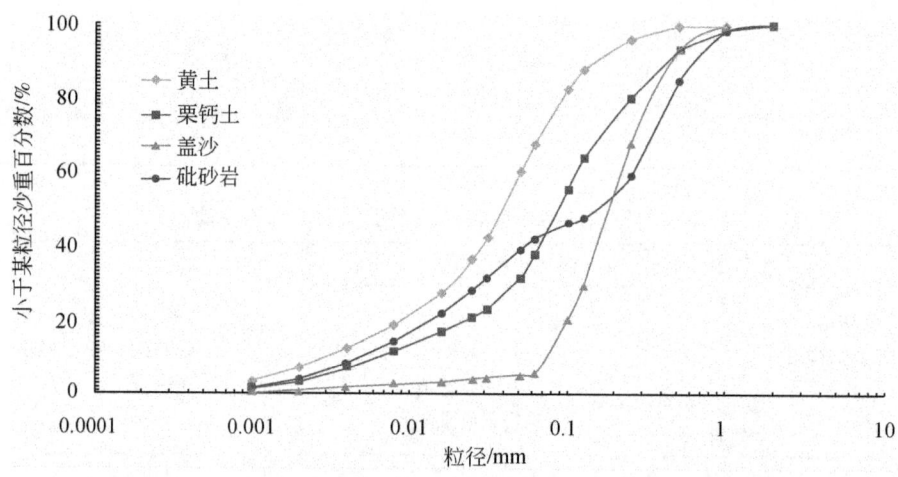

图 5-7 黄土、栗钙土、盖沙和砒砂岩平均颗粒级配曲线

4. 分组粒径百分含量最大差值算术平均 $\Delta \bar{d}_{原}$ 排序

表 5-9~表 5-12 中给出了不同流域黄土、栗钙土、盖沙和砒砂岩等四类土壤分组粒径最大差值变化范围和最大差值算术平均 $\Delta \bar{d}_{原}$，其变化范围和平均最大差值见表 5-13。其 $\Delta \bar{d}_{原}$ 由大到小排序为：砒砂岩 > 黄土 > 栗钙土 > 盖沙。

第5章 淤地坝拦沙的泥沙级配组成分析

表 5-13 不同流域四种原生态土壤 $\Delta \overline{d}_原$ 排序

土类	变化范围/mm	$\Delta \overline{d}_原$/mm	排序
黄土	1.5~26.3	13.9	②
栗钙土	0.4~33.1	12.4	③
盖沙	0.6~32.3	7.8	④
砒砂岩	4.8~80.4	48.6	①

5.3.8 各种颜色砒砂岩颗粒级配组成排序

根据36座淤地坝取样资料中能挑选出的五种颜色砒砂岩的颗粒级配组成资料，点绘颗粒级配曲线见图5-8。从图中查出各色 $d_{50原}$ 排序见表5-14。表5-14中给出黄色砒砂岩 $d_{50原}$ 最粗，为 0.42mm，紫色砒砂岩最细，为 0.012mm，其中，黄色、白色、灰色砒砂岩 $d_{50原}$ 均大于 0.25mm，而红色、紫色砒砂岩 $d_{50原}$ 均小于 0.031mm。特别值得注意的是，黄色砒砂岩、白色砒砂岩、灰色砒砂岩均比毛乌素沙地、库布其沙漠和盖沙粗。其中，黄色砒砂岩 $d_{50原}$ 比毛乌素沙地、库布其沙漠和盖沙分别大 1.47 倍、2.1 倍和 2.21 倍；白色砒砂岩 $d_{50原}$ 比毛乌素沙地、库布其沙漠和盖沙分别大 1.09 倍、1.55 倍和 1.63 倍；灰色砒砂岩 $d_{50原}$ 较毛乌素沙地小 0.88 倍，较库布其沙漠和盖沙分别大 1.25 倍和 1.32 倍。红色砒砂岩、紫色砒砂岩均小于黄土。

表 5-14 各色砒砂岩 $d_{50原}$ 排序

砒砂岩颜色	$d_{50原}$/mm	排序
白色	0.31	②
灰色	0.25	③
红色	0.031	④
黄色	0.42	①
紫色	0.012	⑤
平均	0.13	

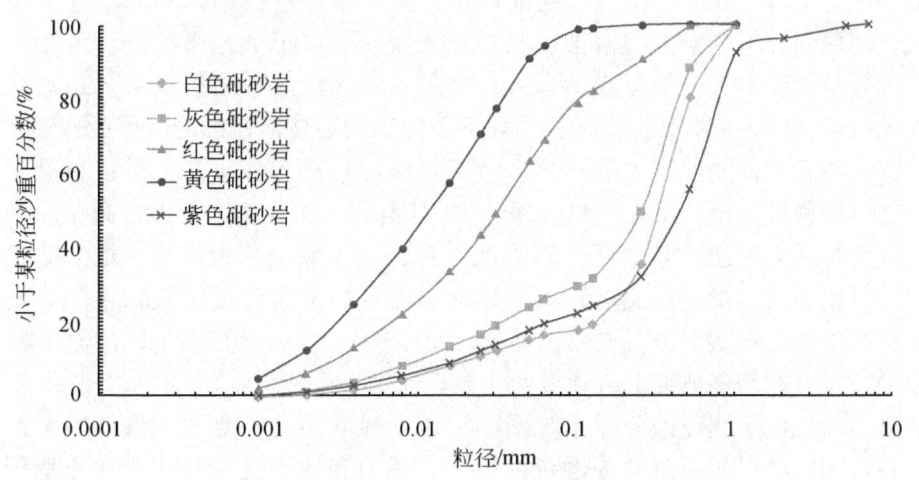

图 5-8 各色砒砂岩颗粒级配曲线

根据以上研究成果，综合评价如下：原生态土壤粒径级配组成百分含量 $d_{50原}$ 以黄色砒砂岩、白色砒砂岩和灰色砒砂岩为最粗，大于毛乌素沙地、库布其沙地和盖沙，其次为栗钙土、黄土、红色砒砂岩和紫色砒砂岩。按砒砂岩颜色颗粒级配组成百分数由大到小混合排序为①黄色砒砂岩（0.42mm）；②白色砒砂岩（0.31mm）；③毛乌素沙地（0.285mm）；④灰色砒砂岩（0.25mm）；⑤库布其沙地（0.20mm）；⑥盖沙（0.19mm）；⑦栗钙土（0.105mm）；⑧黄土（0.034mm、0.04mm）；⑨红色砒砂岩（0.031mm）；⑩紫色砒砂岩（0.013mm）。这足以证明砒砂岩地区是多沙粗沙区的核心。

5.4 淤地坝"拦粗排细"可行性分析

关于皇甫川至佳芦河区间淤地坝"拦粗排细"问题已有明确的答案。自20世纪80年代以来较大规模的淤地坝建设实践证明，淤地坝拦沙所占比例居水土保持各项措施之首，其原因在于借助淤地坝工程能改变沟道微地形。抓住主要产沙部位和阻滞输水输沙的动力，即抓住了主要矛盾。通过对产沙部位和输沙动力进行剖析，即可看清楚淤地坝"拦粗排细"的实质。

5.4.1 砒砂岩地区土壤侵蚀机理

1. 砒砂岩地区土壤侵蚀分类系统

从砒砂岩地区产沙和输沙的实际情况出发，在深入调查研究的基础上，按照系统理论原理对砒砂岩地区土壤侵蚀分类系统进行综合研究。考虑了暴雨径流和非径流土壤侵蚀的各种特点以及产流、产沙、汇流和产汇流的时序，给出砒砂岩地区土壤侵蚀分类系统见图5-9。

图5-9给出的土壤侵蚀分为两种。一种为季节性降雨径流侵蚀，发生在每年6~9月，由不产生土壤位移的小雨、暴雨前期不产生土壤位移的小雨和暴雨径流侵蚀三部分组成。前两部分不产生土壤侵蚀，只补充土壤水分或形成地下径流。侵蚀以暴雨径流为主，暴雨径流中有一部分直接入渗，也不参加侵蚀。暴雨径流主要是对顶坡面和沟谷坡的侵蚀。图5-9中分别描述了顶坡面侵蚀和沟谷坡面侵蚀沿时序的侵蚀发展过程以及顶坡面与谷坡面泥沙流入的时序，直至最终形成高含沙水流。另一种是常年性非径流侵蚀，该侵蚀是全年发生，只是每年10月至次年5月侵蚀量大、集中。常年性非径流侵蚀包括重力侵蚀、冻融侵蚀和吹蚀三种，以冻融侵蚀为核心，加上沟谷坡吹蚀物质等待暴雨径流，最终形成短距离累积非径流侵蚀的沟谷坡脚坡裙堆积物质，通过长距离形成的高含沙洪水进行输移。其特点是不论是暴雨径流还是非径流的侵蚀物质，土壤侵蚀均发生在沟谷坡面上，顶坡面主要是吹蚀形成沙尘暴。

从砒砂岩地区土壤侵蚀分类系统图中可以明显看出，主要的土壤侵蚀量产生于沟壑的沟谷坡面，是以非径流的冻融侵蚀为主，重力和风力侵蚀为短距离土壤侵蚀，而暴雨径流是主要的输移动力，从顶坡面→沟谷面→沟谷坡脚→沟床是长距离输移，然

第5章 淤地坝拦沙的泥沙级配组成分析

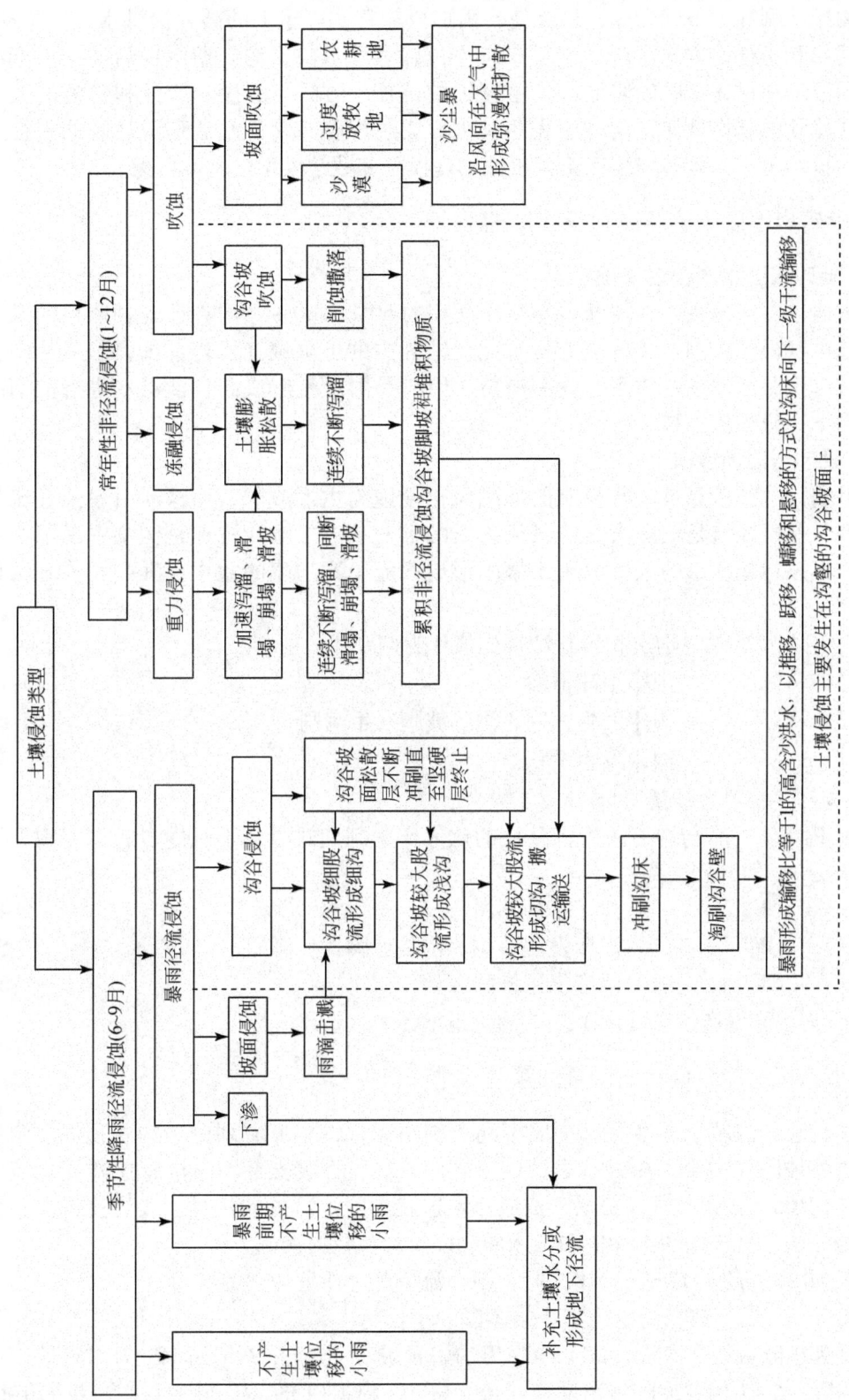

图5-9 砒砂岩地区土壤侵蚀分类系统图

后产生沟床冲刷和沟谷壁淘刷,最终使暴雨形成输移比等于1的高含沙洪水,以推移、跃移、蠕移和悬移的方式沿沟床向下一级干流输移。目前,沟谷壁淘刷量尚未进行测量。该图清晰地描述了砒砂岩地区土壤侵蚀的部位、方式、时序、产沙和输沙的关系以及产沙输沙的基本规律,同时还表明洪水形成过程和高含沙水流形成过程的特征是同步的。该图可作为砒砂岩地区土壤侵蚀物理模型和数学模型的基本框架。

2. 砒砂岩地区土壤侵蚀和输沙机理

1) 砒砂岩区土壤侵蚀机理

砒砂岩区支毛沟头沟谷坡面占小流域面积的50%~80%,沟谷坡各种颜色的砒砂岩,受该区气温的控制,具有以冻融风化侵蚀为主的土壤侵蚀机理特征,形成从沟谷坡面到坡脚短距离侵蚀物质搬运,为沟壑短历时暴雨径流形成高含沙洪水进行前期准备,并向下一级干流输移。

2) 砒砂岩区输沙机理

砒砂岩区的产沙量是以非径流的冻融风化侵蚀为主形成的,而输沙由暴雨径流完成。因此,暴雨径流是输送大量非径流物质的唯一动力,输沙机理是沟壑中暴雨股流的作用,其搬运输沙量的大小取决于暴雨形成股流单宽功率的大小,其判别式有两种形式。

(1) 用单宽功率与沟道临界含沙量比值作为判别式。

$$\gamma_s qJ = \overline{S} \qquad \text{沟床不冲不淤} \qquad (5-1)$$

$$\gamma_s qJ > \overline{S} \qquad \text{沟床发生冲刷、沟谷坡脚发生淘刷} \qquad (5-2)$$

$$\gamma_s qJ < \overline{S} \qquad \text{沟床发生淤积} \qquad (5-3)$$

式中,$\overline{S}$为沟道临界含沙量(kg/m³)。

(2) 用单宽功率与沟道泥沙输移比的比值作为判别式。由于砒砂岩区支毛沟泥沙输移比均为1,即判别式为

$$\gamma_s qJ = W_s/\overline{W}_s \qquad \text{沟床不冲不淤} \qquad (5-4)$$

$$\gamma_s qJ > W_s/\overline{W}_s \qquad \text{沟床发生冲刷、沟谷坡脚发生淘刷} \qquad (5-5)$$

$$\gamma_s qJ < W_s/\overline{W}_s \qquad \text{沟床发生淤积} \qquad (5-6)$$

式中,W_s为小流域产沙量(m³);$\overline{W}_s$为沟道输沙量(m³)。

3. 小流域总产沙量和输沙量计算

为了计算小流域总产沙量,按照不同地貌单元,将小流域划分为沟谷顶坡、沟谷坡面、沟谷坡脚和沟床。在砒砂岩地区三、四、五、六级支毛沟,沟床比降变化范围为1/10~1/100,沟道狭窄,极易形成股流,这就是输沙形成的机理。股流使得沟谷顶坡、沟缘、沟谷坡产生切沟冲刷和沟床冲刷以及沟谷壁的淘刷。

(1) 如果$\gamma_s qJ = \overline{S}$或$\gamma_s qJ = W_s/\overline{W}_s$,则小流域总产沙量为

$$G = G_1 + G_2 + G_3 \qquad (5-7)$$

式中,G为小流域总产沙量(m³),G_1为沟谷顶坡面产沙量(m³),G_2为沟谷坡面产沙量(m³),G_3为沟谷坡脚坡裙堆积沙量(m³)。根据研究,G_1可按总产沙量的10%

计算。G_2 按经验公式 $G_2 = 0.3\overline{L}$ 计算，$\overline{L}$ 表示沟道平均长度（m）。G_3 按经验公式 $G_3 = A_{谷坡} \cdot \Delta h$ 计算，其中，$A_{谷坡}$ 表示谷坡面积（m²），Δh 表示沟谷坡面年冻融风化层厚度（m）。$A_{谷坡} = 25\,500 + 75G_2$。

（2）如果 $\gamma_s qJ > \overline{S}$，$\gamma_s qJ > W_s/\overline{W}_s$，则小流域总产沙量为

$$G = G_1 + G_2 + G_3 + G_4 + G_5 \tag{5-8}$$

式中，G_4 为沟床冲刷量（m³），G_5 为沟谷坡淘刷量（m³），其余字母意义同前。

（3）如果 $\gamma_s qJ < \overline{S}$，$\gamma_s qJ < W_s/\overline{W}_s$，则小流域总产沙量 G 用式（5-7）计算，沟道输沙量可用下式计算：

$$\overline{W}_s = G_1 + G_2 + G_3 - \Delta W_s \tag{5-9}$$

式中，ΔW_s 为沟床淤积量（m³）。当泥沙不出沟时，ΔW_s 采用下式计算：

$$\Delta W_s = G_1 + G_2 + G_3 \tag{5-10}$$

5.4.2 砒砂岩地区暴雨洪水

砒砂岩地区暴雨洪水是搬运输送支毛沟大量泥沙进入淤地坝的唯一动力。为此，暴雨洪水出现的可能性也是研究淤地坝拦沙粒径变化的重要影响因素。本次通过专门研究黄河上中游连续枯水段，探讨了水文周期中丰水期出现的时间和砒砂岩地区暴雨洪水出现的可能性。

1. 丰水期出现时间预测

毕慈芬等（2009）通过对 1933~2007 年黄河上中游连续枯水段的研究，结合颜济奎等（1981）研究成果，得到表 5-15。从表 5-15 看出，从 1534~2007 年黄河上中游有七个水文周期，九个连续枯水段，其中第五个水文周期（1803~1882 年）和第七个水文周期（1933~2007 年）存在着两个连续枯水段。按第五个水文周期长短推算，第七个水文周期需要延长六年，到 2014 年才会迎来黄河上中游第八个水文周期，这与张少文等（2007）给出的 2014 年为丰水起始年限相吻合。

表 5-15　1534~2007 年黄河上中游水文周期

周期	起止年份（年）	周期年数	包括的枯水段	备注
第一周期	1534~1588	55	1581~1588 年	
第二周期	1589~1643	55	1627~1641 年	
第三周期	1644~1722	79	1713~1722 年	
第四周期	1723~1802	80	1785~1796 年	颜济奎等（1981）
第五周期	1803~1882	80	1857~1866 年 1872~1881 年	
第六周期	1883~1932	50	1922~1932 年	
第七周期	1933~1980	48	1969~1980 年	
第七周期	1933~2007	75	1969~1982 年 1985~2007 年	本次研究

2. 暴雨洪水出现的可能性

1) 1993 年黄河水沙变化研究基金第一期成果

顾文书等（2002）在 1993 年水利部第一期黄河水沙变化研究基金"黄河水沙变化及其影响的综合分析报告"中指出："黄河中游暴雨类型从暴雨区位置、分布可分为纬向类、斜向类和经向类。纬向类暴雨出现次数最多，其位置在河龙区间存在偏北、偏中和偏南三种情况。偏北型暴雨较偏中或偏南型暴雨雨区范围略小，暴雨强度大。斜向类（西南东北向）暴雨一般面积大，可以有几个大暴雨中心的雨区（渭河、泾河、北洛河），可自上中游延伸到河龙区间的无定河、延河、佳芦河一带，使黄河和泾、洛、渭河的洪水、泥沙遭遇。"

河龙区间的暴雨洪水和产沙特性，大致可归纳为三种类型：①年水量和年沙量都很大的年份，如 1954 年、1958 年、1964 年、1967 年；②年水量属于中等，而沙量特大，如 1966 年、1970 年、1977 年；③年径流量和输沙量偏枯，但一次降雨量强度大，范围相当广，次洪水的输沙量和含沙量很高，如 1971 年、1976 年、1988 年、1989 年。年内大暴雨只有 1～2 次，而一次降雨的产沙量可占汛期总沙量的 40% 以上。这种暴雨在局部地区和少数河流上能产生相当大的洪水和输沙量，但河龙区间总产沙量不大。

上述研究成果说明，皇甫川至佳芦河区间是黄河三大暴雨中心之一，不论是产水量、产沙量大的和居中的年份还是偏枯的年份，都有暴雨出现，只是暴雨的强度和分布地区不同而已。

2) 降水量年内分布

董雪娜和熊贵枢（2002）在"黄河中游河口镇—龙门区间降雨、径流、泥沙变化分析"一文中给出，皇甫川、窟野河、佳芦河等 3 条支流多年平均降水量为 417mm，汛期平均降雨量为 287mm，占年均降水量的 68.8%。

毕慈芬、王富贵、乔旺林（2001）在"黄土高原基岩产沙区水资源解决途径探讨"一文中，根据内蒙古自治区准格尔旗西召沟小流域降雨观测资料得到，1995～1999 年连续枯水段中，年均降水量为 276.4mm，仅为多年平均值的 63%，但汛期总会出现 30～50mm 的暴雨。1997 年最枯，年降水量仅有 180.4mm，但 6～9 月降雨量达 87.6mm，占年降水量的 48.5%。

3) 气候变化对砒砂岩区水文环境的影响

1990 年，联合国政府间气候变化专门委员会（IPCC）发表的第一次评估报告指出，近 100 年来，全球气温升高 0.3～0.6℃，确认了气候变化是人类须认真应对的一个威胁。毕慈芬、郑新民、李欣（2007）在"气候变化对砒砂岩区水文环境的影响"一文中，从实测资料分析给出了气候变化对砒砂岩区水文环境带来的五个方面的影响，具体包括干旱的持续性、暴雨洪水的突发性、水土流失加剧性、沙暴尘暴频繁性和水资源匮乏性。

综上所述，皇甫川至佳芦河区间近期有出现暴雨洪水的可能性。目前，由于黄河上中游连续枯水段已长达 23 年之久，千沟万壑中已储蓄了大量松散的物质，如果有大暴雨出现，将会出现高含沙洪水。尽管近年来水土保持治理措施面积不断增大，又实施了封育、退耕还林还草等治理措施，投资力度也有所增加，但与该区水土流失面积大和水土流失的严重性相比，还有很大的差距。

5.4.3 砒砂岩地区营造沟道人工湿地的潜力

近年来的淤地坝建设使黄土高原基岩产沙区许多沟道出现了一定数量的沟道湿地。干旱半干旱地区沟道人工湿地，是通过小流域侵蚀沟实施全方位的工程措施、生物措施和耕作措施并有机结合和配置后，自下而上自然形成的。当流域形成坝系时，沟道湿地效应就会更加显著。这里发展沟道人工湿地的潜力很大。内蒙古自治区鄂尔多斯市重点治理支流沟道特征见表5-16。

表5-16 内蒙古自治区鄂尔多斯市重点治理支流沟道特征

支流名称	支流长度/km	河流高程/m	河口高程/m	平均比降/‰	沟壑密度/(km/km²)	支沟数/条	支沟长度/km	支沟长度/支流长度
皇甫川	137	1 451	965	3.5	3.8	1 876	3 874.25	28.3
窟野河	242	1 450	692	2.55	5.2	1 648	4 124.5	17.0
孤山川	79	1 380	811.3	5.48	4.7	1 026	1 717.75	21.7
清水川	33.1	1 200	1 076.6	3.73	5.4	515	1 178	35.6
毛不拉孔兑	110.9	1 598	1 040	4.46	9.6	1 138	4 056.25	36.6
卜尔色太沟	73.8	1 580	1 140	6.4	0.6	507	762.5	10.3
黑赖沟	89.2	1 566	1 256	4.8	1	844	1 070.75	12.0
西柳沟	106.5	1 553	1 350	3.58	1	1 102	1 823	17.1
罕台川	90.4	1 520.5	964.5	5.09	0.9	869	1 398.5	15.5
壕庆沟	34.2	1 300	1 130	3.22	0.1	22	70.5	2.1
哈什拉川	92.4	1 451	1 209	3.59	1.1	1 000	1 568.75	17.0
木哈尔河	77.2	1 500	1 245	3.3	0.7	353	561.5	7.3
东柳沟	75.4	1 380	1 179	2.6	1.5	246	974.5	12.9
呼斯太沟	65.1	1 450	900	3.61	3.5	71	380.5	5.8
合计	1 306.2	(1 456)	(1 068)	(4.0)	(2.7)	11 217	23 561.25	18.0

资料来源：鄂尔多斯市水土保持局.2007.鄂尔多斯市水土保持工作手册。

注：表中支沟数为长度在0.5km以上且直接入黄支流的支沟条数。括号内数据为平均值。

从表5-16中可以看出，14条支流总长为1306.2km，长度在0.5km以上的支沟共有11 217条，总长度为23 561.25km，为14条支流总长度的18倍，这是发展刚柔结合坝系的有利条件。当坝系建成后若逢丰水期，在年平均降雨量仅400mm的地区，沟道则会形成自下而上明显的湿地系统（王富贵等，2008）。

5.4.4 淤地坝建设对水环境的调节作用

大力实施淤地坝建设是黄土高原水土保持以小流域为单元合理配置工程措施、生物措施和蓄水保土措施，实施山水田林路统一规划、综合治理的必然结果，它符合黄土高原水土流失综合治理应该坚持以侵蚀沟治理为主、恢复优化生态资源、建设生态农业的基本原则。淤地坝建设是黄土高原水土保持生态建设的核心，应把黄河流域看成一个完整的系统，确立通过水资源可持续利用支撑黄河流域社会经济可持续发展的指导思想。几十年来，特别是20世纪80年代以来，根据水土保持综合治理科学实践的经验，评价水资源的基本原则是：统筹处理黄河的洪水、泥沙、贫水、基本农田、退耕还林（草）、调整产业结构等问题，全面协调社会效益、生态效益和经济效益，并将其有机结合。

黄土高原丘陵沟壑区开展大规模的淤地坝建设，就是建成黄土高原沿沟道系统的大小水库，当黄河干、支流发生千年或上千年一遇特大洪水的时候，可以把中游段的洪水存蓄在千沟万壑的淤地坝中，以减轻遭遇洪水破坏的程度，减轻灾害。同时，由于千沟万壑的拦泥作用，特别是拦截了导致黄河下游河床淤积抬升酿成洪水灾害的 $d \geq 0.05\text{mm}$ 粗泥沙，减少了输沙用水量，节约的输沙水量就可以进行有效的调节。因此，淤地坝建设可以成为黄河流域洪水调节的空间，是流域水资源的重要组成部分，这就是淤地坝建设对水环境的调节作用（毕慈芬等，2008）。

围绕淤地坝"拦粗排细"作用研究，本次还对黄土高原淤地坝建设对水环境的调节作用进行了研究，剖析了淤地坝建设对水环境的调节作用。其主要是通过实施以淤地坝治理沟道土壤侵蚀为核心的水土保持生态建设，形成"地下水库"，创造形成沟道人工湿地的条件。同时，为了对黄河上中游水文周期进行预测，专门开展了1933～2007年黄河上中游连续枯水段研究。

总之，通过砒砂岩区土壤侵蚀机理、砒砂岩区暴雨洪水出现的可能性、气候变化对砒砂岩区水文环境的影响、砒砂岩区营造沟道人工湿地的潜力和淤地坝建设对水环境的调节作用等5个方面的综合分析论证，淤地坝"拦粗排细"具有可行性。黄河中游地区淤地坝建设不仅可以"拦粗排细"，减少黄河下游的粗泥沙淤积，而且还会对黄河上中游环境和减少黄河下游输沙用水量起到良好的调节作用。为了进一步研究淤地坝"拦粗排细"在黄河下游防洪减淤中的作用，必须按照系统理论的协调原理进行研究和监测，才能达到治本的目标。

5.4.5　相关研究与监测建议

为了保证淤地坝的安全，拦粗排细，消峰滞洪，调节水资源，保持拦沙库容，发展沟道生态农业，建议开展如下研究。

1. 小流域产沙研究

产沙是淤地坝拦沙的物质源泉，要弄清沟壑的重力、冻融、风力、水力侵蚀产沙过程，必须进行具体观测，取得第一手资料。

2. 淤地坝坝体安全和枢纽孔口位置研究

由于该区筑坝材料粗，且每年都有暴雨径流，有时还有超标准洪水，特别是3级支沟小流域出口处库容在 500 万～1000 万 m³ 的水库还存在安全问题，需要开展标准洪水和超标准洪水的垮坝可能性研究。为了保证拦粗排细，必须研究坝前泥沙级配垂线分布特征和排沙高程，以便指导枢纽孔口位置的合理设计，达到粗泥沙不出库的目的。

3. 淤地坝"拦粗排细"措施配置研究

当采用淤地坝建设难以控制 4 级、5 级支毛沟（长度小于 0.5km）泥沙时，必须配置沙棘植物"柔性坝"拦截粗泥沙，既可以有效防止沟头前进、沟岸扩张、沟道下切，又能保证"拦粗排细"，延长淤地坝寿命。可选择相同地质构造的小流域，按照互补原理，对刚柔结合和纯刚性淤地坝进行对比试验研究。

4. 淤地坝对水资源的调节作用

主要研究由于粗泥沙淤积增加土壤透水性后对暴雨洪水的拦蓄和下渗的影响以及形成地下土壤水库的过程和结果。同时开展淤地坝上游植物群落观测研究，观测植物群落对产沙源的影响。从小流域生态经济和系统治理效果等方面研究拦截粗泥沙的经济效益。

5. 监测内容

1）来水来沙及植被演替监测

监测内容主要包括：降雨监测；产沙监测（包括重力、冻融、风力、水力侵蚀产沙监测等）；主要水文站来水来沙量与级配变化监测；支毛沟发展和萎缩监测（包括沟头前进、沟岸扩张、沟床下切和逆向变化监测）；淤地坝上游植物群落演替监测（包括森林恢复、植物群落变化、试种乔木类型和混交林变化过程监测）；沟道灌木、乔木生长平茬监测及防虫监测；小流域生态经济指标监测。

2）淤地坝及配置拦沙工程监测

监测内容主要包括：筑坝质量监测（包括筑坝土壤级配监测）；淤地坝淤积监测（包括坝区地形变化、淤积量、不同部位颗粒组成监测）；淤地坝枢纽建筑物监测（包括泄水洞和溢洪道监测）；淤地坝枢纽安全监测（包括渗漏管涌、非超标准洪水溃坝、超标准洪水溃坝监测）；配置拦沙工程系统监测（包括沙棘柔性坝、坡面封禁、退耕还林还草监测）。

5.5 小　　结

（1）皇甫川等 4 条支流淤地坝拦截的 $d \geqslant 0.05$mm 和 $d \geqslant 0.1$mm 粗泥沙级配组成含量百分数的大小与流域原生态土壤粗泥沙含量百分数成正比，亦即原生态颗粒越粗，淤地坝拦截的粗泥沙也越粗。4 条支流淤地坝拦减 $d \geqslant 0.05$mm 和 $d \geqslant 0.1$mm 粗泥沙含量所占百分数大小排序为窟野河＞皇甫川＞秃尾河＞佳芦河。这与各支流不同母质岩土中 $d \geqslant 0.05$mm 的粗颗粒排序基本吻合，说明淤地坝拦减粗泥沙自南向北递增。

（2）皇甫川等 4 条流域淤地坝拦截的 $d \geqslant 0.05$mm 粗泥沙百分数含量沿纵向的分布有 3 种情况：①坝前泥沙细、坝尾泥沙粗，占取样总数的 88%；②坝前泥沙粗、坝尾泥沙细，占取样总数的 7%；③坝前、坝中、坝尾泥沙均匀，占取样总数的 5%。淤地坝淤积泥沙粒径的纵向分布总体上呈现出由坝尾到坝前逐渐变细的规律。

（3）皇甫川等 4 条流域淤地坝中 $d \geqslant 0.05\text{mm}$ 粗泥沙百分数含量沿垂向的分布，大体分为下粗上细、上粗下细、上下均匀和坝前、坝中、坝尾交错分布等 4 种情况。

（4）淤地坝拦减粗泥沙效果显著，淤地坝淤积物中 $d \geqslant 0.05\text{mm}$ 和 $d \geqslant 0.1\text{mm}$ 的粗颗粒含量与流域原生态土粗颗粒含量成正比，即入库的粗颗粒含量越多拦的粗泥沙也越多。窟野河和皇甫川淤地坝 $\bar{d}_{50淤}$ 和原生态土 $\bar{d}_{50原}$ 两者的正比变化趋势关系明显，窟野河 $\bar{d}_{50淤}$ 比皇甫川粗。通过回归分析提出的线性经验关系式可供淤地坝规划设计中预测淤积物中值粒径时参考。

（5）在黄河中游粗泥沙集中来源区，淤地坝拦减粗泥沙存在着"多来多淤、多淤多粗"的规律。影响皇甫川至佳芦河区间原生态泥沙级配组成的主要因素有地质构造、地貌缺口、沙源、温差和暴雨中心等。

（6）对原生态土壤颗粒级配组成特征值的重点研究结果表明，四种原生态土壤单样颗粒级配组成 $d_{50原}$ 大小排序为毛乌素沙地 > 库布其沙地 > 栗钙土 > 黄土 > 紫色砒砂岩；四种原生态土壤算术平均颗粒级配组成 $\bar{d}_{50原}$ 大小排序为盖沙 > 砒砂岩 > 栗钙土 > 黄土；四种原生态土壤分组粒径百分含量最大差值算术平均 $\Delta \bar{d}_原$ 大小排序为砒砂岩 > 黄土 > 栗钙土 > 盖沙。由此揭示出原生态土壤级配组成百分含量 $\bar{d}_{50原}$ 以毛乌素沙地、库布其沙地和盖沙依次最粗，其后依次为砒砂岩、栗钙土和黄土。

（7）各种颜色砒砂岩颗粒级配组成大小排序为黄色 > 白色 > 灰色 > 红色 > 紫色，五种颜色砒砂岩 $\bar{d}_{50原}$ 平均值为 0.13mm。

（8）原生态土壤粒径级配 $\bar{d}_{50原}$ 含量百分数由大到小混合排序为黄色砒砂岩 > 白色砒砂岩 > 毛乌素沙地 > 灰色砒砂岩 > 库布其沙地 > 盖沙 > 栗钙土 > 黄土 > 红色砒砂岩 > 紫色砂岩。因此，砒砂岩地区是多沙粗沙区的核心。

第6章 黄河中游近期水沙变化若干重要问题研究

在黄河中游近期水沙变化成因分析研究中,河龙区间坡面措施及沟道措施在拦减粗泥沙中的不同作用、粗泥沙集中来源区拦沙工程的拦沙减淤效果、生态修复对近期水沙变化的影响、近期治理对典型支流水沙关系的影响、淤地坝拦沙对降雨的响应、基于暴雨的水保措施减洪减沙作用、黄河中游淤地坝拦泥量与减蚀量的尺度关系以及减沙效益的尺度效应、生产建设项目对水土流失和水资源的影响评价等问题尤为重要。本次研究特列专章进行阐述。

6.1 河龙区间近期水保措施拦减粗泥沙不同作用分析

6.1.1 近期水利水保措施拦减粗泥沙量分析

在河龙区间水利水土保持措施减沙效益以往研究中,侧重于对减沙总量的研究,对水利水土保持措施拦减粗泥沙(粒径 $d \geq 0.05$ mm)研究不够。粗泥沙对黄河下游的危害最大。水利水土保持措施在减沙的同时,必然拦减粗泥沙。分析河龙区间水利水土保持措施拦减粗泥沙量,对于全面评价水利水土保持措施的减沙作用极为重要。本次研究对河龙区间近期(1997~2006年)水利水土保持措施拦减粗泥沙量进行了计算和初步分析。

河龙区间自20世纪70年代以来,输沙量明显减少。根据冉大川等(2006)的研究,河龙区间1969年以前大于0.05mm的粗泥沙来量为2.833亿t,70年代减少为2.247亿t,80年代继续减少为1.054亿t,1990~1996年增大为1.379亿t,近期又减少为0.618亿t。黄河干流龙门水文站相应的泥沙粒径1996年以前呈细化趋势:龙门水文站实测中值粒径1969年以前为0.0324mm,70年代减小到0.0285mm,80年代又减小到0.0250mm,1990~1996年继续减小到0.0219mm,但近期却增大到0.0295mm。龙门水文站平均粒径的变化趋势与之相同。在近期粗泥沙来量减少的背景下,粗泥沙所占比例反而增大,与龙门水文站中值粒径和平均粒径的双粗化现象相对应(表6-1)。

表6-1 河龙区间不同年代粗泥沙来量计算成果

年代	年输沙量/亿t	粗泥沙占比/%	年粗沙量/亿t	龙门站中值粒径/mm	龙门站平均粒径/mm
1969年以前	10.3	27.5	2.833	0.0324	0.0536
1970~1979年	7.54	29.8	2.247	0.0285	0.0471

年代	年输沙量/亿 t	粗泥沙占比/%	年粗沙量/亿 t	龙门站中值粒径/mm	龙门站平均粒径/mm
1980~1989	3.71	28.4	1.054	0.0250	0.0331
1990~1996	5.41	25.5	1.379	0.0219	0.0283
1997~2006	2.17	28.5	0.618	0.0295	0.0417

表6-2 为河龙区间粗泥沙集中来源区支流水利水保措施各时段减少粗泥沙量计算成果表。为简化计算，假定流域水利水保措施减沙量中粗泥沙所占比例与流域出口水文站同期实测泥沙级配中粗泥沙所占比例相同，则各支流粗泥沙减少量等于各支流"水保法"计算的减沙量乘以该支流出口水文站实测的粗泥沙所占比例。

表6-2 河龙区间粗泥沙支流不同时段水利水保措施拦减粗泥沙量

河名	站名	时段/年	年减少粗泥沙量/万 t			$d \geq 0.05$mm 比例/%
			控制区	未控区	合计	
皇甫川	皇甫	1980~1989	364	694	1058	48.1
		1990~1996	770	969	1740	47.4
		1997~2006	243	39.3	282	35.4
孤山川	高石崖	1980~1989	114	38.1	152	34.1
		1990~1996	156	51.8	208	30.5
		1997~2006	84.9	11.4	96.3	25.8
窟野河	温家川	1980~1989	347	20.7	367	52.3
		1990~1996	767	47.5	814	48.9
		1997~2006	446	5.20	451	31.2
秃尾河	高家川	1980~1989	278	15.1	293	55
		1990~1996	410	35.2	445	52
		1997~2006	541	9.40	550	44.6
佳芦河	申家湾	1980~1989	170	49.4	220	39.6
		1990~1996	231	90.2	321	30.2
		1997~2006	102	13.5	116	22.1
无定河	白家川	1980~1989	1973	177	2150	30.6
		1990~1996	1454	212	1666	24.9
		1997~2006	2989	141	3130	21.4
清涧河	延川	1980~1989	283	37.3	320	20.2
		1990~1996	167	18.2	185	18.9
		1997~2006	795	74.0	869	22.5

第6章 黄河中游近期水沙变化若干重要问题研究

续表

河名	站名	时段/年	年减少粗泥沙量/万 t			$d \geq 0.05$mm 比例/%
			控制区	未控区	合计	
延河	甘谷驿	1980~1989	481	153	634	24.6
		1990~1996	517	125	642	23.3
		1997~2006	2541	533	3074	20.5
小计		1980~1989	4010	1185	5195	38.1
		1990~1996	4472	1550	6022	34.5
		1997~2006	7742	826	8568	27.9
湫水河	林家坪	1980~1989	143	39.3	182	20.8
		1990~1996	200	45.0	245	18.9
		1997~2006	101	9.70	111	17
三川河	后大成	1980~1989	201	61.4	262	16.6
		1990~1996	192	56.9	249	15.6
		1997~2006	98.5	3.00	102	13.4
昕水河	大宁	1980~1989	53.6	4.54	58.1	16
		1990~1996	80.9	11.42	92.3	12.9
		1997~2006	102	11.9	114	8.8
总计		1980~1989	4408	1290	5698	22.9
		1990~1996	4945	1664	6609	20.5
		1997~2006	8044	851	8895	16.8

从表 6-2 中可以看出，河龙区间陕北地区 8 条粗泥沙河流水利水保措施近期年均减少粗泥沙 8568 万 t，其中，控制区年减粗泥沙 7742 万 t，未控区年减粗泥沙 826 万 t。与 1990~1996 年相比，近期 8 条粗沙支流粗泥沙所占比例虽然下降了 6.6%，但年均拦减粗泥沙量却增大了 2546 万 t，增大了 42.3%。在这 8 条支流中，无定河、延河近期年减粗泥沙最多，分别达到 3130 万 t 和 3070 万 t，均超过了 3000 万 t；清涧河、秃尾河次之，年减粗泥沙在 500 万~1000 万 t；窟野河、孤山川、皇甫川、佳芦河年减粗泥沙相对较少，均在 500 万 t 以下。河龙区间东岸的三川河、湫水河和昕水河等 3 条支流，近期年减粗泥沙只有 100 万 t 左右。

河龙区间 11 条主要粗泥沙支流合计，近期水利水保措施年均拦减粗泥沙 8895 万 t，占河龙区间近期水利水保措施等人类活动年均减沙量 36 060 万 t（其中，控制区 33 260 万 t，未控区 2800 万 t）的 24.7%。近期水利水保措施年均减少的粗泥沙量比 1990~1996 年水利水保措施年均减少的粗泥沙量 6610 万 t 高 34.6%，比 1980~1989 年水利水保措施年均减少的粗泥沙量 5700 万 t 高 56.1%。

由此可见，近期河龙区间粗泥沙来源区支流年均拦减粗泥沙量比前期增大，粗泥沙所占比例较前期有所下降，说明近期河龙区间水土保持综合治理"先粗后细"重点比较突出,在构筑减少黄河中游粗泥沙的第一道防线、开展粗泥沙集中来源区的治理方面收到了实效,拦减粗泥沙成效比较显著。

6.1.2 近期水保措施拦减粗泥沙不同作用分析

黄河中游水沙变化以往研究比较注重水土保持措施的总体减沙效应,对坡面措施和沟道措施在拦减粗泥沙中的不同作用涉及较少。千方百计减少入黄粗泥沙是近期河龙区间水土保持工作的核心;构筑拦减黄河粗泥沙的"第一道防线"是近期河龙区间水土保持工作的重中之重。鉴于近期河龙区间水土保持综合治理成效显著,为了更加合理地配置水土保持措施,更好地发挥水土保持投资效益,分析不同水保措施在拦减粗泥沙中的作用尤显重要。

1. 研究思路

(1) 根据河龙区间各支流"水保法"计算结果,摘录坡面措施减沙量和淤地坝等沟道措施减沙量;

(2) 分别建立1997~2006年各支流人类活动拦减粗泥沙量 Y 与坡面措施减沙量 X_1 和淤地坝等沟道措施减沙量 X_2 的复合线性关系:$Y = k_1 X_1 + k_2 X_2$;

(3) 通过分析斜率 k_1 和 k_2 的变化,进而分析坡面措施和沟道措施在拦减粗泥沙中的不同作用。

2. 人类活动拦减粗泥沙量计算方法

(1) 计算河龙区间各支流基准期(1970年以前)年粗泥沙量,即基准期年粗泥沙量=基准期年输沙量×同期粗泥沙(粒径 $d \geq 0.05$ mm)所占比例;

(2) 根据实测水文资料,通过回归分析,建立河龙区间各支流基准期出口水文站年输沙量 W_s 与对应的年粗泥沙量 $W_{s0.05}$ 的幂函数关系 $W_{s0.05} = KW_s^\alpha$;

(3) 根据河龙区间各支流已经建立的降雨产沙经验模型,计算各支流治理期1970~2006年的"天然"年输沙量;

(4) 根据河龙区间各支流已经建立的基准期 $W_{s0.05} = KW_s^\alpha$ 关系,计算各支流1970~2006年的"天然"年粗泥沙量;

(5) 计算河龙区间各支流治理期1970~2006年的实测年粗泥沙量,即治理期实测年粗泥沙量=治理期年输沙量×同期粗泥沙所占比例;

(6) 计算河龙区间各支流人类活动拦减粗泥沙量,即人类活动拦减粗泥沙量=(4)-(5)。

3. 近期不同水保措施在拦减粗泥沙中的作用分析

分别点绘1997~2006年河龙区间支流坡面措施和沟道措施年减沙量与同期人类活动拦减粗泥沙量的关系,基本上近似为线性关系。因此,用线性回归方法,求得河龙区间多沙粗沙区10条支流人类活动拦减粗泥沙量与坡面措施减沙量和沟道措施减沙量的二元线性回归方程见表6-3。

第6章 黄河中游近期水沙变化若干重要问题研究

表6-3 河龙区间10条支流近期不同措施拦减粗泥沙线性回归方程

分类	河流	线性回归方程	相关系数 r	F 值
类型一	皇甫川	$Y = 1.97X_1 - 3.06X_2$	0.68	3.49
	孤山川	$Y = 2.28X_1 - 1.5X_2$	0.87	12.3
	清涧河	$Y = 0.12X_1 - 0.47X_2$	0.46	1.48
类型二	窟野河	$Y = 0.22X_1 + 3.17X_2$	0.83	8.30
	秃尾河	$Y = 0.1X_1 + 3.95X_2$	0.89	15.7
	无定河	$Y = 0.18X_1 + 2.0X_2$	0.81	7.87
	湫水河	$Y = 0.12X_1 + 2.14X_2$	0.97	64.4
类型三	延河	$Y = 0.07X_1 + 0.13X_2$	0.73	5.14
	三川河	$Y = 0.32X_1 + 0.28X_2$	0.91	19.4
	昕水河	$Y = 0.12X_1 + 0.29X_2$	0.84	9.97

表6-3各式中，Y 为人类活动拦减粗泥沙量（万t）；X_1 为坡面措施减沙量（万t）；X_2 为淤地坝减沙量（万t）。

对表6-3中所建的10个二元线性回归方程进行相关系数 r 检验。在显著性水平 $\alpha = 0.05$ 下查两个自变量的复相关系数检验表（秦毅等，2006）可知，相关系数 $r_{0.05}$（10）= 0.76。表6-3中有7条支流的相关系数大于 $r_{0.05}$（10），说明这7条支流所建关系式中因变量与两个自变量具有较好的相关性，置信度为95%；有3条支流的相关系数小于 $r_{0.05}$（10），说明这3条支流因变量与两个自变量的相关性较差，但可以进行定性分析。

同时，对表6-3中所建的10个二元线性回归方程进行 F 检验。在显著性水平 $\alpha = 0.01$ 下查 F 分布表可知，$F_{0.01}$（2，10）= 7.56。由于表6-3中有7条支流的 F 值大于 $F_{0.01}$（2，10），说明这7条支流所建的二元线性回归方程在显著性水平 $\alpha = 0.01$ 下是显著的，置信度为99%；有3条支流的 F 值小于 $F_{0.01}$（2，10），说明这3条支流所建的二元线性回归方程在显著性水平 $\alpha = 0.01$ 下是不显著的。但是，在显著性水平 $\alpha = 0.05$ 下查 F 分布表可知 $F_{0.05}$（2，10）= 4.10，此时表6-3中有8条支流的 F 值大于 $F_{0.05}$（2，10），即有8条支流通过置信度为95%的显著性检验。

表6-3中在给定显著性水平为 $\alpha = 0.05$ 的情况下，相关系数 r 和 F 值均未通过检验的2条支流是清涧河和皇甫川，说明影响这2条支流粗泥沙来量的因素除了水土保持坡面措施和工程措施外，其他因素的影响也很明显。清涧河由于 r 和 F 值最低且均未通过检验，说明其他因素的影响相对更为明显。

按照坡面措施减沙量 X_1 的斜率 k_1 和淤地坝减沙量 X_2 的斜率 k_2 的不同，表6-3的线性回归方程分为三种类型。①类型一：k_1 为正值，k_2 为负值；②类型二：k_1、k_2 均为正值且 $k_2 > 1.0$；③类型三：k_1、k_2 均为正值且 k_1、$k_2 < 1.0$。以上三种类型的二元线性回归方程都表明，水土保持坡面治理措施和沟道淤地坝等工程措施对拦减流域产沙量、进而减少流域粗泥沙来量具有重要作用。但对于不同来沙组成的具体支流，着眼点不同，现分析如下。

(1) 类型一表明，沟道措施减沙量如果呈衰减趋势，则流域粗泥沙来沙量将明显增加，皇甫川增加粗泥沙最为突出，孤山川次之，清涧河最小；皇甫川增加粗泥沙量分别是孤山川的2倍、清涧河的6.5倍。因此，淤地坝是这三条支流拦减粗泥沙的首选工程措施，皇甫川尤其如此。这一类型涉及的3条支流泥沙组成总体上最粗。

(2) 类型二表明，沟道措施减沙量如果呈增长趋势，则流域粗泥沙来沙量将明显减少，水土保持综合治理等人类活动拦减粗泥沙具有"1+1>2"的复合效应。秃尾河流域拦减粗泥沙的复合效应最为突出，窟野河次之，湫水河第三，无定河虽然最小但与湫水河基本接近。秃尾河流域拦减粗泥沙的复合效应是无定河的2倍。这一类型涉及的4条支流泥沙组成较粗。

(3) 类型三表明，沟道措施减沙量虽然呈增长趋势但并不明显，坡面措施的减沙作用相对突出，则水土保持综合治理等人类活动拦减粗泥沙的复合效应明显降低。近期三川河流域坡面措施拦减粗泥沙的作用还超过了沟道。这一类型涉及的3条支流泥沙组成相对较细。

表6-3中二元线性回归方程的物理意义如下。

(1) 当坡面措施减沙量 X_1 的斜率 k_1 为正时，表示坡面措施每拦减1t泥沙可减少的粗泥沙产沙量；当 X_1 的斜率 k_1 为负时，表示坡面措施每少拦减1t泥沙可增加的粗泥沙产沙量。

(2) 当沟道工程措施淤地坝减沙量 X_2 的斜率 k_2 为正时，表示沟道坝库工程措施每拦减1t泥沙可减少的粗泥沙产沙量；当 X_2 的斜率 k_2 为负时，表示沟道坝库工程措施每少拦减1t泥沙可增加的粗泥沙产沙量。

由此得到河龙区间支流近期不同措施拦减粗泥沙的比值见表6-4。

表6-4 河龙区间10条支流近期坡面措施和沟道措施拦减粗泥沙比值

河流	坡面措施	沟道措施
皇甫川	1.97	-3.06
孤山川	2.28	-1.5
清涧河	0.12	-0.47
窟野河	0.22	3.17
秃尾河	0.1	3.95
无定河	0.18	2.0
湫水河	0.12	2.14
延河	0.07	0.13
三川河	0.32	0.28
昕水河	0.12	0.29

注："-"表示增加。

由表6-4可得出如下结论。

(1) 皇甫川流域坡面措施每拦减1t泥沙，可减少1.97t粗泥沙产沙；沟道坝库工程措施每少拦减1t泥沙，流域出口粗泥沙产沙可增加3.06t，其增加的粗泥沙量是坡面措施拦减量的 1.55 倍。因此，皇甫川流域加强沟道坝库工程措施建设，对减少入黄粗泥沙具有重要意义。

(2) 孤山川流域坡面措施每拦减 1t 泥沙，可减少 2.28t 粗泥沙产沙；沟道坝库工程措施每少拦减 1t 泥沙，流域出口粗泥沙产沙可增加 1.5t。

(3) 清涧河流域坡面措施每拦减 1t 泥沙，可减少 0.12t 粗泥沙产沙；沟道坝库工程措施每少拦减 1t 泥沙，流域出口粗泥沙产沙可增加 0.47t，其增加的粗泥沙量是坡面措施拦减量的 3.9 倍。因此，清涧河流域加强沟道坝库工程措施建设，对减少入黄粗泥沙具有特别重要的意义。

(4) 窟野河流域坡面措施每拦减 1t 泥沙，可减少 0.22t 粗泥沙产沙；沟道坝库工程措施每拦减 1t 泥沙，可减少 3.17t 粗泥沙产沙，其拦减粗泥沙量是坡面措施的 14.4 倍。

(5) 秃尾河流域坡面措施每拦减 1t 泥沙，仅可减少 0.1t 粗泥沙产沙；沟道坝库工程措施（淤地坝）每拦减 1t 泥沙，即可减少 3.95t 粗泥沙产沙，其拦减粗泥沙量是坡面措施的近 40 倍。

(6) 无定河流域坡面措施每拦减 1t 泥沙，可减少 0.18t 粗泥沙产沙；沟道坝库工程措施每拦减 1t 泥沙，可减少 2.0t 粗泥沙产沙，其拦减粗泥沙量是坡面措施的 11 倍。

(7) 湫水河流域坡面措施每拦减 1t 泥沙，只减少 0.12t 粗泥沙产沙；沟道坝库工程措施每拦减 1t 泥沙，可减少 2.14t 粗泥沙产沙，其拦减粗泥沙量是坡面措施的 17.8 倍。

(8) 延河流域坡面措施每拦减 1t 泥沙，可减少 0.07t 粗泥沙产沙；沟道坝库工程措施每拦减 1t 泥沙，可减少 0.13t 粗泥沙产沙，其拦减粗泥沙量是坡面措施的 1.86 倍。

(9) 三川河流域坡面措施每拦减 1t 泥沙，可减少 0.32t 粗泥沙产沙；沟道坝库工程措施每拦减 1t 泥沙，可减少 0.28t 粗泥沙产沙。坡面措施拦减粗泥沙作用大于沟道措施，其拦减粗泥沙量是坡面措施的 1.14 倍。这与近期三川河流域坡面措施大量分布密切相关（表 6-5）。截至 2006 年年底，三川河流域坡面措施累积保存面积 208 830hm²，比 1996 年底增加了 32.1%，但坝地保存面积却减少了 5.5%。

(10) 昕水河流域坡面措施每拦减 1t 泥沙，可减少 0.12t 粗泥沙产沙；沟道坝库工程措施每拦减 1t 泥沙，可减少 0.29t 粗泥沙产沙，其拦减粗泥沙量是坡面措施的 2.4 倍。

表 6-5　三川河流域水土保持措施保存面积统计　　（单位：hm²）

年份	坡面措施	沟道措施（坝地）
1959	5354	390
1969	15 953	645
1979	43 272	2089
1989	105 698	3915
1996	158 116	5156
2006	208 830	4873

综合以上分析结果，对于粗泥沙集中来源区的延河以北 7 条支流而言，近期因水土保持综合治理的大规模实施，坡面措施每拦减 1t 泥沙，可减少粗泥沙产沙 0.07～2.28t；沟道措施每拦减 1t 泥沙，可减少粗泥沙产沙 0.13～3.95t。沟道措施拦减粗泥沙量是坡面措施的 1.73～1.86 倍，平均在 1.8 倍左右。不同支流由于水土保持措施配置不同，坡面措施与沟道措施拦减粗泥沙之比有较大差异。

同时发现，沟道措施每少拦减 1t 泥沙，可增加粗泥沙产沙 0.47～3.06t。因此，沟道措施减少或者遭到破坏后由于拦减作用降低，增加粗泥沙的作用很大。从 10 条支流平均情况来看，沟道措施每拦减 1t 泥沙，可平均减少粗泥沙产沙 1.7t；沟道措施每少拦减 1t 泥沙，可平均增加粗泥沙产沙 1.68t，增减几乎相抵。

以往研究对沟道措施减少或者遭到破坏后的总体增沙效应有所涉及，但对增加粗泥沙的定量研究很少，对此应该引起高度重视。由所建线性回归方程的物理意义可知，当 X_1、X_2 的斜率都为正时，说明坡面措施和沟道措施拦减粗泥沙的作用可以互相叠加，其拦减粗泥沙的效果为 $1+1>2$；当 X_2 的斜率为负时，说明该流域沟道措施比例尚小，坡面措施和沟道措施拦减粗泥沙的叠加作用不明显，需要继续提高沟道措施配置比例。因此，就近期 10 年的治理而言，窟野河、秃尾河、无定河、延河、湫水河、三川河、昕水河水土保持措施配置比较合理，皇甫川、孤山川、清涧河坡面措施配置比例相对合理，沟道措施配置比例需要继续提高。

4. 小结

本次研究取得了如下成果和认识：

（1）提出了基于粗泥沙颗分资料的人类活动拦减粗泥沙量新的计算方法；

（2）建立了河龙区间 10 条支流近期人类活动拦减粗泥沙量与坡面措施减沙量和沟道措施减沙量线性回归关系方程，阐明了不同斜率的物理意义；

（3）分析了河龙区间 10 条支流近期不同水保措施在拦减粗泥沙中的作用。对于粗泥沙集中来源区的延河以北 7 条支流而言，近期因水土保持综合治理的大规模实施，坡面措施每拦减 1t 泥沙，可减少粗泥沙产沙 0.07～2.28t；沟道措施每拦减 1t 泥沙，可减少粗泥沙产沙 0.13～3.95t。沟道措施平均拦减粗泥沙量是坡面措施的 1.8 倍。

6.2 粗泥沙集中来源区拦沙工程的拦沙减淤效果

黄河下游河道持续淤积抬升，主要是因为来沙量远大于下游河道所具有的输沙能力，特别是相对较粗的泥沙淤积比例更大。多年来，进入下游河道的泥沙中，粒径为 0.05～0.1mm 的粗泥沙和粒径大于 0.1mm 的特粗泥沙分别占来沙量的 19.8% 和 3.7%。通过水土保持措施或水库拦沙，拦截同样的沙量，若粒径不同，在下游河道的减淤效果差异会非常大。通过黄河中游粗泥沙集中来源区拦沙工程建设，着力减少入黄泥沙尤其是拦减粗泥沙，对下游减淤将更加有效，可以起到事半功倍和"釜底抽薪"的效果。

6.2.1 不同来源区洪水分组泥沙冲淤特性

黄河下游河道淤积主要集中在汛期，特别是汛期的高含沙洪水期。河龙区间多沙

第6章 黄河中游近期水沙变化若干重要问题研究

粗沙区的暴雨洪水持续时间短、峰高量小、含沙量高、粒径粗，与多沙细沙区的暴雨洪水相比，对下游河道危害更大。以往研究中，以黄河中下游的三门峡、黑石关、小董站以上洪水为研究对象，共分析了387场洪水的来水来沙情况。其中，洪水平均含沙量大于60kg/m³的洪水共有97场，占总场次的25%；洪水平均含沙量小于60kg/m³的洪水共有290场，占总场次的75%。通过初步分析，把来自以上地区的粗泥沙（$d \geqslant 0.05$mm）比例大于30%、平均含沙量大于60kg/m³的洪水，视为多沙粗沙区洪水，1960年以来共有58场。为便于对比分析，把细泥沙比例大于60%、平均含沙量大于30kg/m³的洪水，视为多沙细沙区洪水，同期共有31场。分析场次洪水淤积比与细沙占全沙比例的关系（图6-1）可以看出，黄河中游多沙粗沙区洪水泥沙组成粗，淤积比例大，当细沙比例只有30%时，下游河道的淤积比高达78%；而多沙细沙区洪水泥沙组成细，在下游的淤积比相对较低，细沙占全沙的比例达到70%时，下游河道淤积比约为27%。

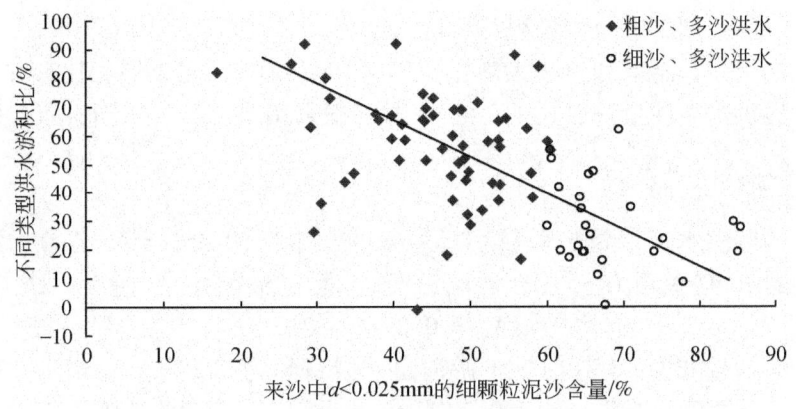

图6-1 不同类型洪水的淤积比与相应细颗粒泥沙比例的关系
资料来源：李勇等，2007

1. 多沙粗沙区洪水

分析多沙粗沙区洪水期下游河道冲淤量与洪水来沙量之间的关系表明，洪水期冲积量与来沙量成线性关系（图6-2）。从图中可以看出，来沙量小于2亿t和来沙量大于2亿t的关系线的斜率不同。

当场次洪水来沙量小于或等于2亿t时，洪水冲淤量ΔW_s与来沙量W_s的关系为

$$\Delta W_s = 0.40 W_s + 0.04 \tag{6-1}$$

根据式（6-1）进行估算，在进入下游河道的洪水来沙量小于2亿t的条件下，根据有关研究成果，黄河中游粗泥沙集中来源区治理后，年均减沙量为1.03亿t（张金慧等，2006）。若来沙量减少1.03亿t，则下游减少淤积约0.45亿t。

当场次洪水来沙量大于2亿t时，洪水冲淤量ΔW_s与来沙量W_s的关系为

$$\Delta W_s = 0.62 W_s - 0.03 \tag{6-2}$$

根据式（6-2）进行估算，在进入下游河道的洪水来沙量大于2亿t的条件下，沙

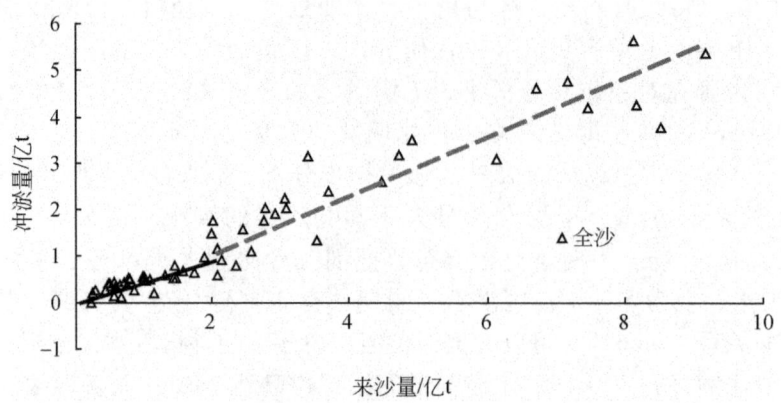

图 6-2 黄河下游粗泥沙来源区洪水的冲淤量与来沙量关系
资料来源：李勇等，2007

量减少 1.03 亿 t，则下游减少淤积约 0.61 亿 t。

以上减淤量估算结果和清华大学张仁等（1998）的研究成果相比，并不偏大。由于多沙粗沙区洪水来沙量一般大于 2 亿 t，故一般采用式（6-2）进行减淤计算。

2. 多沙细沙区洪水

多沙细沙区洪水来沙量一般较小（90% 的洪水来沙量小于 2 亿 t），洪水冲淤量 ΔW_s 与来沙量 W_s 的关系为

$$\Delta W_s = 0.29 W_s - 0.01 \tag{6-3}$$

当洪水来沙量减少 1 亿 t 时，下游河道减淤量约为 0.28 亿 t；当洪水来沙量减少 1.03 亿 t 时，下游河道减淤量约为 0.29 亿 t。由此可见，减少较粗颗粒泥沙进入黄河下游河道，可以有效减少河道淤积，其减淤量约为多沙细沙区洪水减淤量的 2 倍左右。

黄委会黄河水利科学研究院申冠卿在"八五"国家重点科技攻关项目研究中，系统分析 1960~1990 年的 198 场洪水（表 6-6），可以得出如下结论：黄河中游不同来源区的洪水，由于来沙组成不同，所造成的下游淤积比也明显不同，多沙粗沙区洪水淤积比达到 62%，而细沙来源区洪水淤积比只有 27%（赵业安等，1998）。

表 6-6 不同来源区洪水泥沙组成及分组泥沙淤积比 （单位：%）

时段	项目	粒径组					全沙
		<0.025mm	0.025~0.05mm	0.05~0.1mm	>0.1mm	>0.05mm	
粗沙来源区洪水	来沙比例	42	25	24	8	33	100
	淤积比例	36	72	85	98	89	62
细沙来源区洪水	来沙比例	55	26	17	2	19	100
	淤积比例	18	32	44	79	48	27

按照不同粒径淤积比匡算下游淤积量表明，同样减少 1.03 亿 t 泥沙，粗沙来源区洪水在下游河道的减淤量为 0.639 亿 t，而细沙来源区洪水的减淤量只有 0.278 亿 t

(表6-7)。

表6-7 不同来源区洪水下游河道分组泥沙减淤量

项目	粒径组					全沙/亿t
	<0.025mm	0.025~0.05mm	0.05~0.1mm	>0.1mm	>0.05mm	
来沙比例/%	44	17	26	14	40	—
来沙减淤量/亿t	0.450	0.170	0.270	0.140	0.410	1.030
粗沙洪水系列减淤量/亿t	0.164	0.122	0.231	0.137	0.363	0.639
细沙洪水系列减淤量/亿t	0.080	0.055	0.120	0.111	0.198	0.278

对比粗泥沙来源区洪水和细泥沙来源区洪水在下游河道中的冲淤量与来沙量的关系发现，粗泥沙来源区洪水的沙量减少时，下游河道的减淤量较大，而细泥沙来源区洪水的沙量减少时，下游河道中的减淤量较小。因此，若要有效减少下游河道的淤积，必须减少粗泥沙来源区的输沙量。

6.2.2 黄河中游近期拦沙减淤效果

根据本次研究成果，地处多沙粗沙区的河龙区间21条支流（含未控区）1997~2006年水土保持措施（梯田、林地、草地、坝地、封禁）年均累计减少洪水输沙量3.006亿t。按照场次洪水来沙量大于2亿t的公式 $\Delta W_s = 0.62 W_s - 0.03$ 计算，可减少下游河道淤积1.834亿t；按照场次洪水来沙量小于2亿t的公式 $\Delta W_s = 0.40 W_s + 0.04$ 计算，可减少下游河道淤积1.242亿t。因此，近期河龙区间减淤量取值范围为1.242亿~1.834亿t。

根据本次研究成果，黄河中游地区1997~2006年水土保持措施年均累计减少输沙量4.587亿t，按照公式 $\Delta W_s = 0.62 W_s - 0.03$ 计算，可减少下游河道淤积2.814亿t；按照公式 $\Delta W_s = 0.40 W_s + 0.04$ 计算，可减少下游河道淤积1.875亿t。因此，近期黄河中游地区减淤量取值范围为1.875亿~2.814亿t。

根据以往有关研究成果（李国英，2005），当其他因素不变时，减少河龙区间泥沙1亿t，下游河道可减少淤积0.51亿t；减少龙门至潼关区间泥沙1亿t，下游河道可减少淤积0.39亿t。按此同比例推算，河龙区间21条支流近期因水土保持措施年均累计减少输沙量3.006亿t时，可减少下游河道淤积1.533亿t；黄河中游地区近期因水土保持措施年均累计减少输沙量4.587亿t时，可减少下游河道淤积1.789亿t。

黄委会黄河水利科学研究院潘贤娣等（2006）研究认为，目前黄河中游水土保持综合治理措施减少的泥沙主要是汛期来沙量；下游河道减淤量约为中游减沙量的0.4倍；拦沙减淤比约为0.4~0.47。按此同比例推算，河龙区间21条支流近期因水土保持措施年均累计减少洪水输沙量3.006亿t时，可减少下游河道淤积1.202亿~1.413亿t；黄河中游地区近期因水土保持措施年均累计减少输沙量4.587亿t时，可减少下游河道淤积1.835亿~2.156亿t。

中国科学院地理科学与资源研究所许炯心（2007）研究认为，黄河中游多沙粗沙区来沙1t，可造成下游河道淤积0.455t；黄河中游多沙细沙区来沙1t，仅在下游河道淤积 0.154t。河龙区间均属黄河中游多沙粗沙区，按此同比例推算，河龙区间 21 条支流近期因水土保持措施年均累计减少洪水输沙量 3.006 亿 t 时，可减少下游河道淤积 1.368 亿 t；泾河、北洛河、渭河和汾河按照多沙细沙区计算，近期因水土保持措施年均累计减少输沙量 1.581 亿 t 时，可减少下游河道淤积 0.243 亿 t。因此，黄河中游地区近期因水土保持措施年均累计减少输沙量 4.587 亿 t 时，可相应减少下游河道淤积 1.611 亿 t。

综合以上计算结果，1997~2006 年河龙区间 21 条支流因水土保持措施年均累计减少洪水输沙量 3.006 亿 t，平均可减少下游河道淤积量约 1.44 亿 t；黄河中游地区因水土保持措施年均累计减少输沙量 4.587 亿 t，平均可减少下游河道淤积量约 2.1 亿 t。

6.2.3 《多沙粗沙区拦沙工程规划》拦沙减淤效果

1. 建设规模

根据黄委会黄河上中游管理局 2008 年 6 月提供的《多沙粗沙区拦沙工程规划》，从 2006~2030 年，黄河中游多沙粗沙区共规划建设拦沙坝 9869 座。其中，大型拦沙坝 35 座，中型拦沙坝 9000 座，小型拦沙坝 834 座，分布在多沙粗沙区 25 条重点支流（片）（表 6-8）。粗泥沙集中来源区是多沙粗沙区的重点。《多沙粗沙区拦沙工程规划》提出，到 2030 年，在粗泥沙集中来源区共布设拦沙坝 3028 座，占总规模的 30%。其中，大型拦沙坝 35 座，中型拦沙坝 2159 座，小型拦沙坝 834 座，分布在粗泥沙集中来源区 10 条重点支流（片）（表 6-9）。

表 6-8 多沙粗沙区各支流拦沙坝建设数量　　　　　　（单位：座）

支流（片）	大型拦沙坝	中型拦沙坝	小型拦沙坝	合计
浑河	—	166	—	166
杨家川	—	60	—	60
偏关河	—	189	—	189
皇甫川	5	496	141	642
清水川	3	103	10	116
县川河	—	182	—	182
孤山川	2	110	13	125
朱家川	—	54	—	54
岚漪河	—	72	—	72
蔚汾河	—	133	—	133
窟野河	7	761	69	837
秃尾河	3	224	97	324
佳芦河	4	119	5	128
湫水河	—	180	—	180
三川河	—	286	—	286
屈产河	—	103	—	103
无定河	10	1840	479	2329

续表

支流（片）	大型拦沙坝	中型拦沙坝	小型拦沙坝	合计
清涧河	—	455	—	455
昕水河	—	167	—	167
延河	1	697	7	705
泾河	—	1106	—	1106
北洛河	—	588	—	588
陕西黄河沿岸	—	514	13	527
内蒙古黄河沿岸	—	142	—	142
山西黄河沿岸	—	255	—	255
合计	35	9000	834	9869

表6-9 粗泥沙集中来源区各支流拦沙坝建设数量 （单位：座）

支流（片）	大型拦沙坝	中型拦沙坝	小型拦沙坝	合计
皇甫川	5	485	141	631
清水川	3	103	10	116
孤山川	2	110	13	125
窟野河	7	411	69	487
秃尾河	3	134	97	234
佳芦河	4	100	5	109
无定河	10	687	479	1176
清涧河	—	2	—	2
延河	1	32	7	40
陕西黄河沿岸	—	95	13	108
合计	35	2159	834	3028

2. 拦沙减淤量计算

1）方法一

根据水利部第二期黄河水沙变化研究基金项目对河龙区间及泾河、北洛河、渭河流域的研究成果综合分析，单座淤地坝可淤地面积平均为 $3hm^2$，淤成 $0.067hm^2$（1亩）坝地需要 5000t 泥沙（表 6-10），则每座淤地坝淤满共需要泥沙 22.5 万 t。黄河中游多沙粗沙区从 2006 年开始，到 2030 年若实现建设拦沙坝 9869 座的目标，可新增高产稳产坝地约 2.96 万 hm^2；累计可拦沙 22.2 亿 t，年均拦沙 0.888 亿 t。按照前述研究成果（李勇等，2007），取拦沙减淤比为 0.44，可累计减少下游河道淤积 9.8 亿 t，年均减淤 0.392 亿 t。

表 6-10 黄河中游水沙变化研究淤地坝拦沙指标推算成果表

河流（区间）	年代	坝地面积/hm²	时段总拦沙量/亿 t	拦沙指标/（t/hm²）
河龙区间	1970~1979	24 106	15.81	65 550
	1980~1989	16 844	11.4	67 650
	1990~1996	11 856	7.875	66 450
泾河	1970~1979	723	0.489	67 650
	1980~1989	2 597	0.841	32 400
	1990~1996	528	0.383	72 600
北洛河	1970~1996	3 211	1.268	39 450
渭河	1970~1996	3 233	1.631	50 400

注：本表根据水利部第二期黄河水沙变化研究基金项目研究成果（冉大川等，2000；汪岗和范昭，2002）整理。

黄河中游粗泥沙集中来源区从 2006 年开始，到 2030 年若实现建设拦沙坝 3028 座的目标，可新增高产稳产坝地约 0.908 万 hm²；累计可拦沙约 6.8 亿 t，年均拦沙 0.272 亿 t；取拦沙减淤比平均值为 0.5，可累计减少下游河道淤积 3.4 亿 t，年均减淤 0.136 亿 t。

2）方法二

根据 2003 年对黄河中游多沙粗沙区典型小流域淤地坝系调查（冉大川等，2005），骨干坝单坝平均淤地 9.5hm²，中型淤地坝单坝平均淤地 2.6hm²，小型淤地坝单坝平均淤地 0.667hm²，则黄河中游多沙粗沙区规划建设的 9869 座拦沙坝（其中，大型 35 座，中型 9000 座，小型 834 座）建成后共可淤地 2.43 万 hm²。粗泥沙集中来源区规划建设的 3028 座拦沙坝（其中，大型拦沙坝 35 座，中型拦沙坝 2159 座，小型拦沙坝 834 座）建成后共可淤地 0.65 万 hm²。

根据对多沙粗沙区皇甫川、窟野河、无定河、三川河等 4 大支流淤地坝实际拦沙指标的计算，平均拦沙指标为 63 000t/hm²。因此，到 2030 年多沙粗沙区建成的 9869 座拦沙坝共可拦沙 15.3 亿 t，年均拦沙 0.612 亿 t；取拦沙减淤比平均值为 0.5，可累计减少下游河道淤积 7.65 亿 t，年均减淤 0.306 亿 t。到 2030 年粗泥沙集中来源区建成的 3028 座拦沙坝共可拦沙 4.095 亿 t，年均拦沙 0.164 亿 t；取拦沙减淤比平均值为 0.5，可累计减少下游河道淤积 2.05 亿 t，年均减淤 0.082 亿 t。

综合以上两种方法的研究成果，可以得到如下初步认识。

（1）到 2030 年多沙粗沙区建成的 9869 座拦沙坝共可拦沙 15.3 亿~22.2 亿 t，年均拦沙 0.612 亿~0.888 亿 t；可累计减少下游河道淤积 7.65 亿~9.8 亿 t，年均减淤 0.306 亿~0.392 亿 t。

（2）到 2030 年粗泥沙集中来源区建成的 3028 座拦沙坝共可拦沙 4.095 亿~6.8 亿 t，年均拦沙 0.164 亿~0.272 亿 t；可累计减少下游河道淤积 2.05 亿~3.4 亿 t，年均减淤 0.082 亿~0.136 亿 t。

3. 坡面措施年均新增减沙量计算

黄委会黄河上中游管理局 2008 年 6 月提供的黄河中游多沙粗沙区各省（自治区）

水土保持坡面措施 2006 年以后每年建设规划见表 6-11。

表 6-11 多沙粗沙区各省（自治区）水保坡面措施建设规划

省（自治区）	规划治理面积/km²	基本农田/hm²	水保林/hm²		经果林/hm²	人工种草/hm²
			乔木林	灌木林		
甘肃省	300	1606	5302	11 010	3637	6792
宁夏	20	36	234	653	168	474
内蒙古	600	3826	6060	23 206	1813	20 720
山西省	500	13 199	7697	16 699	6013	7890
陕西省	1500	18 316	26 060	57 448	21 173	26 828
合计	2920	36 983	45 353	109 016	32 804	62 704

根据水利部第二期黄河水沙变化研究基金两大项目"河龙区间水土保持措施减水减沙作用分析"（冉大川等，2000）和"泾河、北洛河、渭河流域水土保持措施减水减沙作用分析"（冉大川等，2006）研究成果，1970~1996 年河龙区间及泾河、北洛河、渭河流域合计梯田、林地、草地平均单位保存面积减沙量（减沙指标）分别为 32t/hm²、18.5t/hm² 和 15t/hm²。据此减沙指标进行计算的结果表明，黄河中游多沙粗沙区 5 省（自治区）2006 年以后每年坡面措施新增减沙量可以达到 560 万 t。

6.2.4 小结

（1）1997~2006 年河龙区间 21 条支流因水土保持措施平均可减少下游河道淤积量约 1.44 亿 t；黄河中游地区因水土保持措施平均可减少下游河道淤积量约 2.1 亿 t。

（2）2030 年多沙粗沙区 9869 座拦沙坝共可拦沙 15.3 亿~22.2 亿 t，年均拦沙 0.612 亿~0.888 亿 t；可累计减少下游河道淤积 7.65 亿~9.8 亿 t，年均减淤 0.306 亿~0.392 亿 t。

（3）2030 年粗泥沙集中来源区 3028 座拦沙坝共可拦沙 4.095 亿~6.8 亿 t，年均拦沙 0.164 亿~0.272 亿 t；可累计减少下游河道淤积 2.05 亿~3.4 亿 t，年均减淤 0.082 亿~0.136 亿 t。

（4）黄河中游多沙粗沙区 5 省（自治区）2006 年以后每年坡面措施新增减沙量可以达到 560 万 t。

6.3 基于最大减沙效益的水保措施配置比例分析

黄河中游地区流域水土保持综合治理效应是一种非线性的高阶响应过程，不同水土保持措施配置体系对应的流域治理效应差异很大。因此，流域治理效应与水土保持治理措施配置密切相关（姚文艺等，2005）。根据以往研究，黄河中游地区以坝库工程为主的流域，其减水减沙效益都比较明显，而且减沙效益的大小与水土保持措施配置密切相关。不同流域取得最大减沙效益的水土保持措施配置比例不同；配置比例最小的单项措施也不同。因此，黄河中游地区水土保持措施治理体系存在着措施配置的优化问题和措施配置的最大减水减沙效应现象。水土保持综合治理减沙效益的大小与水土保持措施配置体系、措施治理标准和治理强度、治理部位等因素密切相关。分析黄河中游地区近期基于最大减沙效益的水土保持措施配置比例，对于优化水土保持措施配置，指导水土保持生态工程建设并提供科技支撑，具有重大的现实意义和很大的实用价值。

6.3.1 近期水保措施减洪减沙比例及其变化

水利水土保持措施主要包括林草等生物措施和梯田、坝地、水库等工程措施。林草措施仅在降雨量较小情况下能起到一定的滞洪作用，要达到一定的减水作用，必须配置一定规模的工程措施。工程措施配置比例不同，相同类型的措施量大小不同，减洪减沙的比例也不同。黄河中游河龙区间及四大典型支流（皇甫川、窟野河、无定河、三川河）、泾河、北洛河、渭河流域 1970~1996 年与近期（1997~2006 年）不同类型水土保持措施年均减洪减沙比例（即单项水土保持措施减洪减沙量占全部水土保持措施减洪减沙总量的百分比）计算结果见表 6-12。

表 6-12　黄河中游不同类型水土保持措施减洪减沙比例　　　　（单位：%）

河流（区间）	年代	减洪比例					减沙比例				
		梯田	林地	草地	坝地	封禁	梯田	林地	草地	坝地	封禁
河龙区间	1970~1996 年	9.2	29.3	2.2	59.3		7.9	25.1	2.3	64.7	
	1997~2006 年	12.6	43.6	5.0	36.6	2.2	19.8	36.1	8.5	32.9	2.7
泾河	1970~1996 年	26.1	34.1	6.1	33.7		32.6	42.3	7.8	17.3	
	1997~2006 年	49.4	33.1	11.3	4.3	1.9	20.8	34.5	13.7	28.7	2.3
北洛河	1970~1996 年	17.3	36.8	2.0	43.9		21.6	46.0	2.5	29.9	
	1997~2006 年	20.5	61.0	4.8	11.0	2.7	27.3	51.4	4.3	14.7	2.3
渭河	1970~1996 年	60.7	26.6	7.2	8.5		58.0	8.6	5.8	27.6	
	1997~2006 年	57.9	29.1	4.9	1.1	7.0	51.7	16.0	6.5	21.7	4.1
皇甫川	1970~1996 年	2.7	34.4	1.3	61.6		2.6	32.2	1.2	64.0	
	1997~2006 年	1.3	38.4	7.8	51.8	0.7	1.6	46.1	9.4	42.2	0.7
窟野河	1970~1996 年	5.9	42.5	6.0	45.6		6.1	42.7	6.0	45.2	
	1997~2006 年	3.0	49.4	8.8	35.9	2.9	4.6	22.4	13.5	54.9	4.6
无定河	1970~1996 年	5.6	27.0	2.7	64.7		4.9	25.7	3.4	65.8	
	1997~2006 年	16.4	50.0	5.3	27.1	1.2	22.6	44.6	7.3	23.8	1.7
三川河	1970~1996 年	10.0	17.2	0.4	72.4		8.9	15.5	0.3	75.3	
	1997~2006 年	18.8	37.6	1.4	41.2	1.0	16.6	32.9	1.3	48.3	0.9

1. 1970~1996 年水保措施减洪减沙比例

由表 6-12 可知，1970~1996 年河龙区间四大水土保持措施（梯田、林地、草地、坝地）年均减洪减沙比例由大到小排序为坝地＞林地＞梯田＞草地。坝地年均减洪减沙比例最大，分别达到 59.3% 和 64.7%；林地次之，年均减洪减沙比例分别为 29.3%

和25.1%；梯田第三，与坝地和林地相差一个数量级，年均减洪减沙比例分别只有9.2%和7.9%；草地最小，年均减洪减沙比例仅为2.2%和2.3%，基本持平。

从河龙区间四大典型支流坝地的年均减洪减沙比例来看，三川河流域坝地年均减洪减沙比例最大，分别高达72.4%和75.3%，其次为无定河流域（64.7%和65.8%）；皇甫川流域坝地年均减洪比例位居第三（61.6%），坝地年均减沙比例位居第四（64.0%）。只有窟野河流域坝地年均减洪减沙比例均低于50%且与50%十分接近（45.6%和45.2%）。就河龙区间总体而言，坝地年均减洪比例接近60%，年均减沙比例接近65%，减洪减沙作用非常突出。

从河龙区间四大典型支流坡面措施的年均减洪减沙比例来看，林地年均减洪减沙比例仅次于坝地，属于同一数量级；梯田第三，草地最小。且梯田和草地的年均减洪减沙比例与坝地和林地也相差一个数量级。因此，四大典型支流水土保持措施年均减洪减沙比例的大小排序与河龙区间一致。

进一步分析可知，各流域之间由于措施配置不同，相同类型的措施量大小不同，因而各流域同样措施的减洪减沙比例是有差异的。例如，泾河流域林地年均减洪减沙比例最大，草地年均减洪减沙比例最小；坝地减洪次之，梯田第三；梯田减沙次之，坝地第三。北洛河流域坝地年均减洪比例最大，年均减沙比例次之，林地年均减沙比例最大，年均减洪比例次之，梯田年均减洪减沙比例位居第三，草地年均减洪减沙比例最小。渭河流域梯田年均减洪减沙比例最大，林地减洪次之，坝地第三，草地最小；坝地减沙次之，林地第三，草地最小。因此，不同类型的水土保持措施具有不同的减洪减沙作用。

从总体上来看，1970~1996年泾河、北洛河、渭河流域不同类型水土保持措施减洪减沙比例与河龙区间明显不同。主要是由于地貌类型的差异，导致水土保持措施配置不同，因此，其坡面措施中梯田或林地的减洪减沙比例明显高于坝地。

2. 近期水保措施减洪减沙比例

近期河龙区间及四大典型支流和泾河、北洛河、渭河流域不同类型水土保持措施年均减洪减沙比例发生了明显变化。由表6-12可知，与1970~1996年相比，近期河龙区间坡面措施（梯田、林地、草地）年均减洪减沙比例明显上升，坝地年均减洪减沙比例则明显下降。其中梯田、林地、草地减洪比例分别上升了3.4%、14.3%和2.8%，减沙比例分别上升了11.9%、11.0%和6.2%；坝地年均减洪减沙比例分别下降了22.7%和31.8%，下降幅度高出坡面措施一个数量级。

从四大典型支流近期坝地的年均减洪减沙比例变化来看，与1970~1996年相比，除窟野河流域坝地年均减沙比例上升9.7%外，其余支流坝地年均减洪减沙比例均有明显下降。其中皇甫川和窟野坝地年均减洪比例下降幅度约为10%，皇甫川坝地年均减沙比例下降21.8%；无定河和三川河坝地年均减洪比例下降幅度分别为37.6%和31.2%，均超过了30%，年均减沙比例则分别下降42.0%和27.0%。

从四大典型支流近期坡面措施的年均减洪减沙比例变化来看，梯田为"两升两降"，即无定河、三川河同比上升，皇甫川、窟野河同比下降；林地年均减洪比例上升,年均减沙比例除窟野河下降外均为上升;草地年均减洪减沙比例均有上升。

从泾河、北洛河、渭河流域近期不同类型水土保持措施年均减洪减沙比例变化来看,比较复杂。例如,泾河流域近期与1970~1996年相比,梯田年均减洪比例上升,减沙比例下降;坝地年均减洪比例下降,减沙比例上升;林地年均减洪减沙比例下降,草地年均减洪减沙比例上升。同期北洛河流域坡面措施年均减洪减沙比例上升,坝地年均减洪减沙比例下降。渭河流域同期变化更为复杂:梯田、坝地年均减洪减沙比例下降,林地年均减洪减沙比例上升,草地年均减洪比例下降,减沙比例却在上升。

综合以上分析,近期黄河中游河龙区间及绝大部分支流坝地年均减洪减沙比例下降;坡面措施减洪减沙比例则有升有降,变化复杂。

6.3.2 河龙区间水保措施配置比与减沙比关系分析

水保措施配置比为某一单项水土保持措施保存面积与四大水土保持措施(梯田、林地、草地、坝地)总治理保存面积之比;水保措施减沙比定义为某一单项水土保持措施减沙量占四大水土保持措施减沙总量的百分比。河龙区间水土保持措施配置比及减沙比计算成果见表6-13。

表6-13 河龙区间水土保持措施配置比与减沙比　　　　　(单位:%)

年代	参数	梯田	林地	草地	坝地
1969年以前	配置比	20.3	67.2	10.1	2.4
	减沙比	9.0	15.8	3.0	72.2
1970~1979年	配置比	19.6	69.2	8.1	3.1
	减沙比	6.4	12.2	1.4	80.0
1980~1989年	配置比	14.9	74.4	8.2	2.5
	减沙比	7.7	26.8	2.2	63.3
1990~1996年	配置比	14.0	76.3	7.6	2.1
	减沙比	10.0	38.8	3.6	47.6
1997~2006年	配置比	12.3	74.0	11.9	1.8
	减沙比	20.4	37.1	8.7	33.8

由表6-13可以看出,1997年以前,河龙区间水土保持措施的配置比从大到小依次是林地、梯田、草地及坝地;减沙比从大到小依次是坝地、林地、梯田和草地。其中,梯田和坝地的配置比依时序下降,林地的配置比依时序逐步上升,草地的配置比依时序波动下降。近期(1997~2006年)梯田和坝地的配置比继续下降,林地变化不大,草地明显上升。

河龙区间水土保持措施的减沙比与配置比的关系比较复杂。就单项水土保持措施而言,梯田的配置比从20世纪70年代的19.6%下降为90年代的14.0%,近期继续下降到12.3%,但对应的减沙比却相应地由6.4%上升为90年代的10.0%,近期剧增到20.4%,比1990~1996年增大了一倍。林地减沙比与配置比呈正比关系,减沙比增幅是配置比增幅的3.75倍,减沙作用比较明显。草地的减沙作用虽然微弱,但近期随着配置比的增大，减沙比有明显上升，比 1990～1996 年上升了 5.1%。坝地的减沙比与配置比呈正比关系，如配置比从 20 世纪 70 年代的 3.1% 下降为 90 年代的 2.1%，只下降了 1.0%，对应的减沙比却由 70 年代的 80.0% 下降为 90 年代的 47.6%，下降了 32.4%。由此说明，坝地的减沙作用是非常大的，坝地配置比的较小变化可以引起其减沙比的较大变化。

近期河龙区间坝地的配置比仍呈下降趋势，继续下降到 1.8%，比 1990～1996 年又下降了 0.3%，对应的减沙比则下降到 33.8%，比 1990～1996 年又下降了 13.8%。这是近期河龙区间来沙锐减导致坝地淤积缓慢的具体体现。

6.3.3 河龙区间坝地配置比与减沙比分析

本研究进一步分析了坝地配置比与减沙比的变化及其关系。表 6-14 是河龙区间和四大典型支流皇甫川、窟野河、无定河、三川河坝地配置比及减沙比计算成果。

表 6-14　河龙区间及四大典型支流淤地坝配置比与减沙比　　（单位:%）

年代	参数	皇甫川	窟野河	无定河	三川河	河龙区间
1969 年以前	配置比	1.8	1.3	1.8	4.6	2.4
	减沙比	40.7	55.8	76.7	68.8	72.2
1970～1979 年	配置比	2.6	1.5	2.4	4.4	3.1
	减沙比	43.3	52.9	84.1	85.1	80.0
1980～1989 年	配置比	2.6	1.2	1.9	3.9	2.5
	减沙比	57.2	42.1	62.5	74.9	63.3
1990～1996 年	配置比	3.5	1.1	1.6	3.3	2.1
	减沙比	64.2	42.9	32.9	67.2	47.6
1997～2006 年	配置比	0.9	1.3	1.8	2.3	1.8
	减沙比	42.2	54.9	23.8	48.3	33.8

由此可见，1997 年以前四大典型支流中只有皇甫川流域坝地的配置比和减沙比呈同步上升的趋势：90 年代与 70 年代相比，在坝地配置比增大 34.6% 的情况下，减沙比相应增大了 48.3%，比坝地配置比增幅高出 13.7%。坝地减沙比增幅明显大于其配置比增幅，说明坝地配置增大的减沙响应更为强烈。其余三大典型支流坝地的配置比和减沙比均呈同步衰减的趋势：90 年代与 70 年代相比，窟野河、无定河、三川河流域坝地配置比分别减小了 26.7%、33.3% 和 25.0%，减沙比分别减小了 18.9%、60.9% 和 21.0%。

近期皇甫川、三川河流域坝地配置比和减沙比同步下降。尤其是皇甫川流域，坝地的配置比只有 0.9%，与 1990～1996 年相比下降了 2.6%；减沙比只有 42.2%，同比下降了 22.0%。无定河流域虽然坝地配置比与 1990～1996 年相比上升了 0.2%，但减沙比只有 23.8%，同比却下降了 9.1%。只有窟野河流域"一枝独秀"，坝地配置比和减沙比同步上升：在坝地配置比与 1990～1996 年相比上升 0.2% 的情况下，减沙比上升到 54.9%，同比上升了 12.0%。

同时，由表 6-14 还可以发现，1997 年以前，在皇甫川流域，只要坝地配置比达到 2% 以上，减沙比即可达到 40%，减沙效益明显；在窟野河流域，当坝地配置比达到 1% 以上时，减沙比可以达到 40% 以上，减沙效益也十分明显；在无定河流域，当坝地配置比达到 1.5% 以上时，减沙比可以达到 30% 以上；在三川河流域，当坝地配置比达到 4% 左右时，减沙比可以达到 75% 左右。显然，窟野河流域达到同样减沙比所需要的坝地配置比最低，三川河最高，皇甫川和无定河基本相当。1970～1996 年的 27 年平均，当四大典型支流坝地配置比平均达到 2.5% 时，淤地坝减沙比平均可以达到 60%。因此，淤地坝依然是四大典型支流减沙首选的水保工程措施。

近期四大典型支流坝地的配置比和减沙比与 1997 年以前相比又有新的复杂变化。例如，皇甫川流域坝地配置比不到 1%，减沙比也达到了 40% 以上；窟野河流域坝地配置比和减沙比都恢复到了 1980 年以前的水平，减沙比超过了 50%；无定河流域第一次出现坝地配置比上升、减沙比下降的反常现象；三川河流域坝地配置比虽然下降到 2.3%，首次低于 2.5% 的平均水平，但仍有 48.3% 的减沙比。这些复杂变化与近期淤地坝的建设位置、布局、沟道建坝顺序、布坝密度和"空壳坝"的出现有密切关系，值得进一步研究。

根据以往研究（冉大川等，2007，2008），当河龙区间坝地的配置比保持在 2% 左右时，其减沙比即可保持在 45% 以上；不同支流坝地配置比不一，约在 1.2%～2.4%。因此，为有效、快速地减少入黄泥沙，河龙区间水土保持措施配置应采用以淤地坝为主的工程措施与坡面措施相结合的综合配置模式；淤地坝的配置比应保持在 2% 以上。

6.3.4 最大减沙效益对应的水保措施配置比例

河龙区间（面积 111 586 km^2）及泾河（45 421 km^2）、北洛河（26 905 km^2）、渭河（63 282 km^2，不包括泾河）和无定河（30 261 km^2）等四条重要支流不同年代水土保持措施配置比例及减沙效益计算成果见表 6-15。这四条支流的流域面积在同一数量级上，其计算成果具有一定的可比性。

表 6-15　黄河中游最大减沙效益对应的不同水土保持措施配置比例

区间（支流）	年代	配置比例 （梯田:林地:草地:坝地）	减沙效益/%
河龙区间	1959～1969 年	20.3:67.2:10.1:2.4	5.3
	1970～1979 年	19.6:69.2:8.1:3.1	19.2
	1980～1989 年	14.9:74.4:8.2:2.5	32.3
	1990～1996 年	14.0:76.3:7.6:2.1	28.5
	1997～2006 年	12.3:74.0:11.9:1.8	67.4
泾河	1959～1969 年	24.4:68.2:6.5:0.9	3.3
	1970～1979 年	30.0:61.9:7.3:0.8	8.3
	1980～1989 年	27.6:58.9:12.7:0.8	20.4
	1990～1996 年	29.2:55.8:14.3:0.7	14.0
	1997～2006 年	39.4:42.9:17.5:0.2	28.0

续表

区间（支流）	年代	配置比例 （梯田：林地：草地：坝地）	减沙效益/%
北洛河	1959~1969年	21.8:69.3:5.5:3.4	8.2
	1970~1979年	20.1:71.5:5.3:3.1	15.3
	1980~1989年	18.8:67.7:11.2:2.3	21.5
	1990~1996年	17.0:67.0:14.4:1.6	20.5
	1997~2006年	19.6:67.2:12.6:0.6	22.8
渭河	1959~1969年	22.2:72.9:4.7:0.2	1.9
	1970~1979年	45.6:47.4:6.6:0.4	10.3
	1980~1989年	36.6:49.9:13.2:0.3	16.7
	1990~1996年	34.2:50.6:15.0:0.2	25.8
	1997~2006年	53.5:34.0:12.4:0.1	70.6
无定河	1959~1969年	10.6:69.3:18.3:1.8	11.6
	1970~1979年	9.1:77.3:11.2:2.4	38.7
	1980~1989年	7.3:81.5:9.3:1.9	55.0
	1990~1996年	7.5:83.5:7.4:1.6	37.5
	1997~2006年	14.7:68.6:14.9:1.8	66.2

由表 6-15 可见，不同流域的水土保持措施配置比例各不相同，对应的减沙效益有大有小，说明水土保持措施对洪水泥沙拦蓄作用的大小与措施配置有关，在现状治理条件下存在着措施配置的最大减沙效应现象。进一步分析可知，最大减沙效益所对应的措施配置视不同流域而有所不同。河龙区间和泾河、北洛河、渭河、无定河等四条重要支流最大减沙效益均出现在近期。河龙区间最大减沙效益对应的水土保持措施配置比例为梯田：林地：草地：坝地 = 12.3:74.0:11.9:1.8；泾河流域最大减沙效益对应的水土保持措施配置比例为梯田：林地：草地：坝地 = 39.4:42.9:17.5:0.2；北洛河流域最大减沙效益对应的水土保持措施配置比例为梯田：林地：草地：坝地 = 19.6:67.2:12.6:0.6；渭河流域最大减沙效益对应的水土保持措施配置比例为梯田：林地：草地：坝地 = 53.5:34.0:12.4:0.1；无定河流域最大减沙效益对应的水土保持措施配置比例为梯田：林地：草地：坝地 = 14.7:68.6:14.9:1.8。

当然，表 6-15 所给出的最大减沙效益及其对应的措施配置比例并非理论上的最优值，而是依据现有治理模式下的相对值。关于理论上的措施配置比例及其最大效应问题有待进一步研究。总之，水土保持措施配置比例不同，减沙效益不同，水土保持措施配置对流域的减沙效应具有非常明显的影响。

另据黄委会"十五"重大治黄科技项目"大理河流域水土保持生态工程建设的减沙作用研究"（项目编号：2002SZ08）相关研究成果（冉大川等，2008），大理河流域现状治理条件下取得的最大减沙效益的水土保持措施配置比例为梯田：林地：草地：坝地 = 18.6:73.1:4.7:3.6。

综合河龙区间及无定河、大理河、北洛河流域基于最大减沙效益的水土保持措施配置比例研究成果，取其平均值，则黄河中游多沙粗沙区现状治理条件下基于最大减沙效益的水土保持措施配置比例为梯田：林地：草地：坝地 = 16.3：70.7：11.0：2.0。

6.3.5 小结

（1）近期河龙区间及绝大部分支流坝地年均减洪减沙比例下降，坝地配置比和减沙比也呈下降趋势；坡面措施减洪减沙比例则有升有降，变化复杂。四大典型支流坝地配置比和减沙比出现的复杂变化与近期淤地坝的建设位置、布局、沟道建坝顺序、布坝密度和"空壳坝"的出现有密切关系。

（2）水土保持措施对洪水泥沙拦蓄作用的大小与措施配置密切相关，存在着措施配置的最大减洪减沙效应现象。黄河中游多沙粗沙区现状治理条件下取得最大减沙效益的水土保持措施配置比例为梯田：林地：草地：坝地 = 16.3：70.7：11.0：2.0。

6.4 生态修复对北洛河流域水沙变化的影响分析

水土保持生态修复的主要措施有封山禁牧、疏林补植、退耕种草、人工抚育等。通过改变植被状况，提高林草覆盖率，减轻水土流失。通过分析林草覆盖率与产流产沙关系，可以研究生态修复对水沙变化的影响。北洛河流域是近期黄河中游水土保持生态修复的典型，现以北洛河流域研究成果为例进行分析。

根据生态修复有关效益监测资料（张金昌等，2004），地处北洛河流域上游的陕西省延安市吴起县（原名吴旗县，2006 年 7 月更名为吴起县）封禁三年，年均土壤侵蚀模数由 1.1 万 t/km^2 降低到 0.6 万 t/km^2，保土效益达 45.5%。自 1998 年实施退耕还林以来，吴起县"生态立县"的战略目标始终如一。10 年间已累计完成造林种草面积 16.2 万 hm^2，完成水土流失治理面积 1271km^2，农民人均收入由 10 年前的 887 元增加到 7567 元；甘肃省定西市安定区，通过两年的生态修复，年土壤侵蚀模数由 3600t/km^2 降为 1370t/km^2，保土效益达 61.9%；宁夏回族自治区固原市彭阳县等黄土丘陵沟壑区实施生态修复后，暴雨径流模数降低约 40%，土壤侵蚀模数降低了 40%～60%。

由黄委会黄河水土保持生态环境监测中心主持、黄河水土保持西峰治理监督局西峰监测分中心具体完成的"2007 年度子午岭预防保护区及神东矿区水土流失监测"成果显示，实施生态修复 10 年来，在陕西志丹、白水已发现部分林区，说明北洛河流域近期生态已明显好转（喻权刚等，2008）。

为了研究黄河中游大面积生态修复对流域水沙变化的影响，本次研究从北洛河流域林率（即森林覆盖率）与产流产沙关系着手，进行了分析研究。

6.4.1 林率与产流产沙关系

当地面为森林或林灌草覆盖时，对流域产流产沙有明显影响。选择黄河中游地区（包括北洛河流域）10 个代表流域或区间，根据 1960～1984 年资料，统计林率与产流产沙特征值，列于表 6-16。

表 6-16　黄河中游地区林率与径流泥沙多年平均特征值统计

河流	站名	流域面积/km²	林率/%	径流深/mm	输沙模数/[t/(km²·a)]
北洛河	刘家河	7 325	18.3	33.19	9 976.5
葫芦河	张村驿	4 715	97.0	22.23	126.3
北洛河	张村驿—交口河	12 456	39.4	30.56	5 869.5
北洛河	刘家河—交口河	9 855	82.5	25.12	147.5
北洛河	交口河	17 180	55.5	28.56	2 856.0
北洛河	湫头	25 154	43.5	36.77	3 320.9
柔远河	悦乐	528	2.1	29.27	7 076.4
延河	甘谷驿	5 891	13.0	37.17	7 844.6
合水川	板桥	807	66.0	25.6	2 035.9
汾川河	临镇	1 121	94.4	21.18	463.9

资料来源：唐克丽等，1993。

点绘黄河中游地区林率与产流产沙关系（图 6-3 和图 6-4），通过回归分析得到林率与径流、泥沙的指数关系如下，二者相关性显著（R 为相关系数）。

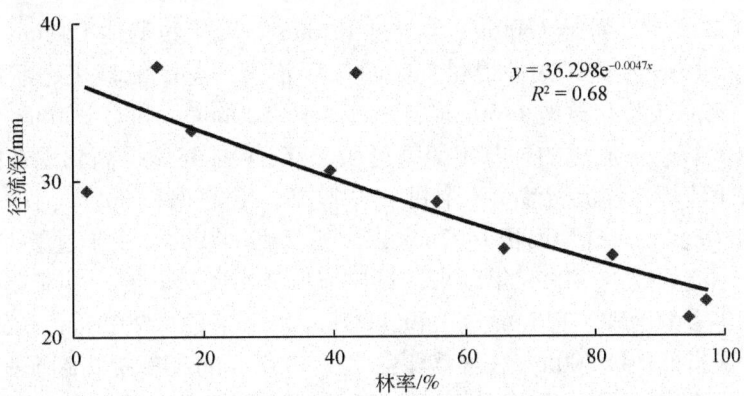

图 6-3　黄河中游林率与径流的关系

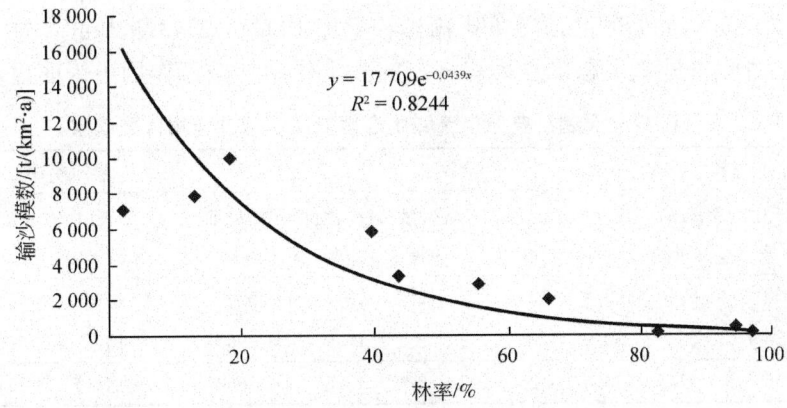

图 6-4　黄河中游林率与泥沙的关系

林率与径流关系：

$$y_1 = 36.298e^{-0.0047x} \quad R = 0.825 \quad (6-4)$$

林率与泥沙关系：

$$y_2 = 17709e^{-0.0439x} \quad R = 0.908 \quad (6-5)$$

式中，y_1 为流域多年平均径流深（mm）；y_2 为流域多年平均输沙模数 [t/(km²·a)]；x 为流域平均森林覆盖率，简称林率（%）。

据此，只要知道林率的变化，便可求得径流泥沙的变化。根据本次研究建立的黄河中游地区森林覆盖率与径流泥沙特征值相关关系 [式（6-4）和式（6-5）]，可以估算林草覆盖率与减水减沙作用的定量关系。若林草覆盖率提高 1%，减水率可以提高 0.5%，减沙率可以提高 4.3%。

6.4.2 小流域生态修复的减水减沙作用分析

中国水土保持学会和国际泥沙研究培训中心 2006 年 7 月在北洛河流域上游吴起县召开的"中国水土保持生态修复研讨会及吴起县生态建设现场观摩会"上，提供了以下两个小流域的生态修复资料。

一是金佛坪小流域。该流域涉及 2 个村，共 946 人，总面积 25km²。1998 年以前该流域共有耕地 720hm²，荒地 1300hm²，林地 193hm²，人工牧草地 120hm²。1998 年，全流域整体封禁，1999 年又一次性退耕，经过 7 年治理，整个流域生态状况发生了根本改变。目前，该流域共有林地 1760hm²，人工草地 520hm²，封育 300hm²，全流域未保留坡耕地。据测算，该流域的林草覆盖率已由 1997 年的 38% 提高到现在的 69%。

二是杨青小流域。该流域涉及 8 个村，共 2725 人，总面积 80km²。1998 年以前流域内共有耕地 2780hm²，有林地面积 1407hm²，人工草地 647hm²。由于过垦过牧，整个流域植被稀疏，水土流失严重。1998 年以来，对该流域实行整体封育，并于当年进一步退耕到位。经过 7 年多的治理，现有林地面积 4487hm²，人工牧草 2027hm²，农耕地 453hm²，荒山荒坡封育成自然植被 500hm²，林草覆盖率由 1997 年的 34% 提高到现在的 66%。

根据林率与径流、泥沙关系式（6-4）及式（6-5），可计算出典型小流域生态修复（治理后）的减水减沙作用。两小流域自 1997~2006 年林率平均提高了 31.5%，径流深平均减少 7.8mm，减少了 13.8%；输沙模数平均减少 2743.5t/km²，减少了近 75%（表 6-17）。由此可见，生态修复具有一定的减水作用，减沙作用更为明显。

表 6-17 吴起县典型小流域生态修复减水减沙作用计算成果

小流域	林率		径流深				输沙模数			
	治理前/%	治理后/%	治理前/mm	治理后/mm	减少量/mm	减少比例/%	治理前/(t/km²)	治理后/(t/km²)	减少量/(t/km²)	减少比例/%
金佛坪	38	69	30.4	26.2	4.2	13.8	3340	856	2484	74.4
杨青	34	66	30.9	26.6	4.3	13.9	3980	977	3003	75.4
平均	36	67.5	30.6	26.4	4.2	13.8	3660	916.5	2743.5	74.9

注：1997 年代表治理前，2006 年代表治理后。

6.5 近期治理对典型支流水沙关系的影响分析

6.5.1 对降雨径流关系及降雨产沙关系的影响

选取黄河中游粗泥沙集中来源区的皇甫川、孤山川、窟野河、秃尾河（简称"两川两河"）作为典型支流进行分析。通过回归分析，"两川两河"不同年代年降雨径流与年降雨产沙经验关系均为幂函数关系（表6-18）；不同年代年降雨径流关系和年降雨产沙关系图分别见图6-5~图6-12。

表6-18 "两川两河"不同年代年降雨径流关系与年降雨产沙关系

河流	时段	年降雨径流关系 关系式	相关系数	年降雨产沙关系 关系式	相关系数
皇甫川	1955~1969年	$W = 2.528 P_N^{1.4808}$	0.92	$W_s = 0.0007 P_N^{2.6271}$	0.92
	1970~1996年	$W = 0.3366 P_N^{1.7702}$	0.62	$W_s = 0.02 P_N^{2.037}$	0.50
	1997~2006年	$W = 0.0735 P_N^{1.9122}$	0.64	$W_s = 0.0055 P_N^{2.1197}$	0.57
孤山川	1954~1969年	$W = 0.0004 P_N^{1.2989}$	0.95	$W_s = 0.001 P_N^{2.3647}$	0.93
	1970~1996年	$W = 0.000005 P_N^{1.9624}$	0.76	$W_s = 0.0002 P_N^{2.6566}$	0.64
	1997~2006年	$W = 0.0002 P_N^{1.177}$	0.49	$W_s = 0.0683 P_N^{1.3868}$	0.35
窟野河	1954~1969年	$W = 0.0557 P_N^{0.8091}$	0.79	$W_s = 0.0000004 P_N^{2.434}$	0.87
	1970~1996年	$W = 0.0112 P_N^{1.0587}$	0.75	$W_s = 0.000002 P_N^{2.2303}$	0.62
	1997~2006年	$W = 0.6115 P_N^{0.2073}$	0.16	$W_s = 0.0004 P_N^{0.9278}$	0.27
秃尾河	1956~1969年	$W = 0.8929 P_N^{0.2589}$	0.78	$W_s = 0.0088 P_N^{2.05}$	0.88
	1970~1996年	$W = 0.4896 P_N^{0.3237}$	0.44	$W_s = 0.0028 P_N^{2.1958}$	0.55
	1997~2006年	$W = 1.4728 P_N^{0.0734}$	0.20	$W_s = 172 P_N^{0.1133}$	0.04

注：W为年径流量，W_s为年输沙量，P_N为年降水量。

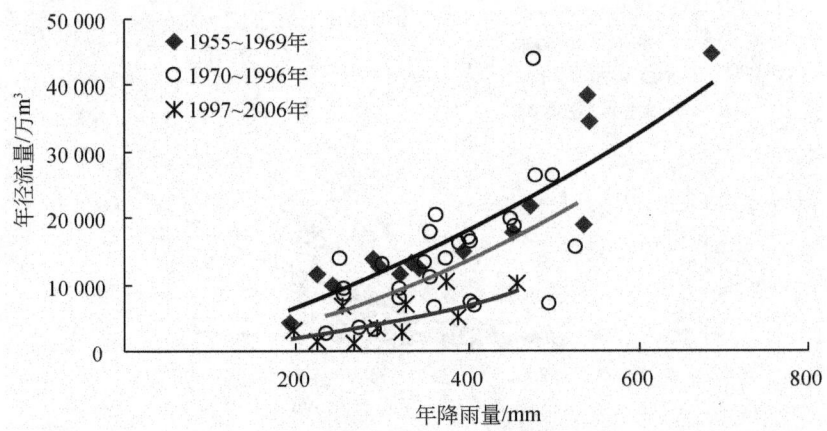

图6-5 皇甫川流域年降雨径流关系

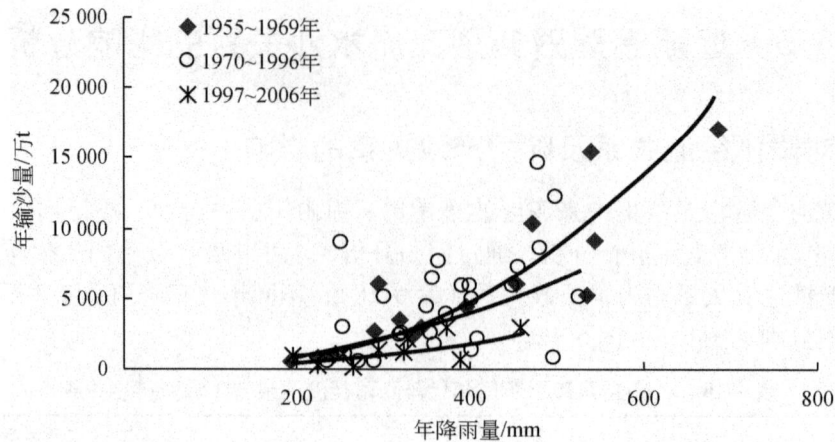

图 6-6 皇甫川流域年降雨产沙关系

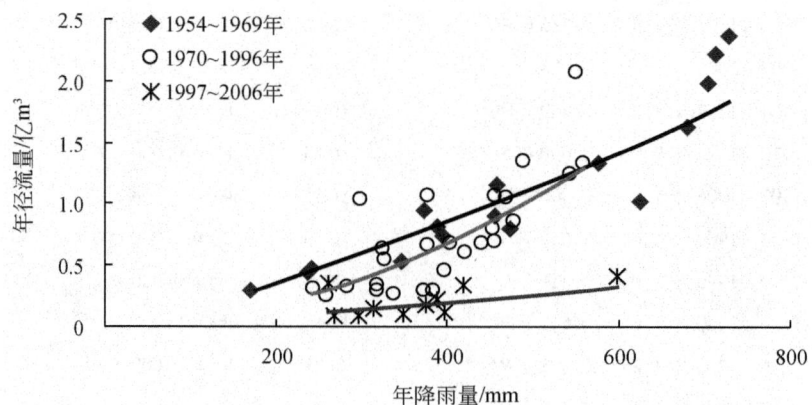

图 6-7 孤山川流域年降雨径流关系

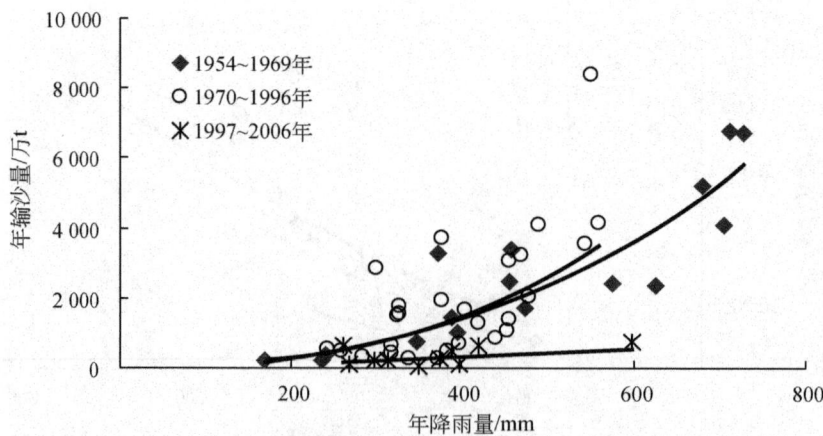

图 6-8 孤山川流域年降雨产沙关系

第6章 黄河中游近期水沙变化若干重要问题研究

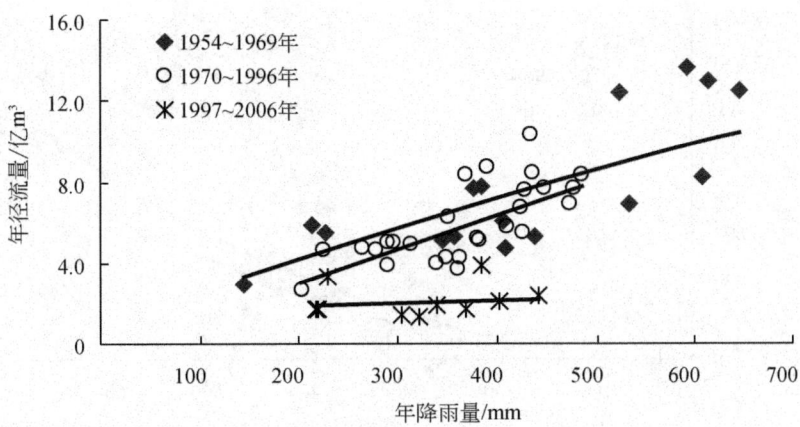

图 6-9 窟野河流域年降雨径流关系

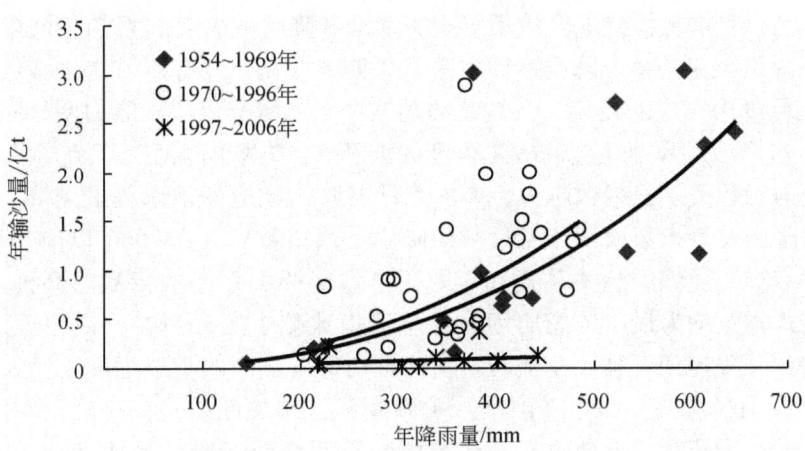

图 6-10 窟野河流域年降雨产沙关系

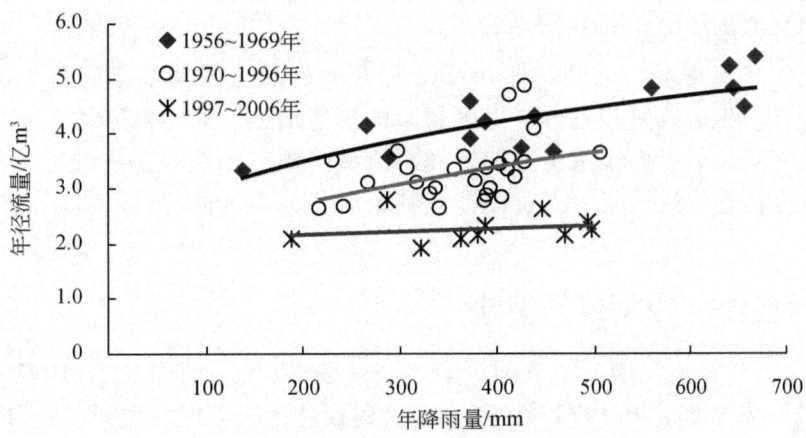

图 6-11 秃尾河流域年降雨径流关系

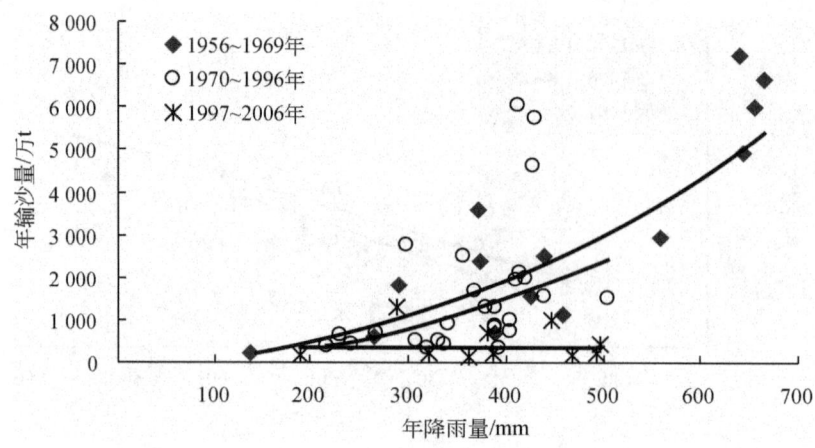

图 6-12 秃尾河流域年降雨产沙关系

由此可见,受水土保持综合治理等人类活动和降雨减少等因素的共同影响,"两川两河"近期降雨径流关系及降雨产沙关系发生明显变化,并有以下变化特点:

(1) 相同降雨对应的径流、泥沙量明显减少,流域产流产沙能力明显减小。

(2) 产流产沙对降雨响应的敏感程度大大降低。"两川两河"产流产沙量与年降雨关系一般呈幂函数关系,指数越大,产流产沙对降雨响应的敏感程度越高,反之越低。产沙量与年降雨关系指数大于产流量与年降雨关系指数。与1996年以前相比,近期除皇甫川流域年降雨径流经验关系式和年降雨产沙经验关系式的指数略高外,其余三条支流的关系式指数均为最小。窟野河、秃尾河指数减小尤为明显,说明近期"两川两河"中窟野河、秃尾河、孤山川流域产流产沙对降雨响应的敏感程度已经大为降低。

(3) 年降雨径流关系和年降雨产沙关系紊乱,相关性很差;年降雨产沙关系比年降雨径流关系更为紊乱。近期除皇甫川流域年降雨径流经验关系式和年降雨产沙经验关系式的相关系数略高于 1970~1996 年外,其余 3 条支流的相关系数在三个年代中均为最低。说明近期"两川两河"影响流域径流泥沙输移和降雨产流产沙的水利水土保持综合治理等下垫面因素更为突出。

以上变化特点说明,近期"两川两河"开展的水土保持生态工程和淤地坝"亮点"工程建设、生态修复和砒砂岩地区封禁治理等措施,对流域降雨径流关系及降雨产沙关系具有明显的影响作用。近期治理对流域降雨产沙关系的影响尤为突出,说明水土保持综合治理依然是减少入黄泥沙及其粗泥沙的根本措施,具有"釜底抽薪"的作用。

6.5.2 对径流泥沙关系的影响

"两川两河"径流泥沙关系分别见图 6-13~图 6-16。由此可见,1997~2006 年与 1970 年以前(基准期)和 1970~1996 年两个时段相比,点据均在同一分布带上,说明径流-泥沙关系没有发生本质变化,只是 1997~2006 年的径流量明显减少,输沙量也相应减少。从不同年代径流泥沙线性关系式的斜率对比来看(表 6-19),近期线性关系式的斜率最小。由于该斜率表示单位径流量的输沙量，其物理意义即代表流域平均含沙量，因此，由于水土保持综合治理，近期"两川两河"含沙量与其他时段相比最低。

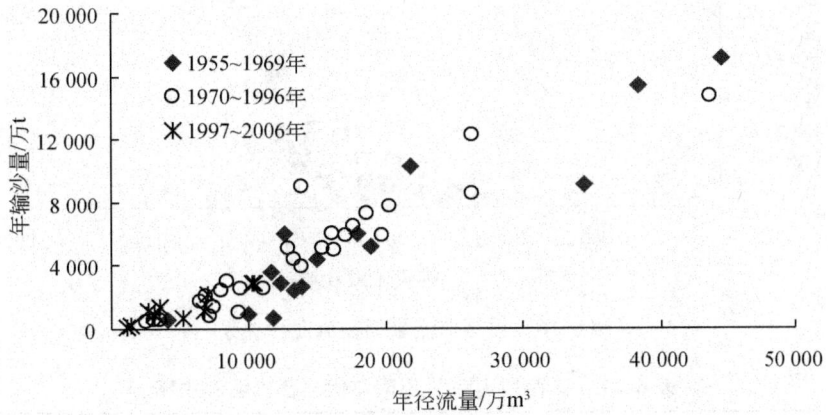

图6-13　皇甫川流域年径流泥沙关系

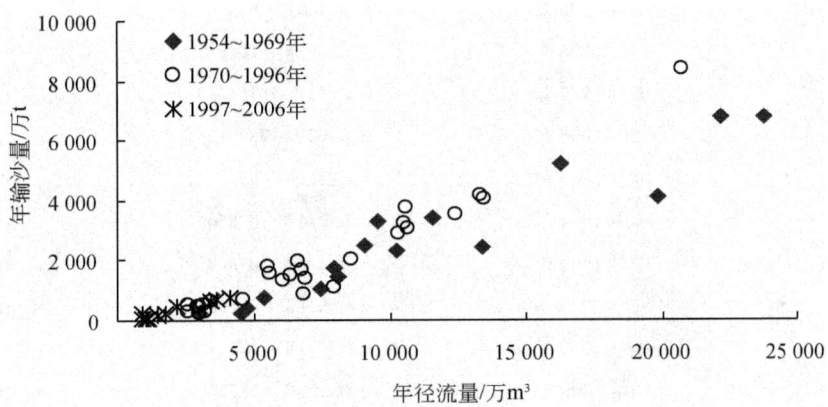

图6-14　孤山川流域年径流泥沙关系

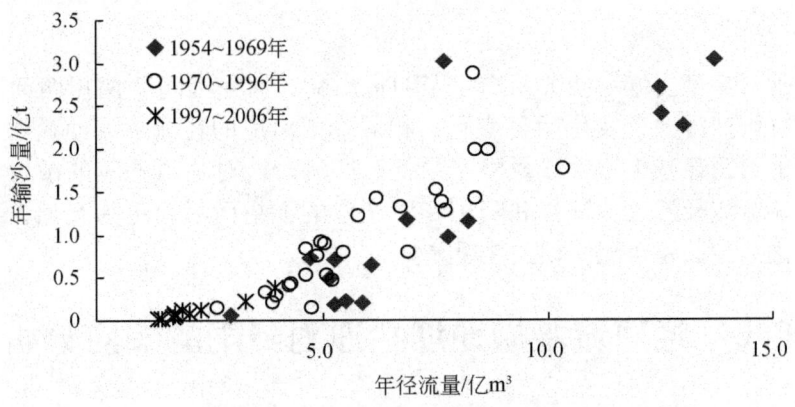

图6-15　窟野河流域年径流泥沙关系

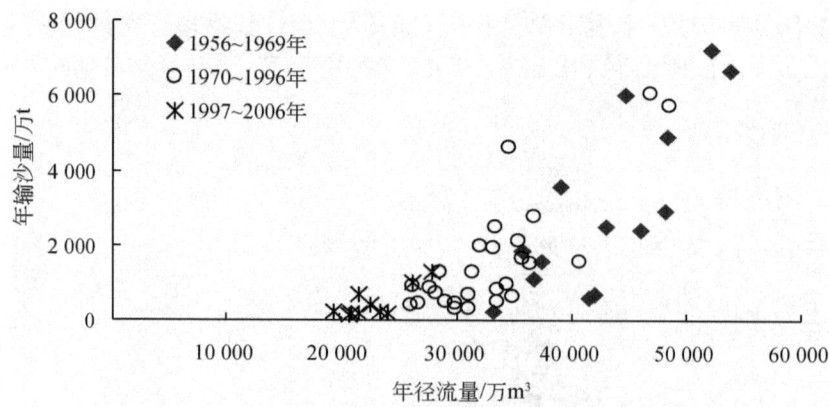

图 6-16 秃尾河流域年径流泥沙关系

表 6-19 "两川两河"不同年代年径流泥沙关系

河流	时段	年径流泥沙关系	相关系数
皇甫川	1955~1969 年	$W_s = 0.418W - 1994$	0.942
	1970~1996 年	$W_s = 0.386W - 673$	0.939
	1997~2006 年	$W_s = 0.269W - 10.8$	0.918
孤山川	1954~1969 年	$W_s = 0.32W - 875$	0.954
	1970~1996 年	$W_s = 0.40W - 984$	0.968
	1997~2006 年	$W_s = 0.211W - 95$	0.970
窟野河	1954~1969 年	$W_s = 0.274W - 0.856$	0.865
	1970~1996 年	$W_s = 0.309W - 0.849$	0.866
	1997~2006 年	$W_s = 0.131W - 0.165$	0.977
秃尾河	1956~1969 年	$W_s = 0.297W - 9771$	0.797
	1970~1996 年	$W_s = 0.226W - 5875$	0.796
	1997~2006 年	$W_s = 0.127W - 2444$	0.810

6.5.3 小结

近期治理对典型支流水沙关系产生了明显影响，河龙区间"两川两河"近期降雨径流关系及降雨产沙关系发生明显变化，相同降雨对应的径流、泥沙量明显减少，流域产流产沙能力明显减小，含沙量降至最低；产流产沙对降雨响应的敏感程度大为降低。近期影响流域径流泥沙输移和降雨产流产沙的下垫面因素更为突出，年降雨径流关系和年降雨产沙关系紊乱，相关性很差。

6.6 泾河流域淤地坝拦沙对降雨的响应分析

泾河是渭河的最大支流，在黄河中游地区具有十分重要的影响。泾河干流全长 455.1km，流域面积 45 421km²，其中水土流失面积 33 220km²，占流域总面积的

第6章 黄河中游近期水沙变化若干重要问题研究

73.1%。泾河流域出口站为张家山水文站，控制面积43 216km²。全流域涉及黄土丘陵沟壑区、黄土高塬沟壑区、土石山区、黄土丘陵林区和黄土阶地区等5个地貌类型区，其中以黄土丘陵沟壑区所占面积最大，黄土高塬沟壑区次之，分别占流域面积的41.3%和39.7%。黄土丘陵沟壑区多年平均土壤侵蚀模数为10 000t/(km²·a)，黄土高塬沟壑区为4000t/(km²·a)。泾河流域多年平均（1956~2006年）降水量530.2mm，多年平均径流量16.816亿m³；多年平均输沙量2.348亿t，占渭河流域同期多年平均输沙量3.366亿t的69.8%，是渭河泥沙的主要来源区。

在泾河流域水土保持措施减沙效益以往研究中，淤地坝拦沙量计算一直是重要的研究内容之一。但以往研究比较注重淤地坝减沙总量的研究，对淤地坝拦沙对降雨的响应、淤地坝拦沙量与减蚀量的尺度关系等很少涉及，成为研究的薄弱环节。淤地坝拦沙通过侵蚀—输移—淤积来实现，是一个非常复杂的水力侵蚀、输移和淤积过程。坝地主要是因流域坡面表土随坡面径流汇入沟道淤积后形成，部分沟道侵蚀也对坝地形成有一定的作用。降雨（尤其是暴雨）是流域产沙最主要的动力因子，离开流域产沙的原动力——降雨因子分析淤地坝拦沙量，降雨—产沙—拦沙环节显得脱钩，研究深度不够。

本次研究根据截至2006年年底的资料，对泾河流域不同年代淤地坝拦沙量对降雨的响应进行了综合分析和研究。试图通过降雨—产洪产沙—淤地坝拦沙关系的定量分析研究，提出不同年代淤地坝拦沙量与降雨因子的响应关系式及其阈值；从实用角度给出泾河流域淤地坝年拦沙量的预估公式；简析淤地坝拦沙量与减蚀量的尺度关系，以弥补以往研究的不足。

6.6.1 淤地坝的拦沙减蚀机理

黄河泥沙主要来源于黄河中游黄土高原的千沟万壑，由于这里黄土层深厚，土质疏松，地形破碎，沟壑纵横，植被稀少，水土流失非常严重，遇到暴雨时很容易形成高含沙水流。淤地坝一定程度上是高含沙水流作用的产物，黄河中游地区大面积的高含沙水流为淤地坝建设提供了良好的水文泥沙条件。淤地坝的拦沙减蚀机理主要表现在以下几个方面（方学敏等，1998）：①局部抬高侵蚀基准，减轻重力侵蚀，控制沟蚀发展。②拦蓄洪水泥沙，减轻沟道冲刷。淤地坝运用初期能够利用其库容拦蓄洪水泥沙，同时还可以削减洪峰，减少下游冲刷。③减缓地表径流，增加地表落淤。淤地坝运用后期形成坝地，使产汇流条件发生变化，从而起到减缓洪水泥沙的作用。④增加坝地，提高农业单产，促进陡坡退耕还林还草，减少坡面侵蚀。

6.6.2 淤地坝拦沙量与降雨量关系分析

由以往的研究计算结果可知（冉大川等，2006），泾河流域淤地坝拦沙比例（即淤地坝拦沙量占同期水土保持措施拦沙总量的比例）以及拦沙强度（即淤地坝不同时期单位淤地面积的平均拦沙量）依时序均呈波动下降趋势。其中，淤地坝拦沙比例由1969年以前的53.2%，分别下降为1970~1979年的21.8%、1980~1989年的18.2%和1990~1996年的12.5%。最新研究结果表明，近期（1997~2006年，下同）淤地坝拦沙比例回升到 15.1%。淤地坝拦沙强度由 1969 年以前的 7320 t/hm², 分别下降为 1970~1979 年的 3490 t/hm²、1980~1989 年的 2750 t/hm² 和 1990~1996 年的 1180 t/hm²。近期回升到 1600 t/hm²。

淤地坝拦沙强度的下降说明了两个问题：第一，淤地坝拦沙量下降；第二，淤地坝淤地面积增长速率减小。近期泾河流域淤地坝拦沙强度回升，说明流域近期淤地坝拦沙量和淤地面积增长速率都有回升，这一新的变化与近期泾河流域实施的大规模水土保持生态工程建设尤其是淤地坝"亮点"工程建设密不可分。

由于 1970~2006 年泾河流域淤地坝拦沙比例平均只有 17.2%，说明淤地坝在泾河流域水土保持措施拦沙中并不占主导地位，这与黄河中游河龙区间截然不同（冉大川等，2006）。研究中发现，20 世纪 80 年代泾河流域淤地坝拦沙量在整个资料系列中最大（图 6-17）。由于流域产沙与降雨密切相关，因此，淤地坝拦沙必然与流域降雨有关。为了探索 80 年代泾河流域淤地坝拦沙量与降雨的关系，选取了流域汛期（5~9月）降雨量和年降雨量、最大 1 日降雨量等 3 个降雨因子进行对比分析。

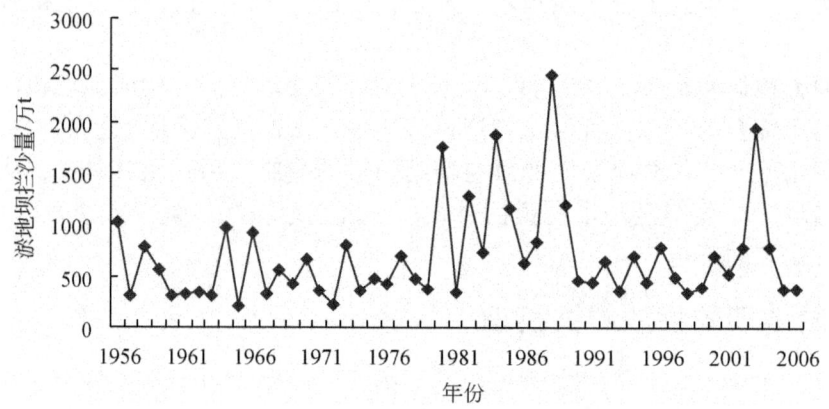

图 6-17 泾河流域淤地坝拦沙量历年变化过程线

1. 淤地坝拦沙量与汛期降雨量关系

泾河流域淤地坝拦沙量与汛期降雨量关系见图 6-18。图中"其他年代"表示 1956~1969 年、1970~1979 年、1990~1996 年和 1997~2006 年等四个时段。通过对比分析可知，泾河流域 20 世纪 80 年代淤地坝各年拦沙量 W_s（万 t）与对应的汛期降雨量 P_X（mm）的线性关系及幂函数关系在各年代中均为最好，其回归经验方程分别为

$$W_s = 6.083 P_X - 936.5 \tag{6-6}$$

$$W_s = 0.0344 P_X^{1.7739} \tag{6-7}$$

以上两式的相关系数分别为 0.83 和 0.82。其中式（6-6）斜率的物理意义代表单位毫米汛期降雨对应的淤地坝拦沙量（万 t/mm）。

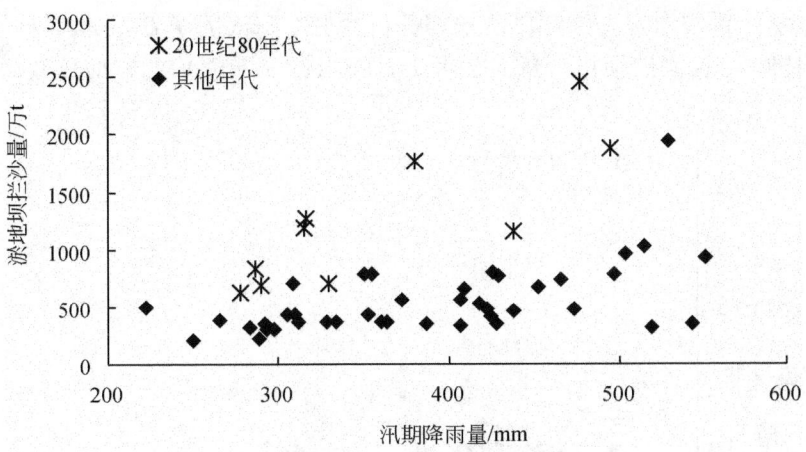

图 6-18 泾河流域淤地坝拦沙量与汛期降雨量关系

2. 淤地坝拦沙量与年降雨量关系

泾河流域淤地坝拦沙量与年降雨量关系类似于与汛期降雨量的关系。20 世纪 80 年代淤地坝各年拦沙量 W_s（万 t）与对应的年降雨量 P_N（mm）的线性关系及幂函数关系在各年代中也均为最好，其回归经验方程分别为

$$W_s = 5.062P_N - 1000 \tag{6-8}$$

$$W_s = 0.0306P_N^{1.7339} \tag{6-9}$$

以上两式的相关系数分别为 0.87 和 0.86。

由此可见，泾河流域 20 世纪 80 年代淤地坝拦沙量与汛期降雨量、年降雨量呈现出较好的正相关关系。随着降雨量的增大，淤地坝拦沙量明显增大；而其他年代随着汛期降雨量和年降雨量的迅速增大，淤地坝拦沙量增幅很小。由于式（6-6）斜率比式（6-8）大 1.021 万 t/mm，表明泾河流域单位毫米汛期降雨对应的淤地坝拦沙量比单位毫米年降雨对应的淤地坝拦沙量约大 1 万 t。因此，在相同降雨条件下，淤地坝在汛期更能充分发挥其拦沙作用。

3. 淤地坝拦沙量与最大 1 日降雨量关系

为了进一步探索淤地坝拦沙与暴雨的关系，图 6-19 点绘了泾河流域淤地坝拦沙量与最大 1 日降雨量关系。图中 "其他年代" 表示 1970～1979 年、1990～1996 年和 1997～2006 年等三个时段，但个别年份缺少资料。其中 20 世纪 80 年代淤地坝各年拦沙量 W_s（万 t）与对应的最大 1 日降雨量 P_1（mm）的线性关系及幂函数关系在各年代中依然最好，其回归经验方程分别为

$$W_s = 96.9P_1 - 2846 \tag{6-10}$$

$$W_s = 0.0103P_1^{3.1067} \tag{6-11}$$

以上两式相关系数分别为 0.88 和 0.82。

对比可知，式（6-11）系数与式（6-7）、式（6-9）相比平均减小了 68.2%，但其

指数却平均增大了77.2%。因此，从参与分析的三个降雨因子P_X、P_N、P_1来看，泾河流域20世纪80年代淤地坝拦沙量对最大1日降雨量（暴雨）的响应比较敏感。

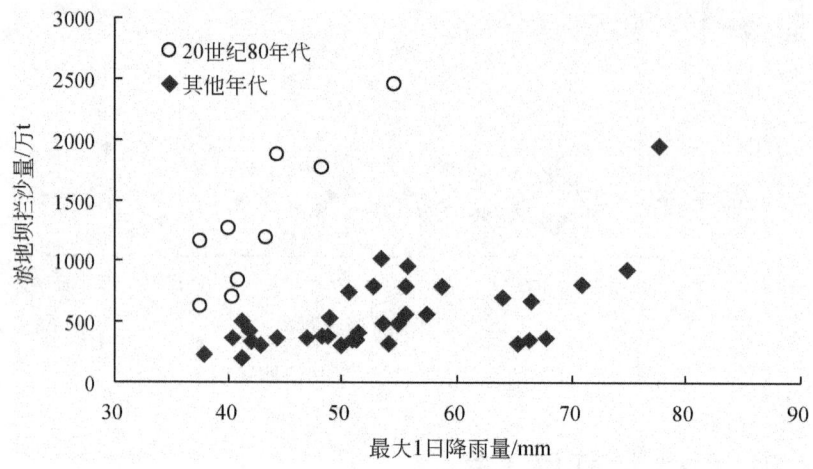

图6-19 泾河流域淤地坝拦沙量与最大1日降雨量关系

分析发现，泾河流域不同年代淤地坝拦沙量与降雨因子之间的响应关系不同。20世纪80年代淤地坝拦沙量与降雨因子关系线的斜率很大，淤地坝拦沙量对降雨的响应非常明显，其他年代其关系线斜率明显变小，但近期有明显回升。

在所统计的1956～2006年共51年的资料系列中，淤地坝年拦沙量大于1000万t/a的年份有7年，仅占13.7%，其中80年代有6年淤地坝年拦沙量大于1000万t/a。近期的2003年，由于泾河流域遭遇特大暴雨，淤地坝年拦沙量达到1940万t，拦沙能力得以充分发挥；其余86.3%的年份淤地坝年拦沙量均小于1000万t/a。因此，泾河流域淤地坝拦沙具有"多来多拦"的显著特点。淤地坝拦沙量对降雨响应明显与否的阈值为1000万t/a；对应的降雨阈值有三个：①流域年最大1日降雨量大于40mm；②流域汛期降雨量一般应大于350mm；③流域年降雨量一般应大于450mm。

分析泾河流域20世纪80年代降雨变化过程可知，流域降雨变化平缓，波动较小；最大1日降雨量在各年代中最小；汛期降雨量在各个年代中虽然最大但主汛期的7、8两月降雨量在各年代中却为最小；年降雨量分别比20世纪70年代和基准期偏小5.0%和11.1%，但比1990～1996年和近期分别偏大0.9%和1.2%。从坝地保存面积的增长速率看，相临年代两两对比，70年代、80年代、1990～1996年和近期分别为48.6%、54.2%、33.8%和7.8%，80年代增长速率最大。从坝地保存面积的分布区域看，80年代黄土丘陵沟壑区和黄土高塬沟壑区坝地保存面积分别占50.5%和41.4%。地处泾河流域黄土丘陵沟壑区出口的雨落坪水文站多年平均含沙量高达268 kg/m^3。因此，泾河流域80年代淤地坝拦沙量在研究系列中最大，缘于淤地坝持续建设引起的淤地面积迅速增大和汛期降雨最大。

6.6.3 淤地坝拦沙量与洪水量关系分析

泾河流域淤地坝拦沙量与流域出口站张家山水文站实测洪水量关系见图6-20。其中不同年代淤地坝年拦沙量 W_s（万 t）与年洪水量 W_H（万 m³）的线性回归关系方程见表 6-20。表中所建回归方程均通过了显著性水平 $\alpha=0.05$ 的相关系数 R 检验。

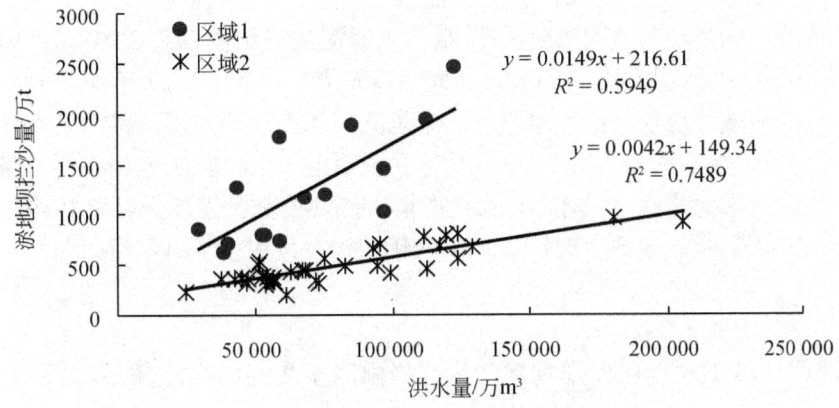

图 6-20　泾河流域淤地坝拦沙量与洪水量关系

表 6-20　泾河流域不同年代淤地坝拦沙量与洪水量关系

时段	汛期降雨量/mm	线性关系式	样本数	相关系数 R	洪水平均含沙量/（kg/m³）
1956~1969 年	402.5	$W_s=0.0047W_H+100$	14	0.818	301
1970~1979 年	392.2	$W_s=0.0044W_H+139.5$	10	0.872	304
1980~1989 年	399.6	$W_s=0.0158W_H+266$	10	0.794	263
1990~1996 年	359.4	$W_s=0.0043W_H+175$	7	0.771	313
1997~2006 年	343.2	$W_s=0.0212W_H-530$	10	0.889	280

由此可见，在泾河流域淤地坝拦沙强度范围内，不同年代淤地坝年拦沙量与年洪水量均呈线性正比关系。洪水来量越大，泥沙必然越多，淤地坝拦沙量越大。80 年代和近期泾河流域淤地坝年拦沙量与年洪水量的关系与其他年代明显不同，其线性关系式的斜率分别为次大和最大，说明单位立方米洪水对应的淤地坝拦沙量均较大，其值分别约为 0.016 万 t/万 m³ 和 0.021 万 t/万 m³。从相关系数看，近期泾河流域淤地坝年拦沙量与年洪水量的关系最为密切。但由于近期淤地坝年拦沙量与年洪水量关系式的截距为负，因此，相同雨量对应的淤地坝年拦沙量 80 年代依然最大。泾河流域 80 年代的汛期降雨（最大）和平均含沙量达 263 kg/m³ 的高含沙洪水，也为淤地坝的迅速淤积和拦沙提供了良好的水文泥沙条件。

由图 6-20 可见，泾河流域淤地坝年拦沙量与年洪水量的关系可以分为两个区，其关系式分别为

$$\text{区域 1}: W_s=0.0149W_H+217 \tag{6-12}$$

$$\text{区域 2}: W_s=0.0042W_H+149 \tag{6-13}$$

以上两式相关系数分别为 0.77 和 0.87。该公式可以用于泾河流域淤地坝年拦沙量的预估：①当流域当年降雨满足最大 1 日降雨量大于 40 mm、汛期降雨量大于 350 mm、年降

雨量大于450mm等3个条件时，将流域当年实测洪水量代入区域1的关系式(6-12)，即可估算出当年流域淤地坝的拦沙量。此时流域淤地坝年拦沙量大于1000万t。②当流域当年降雨不满足以上3个条件时，将流域当年实测洪水量代入区域2的关系式（6-13），即可估算出当年流域淤地坝的拦沙量。此时流域淤地坝年拦沙量小于1000万t。

将图6-20按不同年代区分后可知，1956~1969年、1970~1979年和1990~1996年等3个时段，泾河流域淤地坝年拦沙量与年洪水量的关系点群分布密集，交叉重合较多（表6-16中其对应的线性关系式的斜率基本相等），说明这3个时段淤地坝年拦沙量与年洪水量具有基本相同的拦减关系；单位立方米洪水对应的淤地坝拦沙量几乎相等，其值平均约为0.0045万t/万m^3。这3个时段淤地坝的年均拦沙量均小于1000万t/a。

6.6.4 小结

（1）泾河流域不同年代淤地坝拦沙量与降雨因子之间的响应关系不同，20世纪80年代响应最为明显。淤地坝拦沙量对降雨响应明显与否的阈值为1000万t/a；降雨阈值分别为最大1日降雨量大于40mm、汛期降雨量大于350mm和年降雨量大于450mm。

（2）泾河流域淤地坝年拦沙量与年洪水量的关系可以分为两个区。根据流域当年降雨情况，将实测洪水量代入对应的分区关系式，即可估算流域淤地坝当年拦沙量，实用价值较大。

（3）泾河流域20世纪80年代单位立方米洪水对应的淤地坝拦沙量约为0.016万t/万m^3。其他年代单位立方米洪水对应的淤地坝拦沙量几乎相等，其值平均约为0.0045万t/万m^3。近期急剧回升至0.021万t/万m^3。

6.7 基于暴雨的水保措施减洪减沙作用分析

水土保持措施减水的本质是减少洪水，增加基流。1970~2006年的37年间，泾河流域有16年都有较大暴雨洪水发生，为了分析流域暴雨年份水保措施的减洪减沙作用，统计了1970年以来泾河流域各暴雨年份年洪水量和对应的洪水输沙量（暴雨中心均位于马莲河流域或蒲河流域），采用"指标法"计算了水保措施（梯田、林地、草地、坝地）的削洪减沙效益，计算结果见表6-21。

表6-21　泾河流域1970年以来暴雨年份水保措施削洪减沙计算结果（指标法）

年份	年降水量/mm	洪水径流量/万m^3	洪水输沙量/万t	水保措施削洪量/万m^3	水保措施减沙量/万t	削洪作用/%	治理度/%	减沙效益/%	削洪减沙比/(m^3/t)
1970	573.3	129 000	40 600	3 239	1 346	2.4	3.7	3.2	2.41
1973	617.6	123 700	49 900	3 983	1 663	3.1	4.9	3.2	2.39
1975	690.0	94 200	23 900	4 030	1 604	4.1	5.7	6.3	2.51
1977	505.6	95 200	41 900	3 478	1 419	3.5	6.5	3.3	2.45
1978	553.7	82 200	24 400	3 676	1 440	4.3	6.9	5.6	2.55
1981	589.5	97 000	22 900	6 078	2 446	5.9	9.1	9.7	2.48

续表

年份	年降水量/mm	洪水径流量/万 m³	洪水输沙量/万 t	水保措施削洪量/万 m³	水保措施减沙量/万 t	削洪作用/%	治理度/%	减沙效益/%	削洪减沙比/(m³/t)
1983	642.4	59 000	11 000	2 488	2 245	4.0	10.8	17.0	1.11
1984	591.5	85 200	26 300	10 110	4 124	10.6	11.6	13.6	2.45
1988	619.7	122 800	42 600	13 119	5 651	9.7	15.0	11.7	2.32
1990	642.5	112 300	20 500	7 241	3 019	6.1	17.0	12.8	2.40
1992	526.6	92 800	33 700	7 021	2 877	7.0	18.9	7.9	2.44
1994	478.1	117 000	34 750	4 605	1 982	3.8	20.8	5.4	2.32
1996	555.6	111 200	41 400	8 656	3 699	7.2	22.8	8.2	2.34
2001	538.5	36 570	10 900	29 632	4 108	44.8	49.6	27.4	7.21
2002	556.5	38 493	12 330	23 164	4 280	37.6	52.8	25.8	5.41
2003	744.8	96 191	17 550	24 533	4 440	20.3	56.4	20.2	5.53
平均	589.1	93 303	28 414	9 691	2 897	10.9	19.5	11.3	3.02

由此可见，1970年以来泾河流域暴雨年份水土保持措施年均削减洪水量0.97亿 m³，年均削洪作用10.9%；年均对应减少洪水输沙量0.29亿 t，年均减沙效益11.3%。年均削洪减沙比为3.02m³/t。

根据以往研究结果（汪岗和范昭，2002），1970~1996年泾河流域水利水土保持综合治理等人类活动年均减水6.537亿 m³，年均减水作用27.7%；年均减沙0.475亿 t，年均减沙效益16.7%。减水作用大于减沙效益。本次研究计算结果表明，泾河流域近期（1997~2006年）水利水土保持综合治理等人类活动年均减水8.426亿 m³，年均减水作用44.0%；年均减沙0.531亿 t，年均减沙效益27.9%。减水作用也大于减沙效益。由此计算，1970~2006年泾河流域水利水土保持综合治理等人类活动年均减水7.048亿 m³，年均减水作用31.5%；年均减沙0.49亿 t，年均减沙效益18.9%。通过对比计算可知，1970年以来泾河流域水土保持措施年均削减洪水量（0.97亿 m³）只占人类活动年均减水量（7.048亿 m³）的13.8%，但年均对应减少的洪水输沙量（0.29亿 t）却占人类活动年均减沙量（0.49亿 t）的59.2%。因此，泾河流域水土保持措施具有不可替代的较大削洪作用和非常显著的减沙（尤其是减少洪水泥沙）作用，是治理水土流失、减少入黄泥沙的根本措施。

根据以往研究成果（冉大川等，2000），1970~1996年黄河中游河口镇至龙门区间21条支流水利水土保持综合治理等人类活动年均减水作用为21.0%，年均减沙效益为28.2%。本次研究计算结果表明，河龙区间21条支流近期（1997~2006年）水利水土保持综合治理等人类活动年均减水作用为41.0%，年均减沙效益为67.4%。因此，河龙区间 21 条支流多年平均减水作用小于减沙效益；近期减水作用与减沙效益分别是 1970～1996 年的 1.95 倍和 2.4 倍，呈现出迅速增大的趋势，且增幅明显大于泾河流域。

泾河流域暴雨年份水保措施削洪作用与减沙效益关系见图 6-21。二者呈比较密切的幂函数正比变化关系：削洪作用越大，减沙效益越大。

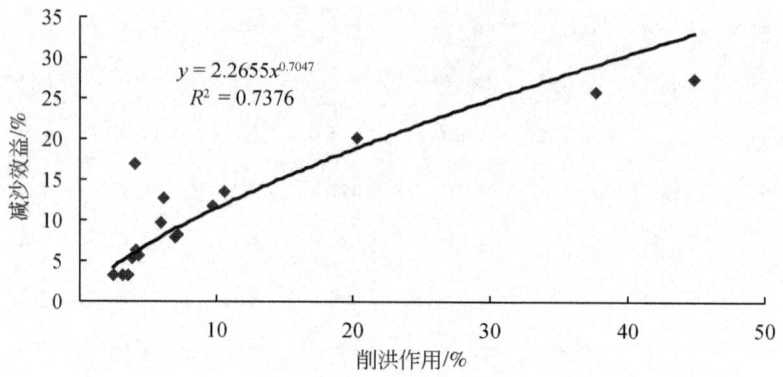

图 6-21　泾河流域暴雨年份水保措施减沙效益与削洪作用关系

由以上计算结果可知，泾河流域水土保持措施多年平均削洪作用（10.9%）略小于对应的多年平均减沙效益（11.3%）；水利水土保持综合治理等人类活动多年平均减水作用（31.5%）则大于多年平均减沙效益（18.9%）。这与前述河龙区间 21 条支流多年平均减水作用小于减沙效益明显不同。其主要原因是河龙区间绝大部分支流含沙量远大于泾河流域，水利水土保持措施减少相同水量时对应减少的沙量更多。

泾河流域暴雨年份水保措施减沙效益与流域治理度关系见图 6-22。二者呈线性正比变化关系，符合一般规律：流域治理度越高，减沙效益越大。由表 6-17 可知，1970～1996 年泾河流域暴雨年份的治理度平均只有 11.8%，对应的减沙效益平均只有 8.3%。1997 年以来，由于流域治理度迅速增加，减沙效益明显增大，发生暴雨的 2001 年、2002 年、2003 年等 3 年的治理度平均达到 52.9%，减沙效益平均达到 24.5%。泾河流域近期水土保持生态工程建设效应十分明显。

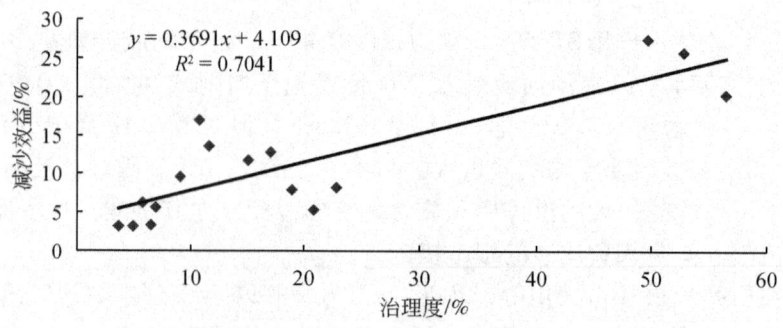

图 6-22　泾河流域暴雨年份水保措施减沙效益与流域治理度关系

6.8 减水减沙尺度问题简析

6.8.1 淤地坝拦沙量与减蚀量的尺度关系

不同空间尺度淤地坝拦沙量与减蚀量的定量关系是以往研究的薄弱环节。研究中进行了新的探索，现分述如下。

1. 泾河流域（大尺度）

1956~2006年泾河流域淤地坝拦沙量与减蚀量的关系见图6-23。由此可见，虽然点据比较散乱，但二者正比变化关系明显，其线性回归关系式为

$$W_s = 16.8 W_{s_j} + 239 \tag{6-14}$$

式中，W_s为淤地坝拦沙量（万t）；W_{s_j}为淤地坝减蚀量（万t）。相关系数为0.63。根据计算，泾河流域1970~2006年淤地坝平均减蚀量占平均拦沙量的4.4%。

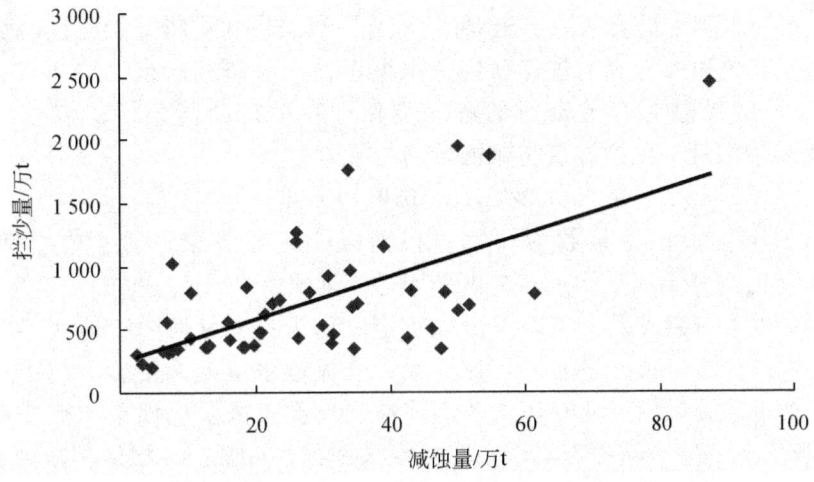

图6-23 泾河流域淤地坝拦沙量与减蚀量关系

2. 大理河流域（中尺度）

大理河是无定河最大的一级支流，干流全长170km，流域面积3906km²。流域水土流失类型区主要为黄土丘陵沟壑区，水土保持设施比较齐全，坝库系统相对比较完善，截至2008年共有淤地坝3200余座，是黄河中游坝库工程最多的一条支流。根据以往研究成果（冉大川等，2008），大理河流域1960~2002年淤地坝拦沙量与减蚀量的关系见图6-24。其线性回归关系式为

$$W_s = 12.8 W_{s_j} + 477 \tag{6-15}$$

式中字母意义同前。相关系数为0.80。根据计算，大理河流域1970~2002年淤地坝平均减蚀量占平均拦沙量的4.8%。

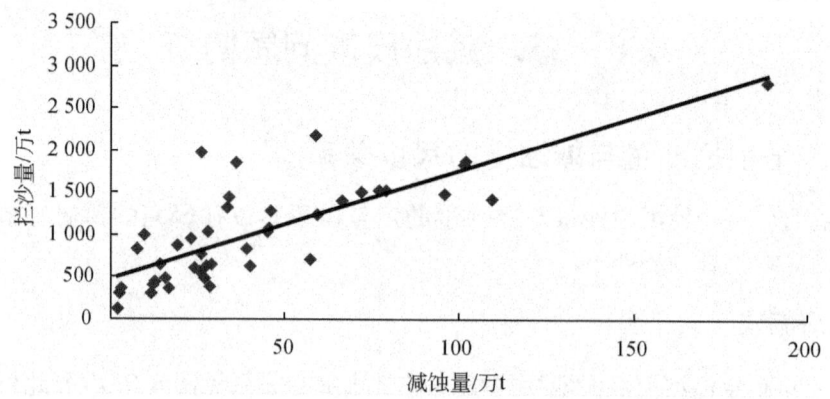

图 6-24 大理河流域淤地坝拦沙量与减蚀量关系

3. 南小河沟小流域（小尺度）

南小河沟小流域是泾河支流蒲河左岸的一条支沟，流域面积 36.3 km²，地处黄土高原沟壑区，黄河水利委员会西峰水土保持科学试验站自 1954 年开始在该流域进行水土保持综合治理试验和水土流失规律研究。根据以往有关研究成果（刘勇等，1992；田杏芳等，2008），经过对有关资料的进一步整理并进行回归分析，南小河沟小流域 1954～2004 年治沟骨干坝拦沙量与减蚀量的关系为

$$W_s = 1.016 W_{s_j} + 6.1 \quad (6\text{-}16)$$

式中字母意义同前。相关系数为 0.74。根据以往研究成果计算，南小河沟小流域 1970～2004 年治沟骨干坝平均减蚀量占平均拦沙量的 20.9%。

综合分析以上研究成果，可以得出如下定性认识：①黄河中游地区不同空间尺度流域的淤地坝拦沙量与减蚀量均呈正比关系；②流域水土流失类型区越单一，淤地坝拦沙量与减蚀量的关系相对越密切；③不同空间尺度流域淤地坝平均减蚀量占平均拦沙量的 4.4%～20.9%；④随着流域空间尺度（面积）的减小，淤地坝减蚀量占拦沙量的比重呈增大趋势。

6.8.2 河龙区间减水减沙尺度问题简析

尺度问题是一个比较复杂的问题。在黄河中游水沙变化研究中，流域减水减沙的尺度效应，实际上就是流域面积的规模效应。因此，其尺度属于空间尺度。在时间尺度上，减水减沙效益一般以年为计算单位。在黄河中游地区，水土保持措施的减沙效益是依赖于流域尺度的。本研究初步分析了河龙区间不同流域减沙效益与流域面积的尺度关系以及同一流域不同子流域减沙效益与流域面积的尺度关系。

1. "水保法" 减沙效益与流域面积关系

河龙区间 20 条支流近期 "水保法" 计算的减沙效益与流域面积关系见图 6-25。由此可见，尽管点据比较分散（相关系数为 0.52），但二者仍表现出明显的反比变化趋势，即流域尺度越大，则减沙效益越低。其原因在于目前河龙区间水土保持生态工程大多是以小流域为单元来实施的，小流域的治理度要比大流域面上的治理度大。此外，流域越小越容易治理，其治理度也越高，因而其减沙效益比大流域高。这与许炯心（2007）的研究结果相似。

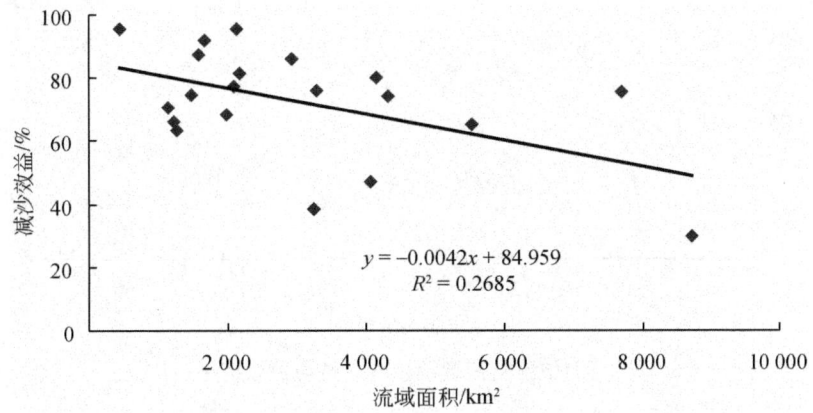

图 6-25　河龙区间"水保法"减沙效益与流域面积关系

2. 坝系减沙效益与流域面积关系

根据皇甫川、窟野河、秃尾河、佳芦河和大理河等 5 条支流及其水文站控制区间淤地坝系自建坝至 1992 年的减沙效益分析结果（冉大川等，2008），在双对数坐标上点绘坝系减沙效益与流域面积关系见图 6-26。由此可见，尽管点据比较分散（相关系数只有 0.38），但二者仍表现出明显的反比变化趋势，即流域尺度越大，则坝系减沙效益越低。

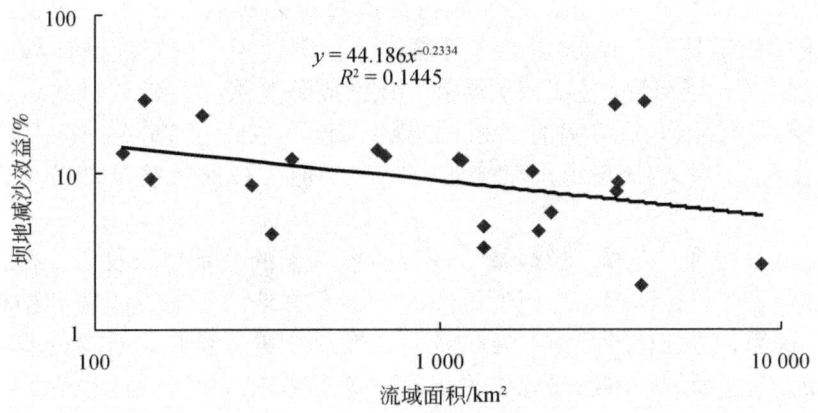

图 6-26　河龙区间坝系减沙效益与流域面积关系

3. 近期减沙效益与植被措施占比关系分析

河龙区间粗泥沙集中来源区 8 条支流以及泾河、北洛河、渭河（不包括泾河）、汾河等4大支流近期减沙效益与植被措施占比（植被措施面积/流域面积）关系见图6-27。此处"植被措施"特指林地、草地和封禁治理措施。

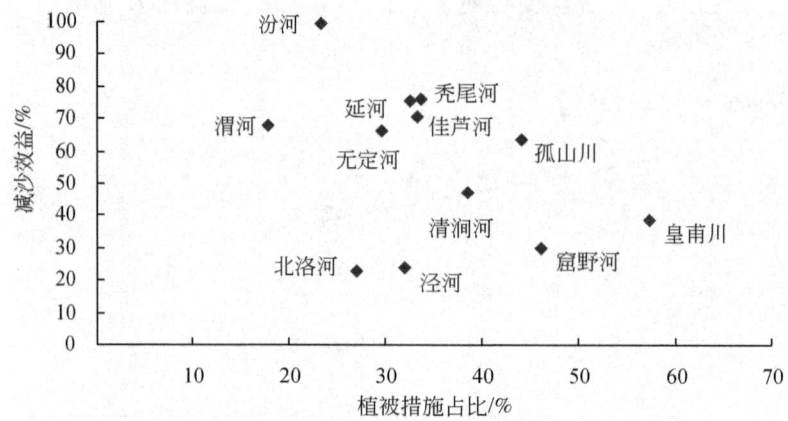

图6-27 黄河中游支流近期减沙效益与植被措施占比关系

由此可见，黄河中游地区近期减沙效益与植被措施占比关系的地区差异性较大，由南向北反比关系趋势明显：由南向北虽然植被措施占比在增大，但减沙效益却在减小。由此说明，北部支流取得相同减沙效益需要的植被措施占比更高，治理难度更大。

由图6-27还可以看出，皇甫川流域近期"植被措施占比"虽然最大（57.4%），但减沙效益并不突出，只有38.4%。究其原因，主要是"植被措施占比"这一指标没有反映植被措施的质量。根据黄委黄河上中游管理局2006年航片解译资料，在皇甫川流域增长最快的林地面积中，幼林、疏林等未成林所占比例较大，这样质量的林地面积虽大，但减沙效益较小，由此导致皇甫川流域近期"植被措施占比"虽然最大但减沙效益却不高。因此，在今后粗泥沙集中来源区植被措施建设中，如何提高植被措施的质量是一个十分重要的问题。没有质量，难有好的减沙效益。与此形成明显对比的是，延河流域最近10年植被建设成绩斐然，质量有目共睹，堪称"陕北江南"。延河流域以32.7%的"植被措施占比"取得了75.5%的"减沙效益"；其"植被措施占比"相比皇甫川流域低24.7%，但"减沙效益"却较皇甫川流域高出37.1%。

此外，从以往研究来看，植被覆盖度与减沙效益的关系比较复杂。植被减沙的多寡，与植被类型、覆盖面积、降雨情况以及大面积林地的林冠郁闭度和枯枝落叶层的厚度有很大关系，也与林龄等有一定的关系，需要在进一步收集资料的基础上再作深入研究。由于资料所限，本次研究中提出的"植被措施占比"这一概念无法反映植被措施的质量，有待今后进一步完善。

对比分析同期减沙效益与工程措施占比（工程措施面积/流域面积）关系发现，二者呈松散的正比关系。此处"工程措施"特指梯田、淤地坝和小水库。由此说明，在近期黄河中游加快治理的大背景下，取得较大减沙效益的首选措施为工程措施。

6.8.3 泾河流域减沙效益尺度问题简析

1. 减沙效益与流域面积的尺度关系

南小河沟小流域是泾河支流蒲河左岸的一条支沟，流域面积36.3km²，地处黄土高原沟壑区，黄委会西峰水土保持科学试验站自1954年开始在该流域进行水土保持综合治理试验和水土流失规律研究。截至2004年，南小河沟小流域水土保持措施累计保存面积1131.7hm²，其中，梯田44.2hm²，林地982.1hm²，人工草地94.7hm²，坝地10.7hm²；治理度达到31.2%。另有骨干工程3座，小型淤地坝12座，谷坊297道，沟头防护16处，水窖2203眼，涝池105个。

砚瓦川流域是泾河支流马莲河右岸的一条支沟，流域面积371.2km²，地处黄土高原沟壑区，黄委会西峰水土保持科学试验站1975年开始选定该流域进行水土流失规律的观测研究。截至2004年，砚瓦川流域水土保持措施累计保存面积22 263.1hm²，其中，梯田9358.6hm²，林地10 294.7hm²，人工草地2597.5hm²，坝地12.3hm²；治理度达到60.0%。另有淤地坝11座，谷坊1226道，沟头防护147处，水窖3626眼，涝池261个（田杏芳等，2008）。

泾河流域及其子流域南小河沟小流域、砚瓦川流域不同年代减沙效益变化过程见图6-28。由此可见，泾河流域及其子流域不同年代的减沙效益总体上呈上升趋势；由于流域面积越小治理程度相对越高，故减沙效益随着流域面积的增大而减小。

根据计算，近期泾河、砚瓦川及南小河沟流域综合治理年均减沙效益分别达到27.9%、86.4%和98.8%；砚瓦川流域近期减沙效益增长速率最大。

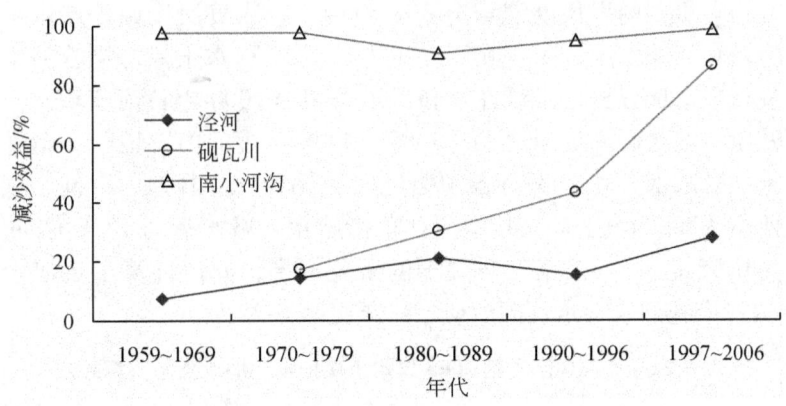

图6-28　泾河流域不同年代减沙效益变化过程

2. 减沙效益与植被覆盖度的尺度关系

泾河流域不同年代减沙效益与植被覆盖度的关系见图6-29。图中1、2、3、4、5分别代表1959～1969年、1970～1979年、1980～1989年、1990～1996年和1997～2006年的平均数值。由此可见，减沙效益与植被覆盖度呈正比关系。随着植被覆盖度的增大，减沙效益也随之增大。但当植被覆盖度超过25%以后，减沙效益增幅变缓。

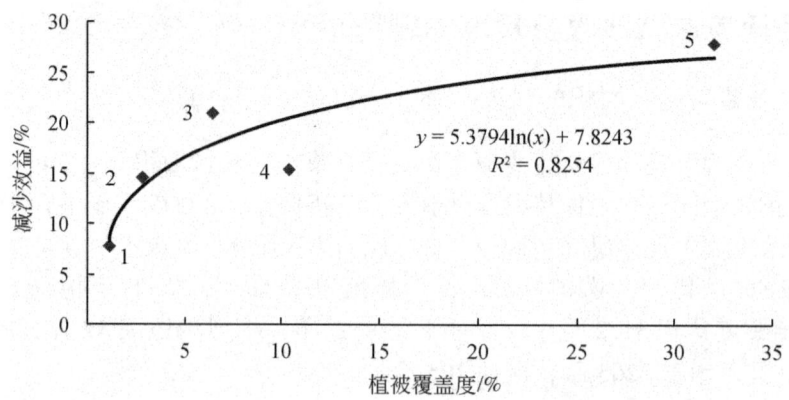

图 6-29　泾河流域不同年代减沙效益与植被覆盖度关系

6.8.4　近期水土保持措施的水文水资源效应

水土保持措施拦蓄和利用水资源的机理，一是变原来裸露地面的无效蒸发为植物的有效蒸腾，使总体蒸发速率大大降低，蒸发量大大减少，从而增加了总生物量；二是拦截了水土保持措施实施前流失的部分地面径流，将其转变为土壤水及地下水，使天然降水和径流的利用率得到提高。以往在黄河中游水土保持措施减水减沙作用研究中，对水土保持措施的水文水资源效应很少涉及。本次研究依据相关研究成果，对黄河中游地区近期水土保持措施实施后的水文水资源效应进行了定量计算。

中国水利水电科学研究院王浩（2005）通过构建"自然－人工"二元水资源演化模式下的具有物理机制的大尺度流域分布式模型，选取黄河流域重点水土流失区渭河流域、汾河流域和河龙区间，对现实下垫面和"屏蔽"水土保持措施的下垫面水循环要素和过程进行了对比分析，定量计算和揭示了截至 2000 年黄河流域水土保持措施的水文水资源效应。本次研究成果表明，1997~2006 年黄河中游地区（河龙区间包括非汛期减水及未控区减水）水土保持各项措施（包括梯田、林地、草地、坝地及封禁治理）年均减水量为 38.36 亿 m^3，其中，林草措施年均减水量为 18.8 亿 m^3，封禁治理年均减水量为 0.98 亿 m^3。根据王浩院士的研究成果，同比计算了黄河中游地区截至 2006 年水土保持措施的水文水资源效应，结果见表 6-22。

表 6-22　黄河中游地区 2006 年水土保持措施的水文水资源效应

（单位：亿 m^3）

地表截流能力	潜水蒸发量	降水入渗量	地表径流减少量	广义水资源量	不重复水资源量	狭义水资源量
32.37	4.8	2.4	-38.36	109.9	4.8	-35.96

由表 6-22 计算结果可见，截至 2006 年黄河中游地区实施水土保持生态建设后产生的水文水资源效应分别为地表截流能力提高 32.37 亿 m^3，潜水蒸发量增加 4.8 亿 m^3，降水入渗量增加 2.4 亿 m^3；广义水资源量增加 109.9 亿 m^3，不重复水资源量增

加 4.8 亿 m^3，狭义水资源量减少 35.96 亿 m^3。因此，近期在黄河中游地区实施水土保持生态建设后，水土保持措施蓄水（减少的地表径流量）产生的水文水资源效应非常明显：显著增加了地表截流能力和潜水蒸发量，降水入渗量也有增加。广义水资源量显著增加和不重复水资源量的增加，说明水土保持措施改变了水资源的就地转化模式；狭义水资源量显著减少，表明水土保持措施增加了水资源的有效就地利用量。

6.9 晋陕蒙接壤地区生产建设项目影响评价

6.9.1 晋陕蒙接壤地区生产建设项目概况

黄河中游晋陕蒙接壤地区位于晋西北与鄂尔多斯高原的交接地带，涉及山西、陕西、内蒙古三省（自治区）5 市 13 个县（区、旗），总面积 5.44 万 km^2，人口 320 万人。区内由于蕴藏着丰富的煤炭、石油、天然气等资源，又称"黑三角"地区。

晋陕蒙接壤地区已开发建设的神府、东胜、准格尔、河东等四大煤田储煤面积达 3.3 万 km^2，已探明储量 2800 亿 t，远景储量 6745 亿 t。据黄委会晋陕蒙接壤地区水土保持监督局调查（2008），截至 2007 年年底已建和在建的大中小生产建设项目共有 2349 个，其中，煤炭开采项目 607 个，电力项目 110 个；在已建成的项目中，有国家级项目 61 个，千万吨以上的大型煤炭开采项目 10 个；正在新建和改建的国家级大型项目 73 个，其中，千万吨以上的大型煤炭开采项目 7 个，初步统计 2007 年原煤产量已超过 2.5 亿 t。

与煤炭开发利用相配套的铁路、公路、电力、化工等项目陆续兴建。据不完全统计，晋陕蒙接壤地区已建成铁路 700km，新建、改建公路 1100km，已建电力项目总装机容量超过 2000 万 kW，已建和在建的以煤炭、天然气为原料的化工项目生产能力超过 600 万 t。该区生产建设项目规模大、数量多，而且呈现不断增加的趋势，目前，该区域已成为我国正在建设的能源重化工基地。但值得指出的是，这里不仅是生产建设项目集中区，也是黄河洪水泥沙集中来源区，生态环境敏感而脆弱，水土流失本来就很严重，在这一地区进行大规模的开发建设，极易造成新的人为水土流失。

6.9.2 生产建设项目新增水土流失典型调查

2008 年 8 月 25 日至 9 月 5 日，本次研究调查组赴黄河中游地区进行了外业调研和考察，对晋陕蒙接壤地区生产建设项目水土流失进行了典型调查，发现人为新增水土流失在晋陕蒙地区部分河流（如窟野河支流乌兰木伦河）依然非常严重，大量弃土、弃渣堆积在河道，不仅严重影响汛期河道行洪，还是潜在的增沙来源地。如果遇到高强度的特大暴雨，通过洪水这一"载体"，完全有可能全部进入干流和黄河，使黄河来沙量剧增。根据黄委会晋陕蒙接壤地区水土保持监督局 2008 年 7 月底在乌兰木伦河及活鸡兔沟的调查（2008），河道被挖得千疮百孔，弃土弃渣遍布整段调查河谷。在不足

25km 的调查河谷中，因河道乱采滥挖、向河道弃土弃渣、修建临时储煤场、建设商用混凝土站时圈河圈地建楼房等，共堆积弃土弃渣 1000 万 m³ 之多，挤占了包（头）神（木）铁路桥 5 孔，河道行洪断面不足 50%，存在着严重的防洪安全和重大人为水土流失事件发生的可能。

黄委会黄河上中游管理局于 2007 年组织的黄河河口镇至天桥库区段沿岸人为水土流失调查表明，在 90km 的河段上，由于 1990 年前后修建山西省沿黄公路、采矿（石）、倾倒城市垃圾和"五小"企业尾矿废渣等，共向黄河河谷弃土弃渣 368.05 万 m³，致使黄河天桥库区出现"库心岛"；2007 年下半年，山西省沿黄公路改扩建工程开工，大量弃渣再次直接弃入黄河。307 国道陕西境内吴堡至靖边高速公路在建设过程中，向黄河吴堡水文站断面附近河谷弃倒土石 11 万 m³，向无定河丁家沟水文站断面附近河谷弃土约 16 万 m³。由于向支、毛沟的大量弃土未采取防护治理措施，损毁新建水土保持骨干坝 1 座，淤地坝 8 座。

黄河流域水土保持生态环境监测中心、黄委会晋陕蒙接壤地区水土保持监督局（2006）典型调查表明（表 6-23），调查的晋陕蒙接壤地区 23 个典型生产建设项目共产生弃土弃渣 982.4 万 m³，占地面积 64.78hm²，弃土弃渣的平均堆积厚度 15.17m。在建设期采取水土保持防护措施的情况下，弃土弃渣直接入河流失量 52.87 万 m³，平均流失率为 5.38%。

表 6-23 晋陕蒙接壤地区典型生产建设项目弃土弃渣实地调查成果

分类	类型	项目名称	调查区段 地貌类型	调查范围（规模）	弃土弃渣 体积/万 m³	占地面积/hm²	直接入河量/万 m³	体积与占地面积之比	直接入河量比率/%
线形项目	高速路	榆靖高速	黄丘	0.69 km	44.00	16.56	0.90	2.66	2.05
		陕蒙高速	风沙	0.5 km	0.00	0.00	0.00	—	—
		307 国道（子吴高速）	丘陵	0.655 km	78.40	3.90	6.92	20.10	8.83
	普通路	大石二级油路	丘陵	1 km	2.50	1.60	0.88	1.56	35.20
		榆乌路	风沙	0.37 km	0.00	0.00	0.00	—	—
		大中三级油路	黄丘	1 km	0.80	0.40	0.21	2.00	26.25
		大中三级油路	盖沙	1 km					
	乡村路	三不拉村土路	盖沙	10 km	3.20	0.10	0.16	32.00	5.00
		准旗乡村土路	丘陵	1 km					
	铁路	包神铁路 k157-158	丘陵	1 km	3.70	0.20	1.11	18.50	30.00
		包神铁路 k169-170+250	丘陵	1.25 km	8.00	0.70	2.40	11.43	30.00
		神朔复线	山区	0.56 km	6.50	2.02	0.98	3.22	15.08
		神延铁路复线	风沙	1 km	0.00	0.00	0.00	—	—
		瓷窑湾火车站	丘陵	1 座	0.00	0.00	0.00	—	—

续表

分类	类型	项目名称	调查区段地貌类型	调查范围（规模）	弃土弃渣体积/万 m³	占地面积/hm²	直接入河量/万 m³	体积与占地面积之比	直接入河量比率/%
点片状项目	煤矿	后补连露天矿	盖沙	30 万 t/a	598.00	18.30	25.98	32.68	4.34
		上湾井矿	盖沙	300 万 t/a	75.30	6.50	1.50	1158	1.99
		瓷窑湾井矿	丘陵	15 万 t/a	60.00	3.50	2.00	17.14	3.33
		武家塔井矿	盖沙	6 万 t/a	0.20	0.90	0.04	0.22	20.00
		榆家梁煤矿	丘陵	1200 万 t/a	57.20	1.40	1.14	40.86	1.99
	建材	王哲平采石场	丘陵	0.51 万 m³/a	0.50	0.30	0.10	1.67	20.00
		油坊梁采石场	山区	2.1 万 m³/a	6.50	3.30	1.30	1.97	20.00
		王渠砖场	黄丘	200 万块/a	20.00	1.20	6.00	16.67	30.00
	电力	清水川电厂	黄丘	2×300MW	17.60	3.90	1.25	4.51	7.10
		合计或平均			982.4	64.78	52.87	15.17	5.38

此外，煤炭开采除在矿井建设中大量弃土弃渣、扰动地面和在生产过程中因排矸而易产生人为水土流失外，对环境影响最大的是采空区地面塌陷、裂缝引发的问题。据黄委会晋陕蒙接壤地区水土保持监督局（2008）调查，山西省保德县境内的康家滩矿，是一个设计年产 2000 万 t 的大型现代井矿，从 2002 年试产到 2005 年 7 月，塌陷面积已达 2.3km²，塌陷区内山体滑坡、地面开裂，加剧了重力侵蚀；神东矿区补连塔矿采空塌陷区属于黄土丘陵盖沙区，裂缝最密处每 25m 宽的范围内就有 11 条，地面裂缝最宽达 44cm，裂缝两侧高差最大为 42cm，井田内原有的一座小水库也因地裂而废弃干枯；神东公司榆家梁矿采空区塌陷区地面裂缝密度为 5~10m 一条，最大裂缝宽度 100cm 以上，裂缝两侧高差大于 200cm。由于开矿导致生态环境明显恶化，将影响矿区所在河流的水文条件，使水沙发生变化。

6.9.3 生产建设项目对水土流失和水资源影响评价

1. 近期生产建设项目对水土流失影响评价

生产建设项目的任何部分都将占用土地，扰动地面，破坏植被，开挖、堆积和移动大量岩石、土体，加剧土壤侵蚀，在暴雨洪水作用下成为泥沙的重要来源。这已经成为近期黄河中游地区人为新增水土流失的重要特点。

在估算生产建设项目新增水土流失量时，通常采用"新增水土流失系数法"，即采用以下公式计算：

$$\Delta W_s = \alpha \cdot W_s \tag{6-17}$$

式中，ΔW_s 为新增水土流失量；α 为新增水土流失系数，一般由调查取得；W_s 为生产建设项目排弃渣土数量，一般由生产建设项目取得。如能取得新增水土流失系数，便可估算生产建设项目新增水土流失量。

生产建设项目新增水土流失系数，既是空间变量（在不同地区各不相同），又是时间变量（在基建期、过渡期、运行期各不相同）。近期对晋陕蒙接壤地区造成水土流失的公路、铁路、煤炭、电力、建材等18个生产建设项目的调查结果表明，水土流失较多的项目为修路（普通路和铁路），其次为建材。18个项目的新增水土流失系数平均为16.2%（表6-24）。

表6-24　近期河龙区间生产建设项目水土流失系数调查结果

项目		平均流失系数/%
线形项目	高速路（2条）	5.44
	普通路（2条）	30.1
	铁路（3条）	25.0
点片状项目	煤矿（6个）	6.33
	建材（3个）	23.3
	电厂（1个）	7.1
合计	18	16.2

将表6-24成果与前人研究成果比较可知，生产建设项目新增水土流失近期有减小趋势。黄委会黄河水利科学研究院张胜利等（1993）对神府东胜煤田开发对侵蚀和产沙影响研究表明，基建期（1986～1989年）新增水土流失达20%～30%；黄委会黄河上中游管理局、黄委会晋陕蒙接壤地区水土保持监督局（2005）对神府东胜矿区乌兰木伦河流域1986～1998年开工建设的208个项目分析调查表明，因开发建设造成的新增水土流失系数为24.9%。表6-24主要是2000年以后的生产建设项目，其新增水土流失系数较前人研究成果有所减少可以理解。由于近期生产建设项目水土保持方案编制工作已经步入正常轨道，水土保持监督、监测工作逐渐加强，人们的环境保护意识不断提高，一些人为破坏的地表有的已被建筑物覆盖，有的已进行了环境整治，有的已恢复了植被，新增水土流失自然有所减少。

但是，河龙区间人为新增水土流失尚未从根本上得到遏制。由于这一地区生产建设项目量大面宽，控制人为新增水土流失的难度很大，一些生产建设项目水土保持工作还有待加强。从调查来看，开发建设造成的新增水土流失仍是巨大的，特别是山区和丘陵区，新增水土流失主要来源于弃土弃渣直接入河部分，这部分新增水土流失量占新增总量的比重在山区平均达到99%，在丘陵区平均达到87%。此外，除少数国家大型项目外，大部分地方生产建设项目并未真正按水土保持方案实施治理，特别是人烟罕至的偏远地区，乱采、乱挖造成的人为新增水土流失还难以杜绝，成为新的水土流失策源地，抵消了近期部分水土保持减沙效益，必须引起高度重视。

2. 近期生产建设项目对水资源影响评价

生产建设项目诱发的地面塌陷、裂缝、滑坡等，不仅加剧了侵蚀，而且使天上水、地表水、地下水等三水循环系统遭到一定程度的破坏，加剧了当地水资源的短缺，使矿区所在河流枯水量发生了巨大变化。

晋陕蒙接壤地区煤炭埋深一般在 100～300m，如果采用回采放顶的方式开采，煤层顶板及其上覆物将发生水平位移和垂直位移，进而产生裂缝，同时煤层挖空后形成地下集水廊道，即使顶板全部垮落，也因塌落物松散而形成集水廊道，由于地下集水廊道的形成和裂缝的出现，煤层顶板以上的地下水及廊道四周岩层中的裂隙水将通过裂隙、裂缝向廊道中集中，这种情况首先导致地下水位显著降低，延长了地下潜水与地表水的交换（循环）路径，减少了地下潜水向地表的供给量，进而造成区域地表水与河川径流量的大量减少。

据黄委会晋陕蒙接壤地区水土保持监督局调查（2008），位于神府东胜矿区的大柳塔煤矿，由于井田范围内地下水位降低，当地居民民用井全部干枯；位于毛乌素沙地南缘、榆溪河流域草滩的陕西省榆林市中能煤矿，在投产初期已经造成采空区地下水位显著下降，当地农民因地下水无法补给，已不能再种植小麦，只能种耐旱性较强的玉米等作物，且灌水次数明显增加，同时当地的柳树等乔木也开始枯萎；准格尔露天矿的煤层埋深不足100m，煤炭开采后周边的民用井全部干枯，目前神木县境内已有数十条河道断流，20多眼泉水干涸。神木境内的窟野河干流已经成为季节性河流。

煤炭开采造成的地下水位下降和水资源短缺，必将对当地经济发展带来重大影响，随着该区域煤炭资源的大规模开发，将会进一步加剧地下水位的下降，形成较大的漏斗，不仅减少当地河川径流的补给量，甚至河道中的部分水也会"漏"掉。届时，不仅支撑当地经济的煤、电、化工等产业因缺水而不得不限产或停产，甚至榆林、神木等中心城市的发展也会受到制约，进而影响到当地经济社会的可持续发展。

第7章 减水减沙计算结果的合理性论证

7.1 近期减水减沙总体计算结果

黄河中游地区近期人类活动减水减沙量计算结果汇总见表7-1。

表7-1 黄河中游地区近期人类活动减水减沙量计算结果

河流（区间）	减水/亿 m³		减沙/亿 t	
	水文法	水保法	水文法	水保法
河龙区间	21.5（9.0）	26.8	3.1（0.85）	3.33（0.28）
泾河	6.25	8.43	0.75	0.53
北洛河	1.11	2.18	0.415	0.12
渭河	31.02	32.11	1.14	0.92
汾河	17.5	17.6	0.36	0.46
合计	86.38	87.12	6.615	5.64

注：①渭河流域研究成果为华县以上（但不包括泾河流域）；②河龙区间研究成果中，括号外为控制区成果，括号内为未控区成果；③合计值包含未控区成果。

7.1.1 "水文法"计算结果

黄河中游地区近期"水文法"计算结果表明，1997~2006年，黄河中游地区水利水土保持综合治理等人类活动年均减水86.38亿 m³，年均减沙6.615亿 t。其中，控制区人类活动年均减水77.38亿 m³，年均减沙5.765亿 t。

7.1.2 "水保法"计算结果

黄河中游地区近期"水保法"计算结果表明，1997~2006年，黄河中游地区水利水土保持综合治理等人类活动年均减水87.12亿 m³，年均减沙5.64亿 t。其中，控制区人类活动年均减沙5.36亿 t。

此外，本次研究结果表明，近期泾洛渭汾"水保法"减水量均大于"水文法"减水量，这是与以往研究的不同之处。其原因在于：第一，"水保法"减水量计算成果包括未控区；第二，"水保法"减水量计算内容比以往全面。

7.1.3 河龙区间

河龙区间历来是黄河中游地区水沙变化的重点研究区域，其研究成果备受关注。

河龙区间"水文法"计算结果表明,1997~2006年,河龙区间(含未控区)水利水土保持综合治理等人类活动年均减水30.5亿 m^3,年均减沙3.95亿t。其年均减水量占黄河中游地区近期人类活动总减水量86.38亿 m^3 的35.3%,年均减沙量占黄河中游地区近期人类活动总减沙量6.615亿t的59.7%。因此,在近期黄河中游水土保持综合治理进展迅速的大背景下,河龙区间依然是黄河中游地区减沙的主体。

河龙区间"水保法"计算结果表明,1997~2006年,河龙区间(含未控区)水利水土保持综合治理等人类活动年均减少洪水15.4亿 m^3,年均减水26.8亿 m^3,年均减沙3.61亿t。其年均减少洪水量、年均减水量分别占黄河中游地区近期人类活动总减水量87.12亿 m^3 的17.7%和30.8%;年均减沙量占黄河中游地区近期人类活动总减沙量5.64亿t的64.0%。

7.1.4 泾洛渭汾河

泾河、北洛河、渭河、汾河等4大支流也是黄河中游水沙变化研究的重点支流。

泾洛渭汾河"水文法"计算结果表明,1997~2006年,泾洛渭汾水利水土保持综合治理等人类活动年均减水55.88亿 m^3;年均减沙2.665亿t。其年均减水量占黄河中游地区近期人类活动总减水量的65.1%;年均减沙量占黄河中游地区近期人类活动总减沙量的40.0%。

泾洛渭汾河"水保法"计算结果表明,1997~2006年,泾洛渭汾水利水土保持综合治理等人类活动年均减水60.32亿 m^3;年均减沙2.03亿t。其年均减水量占黄河中游地区近期人类活动总减水量的69.2%;年均减沙量占黄河中游地区近期人类活动总减沙量的36.0%。

7.2 降雨影响与综合治理影响

根据黄河中游地区近期"水文法"减水减沙量计算汇总结果和黄河中游地区1970年以前以及近期实测径流量和输沙量统计结果,即可对比计算近期减水减沙量中降雨减少影响与综合治理影响所占比例。黄河中游地区1970年以前以及近期实测年径流量和年输沙量统计结果见表7-2。

表7-2 黄河中游地区1970年以前实测年径流输沙量统计结果

河流(区间)	年代	年径流量/亿 m^3	年输沙量/亿t
河龙区间	1950~1969年	73.3	9.941
	1997~2006年	29.7	2.172
泾河	1950~1969年	19.139	2.731
	1997~2006年	10.714	1.375
北洛河	1950~1969年	7.736	0.960
	1997~2006年	4.666	0.401

黄河中游近期水沙变化对人类活动的响应

续表

河流（区间）	年代	年径流量/亿 m³	年输沙量/亿 t
渭河（华县以上）	1950~1969 年	71.716	1.596
	1997~2006 年	32.225	0.383
汾河	1950~1959 年	20.55	0.908
	1997~2006 年	3.02	0.003
合计	1970 年以前	192.441	16.136
	1997~2006 年	80.325	4.334

注：①渭河华县以上不包括泾河；②汾河基准期为 1950~1959 年。

由此可知，1970 年以前（基准期）黄河中游地区年均实测径流量为 192.441 亿 m³，年均实测输沙量为 16.136 亿 t；1997~2006 年黄河中游地区年均实测径流量为 80.325 亿 m³，年均实测输沙量为 4.334 亿 t。因此，1997~2006 年黄河中游地区与基准期的不同系列对比年均总减水量为 112.116 亿 m³，年均总减沙量约为 11.802 亿 t。

根据表 7-1"水文法"计算结果，1997~2006 年黄河中游地区控制区水利水土保持综合治理等人类活动年均减水 77.38 亿 m³，占与基准期的不同系列对比年均总减水量的 69.0%，则降雨减少影响年均减水量 34.736 亿 m³，占年均总减水量的 31.0%，即人类活动与降雨影响之比为 69%:31%。人类活动影响明显大于降雨影响。

根据表 7-1"水文法"计算结果，1997~2006 年黄河中游地区控制区水利水土保持综合治理等人类活动年均减沙量 5.765 亿 t，占年均总减沙量的 48.8%，则降雨减少影响年均减沙量 6.037 亿 t，占年均总减沙量的 51.2%，即人类活动与降雨影响之比为 49%:51%。人类活动影响比降雨影响仅小 2 个百分点，基本持平。

黄河中游河龙区间及泾洛渭汾近期人类活动与降雨影响减水所占比例计算结果见表 7-3；近期人类活动与降雨影响减沙所占比例计算结果见表 7-4。

表 7-3 黄河中游地区近期人类活动与降雨影响减水所占比例

河流（区间）	与基准期对比总减水量/亿 m³	人类活动影响		降雨影响	
		减水量/亿 m³	占总量比例/%	减水量/亿 m³	占总量比例/%
河龙区间	43.6	30.5	70.0	13.1	30.0
泾河	8.43	6.25	74.1	2.18	25.9
北洛河	3.07	1.11	36.2	1.96	63.8
渭河	39.5	31.0	78.5	8.5	21.5
汾河	17.53	17.52	99.9	0.01	0.1

第7章 减水减沙计算结果的合理性论证

表7-4 黄河中游地区近期人类活动与降雨影响减沙所占比例

河流（区间）	与基准期对比总减沙量/亿t	人类活动影响		降雨影响	
		减沙量/亿t	占总量比例/%	减沙量/亿t	占总量比例/%
河龙区间	7.769	3.95	50.8	3.819	49.2
泾河	1.356	0.750	55.3	0.606	44.7
北洛河	0.559	0.415	74.2	0.144	25.8
渭河	1.213	1.143	94.2	0.07	5.8
汾河	0.905	0.361	39.9	0.544	60.1

7.2.1 河龙区间

根据表7-2统计结果，1950～1969年（基准期）河龙区间实测年均径流量为73.3亿m^3，1997～2006年实测年均径流量仅为29.7亿m^3，则1997～2006年河龙区间与基准期的不同系列对比年均总减水量为43.6亿m^3。

根据表7-2统计结果，1950～1969年河龙区间实测年均输沙量为9.941亿t，1997～2006年实测年均输沙量仅有2.172亿t，则1997～2006年河龙区间与基准期的不同系列对比年均总减沙量为7.769亿t。

另据统计，河龙区间1950～1969年、1970～1979年、1980～1989年、1990～1996年年平均降水量分别为473.6mm、442.3mm、425.8mm和439.6mm，1997～2006年年均降水量为425.4mm，近期比基准期减少了10.2%。

（1）根据表7-1河龙区间"水文法"计算结果，由于1997～2006年河龙区间（含未控区）水利水土保持综合治理等人类活动年均减水30.5亿m^3，占年均总减水量43.6亿m^3的70.0%，则因降雨减少10.2%的影响，年均减水量为13.1亿m^3，占年均总减水量的30.0%，即人类活动与降雨影响之比为70%∶30%。人类活动影响明显居于主导地位。

（2）根据表7-1河龙区间"水文法"计算结果，由于1997～2006年河龙区间（含未控区）水利水土保持综合治理等人类活动年均减沙3.95亿t，占年均总减沙量7.769亿t的50.8%，则因降雨减少10.2%的影响，年均减沙3.819亿t，占年均总减沙量的49.2%，即人类活动与降雨影响之比为50.8%∶49.2%，人类活动影响比降雨影响只高出1.6个百分点，基本持平。

以上结果说明，1997～2006年河龙区间人类活动影响的减水量明显大于降雨减少影响的减水量；人类活动影响的减沙量与降雨减少影响的减沙量基本持平。黄河中游近期大规模的水土保持生态工程建设成效开始显现，其对径流的影响更为明显。

7.2.2 泾洛渭汾河

根据表7-2统计结果，1950～1969年（基准期）泾洛渭汾河实测年均径流量为119.141亿m^3，1997～2006年实测年均径流量仅为50.625亿m^3，则1997～2006年泾洛渭汾河与基准期的不同系列对比年均总减水量为 68.516 亿 m^3。

根据表 7-2 统计结果，1950~1969 年泾洛渭汾河实测年均输沙量为 6.195 亿 t，1997~2006 年实测年均输沙量仅有 2.162 亿 t，则 1997~2006 年泾洛渭汾河与基准期的不同系列对比年均总减沙量为 4.033 亿 t。

另据统计，泾河、北洛河、渭河、汾河流域 1950~1969 年实测年均降水量分别为 555.8mm、559.6mm、594.5mm 和 553.4mm，近期分别减小为 496.2mm、437.4mm、531.8mm 和 454.2mm。因此，泾洛渭汾河近期年降水量普遍减小。其中泾河、北洛河、渭河、汾河流域近期年降水量分别比基准期减少了 10.7%、21.8%、10.5% 和 17.9%，减少的百分数都达到了两位数。北洛河流域年降水量减少的百分比最大，超过了 20%，汾河流域达到 18%，泾河、渭河流域都在 11% 左右，基本持平。泾洛渭汾近期年降水量平均比基准期减少了 15.2%。

（1）根据表 7-1 泾洛渭汾"水文法"计算结果，由于 1997~2006 年泾洛渭汾河水利水土保持综合治理等人类活动年均减水 55.88 亿 m^3，占与基准期的不同系列对比年均总减水量的 81.6%，则因降雨减少 15.2% 的影响，年均减水量为 12.636 亿 m^3，占年均总减水量的 18.4%，即人类活动与降雨影响之比为 82%：18%。人类活动影响远大于降雨影响。

（2）根据表 7-1 泾洛渭汾"水文法"计算结果，由于 1997~2006 年泾洛渭汾河水利水土保持综合治理等人类活动年均减沙量 2.665 亿 t，占与基准期的不同系列对比年均总减沙量的 66.1%，则因降雨减少 15.2% 的影响，年均减沙量 1.368 亿 t，占年均总减沙量的 33.9%，即人类活动与降雨影响之比为 66%：34%。人类活动影响也远大于降雨影响。

与河龙区间相比，泾洛渭汾河近期人类活动对减水减沙的影响更大。

7.3 近期减水减沙成因

7.3.1 水保措施

1. 黄河中游

黄河中游地区近期水土保持措施（包括梯田、林地、草地、坝地及封禁治理）减水减沙量计算成果见表 7-5。由表 7-5 计算结果可知，黄河中游地区近期水土保持措施年均减水（河龙区间包括非汛期减水）38.27 亿 m^3，年均减沙 4.6 亿 t，分别占 1997~2006 年黄河中游地区年均总减水量 112.116 亿 m^3（与基准期对比）的 34.1%，年均总减沙量 11.802 亿 t（与基准期对比）的 39.0%；分别占"水保法"计算的 1997~2006 年黄河中游地区人类活动年均减水量 87.12 亿 m^3 的 43.9%，年均减沙量 5.64 亿 t（与基准期对比）的 81.6%。由此可见，水土保持措施在减沙中具有重要作用。

第7章 减水减沙计算结果的合理性论证

黄河中游控制区 1997～2006 年水利水土保持各单项措施（包括梯田、林地、草地、坝地及封禁治理）及其他因素减水减沙作用计算成果汇总分别见表 7-6、表 7-7。

表 7-5 黄河中游地区近期水利水土保持措施减水减沙量计算成果

河流（区间）	水保措施减水/亿 m³	水保措施非汛期减水/亿 m³	水利措施减水/亿 m³	水保措施减沙/亿 t	水利措施减沙/亿 t
河龙区间控制区	6.77	7.23	6.35	2.81	0.697
河龙区间未控区	0.50	4.17	1.12	0.195	0.134
泾河	3.296	—	4.831	0.560	0.161
北洛河	0.387	—	1.901	0.147	0.094
渭河	6.208	—	15.0	0.455	0.319
汾河	9.711	—	7.052	0.419	0.063
合计	26.872	11.40	36.254	4.586	1.468

注：①渭河流域计算结果为华县以上（但不包括泾河流域）；②合计值为黄河中游近期水土保持措施减水减沙总体结果。

由表 7-6 可知，近期黄河中游地区控制区坡面措施（包括梯田、林地、草地）年均减水量 22.04 亿 m³，占"水保法"计算的各项人类活动年均总减水量 74.0 亿 m³ 的 29.8%；林地减水量 11.78 亿 m³，在坡面措施减水量中最大，占总减水量的 15.9%；梯田减水量 9.18 亿 m³，占总减水量的 12.4%。另外，坝地减水量 3.61 亿 m³，占总减水量的 4.9%；封禁治理减水量 0.72 亿 m³，占总减水量的 1.0%。

由表 7-7 可知，近期黄河中游地区控制区坡面措施年均减沙量 2.972 亿 t，占"水保法"计算的包括河道冲淤等在内的各项人类活动年均总减沙量 5.36 亿 t 的 55.4%。其中林地减沙量 1.51 亿 t，在坡面措施减沙量中最大，占总减沙量的 28.2%；梯田减沙量 1.11 亿 t，占总减沙量的 20.7%。另外，坝地减沙量 1.3 亿 t，占总减沙量的 24.3%；封禁治理减沙量 0.124 亿 t，占总减沙量的 2.3%。

2. 河龙区间

由表 7-5 计算结果可知，1997～2006 年河龙区间（含未控区）水土保持措施（包括封禁治理）年均减少洪水 7.27 亿 m³，年均减水 18.67 亿 m³，年均减沙 3.0 亿 t，分别占黄河中游地区近期年均总减水量 112.116 亿 m³ 和总减沙量 11.802 亿 t 的 6.5%、16.6% 和 25.4%；分别占河龙区间近期年均总减水量 43.6 亿 m³ 的 16.7%、42.8% 和总减沙量 7.769 亿 t 的 38.6%，减沙效果比较明显。与 1997～2006 年河龙区间"水保法"计算的人类活动减水减沙总量相比，近期水土保持措施减水量占人类活动减水总量 26.80 亿 m³ 的 69.7%；近期水土保持措施减沙量占人类活动减沙总量 3.61 亿 t 的 83.1%。可见，水土保持措施在人类活动减沙方面起着主导作用。

黄河中游近期水沙变化对人类活动的响应

表 7-6　河龙区间控制区及泾洛渭汾河 1997~2006 年分项措施年均减水量

河流（区间）	年降水量 /mm	实测年径流量 /万 m³	水保措施减洪量/万 m³						水利措施减水量/万 m³				工业及生活用水/万 m³	人为增水 /万 m³	减水量 /万 m³
			梯田	林地	草地	坝地	封禁	小计	灌溉	水库	小计			
河龙区间	425.4	197 231	8 504	29 522	3 405	24 740	1 517	67 688	54 643	8 860	63 503	8 396	-2 500	137 087
泾河	496.2	96 840	16 294	10 899	3 736	1 400	628	32 957	46 490	1 820	48 310	5 150	-2 150	84 267
北洛河	437.4	46 660	792	2 360	186	427	102	3 867	15 886	3 119	19 005	1 589	-2 640	21 821
渭河	531.8	322 250	35 974	18 055	3 028	660	4 363	62 080	149 970	0	149 970	109 030	0	321 080
汾河	454.2	30 200	30 258	56 962	469	8 835	590	97 114	70 280	240	70 520	8 550	0	176 184
合计	468.4	693 181	91 822	117 798	10 823	36 062	7 200	263 705	337 269	14 039	351 308	132 715	-7 290	740 438

注：表中人为增水指村庄、道路、庄园建设等非生产用地增加后利修路（公路、铁路等）过程中道路硬化后由于入渗减少而增加的径流量（冉大川等,2000）

表 7-7　河龙区间控制区及泾洛渭汾河 1997~2006 年分项措施年均减沙量

河流（区间）	年降水量 /mm	实测年输沙量 /万 t	水保措施减沙量/万 t						水利措施减沙量/万 t			人为增沙 /万 t	河道冲淤 /万 t	减沙量 /万 t
			梯田	林地	草地	坝地	封禁	小计	灌溉	水库	小计			
河龙区间	425.4	16 060	5 577	10 160	2 377	9 250	748	28 112	1 370	5 598	6 968	-3 218	1 400	33 262
泾河	496.2	13 640	1 165	1 935	767	1 605	129	5 601	1 040	570	1 610	-1 900	0	5 311
北洛河	437.4	4 010	400	754	63	216	33	1 466	491	454	945	-1 226	0	1 185
渭河	531.8	3 830	2 352	730	296	990	186	4 554	3 190	0	3 190	-780	2 250	9 214
汾河	454.2	28	1 571	1 555	18	899	144	4 187	105	521	626	-30	-190	4 593
合计	468.4	37 568	11 065	15 134	3 521	12 960	1 240	43 920	6 196	7 143	13 339	-7 154	3 460	53 565

由表 7-6 可知，近期河龙区间控制区梯田、林地、草地、坝地及封禁治理等单项水保措施年均减水量分别为 0.85 亿 m^3、2.95 亿 m^3、0.34 亿 m^3、2.47 亿 m^3 和 0.15 亿 m^3，分别占近期黄河中游地区"水保法"计算的各项人类活动总减水量 74.0 亿 m^3 的 1.1%、4.0%、0.5%、3.3% 和 0.2%，分别占河龙区间控制区各项人类活动总减水量 13.71 亿 m^3 的 6.2%、21.5%、2.5%、18.0% 和 1.1%，以林地和淤地坝的减水作用比较显著。同时，近期河龙区间控制区水保措施总减水量（6.77 亿 m^3）比水利、工业等方面的用水量（7.19 亿 m^3）要少。

由表 7-7 可知，近期河龙区间控制区水保措施年均减沙 2.81 亿 t，占近期黄河中游地区"水保法"计算总减沙量 5.36 亿 t 的 52.4%。其中梯田、林地、草地、坝地及封禁治理等单项措施年均减沙量分别为 0.56 亿 t、1.02 亿 t、0.24 亿 t、0.925 亿 t 和 0.075 亿 t，分别占近期黄河中游地区"水保法"计算总减沙量 5.36 亿 t 的 10.4%、19.0%、4.5%、17.3% 和 1.4%，分别占河龙区间控制区各项人类活动总减沙量 3.33 亿 t 的 16.8%、30.6%、7.2%、27.8% 和 2.2%，以林地和淤地坝的减沙作用最为明显。

封禁治理是黄河中游地区近期实施的一项新的水土保持措施，以往研究未曾涉及。由表 7-7 可知，河龙区间控制区近期封禁治理减沙量 0.075 亿 t，占黄河中游控制区近期封禁治理减沙总量 0.124 亿 t 的 60.5%，但其仅占由"水保法"计算的近期河龙区间总减沙量 3.61 亿 t 的 2.1%。由此说明，河龙区间近期封禁治理减沙是黄河中游地区近期封禁治理减沙的主体，但是，由于封禁治理措施数量相对较少等原因，其减沙作用与其他措施相比还很有限。

综合以上分析，河龙区间近期水土保持治理措施中林地的减沙量跃升为最大，坝地减沙量则有所下降。这与近期来沙锐减、淤地坝淤积缓慢有密切关系，也与大力实施水土保持生态工程建设和封禁治理及生态修复的背景有关。这是河龙区间近期水土保持治理措施减沙与 1970~1996 年相比最明显的变化特点。

此外，无论是减水还是减沙，林地和淤地坝的作用相对最大。就总量而言，林地的减水量高出淤地坝 4780 万 m^3，林地的减沙量高出淤地坝 910 万 t，其减水减沙作用比淤地坝还明显。

为了更加清晰地表示近期河龙区间"水保法"减沙计算结果，现将河龙区间近期各项措施减沙量计算结果列于表 7-8。

表 7-8　河龙区间近期各项措施减沙量　　　　（单位：亿 t）

计算区间	水土保持措施 （包括封禁治理）	封禁治理	水利措施	人为增沙量	河道淤积量
已控区	2.810	0.075	0.697	-0.322	0.14
未控区	0.195	0.014	0.134	-0.050	—
河龙区间	3.005	0.089	0.831	-0.372	0.14

7.3.2　水利措施

黄河中游地区近期水利措施（包括水库、灌溉）减水减沙量计算成果仍见表 7-5。

由表 7-5 计算结果可知，黄河中游地区近期水利措施年均减水 36.25 亿 m³，年均减沙 1.47 亿 t，分别占 1997~2006 年黄河中游地区年均总减水量 112.116 亿 m³ 的 32.3%，年均总减沙量 11.802 亿 t 的 12.4%。

河龙区间近期水利措施减水减沙计算结果表明，1997~2006 年河龙区间水利措施年均减水 7.47 亿 m³，年均减沙 0.831 亿 t，分别占黄河中游地区近期年均总减水量（与基准期对比）和总减沙量（与基准期对比）的 6.7% 和 7.0%；分别占河龙区间近期年均总减水量（与基准期对比）和总减沙量（与基准期对比）的 17.1% 和 10.7%。

7.3.3 水利水保措施

黄河中游地区近期水利水保措施减水减沙量计算成果见表 7-9。由表 7-9 计算结果可知，黄河中游地区近期水利水保措施年均减水 74.53 亿 m³，年均减沙 6.05 亿 t，分别占 1997~2006 年黄河中游地区年均总减水量（与基准期对比）112.116 亿 m³ 的 66.5%，年均总减沙量（与基准期对比）11.802 亿 t 的 51.3%。

表 7-9　黄河中游地区近期水利水保措施及人为新增水土流失计算成果

河流（区间）	水利水保措施减水/亿 m³	封禁治理减水/亿 m³	人为增水/亿 m³	水利水保措施减沙/亿 t	封禁治理减沙/亿 t	河道冲淤/亿 t	人为增沙/亿 t
河龙区间	20.35 (5.79)	0.152 (0.018)	-0.25 (-0.09)	3.507 (0.329)	0.075 (0.014)	0.14	-0.322 (-0.05)
泾河	8.127	0.063	-0.220	0.721	0.013	0	-0.190
北洛河	2.288	0.010	-0.264	0.241	0.003	0	-0.123
渭河	21.208	0.436	—	0.774	0.019	0.225	-0.078
汾河	16.763	0.059	—	0.482	0.014	-0.019	-0.003
合计	74.526	0.738	-0.824	6.054	0.138	0.346	-0.766

注：括号内的数值为未控区计算成果。

河龙区间近期水利水保措施减水减沙计算结果表明，1997~2006 年河龙区间水利水保措施年均减水 26.14 亿 m³，年均减沙 3.836 亿 t，分别占黄河中游地区近期年均总减水量（与基准期对比）和总减沙量（与基准期对比）的 23.3% 和 32.5%；分别占河龙区间近期年均总减水量（与基准期对比）和总减沙量（与基准期对比）的 60.0% 和 49.4%。

7.3.4 封禁治理

封禁治理减水减沙量是本次研究的新内容，以往研究未曾涉及。根据本次研究，1997~2006 年黄河中游地区封禁治理累计保存面积 84.66 万 hm²；年均减水 0.738 亿 m³，年均减沙 0.138 亿 t，分别占 1997~2006 年黄河中游地区年均总减水量（与基准期对比）112.116 亿 m³ 的 0.7%，年均总减沙量（与基准期对比）11.802 亿 t 的 1.2%。计算成果仍见表 7-9。

7.3.5 河道冲淤

根据本次研究，1997~2006年黄河中游地区以淤积为主（淤积为正，冲刷为负）。其中河龙区间年均淤积0.14亿t，是1970~1996年河龙区间年均淤积量0.0538亿t（水利部二期水沙基金研究成果）的2.6倍，淤积量明显增大。根据外业调查，泾河、北洛河流域由于近期冲淤变化不大，统一按冲淤平衡对待。渭河流域近期淤积最为严重的河段是干流咸阳以上，年均淤积0.155亿t，比1990~1996年该区间年均淤积量0.179亿t（水利部二期水沙基金研究成果）减少了13.4%；咸阳至华县区间年均淤积0.07亿t，比1990~1996年该区间年均淤积量0.137亿t（水利部二期水沙基金研究成果）减少了48.9%，淤积明显减轻。汾河流域近期年均冲刷0.019亿t。计算成果仍见表7-9。

黄河中游地区近期河道冲淤相抵，年均淤积0.346亿t，占1997~2006年黄河中游地区年均总减沙量（与基准期对比）11.802亿t的2.9%。

7.3.6 人为新增水土流失

黄河中游地区近期人为新增水土流失量计算成果仍见表7-9。

由表7-9计算结果可知，黄河中游地区近期人为年均增水0.824亿m³，人为年均增沙0.766亿t；分别占1997~2006年黄河中游地区年均总减水量（与基准期对比）112.116亿m³的0.7%，年均总减沙量（与基准期对比）11.802亿t的6.5%。

河龙区间近期人为新增水土流失量计算结果表明，1997~2006年河龙区间人为年均增水0.34亿m³，人为年均增沙0.372亿t，分别占黄河中游地区近期年均总减水量（与基准期对比）和总减沙量（与基准期对比）的0.3%和3.2%；分别占河龙区间近期年均总减水量（与基准期对比）和总减沙量（与基准期对比）的0.8%和4.8%。

7.4 计算结果的合理性论证

7.4.1 与"水沙基金"2的对比

现将水利部第二期黄河水沙变化研究基金项目研究成果（1997年以前，简称"水沙基金"2）与本次研究成果（1997~2006年）对比，见表7-10~表7-13。

表7-10 黄河中游近期水土保持措施减沙量计算成果对比 （单位：亿t）

年代	河龙区间	泾河	北洛河	渭河	汾河	合计
1969年以前	0.721	0.099	0.093	0.035	0.153	1.101
1970~1979年	2.034	0.224	0.143	0.168	0.342	2.911
1980~1989年	1.933	0.463	0.136	0.230	0.344	3.106
1990~1996年	2.423	0.437	0.206	0.274	0.353	3.693
1970~1996年	2.097	0.368	0.157	0.218	0.346	3.186
1997~2006年	3.005	0.560	0.147	0.455	0.419	4.586

黄河中游近期水沙变化对人类活动的响应

表 7-11 黄河中游近期水利措施减沙量计算成果对比 （单位：亿 t）

年代	河龙区间	泾河	北洛河	渭河	汾河	合计
1969 年以前	0.241	0.217	0.004	0.116	0.236	0.814
1970~1979 年	0.455	0.302	0.120	0.433	0.251	1.561
1980~1989 年	0.426	0.137	0.078	0.284	0.164	1.089
1990~1996 年	0.556	0.207	0.095	0.258	0.139	1.255
1970~1996 年	0.471	0.216	0.098	0.332	0.190	1.307
1997~2006 年	0.831	0.161	0.094	0.319	0.063	1.468

表 7-12 黄河中游近期水利水土保持措施减沙量计算成果对比 （单位：亿 t）

年代	河龙区间	泾河	北洛河	渭河	汾河	合计
1969 年以前	0.962	0.316	0.097	0.151	0.389	1.915
1970~1979 年	2.489	0.526	0.263	0.601	0.593	4.472
1980~1989 年	2.359	0.600	0.214	0.514	0.508	4.195
1990~1996 年	2.979	0.644	0.301	0.532	0.492	4.948
1970~1996 年	2.568	0.584	0.255	0.550	0.536	4.493
1997~2006 年	3.836	0.721	0.241	0.774	0.482	6.054

表 7-13 黄河中游近期"水保法"减沙量计算成果对比 （单位：亿 t）

年代	河龙区间	泾河	北洛河	渭河	汾河	合计
1969 年以前	0.819	0.253	0.064	0.205	0.382	1.723
1970~1979 年	2.313	0.439	0.200	0.506	0.551	4.009
1980~1989 年	2.199	0.496	0.129	0.457	0.484	3.765
1990~1996 年	2.738	0.498	0.125	0.463	0.454	4.278
1970~1996 年	2.380	0.475	0.154	0.678	0.501	4.188
1997~2006 年	3.61	0.53	0.12	0.92	0.46	5.64

由此可见，不论是水土保持措施、水利措施、水利水土保持措施减沙量，还是"水保法"减沙量，本次研究成果——黄河中游地区近期（1997~2006 年）减沙量都在合理的取值范围之内，与本次研究中的 4 次黄河中游地区外业典型调查结果一致，也与黄河中游近期大规模、高标准的水土保持生态工程建设和"亮点工程"淤地坝建设的大背景吻合。

7.4.2 其他旁证

（1）水利部水土保持监测中心高旭彪等（2008）在《人民黄河》2008 年第 7 期发表论文"黄河中游降水特点及其对入黄泥沙的影响"，其研究结果表明，以 1986 年为界，1986~1989 年、1990~1999 年和 2000~2007 年黄河中游潼关水文站以上水利水土保持综合治理等人类活动年均减沙量分别为 2.67 亿 t、4.15 亿 t 和 8.22 亿 t；1986 年以来的22年间平均每年减沙量达5.36亿t。根据其研究结果推算可知，1997~2006年黄河中游潼关以上人类活动年均减沙量为7.0亿t。本次研究"水文法"结果（表7-1）表明，1997~2006年黄河中游地区人类活动年均减沙量为6.615亿t，与之比较接近。

（2）黄委会水文局黄河水文水资源科学研究院李焯（2008）在《人民黄河》2008年第8期发表论文"黄河河口镇—龙门区间年输沙量变化原因分析"，其分析结果表明，1996~2005年河龙区间水利水保工程年均减沙量为3.1亿t。本次研究"水保法"结果表明，1997~2006年河龙区间控制区水利水保工程年均减沙量为3.507亿t。两者基本接近。

（3）水利部第二期黄河水沙变化研究基金相关项目研究结果表明，河龙区间1990~1996年灌溉年均用水3.4亿m^3（冉大川等，2000）。本次研究结果表明，河龙区间1997~2006年控制区灌溉年均用水5.464亿m^3（表4-32），比1990~1996年增加了60.7%。根据典型调查结果，本次研究成果符合实际。

（4）水利部第二期黄河水沙变化研究基金相关项目研究结果表明，黄河中游地区1990~1996年水土保持措施年均蓄水16.363亿m^3，年均减沙3.693亿t（冉大川等，2000，2006）。本次研究结果表明，黄河中游地区1997~2006年水土保持措施年均蓄水约26.9亿m^3，水土保持措施年均减沙约4.6亿t，分别比1990~1996年增加了64.4%和24.6%。根据典型调查并与多方研究成果对比，本次研究成果基本符合实际。

（5）根据历史资料统计，1922~1932年，黄河干流潼关水文站实测年均径流量368亿m^3，实测年均输沙量11.4亿t；1980~1990年，黄河干流潼关水文站实测年均径流量366亿m^3，实测年均输沙量7.8亿t。因此，1980~1990年与1922~1932年相比，人类活动年均减沙3.6亿t。由于黄河中游地区1997~2006年比1980~1990年的治理速度明显加快，加之1997~2006年黄河中游地区降雨总体特征表现为降雨过程均匀化，高强度的大暴雨明显减少。因此，近期水土保持措施（包括封禁治理）年均减沙与1980~1990年人类活动年均减沙相比增加1.0亿t，达到4.6亿t是完全可能的。本次"水保法"研究结果表明，1997~2006年黄河中游地区水土保持措施年均减沙4.6亿t，其中封禁治理年均减沙0.134亿t，占水土保持措施年均减沙总量4.6亿t的2.9%。

（6）根据新华网记者梁娟、崔静2007年5月27日发自西安的报道，通过对黄土高原1986年和2000年土壤侵蚀强度变化的分析，近15年来黄土高原地区土壤侵蚀程度明显减轻，现有水土保持措施每年减少入黄泥沙量达4亿~4.5亿t，减缓了下游河道淤积抬高的速度，同时也减少了下游输沙用水，为黄河水资源开发利用创造了有利条件。本次"水保法"研究结果表明，1997~2006年黄河中游地区水土保持措施年均减沙4.6亿t，与以上报道的上限值比较接近。

（7）《中国水利》2009年第7期《中国水土流失与生态安全综合科学考察专辑》报道，截至2005年年底，黄土高原地区水土保持措施平均每年减少入黄泥沙4.1亿~4.5亿t，占黄河输沙减少量的50%，这表明近15年来黄土高原地区土壤侵蚀强度明显降低，进入黄河的泥沙量减少。本次"水保法"研究结果表明，1997~2006年黄河中游地区水土保持措施年均减沙约4.6亿t，也与以上报道中"西北黄土区"考察成果的上限值接近。

7.4.3 成果合理性分析

1. 河龙区间"水保法"减沙研究成果的合理性分析

河龙区间是黄河中游减沙的重点区域。综合以上"水保法"计算成果可知，1997~2006年河龙区间水利水保措施等人类活动年均减水26.8亿 m^3，年均减沙3.61亿t。比20世纪70年代、80年代和90年代均有明显增加，而近年来在黄河中游实施的水土保持措施确实让这一地区的生态环境有了较大的改善。例如，2000年以来河龙区间开展的水土保持生态工程建设及生态修复和封禁治理试点工作，2003年开始全面启动的"亮点工程"——黄土高原水土保持淤地坝工程建设等。河龙区间水土流失治理速度明显加快，治理标准不断提高，大规模、高标准的水土保持生态建设对作为黄河流域主要产沙区的河龙区间蓄水减沙起到了很大作用。

从本次研究4次野外实地调查情况来看，河龙区间大部分地方现在的生态环境都比以往有很大的改善，无定河以南地区变化更大，"山川秀美"雏形初现。昔日的大部分荒山秃岭现已披上了绿装，陡坡开荒很少看到。这些都说明，河龙区间生态环境已经逐步向好的方向发展，因此，近期河龙区间"水保法"计算成果大于以往研究时段是有治理基础的，也是比较合理的。

对比李焯（2008）的研究结果，将1970年以后的主汛期降雨量与输沙量建立关系，并与实测值相比较，分析水利水保工程与降雨变化对输沙量的影响。结果显示，自1970年以后，受降水变化而减少的输沙量呈增加的趋势，这与降水变化的趋势基本一致。70年代、80年代、90年代和2001~2005年因降水变化的减沙量分别是2.0亿t、3.2亿t、2.6亿t和4.2亿t，即2001~2005年因降水变化的减沙量比90年代多1.6亿t，根据"水沙基金"2成果，1990~1996年河龙区间年均减沙2.24亿t，则2001~2005年河龙区间年均减沙应为3.84亿t，这个结果与本次研究的近期河龙区间（包括未控区）"水保法"年均减沙3.61亿t比较接近。

综上所述，河龙区间本次"水保法"研究成果是比较合理的，基本符合近期河龙区间水沙变化的实际情况。

2. 河龙区间水保措施减水减沙量计算成果的佐证

根据"水沙基金"2项目"河龙区间水土保持措施减水减沙作用分析"1990~1996年的减水减沙量计算结果，反算得到河龙区间1990~1996年水土保持措施（含未控区）单位保存面积减水减沙量（减水减沙强度）见表7-14。

表7-14 河龙区间水土保持措施减水减沙强度

项目	梯田	林地	草地	坝地
保存面积/万 hm^2	41.536	226.174	22.613	6.226
减水量/万 m^3	7 580	24 210	1 790	24 700

第7章 减水减沙计算结果的合理性论证

续表

项目	梯田	林地	草地	坝地
减沙量/万 t	2 920	9 210	844	11 250
减水强度/（m^3/hm^2）	182.5	107.0	79.2	3 970
减沙强度/（t/hm^2）	70	40.7	37.3	1810

由于 1997~2006 年与 1990~1996 年系列相接，且水土保持措施减水减沙强度变化不大，因此，根据 1997~2006 年河龙区间 21 条支流水土保持措施（包括封禁治理）核实面积（表 4-2）和 1990~1996 年河龙区间水土保持措施减水减沙强度（表 7-14），二者相乘即可得到河龙区间控制区 1997~2006 年水土保持措施减水减沙量"强度指标法"计算结果，其与"以洪算沙法"计算结果对比见表 7-15。由此可见，两种方法计算成果接近，因此，本次研究结果比较合理可信。

表 7-15 河龙区间 1997~2006 年水保措施减水减沙量计算结果对比

方法	项目	梯田	林地	草地	坝地	封禁
强度指标法	减水量/万 m^3	8 390	27 990	4 490	26 430	1 890
	减沙量/万 t	3 220	10 650	2 120	12 050	889
以洪算沙法	减水量/万 m^3	8 500	29 520	3 400	24 740	1 520
	减沙量/万 t	5 580	10 160	2 380	9 250	748

注：封禁措施减水减沙量按草地减水减沙强度计算。

3. 多沙粗沙区支流近期水利措施减水量计算结果的合理性分析

本次研究在进行河龙区间西部多沙粗沙区支流"水保法"减水作用计算时，由于缺乏资料，其水利措施减水、工业及生活用水量是根据"水沙基金"2 的研究成果推算而来，但通过有关资料的佐证，结果基本合理可信。

（1）根据本次研究成果，1997~2006 年河龙区间西部 10 条支流（即皇甫川、孤山川、窟野河、秃尾河、佳芦河、无定河、清涧河、延河、云岩河、仕望川）控制区因水利措施减水、工业和生活用水年均共减水 5.893 亿 m^3（表 4-32）。根据《陕西省 2006 年水资源公报》有关数据，河龙区间陕西省境内 2006 年总耗水量为 5.84 亿 m^3。以上结果基本接近。

（2）根据本次研究成果，1997~2006 年河龙区间控制区水利措施年均减水量为 6.35 亿 m^3（表 4-36）。根据黄委会黄河上中游管理局水政水资源处提供的有关数据，2006 年河龙区间黄委会颁发取水许可证的单位取水量共计 3.658 亿 m^3，占河龙区间总用水量的 55% 左右，则河龙区间总用水量为 6.651 亿 m^3。以上结果也基本接近。因此，本次研究关于河龙区间近期水利措施年均减水量的计算结果基本合理可信。

4. 泾洛渭汾河"水文法"与"水保法"减沙计算结果差异分析

从泾洛渭汾河 1997~2006 年"水文法"与"水保法"计算的减沙量来看，1997~2006 年水利水保措施等人类活动年均减沙量 2.67 亿（水文法）~2.0 亿 t（水保法）。

总体来看，基本接近实际，但"水文法"计算结果较"水保法"计算结果偏大。分析其原因是多方面的，计算方法本身不够完善是主要原因；"水保法"计算考虑因素不全是重要原因。例如，在泾河、渭河、汾河流域"水保法"计算的减沙量中，由于实测资料缺乏，对水土保持措施（包括坡面措施和淤地坝）减轻沟蚀的作用没有进行计算。根据以往研究成果（冉大川等，2006），泾河、北洛河流域淤地坝减蚀量分别占其减沙总量的4.9%和4.2%。

综合上述因素，泾洛渭汾河近期水利水保措施年均减沙量在2.0亿t左右较为合适。本次研究结果表明，泾洛渭汾河1997~2006年水利水保措施年均减沙量约为2.2亿t，基本合理。

5. 黄河中游地区"水文法"与"水保法"计算结果差异原因

黄河中游地区近期水利水土保持综合治理等人类活动年均减水减沙量"水文法"与"水保法"计算结果存在差异，计算方法本身不够完善和未考虑水土保持措施配置的综合叠加减水减沙效应是两大主要原因。从"水保法"来看，"水保法"计算减水减沙作用时是按单项措施分别计算的，没有考虑其内在的联系和相互影响以及单项措施叠加后的减水减沙效应，如梯田、林、草等坡面措施，不仅可以减少坡面水土流失，由于水不下沟或少下沟，将大大减少沟道的侵蚀；淤地坝不仅对上游有减沙减蚀作用，由于其蓄水、削峰作用，同样会减少下游河道的侵蚀。

根据定性研究，水土保持措施综合治理的减沙效应是"1+1>2"的关系。形象地说，水土保持综合治理减沙是各单项措施减沙效应的综合体现，是"化学反应"，是化合物"H_2O"，不是单质"H_2"与单质"O_2"的简单叠加。但目前对此进行的定量研究很少，进展不大。

此外，"水保法"计算系数较多，有些系数难以准确确定，往往带来人为指定性误差；"水保法"计算减水量涉及降雨变化、治理程度、措施结构、土壤水运动、水的回归以及其他人类活动等很多动态因素，相互作用情况十分复杂，目前的计算方法比较粗略。同时，农业灌溉及城镇生活和工业用水量等也缺少详细的观测资料。根据"八五"国家重点科技攻关项目（85-926-03-01）的研究（张胜利等，1998），这几个方面的因素可给水土保持措施减水减沙作用计算带来10%~20%的误差。

7.5 研究小结

7.5.1 黄河中游地区近期减水减沙结果

（1）与基准期的1970年以前对比，1997~2006年黄河中游地区年均总减水量约为112.12亿m^3，年均总减沙量约为11.8亿t。

（2）黄河中游地区近期"水文法"计算结果表明，1997~2006年，黄河中游地区水利水土保持综合治理等人类活动年均减水86.38亿m^3，年均减沙6.615亿t。其中控制区人类活动年均减水77.38亿m^3，年均减沙5.765亿t。

第7章 减水减沙计算结果的合理性论证

（3）黄河中游地区近期"水保法"计算结果表明，1997～2006年，黄河中游地区水利水土保持综合治理等人类活动年均减水 87.12 亿 m^3，年均减沙 5.64 亿 t。其中控制区人类活动年均减沙 5.36 亿 t。

7.5.2 河龙区间近期减水减沙结果

（1）与基准期的1950～1969年对比，1997～2006年河龙区间（含未控区）年均总减水量 43.6 亿 m^3，年均总减沙量 7.77 亿 t。

（2）河龙区间"水文法"计算结果表明，1997～2006年，河龙区间（含未控区）水利水土保持综合治理等人类活动年均减水 30.5 亿 m^3，年均减沙 3.95 亿 t。近期河龙区间依然是黄河中游地区减沙的主体。

（3）河龙区间"水保法"计算结果表明，1997～2006年，河龙区间（含未控区）水利水土保持综合治理等人类活动年均减少洪水 15.4 亿 m^3，年均减水 26.8 亿 m^3，年均减沙 3.61 亿 t。

7.5.3 泾洛渭汾河近期减水减沙结果

（1）与基准期的1950～1969年对比，1997～2006年泾洛渭汾河年均总减水量 68.516 亿 m^3，年均总减沙量 4.033 亿 t。

（2）泾洛渭汾河等4大支流"水文法"计算结果表明，1997～2006年，泾洛渭汾河水利水土保持综合治理等人类活动年均减水 55.88 亿 m^3，年均减沙 2.665 亿 t。

（3）泾洛渭汾河等4大支流"水保法"计算结果表明，1997～2006年，泾洛渭汾河水利水土保持综合治理等人类活动年均减水 60.32 亿 m^3，年均减沙 2.03 亿 t。

7.5.4 人类活动与降雨变化对近期减水减沙的影响

（1）1997～2006年黄河中游地区控制区水利水土保持综合治理等人类活动年均减水 77.38 亿 m^3，占黄河中游地区年均总减水量的 69.0%；降雨减少影响年均减水 34.74 亿 m^3，占年均总减水量的 31.0%。人类活动与降雨影响之比为 69.0%：31.0%，人类活动影响明显大于降雨影响。

（2）1997～2006年黄河中游地区控制区水利水土保持综合治理等人类活动年均减沙 5.765 亿 t，占黄河中游地区年均总减沙量的 48.8%；降雨减少影响年均减沙 6.037 亿 t，占年均总减沙量的 51.2%。人类活动与降雨影响之比为 49%：51%，二者基本持平。

（3）1997～2006年河龙区间（含未控区）水利水土保持综合治理等人类活动年均减水 30.5 亿 m^3，占河龙区间年均总减水量的 70.0%；降雨减少影响年均减水 13.1 亿 m^3，占年均总减水量的 30.0%。人类活动与降雨影响之比为 70%：30%，人类活动影响明显居于主导地位。

（4）1997～2006年河龙区间（含未控区）水利水土保持综合治理等人类活动年均减沙 3.95 亿 t，占河龙区间年均总减沙量的 50.8%；降雨减少影响年均减沙 3.819 亿 t，占年均总减沙量的 49.2%。人类活动与降雨影响之比为 50.8%：49.2%，基本持平。

(5) 1997~2006年泾洛渭汾河水利水土保持综合治理等人类活动年均减水55.88亿 m^3，占泾洛渭汾河年均总减水量的81.6%；降雨减少影响年均减水12.636亿 m^3，占年均总减水量的18.4%。人类活动与降雨影响之比为82%：18%，人类活动影响远大于降雨影响。

(6) 1997~2006年泾洛渭汾河水利水土保持综合治理等人类活动年均减沙2.665亿t，占泾洛渭汾河年均总减沙量的66.1%；降雨减少影响年均减沙1.368亿t，占年均总减沙量的33.9%。人类活动与降雨影响之比为66%：34%，人类活动影响也大于降雨影响。

7.5.5 近期水利水土保持措施的减水减沙作用

(1) 黄河中游地区1997~2006年水土保持措施（包括梯田、林地、草地、坝地及封禁治理）年均减水38.27亿 m^3，年均减沙4.6亿t，分别占黄河中游地区近期年均总减水量的34.1%，年均总减沙量的39.0%；近期水利水保措施年均减水74.53亿 m^3，年均减沙6.05亿t，分别占黄河中游地区近期年均总减水量的66.5%和年均总减沙量的51.3%。水保措施在黄河中游地区减沙中具有重要作用。

(2) 河龙区间（含未控区）1997~2006年水土保持措施年均减水18.67亿 m^3，年均减沙3.0亿t，分别占黄河中游地区近期年均总减水量的16.6%和总减沙量的25.4%；分别占河龙区间近期年均总减水量的42.8%和总减沙量的38.6%。近期水利水保措施年均减水26.14亿 m^3，年均减沙3.836亿t，分别占黄河中游地区近期年均总减水量和总减沙量的23.3%和32.5%；分别占河龙区间近期年均总减水量和总减沙量的60.0%和49.4%。

(3) 泾洛渭汾河1997~2006年水土保持措施年均减水19.602亿 m^3，年均减沙1.581亿t，分别占黄河中游地区近期年均总减水量的17.5%和总减沙量的13.4%；分别占泾洛渭汾河近期年均总减水量的28.6%和总减沙量的39.2%。近期水利水保措施年均减水48.386亿 m^3，年均减沙2.218亿t，分别占黄河中游地区近期年均总减水量的43.2%和总减沙量的18.8%；分别占泾洛渭汾河近期年均总减水量的70.6%和总减沙量的55.0%。

第8章 结论与展望

本项研究历时3年,对黄河中游近期水沙变化成因进行了深入分析,定量计算了近期河龙区间及泾河、北洛河、渭河、汾河流域水利水保措施减水减沙量,分析了流域泥沙级配变化以及淤地坝拦沙的泥沙级配组成,进而综合评价了人类活动对入黄径流泥沙的影响程度,同时对黄河中游近期水沙变化若干重要问题进行了探索研究,取得了比较丰富的研究成果。

8.1 取得的研究成果

(1) 河龙区间近期(1997~2006年)年均降水量404.1mm,其中汛期降水量328.9mm,较多年平均(1950~2006年)值分别减少了8.9%和6.8%。河龙区间近期实测年均径流量29.7亿m^3,其中汛期径流量15.9亿m^3;近期实测年均输沙量2.17亿t,其中汛期输沙量1.86亿t。年径流量、年输沙量较多年平均值分别减少了43.5%和66.7%。减水减沙主要发生在河口镇至吴堡区间。

(2) 自1980年以来,河龙区间支流来沙有变细的趋势。右岸支流来沙较左岸粗,北部支流来沙较南部粗。从不同时段变化来看,近期各支流来沙均有不同程度的细化,粒径小于0.025mm的细泥沙均有所增加。皇甫川、窟野河、秃尾河、佳芦河等粗泥沙集中来源区支流近期粒径大于0.1mm的特粗泥沙分别较1980年以前减少了8.2%、24.5%、5.2%和16.3%。这4条支流特粗泥沙平均减少了13%左右。

(3) 泾河流域近期年均降雨量496.2mm,年径流量10.714亿m^3,年均输沙量1.375亿t,分别比基准期减少了10.7%、44.0%和49.6%,与其他年代相比均为减少较多的10年。北洛河流域近期年均降雨量437.4mm,年径流量4.666亿m^3,年均输沙量0.401亿t,分别比基准期减少了21%、31%和57%,水沙锐减。渭河咸阳站近期年均径流量20.52亿m^3,年均输沙量0.336亿t,分别比基准期减少了64.6%和80.9%;华县站近期年均径流量41.91亿m^3,年均输沙量1.75亿t,分别比基准期减少了53.9%和59.6%。汾河流域近期与基准期相比,上游降水、径流、泥沙分别减少了22.4%、82.9%和99.4%;中游降水、径流、泥沙分别减少了23.6%、99.2%和99.7%;下游降水、径流、泥沙分别减少了13.6%、81.6%和99.9%。流域出口站河津站降水减少19.3%,径流减少85.3%,泥沙减少99.7%。

(4) 与基准期的1970年以前对比,1997~2006年黄河中游地区年均总减水量约为112.12亿m^3,年均总减沙量约为11.8亿t,其中水利水土保持综合治理等人类活动年均减水86.38亿m^3,年均减沙6.615亿t。近期黄河中游控制区水利水土保持综合治理

黄河中游近期水沙变化对人类活动的响应

等人类活动年均减水 77.38 亿 m^3，降雨减少影响年均减水 34.74 亿 m^3，人类活动与降雨影响之比约为 7:3；年均减沙 5.765 亿 t，降雨减少影响年均减沙 6.037 亿 t，人类活动与降雨影响之比约为 5:5。

（5）与基准期的 1950~1969 年对比，1997~2006 年河龙区间（含未控区）年均总减水量 43.6 亿 m^3，年均总减沙量 7.77 亿 t。其中水利水土保持综合治理等人类活动年均减水 30.5 亿 m^3，降雨减少影响年均减水 13.1 亿 m^3，人类活动与降雨影响之比为 7:3，人类活动影响明显居于主导地位；年均减沙 3.95 亿 t，降雨减少影响年均减沙 3.819 亿 t，人类活动与降雨影响之比为 5:5，基本持平。

（6）与基准期的 1950~1969 年对比，1997~2006 年泾河、北洛河、渭河、汾河年均总减水量 68.516 亿 m^3，年均总减沙量 4.033 亿 t。其中水利水土保持综合治理等人类活动年均减水 55.88 亿 m^3，降雨减少影响年均减水 12.636 亿 m^3，人类活动与降雨影响之比为 8:2，人类活动影响远大于降雨影响；年均减沙 2.665 亿 t，降雨减少影响年均减沙 1.368 亿 t，人类活动与降雨影响之比为 6.6:3.4，人类活动影响也大于降雨影响。

（7）近期黄河中游地区水利水土保持措施等人类活动年均减水 87.12 亿 m^3，年均减沙 5.64 亿 t。其中水土保持措施年均减水 38.27 亿 m^3，年均减沙 4.6 亿 t，分别占黄河中游地区同期年均总减水量的 34.1%，年均总减沙量的 39.0%；水利措施年均减水 36.25 亿 m^3，年均减沙 1.47 亿 t，分别占黄河中游地区同期年均总减水量的 32.3%，年均总减沙量的 12.4%。从水土保持措施减水作用看，以林地和梯田的较大；从减沙作用看，以林地和坝地的较大。其中林地减沙量占坡面措施总减沙量的一半，占水土保持措施总减沙量的 34.4%；坝地减沙量占水土保持措施总减沙量的近 30%。

（8）近期河龙区间（含未控区）水土保持措施年均减水 18.67 亿 m^3，年均减沙 3.0 亿 t，分别占黄河中游地区近期年均总减水量的 16.6% 和总减沙量的 25.4%；分别占河龙区间近期年均总减水量的 42.8% 和总减沙量的 38.6%。近期水利水保措施年均减水 26.14 亿 m^3，年均减沙 3.836 亿 t，分别占黄河中游地区近期年均总减水量和总减沙量的 23.3% 和 32.5%；分别占河龙区间近期年均总减水量和总减沙量的 60.0% 和 49.4%。水保措施中林地和淤地坝的减水减沙作用分别为最大和次大；近期林地的减沙比重增大，减沙量上升明显，坝地减沙量则有所下降，封禁治理的减沙作用有限。

（9）近期河龙区间水土保持减水减沙的措施主体和构成发生重大变化，林地减水减沙贡献率最大。近期河龙区间坡面措施减水减沙贡献率分别为 30.2% 和 54.5%，坡面措施中林地减水减沙贡献率分别为 21.5% 和 30.5%；淤地坝减水减沙贡献率分别为 18.0% 和 27.8%；水利措施减水减沙贡献率分别为 46.3% 和 20.9%；封禁治理减水减沙贡献率分别为 1.1% 和 2.2%。水保措施减沙贡献率普遍大于减水贡献率。坡面措施减沙贡献率最大且不同年代上升趋势明显；淤地坝减水减沙贡献率下降趋势明显。近期水保措施减水减沙比的空间变化具有由北向南逐渐增大、自西向东逐渐增大的趋势；减少相同沙量的坝地减沙水代价高于坡面措施。

（10）近期泾河、北洛河、渭河、汾河水土保持措施年均减水 19.602 亿 m^3，年均减沙 1.581 亿 t，分别占黄河中游地区近期年均总减水量的 17.5% 和总减沙量的

13.4%；分别占泾洛渭汾河近期年均总减水量的 28.6% 和总减沙量的 39.2%。近期水利水保措施年均减水 48.386 亿 m^3，年均减沙 2.218 亿 t，分别占黄河中游地区近期年均总减水量的 43.2% 和总减沙量的 18.8%；分别占泾洛渭汾河近期年均总减水量的 70.6% 和总减沙量的 55.0%。

（11）近期黄河中游产沙组成有所细化。淤地坝拦截的 $d \geqslant 0.05 \text{mm}$ 和 $d \geqslant 0.1 \text{mm}$ 的粗泥沙含量百分数的大小，明显呈现出自南向北递增趋势。淤地坝拦截粗泥沙效果显著，存在着"多来多淤、多淤多粗"的规律；其拦沙粗细与流域产沙粗细成正比，即入库的粗泥沙含量越多，拦的粗泥沙也越多。窟野河和皇甫川 $\bar{d}_{50淤}$ 与 $\bar{d}_{50原}$ 均呈正比关系。据此可以预测坝地淤积物中值粒径。

（12）河龙区间 11 条主要粗泥沙支流近期水利水保措施年均拦减粗泥沙 8895 万 t，占河龙区间近期水利水保措施等人类活动年均减沙量 3.605 亿 t 的 24.7%，比 1990～1996 年水利水保措施年均减少的粗泥沙量 6610 万 t 高 34.6%。对于粗泥沙集中来源区的延河以北 7 条支流而言，近期因水土保持综合治理的大规模实施，坡面措施每拦减 1t 泥沙，可减少粗泥沙产沙 0.07～2.28t；沟道措施每拦减 1t 泥沙，可减少粗泥沙产沙 0.13～3.95t。沟道措施平均拦减粗泥沙量是坡面措施的 1.8 倍。北部支流取得相同减沙效益需要的植被措施占比更高，治理难度更大。

（13）1997～2006 年河龙区间 21 条支流因水土保持措施平均可减少下游河道淤积量约 1.44 亿 t；黄河中游地区因水土保持措施平均可减少下游河道淤积量约 2.1 亿 t。规划的 2030 年粗泥沙集中来源区 3028 座拦沙坝共可拦沙 4.095 亿～6.8 亿 t；可累计减少下游河道淤积 2.05 亿～3.4 亿 t。黄河中游多沙粗沙区 5 省（自治区）2006 年以后每年坡面措施新增减沙量可以达到 560 万 t。

（14）近期河龙区间及绝大部分支流坝地年均减洪减沙比例下降，坝地配置比和减沙比也呈下降趋势；坡面措施减洪减沙比例则有升有降，变化复杂。水土保持措施对洪水泥沙拦蓄作用的大小与措施配置密切相关，存在着措施配置的最大减洪减沙效应现象。黄河中游多沙粗沙区现状治理条件下取得最大减沙效益的水土保持措施配置比例为梯田：林地：草地：坝地 = 16.3:70.7:11.0:2.0。

（15）建立了黄河中游地区森林覆盖率与径流泥沙特征值的相关关系式，可以估算林草覆盖率与减水减沙作用的定量关系。若林草覆盖率提高 1%，减水率可提高 0.5%，减沙率可提高 4.3%。北洛河流域上游两个典型小流域实施生态修复后，林草覆盖率平均提高 31.5%，径流平均减少 13.8%；输沙模数平均减少近 75%。由此可见，生态修复具有一定的减水作用，减沙作用更为明显。

（16）近期治理对典型支流水沙关系产生了明显影响。河龙区间"两川两河"近期降雨径流关系及降雨产沙关系发生明显变化，相同降雨对应的径流量、泥沙量明显减少，流域产流产沙能力明显减小，含沙量降至最低；产流产沙对降雨响应的敏感程度大为降低，影响流域径流泥沙输移和降雨产流产沙的下垫面因素更为突出。

（17）泾河流域淤地坝拦沙量对降雨响应明显与否的阈值为 1000 万 t/a；降雨阈值分别为最大 1 日降雨量大于 40mm、汛期降雨量大于 350mm 和年降雨量大于 450mm。淤地坝年拦沙量与年洪水量的关系可以分为两个区，根据分区关系式即可估算流域淤地坝当年拦沙量。1970~2006年泾河流域水土保持措施年均减少的洪水输沙量占该流域人类活动年均减沙量的59.2%，说明水土保持措施具有不可替代的削洪作用和非常显著的减沙作用。

(18) 黄河中游地区不同空间尺度流域的淤地坝拦沙量与减蚀量均呈正比关系，淤地坝平均减蚀量占平均拦沙量的4.4%~20.9%。随着流域空间尺度（面积）的减小，淤地坝减蚀量占拦沙量的比重呈增大趋势。在不同流域或同一流域的不同子流域，随着流域面积的增大，水利水土保持措施治理的减沙效益呈减小趋势。

8.2 主要研究进展

(1) 在河龙区间"水保法"研究中，对21条支流及其未控区全部采用"以洪算沙"数学模型进行了坡面措施减沙量的计算。在河龙区间"水文法"研究中，建立了21条支流基于雨强的降雨产流产沙经验模型；采用多种方法进行了各支流水利水保措施等人类活动减水减沙作用的计算，使计算结果更为准确合理。

(2) 在以往建立河龙区间小区坡面措施减洪指标体系的基础上，以各流域汛期降雨量为纽带，通过消除小区与流域减洪指标体系存在的时段差异、点面差异和地区差异等三大差异，采用汛期降雨"同频率对应法"，建立了各流域1997~2006年逐年坡面措施减洪指标体系，成功实现了从小区到流域减洪指标体系的尺度转换。

(3) 在计算河龙区间水利水土保持措施减沙量的同时，首次计算了其拦减的粗泥沙量。采用回归统计方法，首次定量分析了河龙区间坡面措施及沟道措施在拦减粗泥沙中的不同作用；论证了粗泥沙集中来源区拦沙工程的拦沙减淤效果；提出了黄河中游多沙粗沙区现状治理条件下基于最大减沙效益的水土保持措施配置比例；探索分析了黄河中游淤地坝拦泥量与减蚀量的关系以及减沙效益的尺度效应。

(4) 分区建立了泾河、北洛河、渭河（咸阳以上）、汾河基于雨强的降雨产流产沙经验模型。在泾河流域"水保法"研究中，分三个区间采用"以洪算沙"数学模型进行了流域坡面措施减沙量的计算，并与"指标法"计算结果进行了对比分析。首次单独计算了黄河中游地区封禁治理减水减沙量，并进行了封禁治理减水减沙作用分析。在北洛河流域首次进行了森林植被与生态修复对水沙变化的影响分析。

(5) 明确识别了淤地坝具有减蚀作用的时间节点，即淤地坝坝体竣工后即有减蚀作用。认为淤地坝减蚀量包括被坝内泥沙淤积物覆盖下的原沟谷侵蚀量及波及影响的淤泥面以上沟道侵蚀的减少量，但应扣除基本无减蚀作用的淤地坝减蚀量，由此完善了淤地坝减蚀量计算公式，保证了淤地坝减沙量计算结果的完整性。

(6) 淤地坝淤积泥沙粒径的纵向分布总体上呈现出由坝尾到坝前逐渐变细的规律；4条支流淤地坝拦减$d \geq 0.05$mm和$d \geq 0.1$mm粗沙含量所占百分数大小排序为窟野河＞皇甫川＞秃尾河＞佳芦河；淤积物中$d \geq 0.05$mm和$d \geq 0.1$mm的粗颗粒含量与流域原生土粗颗粒含量成正比，即入库的粗颗粒含量越多拦的粗泥沙也越多；淤地坝拦减粗泥沙存在着"多来多淤、多淤多粗"的规律。

8.3 研究建议与展望

黄河中游水沙变化成因非常复杂，黄河中游水沙变化及水利水土保持措施减水减沙作用是流域产流产沙及输沙过程对气候、降雨、下垫面和人类活动干预等多种因素综合作用的非线性高阶响应，研究难度很大。就目前的基础理论、分析手段和方法而言，还很难取得较高精度的研究成果。只有正确认识黄河水沙变化的规律和原因，才能保证治黄决策的科学性，也才能科学地对黄土高原进行综合治理，从而实现黄河健康修复的目标。因此，建议对以下一些重大的关键科学问题进一步深入研究。

1）水土保持生态建设对流域产流机制的影响

水土保持生态建设可以改变流域下垫面状况，包括被覆度、土壤结构、土壤含水量、地下水循环等，大面积的生态建设还可能对局地气候产生影响。那么，下垫面的变化是否会对流域产流机制产生影响，有什么影响？目前，对这一问题还缺乏深入认识。这是分析水沙变化原因的重要基础理论问题，开展研究非常必要和迫切。

2）水沙变化分析评价方法研究

目前，大多利用"水文法"、"水保法"作为分析水沙变化及其原因的手段，这些方法概念明确且计算简单，在水沙变化分析中得到广泛应用。但是，这些方法在理论上均有一定的缺陷。"水保法"的理论前提条件是各项水利水保措施的作用具有线性关系，即流域水沙变化的结果等于各类措施作用的线性叠加，显然，这是不合理的。"以洪算沙"经验模型虽然克服了传统"水保法"对各种措施减沙作用孤立计算的缺陷，但对坡面措施减沙量的推算是基于治理前流域洪水泥沙关系为线性关系，因此，该方法仍未考虑治理对洪水泥沙关系的影响，也有待进一步完善。"水文法"的理论基础是降雨径流关系具有不变性，也就是评价期的降雨径流关系与基准期的相同。这样的理论假设，往往会使连续枯水期的径流泥沙量估算偏大，从而降低了水沙变化的评价精度。因此，需要对评价方法及其理论开展研究。

3）水土保持措施作用机理研究

认识水土保持措施对产流产沙的影响机理，是正确、合理确定各类水土保持措施减水减沙指标的基础理论，需要根据水文学、生物学、土壤学、泥沙运动学及流体力学等理论和方法，结合试验观测的方法，研究不同水土保持措施对径流、泥沙的调控过程、调控机理、调控阈值及其耦合作用关系，探寻作用机理，为建立减水减沙指标体系、发挥水土保持措施综合配置的最大效应提供依据。

4）水土保持措施的水文水资源效应研究

以往在黄河中游水土保持措施减水减沙作用研究中，对水土保持措施的水文水资源效应很少涉及，减水作用的计算方法也无法揭示水土保持措施对流域水循环影响的物理机制。由于以往研究成果过多强调了水土保持措施减少的地表径流量，因此导致人们对水土保持措施的水资源效应产生了认识上的偏差。为此，在今后黄河中游水土保持措施减水减沙作用研究中，应增加对水土保持措施水文水资源效应的研究，通过构建具有物理机制的大尺度流域分布式模型，定量计算和揭示黄河中游流域水土保持措施的水文水资源效应。同时建议把以往研究中常用的"水土保持措施减水作用（效益）"和"水土保持措施减水量"改为"水土保持措施蓄水作用"和"水土保持措施蓄水量"，以充分反映流域水土保持措施的水文水资源效应。

5）暴雨洪水泥沙关系变化规律及机制研究

近年来，黄河流域一些区域的暴雨洪水泥沙关系有所变化，而且其变化具有空间分异性，即在上游、中游的变化规律和变化趋势是有所不同的，因而，需要通过产流机制、降雨径流关系及水循环过程的分析，搞清楚上中游地区的暴雨洪水有什么变化，为什么产生变化，变化的机制是什么等问题，为分析水沙变化原因、预测水沙变化趋势提供理论支撑。

6）进一步定量研究淤地坝的减蚀作用

淤地坝一直是黄河中游水土保持措施减沙的主体。淤地坝减沙量（包括拦泥量和减蚀量）计算的准确与否对流域"水保法"计算结果影响很大。淤地坝减蚀量包括坝内泥沙淤积物覆盖下的原沟谷侵蚀量以及波及影响的淤泥面以上沟道侵蚀的减少量，其中后一部分很难定量计算。现行淤地坝减蚀量的计算方法，是在计算出前一部分量后再乘一扩大系数来考虑后一部分量，计算比较粗略。本次研究虽有一定改进，仍嫌不足。在今后的研究中，应加强对淤地坝减蚀作用机理、过程及其对流域侵蚀环境系统影响的研究，使淤地坝减蚀量的计算逐步做到精确化，实地观测资料的积累尤其不可缺少。

2006 年以来，随着国民经济和社会的高速发展以及国家能源重化工核心基地的建设，黄河中游地区人类活动呈现出多元化和强干扰的发展新趋势，部分支流如窟野河流域径流泥沙剧减，水土流失治理、生态环境保护与国家能源基地建设等经济社会发展的矛盾更加突出，成为制约国家能源开发、生态安全以及该地区经济社会发展的主要瓶颈。近期黄河中游水沙变化出现的新情况和新问题日益成为多方关注的热点和焦点。鉴于全球气候变化影响的不确定性和黄河流域水沙变化的高度复杂性，近期黄河中游水沙变化研究需要采用新技术、新方法和新手段，系统开展流域径流泥沙急剧变化的成因和机理研究，建立基于土地利用/覆被演变（LUCC）的流域 WEPP 分布式模型，重点揭示植被覆盖度变化、截覆流（潜流）、城镇和乡村交通路网建设、河道采砂和煤炭采空区塌陷等人类活动对产流产沙的影响机制及其贡献率。

黄河中游水沙变化研究是一个重大的也是一个需要长期研究的课题，需要不断探讨解决一系列的应用基础、技术和方法等各个层面的科学问题，需要与时俱进，突出科学性、前瞻性、时效性和实用性，力求对黄河中游水沙变化成因及其变化趋势得到更为科学的认识，为 21 世纪的黄河治理开发与管理决策提供更有力的科技支撑。因此，黄河中游水沙变化研究依然任重道远。

参 考 文 献

毕慈芬,郭岗,沈梅,等.2009.1933-2007年黄河上中游连续枯水段的研究.水文,29(4):59-63.
毕慈芬,李桂芬,王富贵,等.2006.砒砂岩地区沙棘植物"柔性坝"试验技术总结(1995~2006).水利部黄委会黄河上中游管理局等.
毕慈芬,王富贵.2008.砒砂岩区土壤侵蚀机理研究.泥沙研究,(1):70-73.
毕慈芬,王富贵,乔旺林.2001.黄土高原基岩产沙区水资源解决途径探讨.第九届国际水利学大会论文集.北京:中国水利学会:353-359.
毕慈芬,郑新民,李欣,等.2008.黄土高原淤地坝建设水环境的调节作用.第十二届海峡两岸水利科技交流研讨会论文集.
毕慈芬,郑新民,李欣.2007.气候变化对砒砂岩地区水文环境的影响.第十一届海峡两岸水利科技交流研讨会论文集.
戴明英.2002.无定河水沙变化水文法计算对比分析//汪岗,范昭.黄河水沙变化研究(第一卷,下册).郑州:黄河水利出版社:991-1009.
董雪娜,熊贵枢.2002.黄河中游河口镇—龙门区间降雨、径流、泥沙变化分析//汪岗,范昭.黄河水沙变化研究(第一卷,上册).郑州:黄河水利出版社:327-339.
鄂尔多斯市水土保持局.2007.鄂尔多斯市水土保持工作手册.
方学敏,万兆惠,匡尚富.1998.黄河中游淤地坝拦沙机理及作用.水利学报,29(10):49-53.
付凌.2007.黄土高原典型流域淤地坝减沙减蚀作用研究.南京:河海大学硕士学位论文.
高旭彪,刘斌,李宏伟,等.2008.黄河中游降水特点及其对入黄泥沙的影响.人民黄河,30(7):27-29.
顾文书.2002.黄河水沙变化及其影响的综合分析报告(第一期)//汪岗,范昭.黄河水沙变化研究(第一卷,上册).郑州:黄河水利出版社:1-45.
黄河水利委员会.2002.黄河近期重点治理开发规划.郑州:黄河水利出版社.
黄河水利委员会黄河上中游管理局.1996.黄河水土保持大事记.西安:陕西人民出版社.
黄河水土保持生态环境监测中心,黄委会晋陕蒙接壤地区水土保持监督局.2006.西北七省区开发建设项目水土流失典型调查报告(送审稿).
黄河研究会.2004.黄河源区径流及生态变化研讨会交流材料汇编.
黄科技 ZX-2007-11-22.黄河水利委员会黄河水利科学研究院,水利部黄河泥沙重点实验室.
黄委会黄河上中游管理局,黄委会晋陕蒙接壤地区水土保持监督局.2005.黄河中游地区开发建设项目新增水土流失预测研究报告.
黄委会晋陕蒙接壤地区水土保持监督局.2008.晋陕蒙接壤地区开发建设水土流失及水土保持工作概况(调研报告).
景可,卢金发,梁季阳,等.1997.黄河中游侵蚀环境特征和变化趋势.郑州:黄河水利出版社.
康玲玲,董飞飞,王云璋,等.2006.黄土丘陵沟壑区水土保持措施蓄水减沙指标体系探讨.水利水电科技进展,26(2):30-33.
李焯.2008.黄河河口镇——龙门区间年输沙量变化原因分析.人民黄河,30(8):41-42.
李国英.2005.维持黄河健康生命.郑州:黄河水利出版社.
李勇,冉大川,李小平.2007.黄河下游分组泥沙输移特性及粗泥沙集中来源区水土保持措施减沙效益分析. 黄科技 ZX-2007-39-73. 黄河水利科学研究院, 水利部黄河泥沙重点实验室.

李倬, 郑新民, 冉大川, 等. 1995. 黄河中游河口镇至龙门区间水土保持措施减水减沙效益研究. 黄委会黄河上中游管理局.

李占斌, 刘国彬, 刘普灵. 2009. 中国水土流失与生态安全综合科学考察专辑. 中国水利, （7）: 15-19.

梁其春, 魏涛, 刘汉虎. 2007. 发挥生态自我修复能力, 加快黄河上中游地区水土流失防治步伐. 黄河上中游管理局.

刘纯明. 1988. 台湾东北地区谷坊对陡峻山区河流的影响. 水土保持译文集（第二集）. 黄河水利委员会水土保持处.

刘勇, 贾西安, 杜守君. 1992. 南小河沟流域治沟骨干工程的固沟保土作用. 中国水土保持, （12）: 42-44.

骆向新, 徐新华. 1995. 关于水土保持减水减沙效益分析方法的探讨. 人民黄河, （11）: 34-36.

毛华健. 1995. 中小流域水土保持措施减沙效益计算方法的探讨. 人民黄河, 17（3）: 25-28.

孟庆枚. 1996. 黄土高原水土保持. 黄河水利科学技术丛书. 郑州: 黄河水利出版社.

内蒙古准格尔旗水利电力局, 皇甫川流域综合治理规划组. 1976. 皇甫川流域用洪用沙经验调查总结. 黄河泥沙研究报告选编（第三集）. 黄河泥沙研究工作协调小组.

潘贤娣, 李勇, 张晓华, 等. 2006. 三门峡水库修建后黄河下游河床演变. 郑州: 黄河水利出版社.

齐斌, 马文进, 薛耀文, 等. 2005. 黄河中游水文. 郑州: 黄河水利出版社.

钱意颖, 叶青超, 周文浩. 1993. 黄河干流水沙变化与河床演变. 北京: 中国建材工业出版社.

秦毅, 张德生. 2006. 基于水文水资源应用的数理统计. 西安: 陕西科学技术出版社.

冉大川. 2000. 黄河中游河龙区间水沙变化研究综述. 泥沙研究, （3）: 72-81.

冉大川. 2006a. 黄河中游水土保持措施的减水减沙作用研究. 资源科学, 28（1）: 93-100.

冉大川. 2006b. 黄河中游水土保持措施减沙量宏观分析. 人民黄河, 28（11）: 39-41.

冉大川, 郭宝群, 马勇. 2005. 基于淤地坝建设的黄河中游泥沙粒径变化分析. 人民黄河, 27（11）: 28-30.

冉大川, 李占斌, 李鹏, 等. 2008. 大理河流域水土保持生态工程建设的减沙作用研究. 郑州: 黄河水利出版社.

冉大川, 刘斌, 付良勇, 等. 1996. 双累积曲线计算水土保持减水减沙效益方法探讨. 人民黄河, 19（6）: 24-25.

冉大川, 刘斌, 王宏, 等. 2006. 黄河中游典型支流水土保持措施减洪减沙作用研究. 郑州: 黄河水利出版社.

冉大川, 柳林旺, 赵力仪, 等. 2000. 黄河中游河口镇至龙门区间水土保持与水沙变化. 郑州: 黄河水利出版社.

冉大川, 王正杲, 胡建军, 等. 2005. 基于粮食需求的黄土高原地区淤地坝建设规模与论证. 干旱地区农业研究, 23（2）: 130-136.

冉大川, 张晓华, 李小平, 等. 2008. 黄河中游多沙粗沙区拦沙工程的拦沙及减淤效果论证. 黄科技 ZX-2008-26-42. 黄河水利委员会黄河水利科学研究院, 水利部黄河泥沙重点实验室.

冉大川, 左仲国, 李勇, 等. 2008. 黄河中游地区淤地坝拦沙强度研究. 黄科技 ZX-2008-29-46. 黄河水利委员会黄河水利科学研究院, 水利部黄河泥沙重点实验室.

冉大川, 左仲国, 上官周平. 2006. 黄河中游多沙粗沙区淤地坝拦减粗泥沙分析. 水利学报, 37（4）: 443-450.

冉大川, 左仲国, 吴永红, 等. 2009. 黄河中游水沙变化成因分析. 黄科技 ZX-2009-99-202. 黄河水利委员会黄河水利科学研究院，水利部黄河泥沙重点实验室．

陕西省水利厅．2007a．1997年至2006年陕西省水资源公报．

陕西省水利厅．2007b．2006年陕西省水利统计年鉴．

沈国舫．2001．中国生态环境建设与水资源保护利用．中国工程院重大咨询项目——中国可持续发展水资源战略研究报告集（第7卷）．北京：中国水利水电出版社．

师长兴，郭立鹏．2006．无定河坡面措施减沙和拦粗泥沙量分析．泥沙研究，（5）：22-27．

时明立．1993．黄河河龙区间水沙变化的水文分析．中国水土保持，（4）：18-20．

时明立，姚文艺，李勇，等．2005．2003黄河河情咨询报告．郑州：黄河水利出版社：119-140．

时明立，姚文艺，李勇，等．2006．2004黄河河情咨询报告．郑州：黄河水利出版社：104-124．

时明立，姚文艺，李勇，等．2009a．2005黄河河情咨询报告．郑州：黄河水利出版社：135-150．

时明立，姚文艺，李勇，等．2009b．2006黄河河情咨询报告．郑州：黄河水利出版社：208-245．

时明立，姚文艺，李勇，等．2010．2007黄河河情咨询报告．郑州：黄河水利出版社：164-195．

水利部，中国科学院，中国工程院．2010．中国水土流失防治与生态安全（西北黄土高原区卷）．北京：科学出版社．

水利部黄河水利委员会．2006．探索之路——黄河中游粗泥沙集中来源区界定研究．郑州：黄河水利出版社．

汤立群，陈国祥．1999．水土保持减水减沙效益计算方法研究．河海大学学报，27（1）：79-84．

唐克丽，熊贵枢，梁季阳，等．1993．黄河流域的侵蚀与径流泥沙变化．北京：中国科学技术出版社．

田杏芳，贾泽祥，刘斌，等．2008．黄土高塬沟壑区典型小流域水土流失规律及水土保持治理效益分析研究．郑州：黄河水利出版社．

汪岗，范昭．2002a．黄河水沙变化研究（第一卷）．郑州：黄河水利出版社．

汪岗，范昭．2002b．黄河水沙变化研究（第二卷）．郑州：黄河水利出版社．

王飞，李锐，穆兴民，等．2004．渭河流域水利水保措施减沙水代价分异特征与水沙调节模拟．中国水土保持科学，2（2）：12-17．

王飞，穆兴民，李锐，等．2005．河口镇到龙门区间水土保持措施减沙水代价分析．水土保持通报，25（6）：28-32．

王富贵，毕慈芬，赵光耀，等．2008．论砒砂岩地区营造人工湿地的潜力．第十二届海峡两岸水利科技交流研讨会论文集．

王富贵，刘汉虎，喻权刚，等．2009．黄河中游水土保持措施资料核查与评价．黄河水利委员会黄河上中游管理局．

王浩．2005．黄河流域水土保持的水文水资源效应研究//黄河上中游管理局．"模型黄土高原"建设方略纵论．郑州：黄河水利出版社：390-400．

王坤平．2001．黄河流域水土保持基本资料．黄委会黄河上中游管理局．

吴永红，李倬，冉大川，等．1998．水土保持坡面措施减水减沙效益计算方法探讨．水土保持通报，18（1）：43-47．

武汉水利电力学院．1983．河流泥沙工程学（上册）．北京：水利电力出版社．

信忠保，许炯心，郑伟．2007．气候变化和人类活动对黄土高原植被覆盖变化的影响．中国科学，37（11）：1504-1514．

徐建华．2002．现代地理学中的数学方法（第二版）．北京：高等教育出版社．

徐建华，林银平，吴成基，等．2006．黄河中游粗泥沙集中来源区界定研究．郑州：黄河水利出版社．

徐建华，刘九玉，林银平，等．2002．无定河流域坝地淤积形态及其拦泥参数的研究//汪岗，范昭．黄河水沙变化研究（第一卷，下册）．郑州：黄河水利出版社：946-956．

黄河中游近期水沙变化对人类活动的响应

徐明权, 杨小庆. 1998. 浅谈黄河水沙变化研究成果. 土壤侵蚀与水土保持学报, 4 (3): 19-25.

许炯心. 2007. 中国江河地貌系统对人类活动的响应. 北京: 科学出版社.

许炯心. 2010. 黄河中游多沙粗沙区1997-2007年的水沙变化趋势及其成因. 水土保持学报, 24 (1): 1-7.

颜济奎. 1981. 黄河上中游1970-1980年间连续枯水段的研究. 水利部天津勘测设计院科研所.

杨爱民, 刘孝盈, 李跃辉. 2005. 水土保持生态修复的概念、分类与技术方法. 中国水土保持, (1): 11-13.

姚文艺, 汤立群. 2001. 水力侵蚀产沙过程及模拟. 郑州: 黄河水利出版社.

姚文艺, 徐建华, 冉大川, 等. 2010. 黄河流域水沙变化情势评价研究. 黄科技ZX-2010-51. 黄河水利委员会黄河水利科学研究院, 黄河水利委员会水文局.

姚文艺, 张胜利. 1995. 关于应用水文法分析水沙变化几个问题的探讨//丁留谦, 柴方昆. 水利水电工程学理论与应用. 北京: 中国科学技术出版社: 418-421.

姚文艺, 张遂业. 1995. 对水沙变化分析中代表系列选择问题的讨论. 人民黄河, 17 (3): 25-28.

叶青超. 1994. 黄河流域环境演变与水沙运行规律研究. 济南: 山东科学技术出版社.

于一鸣. 1996. 黄河流域水土保持减沙计算方法存在问题及改进途径探讨. 人民黄河, 19 (1): 26-30.

于一鸣. 1997. 黄河中游多沙粗沙区水土保持减水减沙效益及水沙变化趋势研究//黄河水利委员会水土保持局. 黄河流域水土保持研究. 郑州: 黄河水利出版社: 136-146.

喻权刚, 马安利, 董亚维. 2008. 子午岭预防保护区及神东矿区水土流失监测项目通过验收. 黄河生态网. http://www.hhsb.gov.cn.

袁希平, 雷廷武. 2004. 水土保持措施及其减水减沙效益分析. 农业工程学报, 20 (2): 296-300.

张金昌, 吴祥林, 贵立德, 等. 2004. 半干旱黄土丘陵沟壑区生态修复效益监测与评价. 全国水土保持生态修复研讨会论文汇编. 水利部水土保持司, 中国科学院资源环境科学与技术局.

张金慧, 李明芝, 张林, 等. 2006. 黄河中游粗泥沙集中来源区现有治理措施拦沙能力分析. 中国水土保持, (10): 54-55.

张攀, 姚文艺, 冉大川. 2008. 水土保持综合治理的水沙响应研究方法改进探讨. 水土保持研究, 15 (2): 173-176.

张仁, 程秀文, 熊贵枢, 等. 1998. 拦减粗泥沙对黄河河道冲淤变化影响. 郑州: 黄河水利出版社.

张少文, 张学成, 德格吉玛, 等. 2007. 黄河上游天然年径流长期变化趋势预测. 人民黄河, 29 (1): 27-29.

张胜利. 1993. 黄河中游大型煤田开发对侵蚀和产沙影响的研究. 泥沙研究, (3): 22-35.

张胜利, 李倬, 赵文林, 等. 1998. 黄河中游多沙粗沙区水沙变化原因及发展趋势. 郑州: 黄河水利出版社.

张胜利, 姚文艺. 1993. 近期黄河流域水土保持减水减沙效益计算方法研究刍议. 人民黄河, 16 (5): 10-13.

张胜利, 于一鸣, 姚文艺. 1994. 水土保持减水减沙效益计算方法. 北京: 中国环境科学出版社.

张胜利, 赵业安. 2005. 黄河河口镇至龙门区间水沙变化近期趋势及治理对策探讨. 黄委会黄河水利科学研究院.

赵侠. 2010-09-06. 绿色正成为三秦大地的主色调. 中国绿色时报, 第1版.

赵业安, 周文浩, 费祥俊, 等. 1998. 黄河下游河道演变基本规律. 郑州: 黄河水利出版社.

左大康. 1991. 黄河流域环境演变与水沙运行规律研究文集（第一集）. 北京: 地质出版社.

左仲国, 陈鸿, 王笑冰, 等. 2007. 黄河中游多沙粗沙区淤地坝对泥沙的分选作用. 人民黄河, 29 (2): 64-65.